Couvertures supérieure et inférieure
manquantes

ÉTATS

ET

NATIONS DE L'EUROPE

AUTOUR DE LA FRANCE

COMPIÈGNE. — IMPRIMERIE HENRY LEFEBVRE

31, RUE SOLFERINO 31.

ÉTATS ET NATIONS

DE L'EUROPE

AUTOUR DE LA FRANCE

PAR

P. VIDAL-LABLACHE

MAÎTRE DE CONFÉRENCES A L'ÉCOLE NORMALE SUPÉRIEURE,
PROFESSEUR A L'ÉCOLE NORMALE SUPÉRIEURE D'INSTITUTRICES

PARIS

LIBRAIRIE CHARLES DELAGRAVE

15, RUE SOUFFLOT, 15

1889

AVANT-PROPOS

L'idée initiale de ce travail a été de montrer la composition géographique des États qui nous entourent. Aucun d'eux, sans même excepter les plus petits, ne correspond dans son ensemble à une contrée assez homogène par ses caractères physiques pour être regardé comme une région naturelle. Leurs territoires représentent des groupements sur lesquels l'influence de la géographie ne s'est exercée qu'en collaboration avec beaucoup d'autres causes étrangères. Mais dans ces groupes plus ou moins artificiellement formés et plus ou moins étroitement maintenus, il entre un certain nombre de régions auxquelles des affinités physiques toujours distinctes permettent d'appliquer le nom de régions naturelles. Leur connaissance donne la base nécessaire pour étudier les rapports entre le sol et les habitants. En plus d'un cas elle explique les variétés et même les contradictions qu'on observe dans la physionomie des peuples.

L'histoire est un auxiliaire indispensable dans une étude de ce genre. Ces personnages historiques qu'on appelle des États et des peuples ne peuvent être compris, en aucun cas, si l'on n'observe pas à leur égard le recul exigé par les règles de la perspective. L'influence du sol

*ne se traduit pas toujours directement dans les manifes-
tations de la vie contemporaine. Essentiellement multiple
et fluide, elle circule à travers la vie des peuples.*

*Il a donc fallu combiner avec les leçons que nous
demandions à la géographie certaines données tirées de
l'histoire. Les relations des deux sciences soulèvent des
questions sur lesquelles on a beaucoup discuté. A notre
avis l'histoire ne doit pas s'introduire dans la géographie,
pas plus que celle-ci dans l'histoire, à la façon d'un corps
étranger; mais il y a profit réciproque à ce que les deux
sciences se pénètrent. Nous avons cherché à fondre l'élément historique dans l'analyse géographique de quelques-
unes de ces vieilles contrées de l'Europe. Qu'il nous soit
permis de présenter cet essai à ceux qu'intéressent ces délicates questions de méthode!*

TABLE DES MATIÈRES

ROYAUME DE BELGIQUE

ROYAUME DES PAYS-BAS

ROYAUME-UNI DE GRANDE-BRETAGNE ET D'IRLANDE

LA PÉNINSULE IBÉRIQUE

ROYAUME D'ESPAGNE

ROYAUME DE PORTUGAL

ROYAUME D'ITALIE

ÉTATS ET NATIONS
DE L'EUROPE

PRÉLIMINAIRES

L'Europe n'est pas une simple collection d'États politiques ; c'est une région du globe qu'il faut d'abord considérer dans son ensemble, de manière à comprendre les caractères distinctifs qui lui ont valu son rôle élevé dans l'histoire de la civilisation.

I

Nom et limites de l'Europe.

On a dit parfois de l'Europe qu'elle n'était qu'une péninsule de l'Asie. Elle a pris dans l'histoire une si grande importance qu'elle a tous les droits à être distinguée de sa voisine. D'ailleurs ses dimensions sont trop grandes pour une péninsule. L'Inde, qui est la plus grande des péninsules de l'Asie, a une superficie de 3 millions 800.000 kilomètres carrés ; l'Europe, au contraire, en a près de 10 millions.

Le nom d'Europe se trouve pour la première fois

dans l'hymne homérique à Apollon (vers 72, 73), œuvre postérieure de deux siècles environ à l'*Iliade* et l'*Odyssée*. Il semble ne désigner dans ce passage que la Grèce continentale par opposition au Péloponèse, à la Thrace et aux îles. Ainsi, comme beaucoup de noms géographiques, il s'est appliqué à une région locale et restreinte avant de s'étendre. Jusqu'au xviiie siècle, c'était le Don, ou *Tanaïs* des anciens, qui était généralement regardé comme la limite orientale de l'Europe. De nos jours, ce sont les monts *Ourals* et le fleuve de même nom.

La limite des monts Ourals peut passer pour naturelle, quoique cette chaîne ne soit pas très élevée ni bien difficile à franchir, les plus hauts sommets s'élevant à peine à 1,700 mètres, hauteur moyenne des montagnes de la France centrale.

Au sud de la chaîne, la limite devient tout à fait arbitraire ; elle suit le fleuve appelé autrefois Jaïk, et aujourd'hui *Oural*, longe ensuite les bords de la Caspienne jusqu'au Caucase, qui est considéré également comme la limite entre l'Europe et l'Asie. En réalité, il n'y a aucune différence physique entre les régions situées à l'est et à l'ouest du fleuve Oural; ce sont des steppes, semées çà et là de lacs salés et habitées par des populations nomades et rares; par tous ces caractères, cette région mériterait plutôt d'être adjugée à l'Asie que d'être donnée à l'Europe. Les circonscriptions administratives de la Russie n'ont respecté ni la limite des monts Ourals, ni celle du fleuve. Le gouvernement européen de Perm empiète sur l'Asie, et le gouvernement asiatique d'Ouralsk empiète sur l'Europe.

Le *Caucase* même peut à peine être considéré comme une chaîne de montagnes européenne : il est plutôt asiatique par ses populations et ses relations.

La limite est également conventionnelle dans l'*Archipel*, ce système d'îles qui présentent entre elles des analogies si grandes, et qu'on a classées d'une manière un peu arbitraire en décidant que les grandes îles de Chio, Lesbos, Samos et les *Sporades* dépendent de l'Asie, tandis que les *Cyclades* font partie de l'Europe.

En somme, l'Europe occupe dans le monde une étendue relativement restreinte, qui équivaut à peu près au cinquième de l'Asie et au tiers de l'Afrique. Il n'y a que l'Australie qui soit un peu plus petite. Quant à la France, elle tiendrait environ dix-neuf ois dans l'Europe.

Points extrêmes de l'Europe.

Les points extrêmes sont : au sud, le cap *Tarifa*, et au nord, le cap *Nord*.

Le cap *Tarifa* est le point le plus méridional de l'Europe continentale (36° de latitude). Il est moins méridional toutefois que l'île européenne de Candie, qui atteint le 35°. A *Tarifa*, on rencontre déjà la végétation africaine, et sur le rocher de Gibraltar, qui est tout proche, on trouve des singes, seuls animaux de cette espèce qui habitent le continent européen ; ce sont des spécimens de la faune de l'Afrique qu'une émigration a sans doute transportés à l'extrémité méridionale de l'Europe.

Le point le plus septentrional est le cap *Nord* (71° 11 de latitude), dans une petite île qui se rapproche beaucoup du continent ; à peu de distance se trouve la ville norvégienne de *Hammerfest*, où il y a, en été, des jours de deux mois et, en hiver, des nuits de la même longueur.

Le point le plus occidental du continent est le cap *da Roca*, au nord de l'embouchure du Tage, tout près de Lisbonne. Mais si nous tenons compte des îles, comme cela est nécessaire, le point le plus occidental est un peu au nord de la petite île de *Valentia*, à l'extrémité sud-ouest de l'Irlande. Cet îlot mérite, en outre, d'être remarqué parce que c'est de là que part le premier câble télégraphique qui ait été établi entre l'Europe et l'Amérique, en 1865. Aujourd'hui il n'y en a pas moins de douze, dont la moitié partent de Valentia.

De l'ouest à l'est de l'Europe, c'est-à-dire entre l'île de *Valentia* et *Orenbourg*, il y a une différence de plus de 65 degrés de longitude. Ainsi quand à *Orenbourg* il est 4 heures 40 minutes du matin, il est midi à *Valentia*.

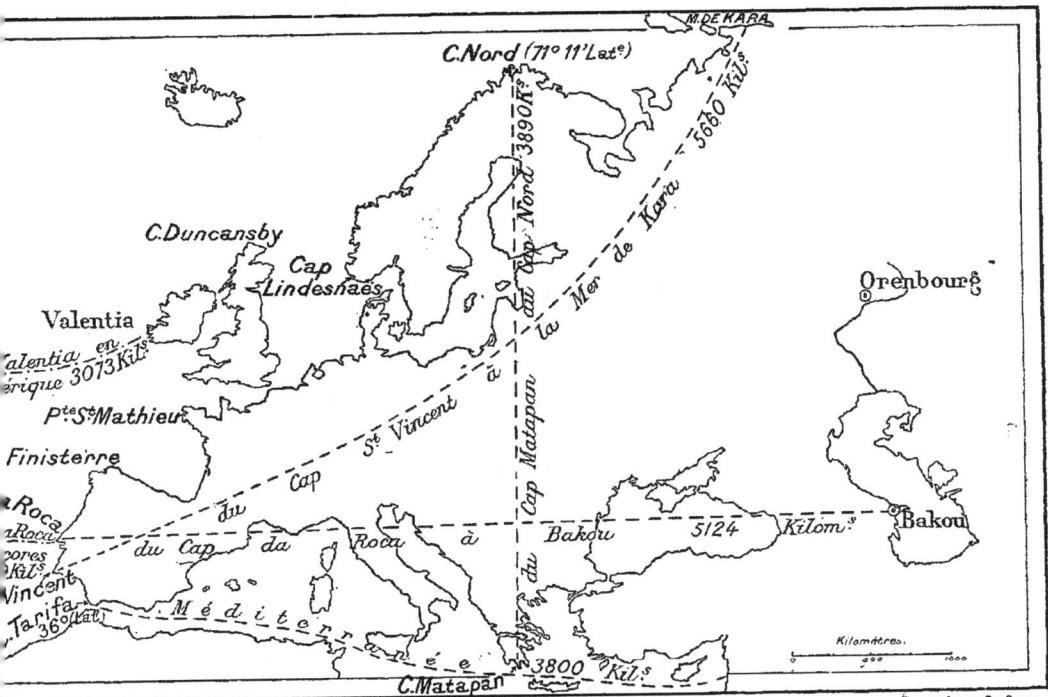

C.Nord (71° 11' Lat°)

M.DE KARA

du Cap Nord 3890 K^s

la Mer de Kara 5680 Kil^s

C.Duncansby

Cap Lindesnaes

Orenbourg

Valentia

Valentia en Amérique 3073 Kil^s

P^{te} St Mathieu

St Vincent

du Cap Matapan

à

Finisterre

Cap

Roca

du

Bakou

5124

Kilom^s

Bakou

du Cap

da

Roca

à

du Cap da Roca

Vincent

Tarifa 36° Lat^t

M é d i t e r r a n é e

Kilomètres.

C.Matapan

3800 Kil^s

Dessinée par Dufaux

Position et configuration de l'Europe.

La position géographique de l'Europe est une des causes qui ont le plus contribué à en faire le foyer de la civilisation, et à lui donner une supériorité qu'elle n'est pas près d'abdiquer, même devant son émule et sa fille, la civilisation américaine.

On distingue sur le globe l'hémisphère austral où l'Océan domine et où les terres sont très rares, et l'hémisphère boréal où au contraire c'est la terre qui domine, de sorte que les continents y sont très rapprochés les uns des autres. L'Europe est située au centre de l'hémisphère continental par excellence, tandis que l'Australie qui, à bien des égards, lui est opposée, occupe le centre de l'hémisphère océanique. Aussi les populations océaniennes ont été privées de bonne heure de rapports fréquents avec leurs semblables ; elles se sont trouvées isolées au milieu de mers immenses, et cette circonstance a contribué à les maintenir dans un état inférieur de civilisation. Rien de semblable en Europe, où les rapports sont pour ainsi dire nécessaires et continus avec les autres continents.

Il y a deux principales portes de communication entre l'Europe et l'Asie : l'une est l'intervalle qui s'étend entre l'Oural à partir d'Orenbourg, endroit où les montagnes s'abaissent, jusqu'à la mer Caspienne. C'est par là que les populations nomades de l'Asie, les *Huns*, les *Turcs*, les *Bulgares*, les *Magyars*, les *Tartares*, etc., ont pénétré en Europe. Une autre voie naturelle de communication, c'est l'Archipel hellénique ; entre la Grèce et la péninsule de l'Asie Mineure, il n'y a réellement pas solution de continuité, à cause de toutes ces îles disséminées à très petite distance les unes des autres, si rapprochées même qu'à l'horizon on voit toujours émerger une de leurs pointes de rocher. Ces îles sont une sorte de pont jeté entre l'Asie Mineure et la Grèce ; c'est par là que les civilisations orientales ont influé sur la civilisation hellénique,

Au sud, l'Europe trouve en face d'elle l'Afrique, et dans l'intervalle il y a aussi de grandes îles pour servir d'étapes : *Crète* ou *Candie, Sicile, Sardaigne, Baléares.*

Du côté de l'océan Atlantique, l'Europe voit s'étendre de grands espaces maritimes qui étaient pour la civilisation ancienne la limite des connaissances ; mais depuis les découvertes du quinzième siècle, l'Atlantique est facilement franchi, et aujourd'hui on peut dire que l'Amérique du Nord est à nos portes : en dix ou onze jours, on peut aller du Havre à New-York, et en huit ou neuf jours de Liverpool. Saint-Nazaire est à quatorze jours des Antilles ; Lisbonne à seize jours de Rio-de-Janeiro.

L'Europe, par sa position au milieu de l'hémisphère continental, en rapports continuels avec l'Asie, l'Afrique et l'Amérique, est comme le centre nerveux du globe.

Un autre privilège de l'Europe, qui a été de très bonne heure remarqué par les géographes anciens, c'est sa configuration. Elle présente une grande richesse de formes.

Sous le rapport de la configuration, l'Europe se divise assez naturellement en deux parties : la partie orientale, où la forme péninsulaire est moins prononcée, et la partie occidentale, qui s'effile de plus en plus et où la distance diminue par degrés entre les deux systèmes de mers qui la découpent au nord et au sud.

Dans la partie orientale se développent entre la mer Noire et la mer d'Azof d'une part, la mer Blanche de l'autre, de vastes étendues remplies par toute l'immensité de l'Empire Russe ; elles rendent les rapports entre ces mers rares et difficiles. Mais l'Europe se rétrécit déjà sensiblement à l'embouchure du Dniéper ; d'Odessa à Kœnigsberg la distance ne dépasse pas, à vol d'oiseau, onze cents kilomètres. L'Adriatique, en se prolongeant vers le nord, ne se rapproche guère moins de la mer Baltique ; c'est à peine s'il y a 1,000 kilomètres entre Stettin et Trieste. Enfin, entre Cette et Bordeaux, la péninsule européenne forme, pour ainsi dire, un isthme, tant l'espace entre les deux mers devient étroit : il ne dépasse pas 400 kilomètres.

Cette disposition a rendu le territoire de l'Europe aisément pénétrable ; nulle part on n'est très éloigné de la mer ; de bonne heure des rapports ont existé entre la Méditerranée et les mers du Nord ; de l'Europe centrale, il y a très peu de points d'où l'on ne puisse atteindre la mer très facilement. C'est le contraire qu'on observe en Asie ; les populations asiatiques ne peuvent pas franchir, au moins avec facilité, les espaces immenses, déserts inhospitaliers, que présentent les grands plateaux de la région centrale.

Ainsi l'Europe voit peu à peu s'animer et s'effiler en quelque sorte les formes massives, et, pour ainsi dire asiatiques, qu'elle a dans sa partie orientale. Par une progression marquée, du Niemen au Dnieper, de l'Oder à l'Adriatique, de la Manche et du golfe de Gascogne à la Méditerranée, elle s'ouvre de plus en plus aux influences de la mer, au commerce, aux échanges de la civilisation.

Un autre avantage consiste dans le riche développement de péninsules et d'îles.

Péninsules et Iles européennes.

L'Europe présente un très grand nombre de péninsules. Il y en a de grandes et de petites ; nous

commencerons par celles-ci en partant du nord-
est. Il faut citer : les péninsules de *Kanin* et de *Kola*,
promontoires glacés qui s'avancent à l'entrée de la mer
Blanche, puis celle du *Jutland*, que sa position à
l'entrée de la Baltique a rendue très importante ;
plus loin, celle de *Hollande*, entre le Zuiderzée
et la mer du Nord ; les deux péninsules du *Cotentin*
et de *Bretagne* ; enfin le *Péloponèse* et la *Crimée*.
Ce sont des péninsules qui ont leur importance,
mais qui cependant n'ont pas une assez grande
étendue pour permettre à des nations de s'y constituer.

Au contraire, il y a en Europe des péninsules assez
vastes pour former un ou plusieurs États : par exemple la *Scandinavie* qui n'est rattachée au tronc
continental que par une sorte d'isthme entre le golfe
de Bottnie et la mer Blanche. De même au sud, dans
la Méditerranée, se projettent hardiment trois grandes
péninsules : la *péninsule ibérique*, la *péninsule italique*, et enfin ce qu'on appelle la *péninsule des Balkans*, faute d'un meilleur nom, c'est-à-dire celle
qui comprend la Grèce et une partie de la Turquie
d'Europe.

Les îles également sont très nombreuses et répandues avec beaucoup de variété tout autour de
l'Europe.

A la différence de l'Afrique, de l'Australie et de
l'Amérique du Sud, continents mal partagés autour
desquels ne gravitent que de rares satellites, il y a
peu de rivages en Europe qui ne jouissent de
l'avantage d'avoir, à proximité, des rivages opposés ;
les îles sont réparties harmonieusement autour du
continent.

On attribue à l'Europe l'*Islande*, terre bien éloignée, européenne cependant par la douceur relative
de sa température due à la bienfaisante influence du
Gulf-Stream, surtout par la race qui l'habite et

qui est d'origine scandinave, parlant encore une langue assez voisine de celle qui se parle en Norvège.
Elle a 102.000 kilomètres carrés.

Parmi les îles les plus remarquables au point de vue
historique, nous citerons : 1° dans la Baltique, *Gottland* qui fut au moyen âge un grand entrepôt commercial, et l'archipel *danois*, berceau du peuple de ce
nom ; 2° dans la Méditerranée, la *Sicile* qui est non
seulement la plus grande, mais aussi la plus fertile
des îles de cette mer (25,740 kilomètres carrés) ; le
couple de *Corse* et *Sardaigne*, les îles *Ioniennes* et les
Cyclades, *Candie*, la dominatrice naturelle de l'archipel hellénique.

Il suffit enfin de nommer la *Grande-Bretagne*, une
des grandes îles du monde (229.592 kilomètres carrés)
et l'*Irlande* (84.252 kilomètres carrés), sa voisine. Autour de ces deux masses principales se groupent les
petits archipels des *Sorlingues*, *Hébrides*, *Orcades*, etc. ;
et si l'on comptait tous les îlots qui s'émiettent le
long de leurs côtes, on en trouverait, dit-on, plus
de cinq mille !

II

Mers européennes.

Les mers qui baignent l'Europe, sont de profondeur
très inégale. Il y a une grande différence entre les
profonds abîmes océaniques qui se trouvent tout
près de nos côtes dans le golfe de Gascogne, et des
mers comme la *Manche*, la *mer du Nord*, la *Baltique*
et la *mer Blanche*. Dans le golfe de Gascogne, à quelques lieues des côtes d'Espagne, la sonde descend
jusqu'à 3,000 mètres. Au contraire, les mers secondaires du nord de l'Europe n'ont pas en moyenne
une profondeur de 100 mètres. Si le niveau du sol
s'élevait de 100 mètres, elles disparaîtraient presque entièrement. Bien différente est la Méditerranée ; celle-
ci présente, aussi bien dans son bassin occidental
que dans son bassin oriental, des profondeurs égales
à celles de l'Océan.

Ainsi, au sud, une sorte de fossé très profond sépare l'Europe de l'Afrique ; au nord, la mer recouvre
une surface à peine évasée où la profondeur est très
faible.

Étudions en détail ce système de mers, en commençant par le nord.

La *mer Blanche* offre peu d'intérêt ; elle est bloquée par les glaces pendant une grande partie de
l'année ; cependant son port d'*Arkhangel* était le seul
point par lequel la Russie pût communiquer avec la
mer, jusqu'à ce que Pierre le Grand eût fondé
Saint-Pétersbourg. C'est ce qui explique comment au
seizième siècle il se développa dans cette ville un commerce assez considérable, surtout avec l'Angleterre,

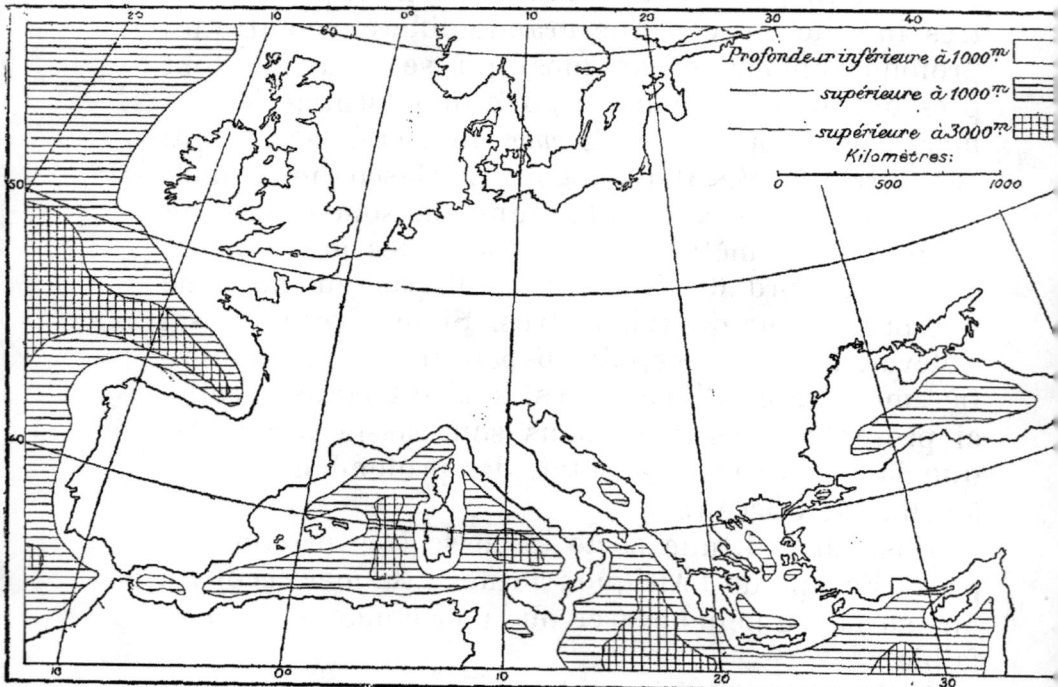

Profondeur inférieure à 1000ᵐ
supérieure à 1000ᵐ
supérieure à 3000ᵐ
Kilomètres:

0   500   1000

E. Duf.

La **Baltique**, située entre 66° et 54° lat. n., projette trois golfes, ceux de *Riga*, de *Finlande* et de *Bottnie*.

Mais on a constaté que le niveau des côtes s'élève sensiblement depuis un siècle, de sorte qu'on peut prévoir dans un avenir géologique, c'est-à-dire très éloigné, le moment où la côte de Finlande se rapprochera de celle de Suède et où le golfe de Bottnie sera remplacé par un lac analogue au lac Ladoga.

Les plus grandes profondeurs de la Baltique se trouvent à l'ouest de l'île de Gottland, où l'on rencontre une sorte de cuvette de 300 mètres environ.

La Baltique n'a pas de marées ; elle est très peu salée. La raison de cette douceur relative de l'eau tient d'abord au climat humide et ensuite à la grande quantité d'eau qu'y versent les fleuves ; il y en a, en effet, de très nombreux et de très puissants qui se jettent dans la Baltique, la *Vistule*, la *Duna*, la *Néva*, le *Dal-elf*, etc. On a constaté l'existence d'un courant qui va de la Baltique vers la mer du Nord. Le surplus des eaux qui se déversent dans la Baltique par les fleuves, s'écoule ainsi vers la mer du Nord.

La Baltique communique avec la mer du Nord par trois passages : le *Grand Belt*, le *Petit Belt* et le *Sund*. Les détroits ont toujours joué un grand rôle, parce qu'ils ont permis aux populations qui les occupent d'en garder le passage, et parfois d'imposer des péages aux vaisseaux qui sont obligés de les prendre pour aller d'une mer dans l'autre.

Le royaume de Danemark a dû son importance au détroit du *Sund* que domine Copenhague, le seul qui soit vraiment fréquenté par la navigation. C'est, avec le Pas-de-Calais, les Dardanelles et le détroit de Gibraltar, un des grands passages européens, sans cesse sillonnés de navires. Lorsque le vent d'ouest souffle, on aperçoit au loin les voiles qui se rapprochent peu à peu, pour se ranger en une sorte de file processionnelle qui leur permette de franchir sans encombre le *Sund*, dont la largeur, entre *Helsingborg* (suédois) et *Elseneur* (danois) ne dépasse pas trois kilomètres.

La *mer du Nord* s'ouvre vers 61° lat. n., entre les îles Shetland et la Norvège.

Entre la Baltique et la mer du Nord, il n'y a sous le rapport de la profondeur que très peu de différence : la mer du Nord présente cependant le long de la côte norvégienne une sorte de large fossé dont la profondeur dépasse 300 mètres. Mais au centre et au sud, elle est très peu profonde, ce qui la rend très dangereuse à cause des écueils à fleur d'eau qu'il est souvent impossible de prévoir. C'est aussi ce qui la rend très poissonneuse ; les poissons aiment à frayer sur ces bancs que la mer recouvre à peine. Les pêcheries de harengs de la mer du Nord ont commencé la fortune de la Hollande. La mer du Nord a sur la Baltique l'avantage que ses ports sont rarement fermés par la gelée.

Elle communique avec la *Manche* par le *Pas de Calais*, large de 35 kilomètres. La profondeur moyenne de la Manche ne dépasse pas 55 mètres.

C'est seulement à la hauteur des côtes de Bretagne que les grandes profondeurs océaniques commencent à apparaître, de sorte qu'il suffirait d'une élévation peu considérable du niveau pour que, au lieu des Îles Britanniques, séparées du tronc continental, on vît émerger une sorte de plateau qui unirait la Grande-Bretagne et l'Irlande, non-seulement à la France, mais au Danemark et à la Suède.

La **Méditerranée** communique avec l'Océan Atlantique par le **détroit de Gibraltar,** qui n'a que 14 kilomètres de largeur.

La Méditerranée a une superficie de 2,855,000 kilomètres carrés, plus de cinq fois égale à celle de la France. Par sa position méridionale elle est soumise à une forte évaporation ; elle perd ainsi une quantité d'eau qui n'est pas compensée par celle que lui ad-

portent les fleuves et les pluies. Aussi ne parvien-
drait-elle pas à maintenir son niveau, si l'Océan n'y
faisait couler d'une manière constante un courant
qui remplace l'eau enlevée par l'évaporation. Ce courant, qui va de l'ouest à l'est, a une rapidité de 4 à
5 kilomètres à l'heure dans le détroit de Gibraltar ;
il est encore très sensible sur les côtes d'Algérie, et
même sur celles d'Egypte.

Entre les îles Baléares et la Sardaigne, de même
qu'entre la Sardaigne et la Sicile, on trouve des
profondeurs de 3,000 mètres.

Le trait le plus remarquable de la configuration de
la Méditerranée est sa division en deux bassins, l'un
occidental, l'autre oriental, qui communiquent entre
eux par deux portes : l'une très resserrée, qui est le
détroit de Messine (3 kilomètres), l'autre, qui est le
passage, large de 140 kilomètres, compris entre la
Sicile et la Tunisie. La profondeur est généralement
assez faible dans ce passage ; il est travaillé par les
forces volcaniques qui se lient aux feux de l'Etna,
du Stromboli et du Vésuve, c'est-à-dire au volca-
nisme de l'Italie méridionale et de la Sicile. C'est
ainsi qu'en 1831, un peu au nord de la petite île
de *Pantellaria*, surgit tout à coup un petit îlot volcanique auquel on donna plusieurs noms, en particulier celui d'île *Ferdinadea* en l'honneur du roi
de Naples, Ferdinand IV ; déjà plusieurs compétiteurs
le réclamaient, lorsqu'il s'abîma dans les flots après
une durée de six mois ; ce n'est aujourd'hui qu'un
plateau à peine couvert de quelques mètres d'eau.

Le point de jonction des deux bassins de la Méditerranée a toujours été une position importante ; c'est là
que dans l'antiquité les Phéniciens avaient placé *Carthage;* aujourd'hui les Anglais qui surveillent déjà par
le rocher de *Gibraltar* l'entrée de la Méditerranée,
commandent ce passage du bassin occidental dans
le bassin oriental, par la possession de l'île de *Malte.*

Une fois le seuil franchi, on entre dans un bassin très profond qui atteint 3,000 mètres entre la Sicile et la Grèce, chiffre qu'il semble même dépasser encore au sud-est, entre l'île de Candie et l'Egypte.

L'*Adriatique* communique avec la *mer Ionienne* et la Méditerranée par le canal d'*Otrante*, où les côtes d'Albanie et d'Italie ne sont séparées que de 65 kilomètres. L'Adriatique elle-même n'a guère qu'une quarantaine de lieues de largeur moyenne.

L'*Archipel (mer Egée)* se rattache, par les *Dardanelles* (2 kil. de large), à la *mer de Marmara*, et celle-ci, par le *Bosphore*, à la *mer Noire*. La *mer Noire* participe, pour la profondeur, au caractère des mers du Sud de l'Europe ; elle atteint près de 3,000 mètres dans sa partie méridionale ; au nord, au contraire, elle est très peu profonde ; la *mer d'Azof*, sa dépendance, n'a que quelques mètres d'eau.

On peut signaler une analogie entre la mer Noire et la mer Baltique, c'est la faible salure des eaux. La mer Noire reçoit les plus grands fleuves de l'Europe, à l'exception du Volga ; ces eaux douces ont pour effet de diminuer la salure de la mer, et de provoquer en même temps un courant continu qui se fraye passage par le détroit du Bosphore, où il est souvent assez rapide et assez violent pour offrir certaines difficultés aux navires qui veulent le remonter.

Le *Bosphore*, long de 27 kilomètres, mais resserré au point le plus étroit jusqu'à 550 mètres, est en quelque sorte l'émissaire par lequel la mer Noire, ou *Pont-Euxin*, se décharge dans la mer de Marmara, ou *Propontide*, et celle-ci dans l'Archipel. C'est ce qu'exprimait le poète Lucain en disant :

Euxinumque ferens parvo ruit ore Propontis.

« La Propontide, chargée du poids de l'Euxin, se précipite par l'étroite bouche des Dardanelles. » Le courant des Dardanelles, quoique moins rapide, est en effet aussi constant que celui du Bosphore.

III

Au sujet du relief du sol il y a eu longtemps des idées fausses, accréditées par des cartes inexactes. On représentait l'Europe comme partagée en deux par une chaîne de montagnes, qui la traversait du nord-est au sud-ouest : c'était ce qu'on appelait la *ligne de partage des eaux.*

En effet, on distingue bien deux pentes principales dont l'une envoie ses eaux vers l'océan Glacial, la Baltique, la mer du Nord et l'océan Atlantique, et dont l'autre envoie les siennes vers la Méditerranée, la mer Noire et la Caspienne ; mais il ne faut pas croire que cette ligne de partage des eaux soit toujours marquée par des montagnes ; ainsi il serait faux de s'imaginer la Russie comme traversée de l'ouest à l'est par une chaîne.

Il existe en Europe une région de plaines, qui comprend toute la partie orientale, et deux régions de hautes terres, l'une au nord-ouest, l'autre au sud et au centre.

Basse Europe.

La Russie, dont la superficie égale plus de la moitié de l'Europe, est en général une plaine immense, qu'une muraille relativement étroite, l'Oural, sépare d'une autre grande plaine, celle de Sibérie.

Les parties orientale et méridionale de la péninsule Scandinave ont aussi un niveau peu élevé. Les îles qui parsèment la Baltique et qui composent l'archipel Danois sont très plates; elles apparaissent au loin

Hautes terres du N.O.

Massif Scandinave

Mnes du Pays de Galles

Basse

Europe

Massif Rhénan

Sudètes

Carpathes

Massif d'Auvergne

Jura

ALPES

Pyrénées

Hautes

Plateau de Castille

Sierra Morena

Sierra Nevada

Apennins

Alpes Dinariques

Balkans

Pinde

terres

du

Sud

Plateau d'Anatolie

Taurus

Atlas

Liban

Dessiné par Du

comme des lignes noires et boisées, à peine au-dessus du niveau des vagues.

L'Allemagne du Nord est une grande plaine ; les Pays-Bas présentent des terres plates par excellence ; les *polders* de la Hollande, de la Zélande et même les campagnes de Flandre sont, pour ainsi dire, l'idéal de la plaine.

La partie orientale de la Grande-Bretagne, celle qui regarde la mer du Nord, est en général un pays ondulé, mais peu élevé ; la région complètement plate qui entoure le Wash, ressemble à la Hollande, qui lui fait face.

Enfin l'Ouest de la France est à un faible niveau au dessus de l'Océan. Supposé que la mer s'élevât de 200 mètres, toute la partie de notre pays qui se trouve à l'ouest d'une diagonale de Mézières à Bayonne, disparaitrait sous les eaux, à l'exception de quelques petits groupes isolés.

Ainsi la grande plaine qui commence en Sibérie, s'étend vers l'ouest jusqu'au massif scandinave, jusqu'aux montagnes de l'Écosse et du pays de Galles, et en France, jusqu'au massif d'Auvergne et aux Pyrénées. C'est ce que nous pouvons appeler *la basse Europe*, la région des plaines.

Parmi les plaines de l'Europe qui, par leur aspect et leur végétation, offrent une physionomie à part, on doit citer les steppes qui sont au nord de la mer Noire, de la mer d'Azof et surtout de la mer Caspienne. Le sol y est à peu près dépourvu d'accidents ; ce sont des plaines balayées par le vent et où des monticules artificiels appelés *kourganes* viennent seuls interrompre la monotonie de l'horizon. Il faut ajouter que le nord et le nord-ouest de la mer Caspienne sont au-dessous du niveau de la Méditerranée. La Caspienne est une mer qui décroît, son niveau est aujourd'hui de 25 mètres inférieur à celui de la mer Noire. Le pays qui la borde au nord et au nord-ouest a été, à une époque géologique relativement récente, abandonné par les flots de la mer ; il est encore imprégné de sel et présente une végétation semblable à celle que l'on voit sur les côtes. C'est un espace monotone et plat, propre à la vie nomade, et habité par les Kalmoucks, peuple de race mongolique, qui a gardé toutes les nabitudes des peuples pasteurs. On dirait volontiers des steppes de la Caspienne qu'elles sont un morceau d'Asie égaré en Europe.

En Hongrie, il y a aussi de vastes plaines, mais très fertiles, qu'on appelle, d'un mot de la langue hongroise, les *puztas*, c'est-à-dire les steppes. Dans ces puztas de la Hongrie centrale, on éprouve quelquefois la même impression qu'en pleine mer, lorsqu'on voit l'horizon dessiner une sorte d'orbe circulaire autour de soi. Par leur fertilité, les puztas de la Hongrie sont les greniers de l'Europe, de même que les steppes de la Russie méridionale, dans les endroits où la terre n'est pas imprégnée de sel.

A l'exception de ces parties très plates de la Russie méridionale et de la Hongrie, la basse Europe présente des ondulations, des collines ; ainsi, au centre de la Russie, il y a de véritables plateaux dont l'escarpe s'élève au bord du Volga, près de *Samara*, à une hauteur de 352 mètres. La même élévation se retrouve aux sources de ce fleuve, dans les hauteurs boisées et marécageuses qu'on désigne sous le nom de collines de *Valdaï*. Sur les côtes de la Baltique se déroulent des collines parsemées de lacs. Près de Danzig, par exemple, le *Thürmberg* s'élève à 345 mètres.

Hautes terres du Nord-Ouest.

Par opposition à la basse Europe, il y a au nord-ouest du continent, une région où les montagnes dominent.

Le **massif scandinave** forme un système montagneux très développé qui dépasse les Alpes en étendue, mais non en hauteur ; car il s'élève rarement au-dessus de 2,000 mètres. A vrai dire, ce sont moins des montagnes que de grands plateaux entaillés par des vallées très étroites et parfois profondes. Dans la langue scandinave on donne à ces plateaux le nom de *field*, qui veut dire roches ; le plus important, le plus vaste et aussi le plus désolé s'appelle le *Dovre-field*. Ces grands plateaux du massif scandinave forment terrasse vers la Suède, tandis qu'ils s'abais-

sent plus brusquement vers l'Océan et vers la mer
du Nord. Leurs contours, de ce côté, sont dessinés
par des chenaux maritimes qu'on appelle des *fiords*
et qui pénètrent très profondément dans l'intérieur.
Les fiords sont la beauté de la Norvège ; c'est sur
leurs bords que se trouvent les villes et que se développe la somme d'agriculture que permet le climat ;
le commerce pénètre par eux jusqu'au cœur du
pays ; en un mot, c'est aux environs des fiords que
se concentre la vie dans ce pays d'ailleurs déshérité
de la nature.

En dehors du massif scandinave, les hautes terres
du nord-ouest ne se montrent plus que par groupes
isolés. Les uns s'élèvent immédiatement du fond des
mers et constituent des îles élevées, comme les
Hébrides, les Shetland, les Féroé et la volcanique
Islande. Ce sont aussi des groupes isolés qui se
montrent dans la Grande-Bretagne et en Irlande,
mais avec la différence qu'au lieu d'être séparés par
la mer, ils sont soudés entre eux par des plaines intermédiaires. Il ne faudrait pas regarder, en effet, les
parties montagneuses de la Grande-Bretagne comme
se combinant en un système unique qui formerait
l'arête de l'île. Elles se répartissent en réalité en cinq
groupes distincts, relégués aux extrémités septentrionale et occidentale : *monts Grampians* au nord de
l'Écosse, *monts Cheviots, chaîne Pennine, monts du pays
de Galles, hauteurs de Cornouailles*. Il en est de même
en Irlande, où six groupes situés aux angles ne sont
liés entre eux que par une plaine centrale qu'un
affaissement de moins de 100 mètres suffirait pour faire
disparaître.

Hautes terres du Sud et du Centre.

On voit que les hautes terres du nord-ouest sont
séparées du haut pays qui occupe le sud de l'Europe

par la grande plaine qui s'étend de la Russie à l'extrémité occidentale de la France et dont les parties les plus profondes sont couvertes par de minces couches d'eau marine.

L'Europe du sud est la *haute Europe* par excellence. Pour bien comprendre la structure de cette partie du continent, il faut prendre son point de départ aux Alpes, parce que le système alpestre est, pour ainsi dire, la clef de voûte de tout cet édifice montagneux.

Les **Alpes** s'étendent sous la forme d'un arc de cercle, depuis les bords de la Méditerranée, à Savone, jusqu'aux bords du Danube, à Vienne, et couvrent une superficie d'au moins 220,000 kilomètres carrés. Par leur position entre l'Océan et la Méditerranée, elles reçoivent beaucoup de vapeurs qui, condensées en pluies ou en neiges, nourrissent leurs glaciers, leurs lacs et leurs fleuves. Elles se divisent en un certain nombre de massifs séparés les uns des autres par un remarquable système de vallées, qui rendent les communications relativement faciles.

Les Alpes sont un monde, dans lequel les phénomènes les plus intéressants de la physique terrestre s'associent aux formes les plus pittoresques et les plus grandioses. En quelques heures on y passe du climat tempéré au climat polaire. Aux fraîches prairies des vallées succèdent les bois ; vers le niveau de 1,700 mètres, ceux-ci cèdent la place à des pâturages où les troupeaux passent l'été. Vers 2,400 mètres commencent les neiges, percées çà et là par des saillies de roc nu. Le sommet du *Mont-Blanc* s'élance jusqu'à 4,810 mètres.

Les Alpes tombent à pic du côté du sud, vers la plaine de Lombardie : Milan, au milieu de la plaine du Pô, est à *120 mètres* environ au-dessus du niveau de la mer. Au nord, elles s'adossent à de hauts plateaux qui couvrent une partie de la Suisse et de la Bavière ; ainsi à Munich, on est à *515 mètres* au-dessus du niveau de la mer ; Berne est à *538 mètres*, et Ulm, sur le haut Danube à *464 mè-tres*.

Autour des Alpes se groupent : au nord, le *Jura*, les *Vosges* et la *forêt Noire*, les *monts de Bohême ;* à l'ouest, les *Cévennes* le et *massif d'Auvergne ;* au sud, les *Apennins* et les *Alpes Dinariques*, qui ont leur prolongement dans le *Pinde*.

Enfin à l'est commence la ligne des *Carpathes*, qui décrivent autour de la Hongrie un arc de cercle de 300 lieues, dont la concavité, comme celle des Alpes, regarde le sud.

Les Carpathes elles-mêmes, par des chaînons que traverse le Danube, vont se lier au système des *Balkans*.

Ainsi ces diverses chaînes ne sont pas isolées, on doit les considérer comme liées d'une manière plus ou moins intime et formant un ensemble. Par leu agencement elles encadrent de belles plaines : celles du *Pô*, du *Rhône*, de *Hongrie* et de *Valachie*, du *Rhin moyen*.

Les montagnes dominent dans les trois péninsules méridionales. L'Espagne est la plus massive. Bornée au sud et au nord par deux des chaînes les plus élevées de l'Europe, la *Cordillère bétique* et les *Pyrénées*, elle est constituée, au centre, par de grands plateaux de 700 à 800 mètres de hauteur, dits *plateaux des Castilles*. Burgos, la capitale de la Vieille-Castille, est même à *900 mètres* au-dessus du niveau de la mer. Cette nature de plateau donne au centre de l'Espagne un aspect uniforme, triste et désolé qui justifie trop souvent le proverbe connu : « Une alouette qui doit traverser la Castille doit auparavant se munir du grain qui lui est nécessaire. » Cependant les belles plaines ne man-quent pas en Espagne ; mais elles sont réparties sur la périphérie, à grande distance les unes des autres:

telles sont celles de *Valence*, d'*Andalousie* et du cours inférieur du *Tage*.

L'Italie, ou péninsule de l'Apennin, a des plaines en plus grand nombre et mieux disposées : celles du *Latium* et de la *Campanie* sur le versant occidental, celle de la *Pouille* sur le versant oriental.

La péninsule des Balkans, ainsi que la péninsule hellénique qui en est l'appendice, sont sillonnées en sens divers par des chaînes qui se lient à une sorte de plateau central, appelé *plateau de Mésie* (la *Mésie* était une province romaine comprenant une partie de la Serbie et de la Bulgarie actuelles). Les ramifications du *Pinde* encadrent, en Grèce, un grand nombre de petites plaines, qui ressemblent à des bassins.

Ainsi les montagnes et les plaines pénètrent, pour ainsi dire, les unes dans les autres ; partout, ou presque partout, les communications sont faciles, et la variété du sol influe sur le climat, la végétation et le caractère des habitants.

Fleuves.

L'Europe envoie ses eaux vers sept mers différentes, dont une seule, la Caspienne, est une mer fermée. Les fleuves de l'Europe se prêtent en général à la navigation, excepté ceux de la péninsule ibérique, qui sont presque tous des fleuves de plateaux, encaissés, très pauvres en eau et impropres à la navigation, souvent même à l'irrigation. Au contraire, les fleuves du centre de l'Europe, comme le Danube et le Rhin, rendent de grands services pour la communication entre les différentes parties du continent.

Les fleuves européens sont distribués d'une manière très variée. Si l'on considère les fleuves d'Amérique, comme le Mississipi et l'Amazone, les plus grands que présente notre planète, on est frappé de leur aspect grandiose, de l'énorme volume d'eau qu'ils roulent ; mais on remarque aussi entre eux un

grande uniformité de direction ; presque tous, surtout dans l'Amérique du Sud, coulent par une pente
uniforme vers l'Atlantique ; il y en a très peu
sur le versant opposé. En Europe, au contraire, les
fleuves rayonnent pour ainsi dire en tous sens.

Il y a deux régions qui sont très remarquables
par le grand nombre de cours d'eau auxquels elles
donnent naissance.

Le premier de ces deux centres de rayonnement se
trouve en Russie, au centre de la basse Europe, dans
les collines de Valdaï. Dans ces hauteurs marécageuses
et boisées, les eaux filtrent de toutes parts et donnent
naissance à des fleuves qui divergent dans toutes les
directions. On trouve en effet, dans un cercle peu
étendu, les sources du *Volga*, qui se jette dans la
Caspienne ; de la *Duna*, qui se jette près de Riga dans
le golfe de Livonie ; du *Dnieper*, qui se jette dans la
mer Noire.

Ces fleuves sont plus remarquables par leur longueur que par l'abondance de leur volume ;
ils coulent à travers de grandes plaines ; ils sont
gelés pendant l'hiver ; mais au commencement de l'été
ils subissent de grandes crues, et l'on peut voir alors
un phénomène qui est caractéristique pour tous ces
cours d'eau de l'Europe orientale. Ce sont de
grandes inondations, qui se répandent sur la rive
gauche, tandis que la rive droite est formée par des
berges que le fleuve rase de près, et qui s'écroulent
de temps en temps sous l'action des eaux. Ainsi
le Volga s'étend à gauche, au moment des crues, sur
de grands espaces couverts de prairies et de marécages ; au contraire sa rive droite, qui est celle de
l'ouest, serre de très près les berges d'un plateau qui
s'élève quelquefois à d'assez grandes hauteurs.

Le second centre de rayonnement de sources
fluviales est dans les Alpes, entre le massif du Saint-
Gothard et celui du Bernina.

Au Saint-Gothard sont les sources du *Rhône*, du *Rhin* et du *Tessin;* au Bernina celles de l'*Inn*, le principal affluent du Danube.

Les fleuves alpestres ont un aspect particulier : ce sont, dans la partie supérieure de leur cours, des torrents roulant une eau trouble, glacée, *sauvage*, suivant l'expression des habitants des Alpes. Mais la plupart viennent se calmer et s'épurer dans les grands lacs qui entourent les Alpes comme d'une ceinture. Ils en sortent transformés ; leurs eaux, grises et troubles auparavant, sont devenues transparentes et vertes.

Climat et Végétation.

Rien peut-être ne distingue l'Europe des autres parties du monde autant que son climat ; elle a en général une température plus douce que sa latitude ne le comporte.

Ainsi, tandis que de l'autre côté de l'Atlantique, mais à la même latitude, la côte du Groenland est encombrée de glaces, celle de la Norvège reste libre toute l'année. Tandis que l'agriculture paraît impossible au Labrador, elle fleurit en Angleterre et en Hollande. Tandis que Québec est en proie à de rigoureux hivers, il gèle très rarement en Bretagne. Le froid sévit chaque année à New-York et Pékin, villes situées à la même latitude que Naples, qui ne connaît pour ainsi dire pas l'hiver.

Cette douce température de l'Europe occidentale paraît tenir surtout à deux causes : l'action des vents de l'ouest et du sud-ouest et l'influence du Gulf-Stream.

Les vents de l'ouest et du sud-ouest sont les plus fréquents en Europe. Imprégnés des vapeurs tièdes de l'Océan qu'ils ont traversé, ils viennent modérer notre climat ; ils rendent la température plus douce

2

en hiver. Par la dépression de la basse Europe, ils font sentir leur influence jusqu'en Russie. Cependant plus on avance vers l'est, plus les influences océaniques s'affaiblissent, et il y a dans la Russie orientale un climat qui rappelle celui de l'Asie.

Une seconde cause météorologique, c'est l'influence du Gulf-Stream, ou courant du Golfe, ainsi nommé parce qu'il sort du golfe du Mexique (1).

Sa bienfaisante influence se fait sentir sur l'Irlande qui lui doit ses verts pâturages, sur l'Écosse, le Danemark, la Norvège ; en été, ses dernières effluves atteignent même l'embouchure des fleuves russes et les côtes de la Nouvelle-Zemble. C'est sous la forme d'une nappe largement étendue d'eau tiède qu'il baigne les côtes du nord-ouest de l'Europe, pénétrant dans toutes les anfractuosités des côtes, dans les fiords, dans les archipels, et permettant à la navigation de se soutenir toute l'année dans les ports norvégiens. Ainsi même au delà du Cercle polaire, près du cap Nord, jamais il n'y a interruption de navigation pendant l'hiver, les ports sont libres, et la pêche est la principale occupation des habitants, tandis qu'à Saint-Pétersbourg, et même à Azof, sur la mer de ce nom, non seulement les fleuves, mais les bords de la mer sont gelés. L'orge est cultivé dans les vallées de la Norvège jusqu'à 70° de latitude. Vers Trondiem (63° lat.) se montrent les cerisiers, ceux des arbres fruitiers qui s'avancent le plus vers les nord. Au sud de la Suède et surtout dans les îles danoises de Fionie et de Seeland, le blé donne de riches moissons.

Les vents d'ouest et le Gulf-Stream sont les deux causes qui permettent à la partie septentrionale de l'Europe d'être le siège d'États florissants et civilisés. Ces deux influences, très marquées sur la côte oc-

(1) Vidal-Lablache, *la Terre*, chap. VIII, p. 135.

cidentale, s'affaiblissent à mesure qu'on avance vers
l'est, mais elles ne s'éteignent pas complètement ; les
températures extrêmes s'écartent davantage et la
morte-saison dure plus longtemps. Ainsi pendant tout
l'hiver, jusqu'au mois d'avril ou de mai, les grands
fleuves de la Russie deviennent inutiles pour la navigation parce qu'ils sont gelés ; les ports de la mer
d'Azof comme celui de la mer Blanche, Arkhangel,
sont également bloqués par les glaces.

Cependant, même dans l'Est, le climat n'est pas assez
rude pour rendre l'agriculture impossible. La vigoureuse chaleur des étés permet à la végétation de se
rattraper ; et en somme, si l'on excepte le hêtre, la
vigne (sauf en Crimée) et les plantes délicates du Sud,
il est peu de nos cultures qui ne s'accommodent du
climat de la Russie. L'extrême Nord seulement est
occupé par des forêts de résineux et des marécages
où les arbres ne viennent pas, parce que la terre y
reste, même en été, imprégnée d'eau glacée à dix ou
douze pieds de profondeur.

Autour de la Méditerranée règne un climat spécial, qui se distingue surtout par la douce température des hivers et par la sécheresse des étés. Ces
conditions sont favorables aux arbres toujours verts,
tels que l'olivier, le laurier, les lentisques, les myrtes,
dont le feuillage d'un vert sombre trahit l'intensité
de la lumière qui les colore. Il ne faut pas demander
aux bords de la Méditerranée les vertes prairies
et les forêts de hêtres qui font le charme de l'Europe
centrale. Sur leurs rocs souvent décharnés le thym
et la lavande croissent par touffes ; le *maquis* remplace le bois ; la vigne et l'olivier sont cultivés en
terrasses entre des murs de rocaille.

Cependant en Europe la pluie ne fait défaut nulle
part. Cette circonstance explique pourquoi il ne s'y
trouve pas de déserts. Partout, si ce n'est dans quelques contrées reléguées aux extrémités, au Nord ou

au Sud-Est, le sol est assez productif pour que l'homme ait pu tirer de l'agriculture des ressources suffisantes, pour qu'il ait pu se fixer au sol, avec son toit, sa famille, ses traditions et ses habitudes. C'est là une condition essentielle de civilisation et de paix. L'Europe lui a dû d'avoir échappé, sauf de rares exceptions, à ces déplacements et à ces invasions de nomades qui ont plusieurs fois balayé le sol asiatique. Ses destinées ont suivi un cours plus régulier et plus stable.

I. — ALTITUDES

1° Basse Europe.

		Mètres.
Russie.	{ Coteaux du Volga, près de Syzran. . .	352
	{ Collines de Valdaï (Papavagora). . . .	350
Allemagne.	Thürmberg, près de Danzig.	345
Suède. . . .	. Mont Kinnekulle, à l'est du lac Wener.	303
France.	Collines de Normandie (source de la Mayenne).	417

2° Hautes Terres du Nord-Ouest.

Norvège.	{ Monts du Lyngen fiord.	2000
	{ Sulitielma.	1875
	{ Sneehattan	2306
	{ Goldhopig	2600
Islande. . .	. . Orffa Jokull	1953
Ecosse.	. Ben Nevis.	1331
Galles	. Snowdon.	1094
Hébrides.	. Ile de Skye.	980

3° Hautes Terres du Sud et du Centre.

Alpes suisses. .	{ Mont Blanc.	4810
	{ Mont Rose.	4638
	{ Cervin	4482
	{ Finster aar horn.	4275
	{ Bernina.	4052
Alpes françaises .	Barre des écrins	4103
Alpes Autrichiennes.	{ Ortler.	3905
	{ Gross Glockner.	3799

Alpes Italiennes.	Grand-Paradis	4178
Espagne	Néthou (Pyrénées).	3404
	Mulahacen (Sierra Nevada)	3554
Italie.	Etna.	3343
	Gran Sasso (Apennin).	2909
Péninsule des Balkans.	Rilo (Balkans).	2750
	Olympe.	2973
Hongrie.	Tatra (Carpathes).	2647
Roumanie.	Négoï (id.).	2536
Allemagne. . . .	Monts des Géants.	1601
	Forêt de Thuringe.	983
	Feldberg (Forêt noire).	1495
Alsace	Ballon de Soultz (Vosges).	1426
France	Crêt de la Neige (Jura)	1726
	Mont Dore.	1883
	Mézenc (Cévennes).	1754

II. — FLEUVES

	LONGUEUR	BASSIN
Volga (16e fleuve du monde en longueur)	3401 kil.	1458,894 kil. carrés.
Danube (20e).	2745	816.947 —
Oural (29e).	2378	84,399 —
Dniéper (35e).	2138	526,945 —
Don (44e).	1808	430,254 —
Dniester (69e).	1344	76,859 —
Rhin (70e).	1298	480,386 —
Dwina (75e).	1213	
Elbe (79e).	1152	145,917 —
Vistule (89e).	1040	191,406 —
Loire (93e).	980	116,600 —
Oder.	900	114,000 —
Tage.	888	77,800 —
Niémen	870	110,700 —
Guadiana	840	66,600 —
Rhône.	812	97,800 —
Ebre. . . . . . , . .	790	66,000 —
Douro.	780	100,540 —
Seine	776	78,650 —
Gota elf.	730	63,600 —
Pô.	630	78,000 —
Garonne	605	81,800 —

I V

Populations.

L'Europe est habitée depuis une haute antiquité. Ses plus anciennes populations ont laissé leurs traces sur le sol, par les *tumuli* qu'on trouve en grand nombre dans la région du bas Danube et de la Russie méridionale, par les *dolmens* et les alignements de pierre qui existent en Angleterre, en France et dans le centre de l'Europe. Les amas de coquilles explorés par les archéologues danois sur les côtes du Jutland, les tourbières de l'Allemagne du Nord, les graviers de la Somme, les villages lacustres établis sur pilotis dans les lacs de la Suisse, les cavernes que l'on a explorées dans les Pyrénées, sur les bords de la Vézère (Dordogne) et de la Lesse (Belgique), ont permis de réunir quelques données sur les mœurs, les ustensiles, les armes de ces populations préhistoriques. L'Europe centrale et occidentale avait déjà des habitants à une époque où le renne, le mammouth, le tigre des cavernes y vivaient, où les volcans de l'Auvergne étaient encore actifs, où nos cours d'eau avaient un régime torrentiel, différent du régime actuel. Vivant de chasse et de pêche, obligés de se défendre contre de puissants animaux, ces rares habitants menaient une existence misérable ; mais les besoins de la lutte aiguisaient en eux l'esprit de ressources, et ils apprirent à tailler le silex pour fabriquer des haches, des couteaux, des harpons.

Ces hommes de l'âge de pierre sont nos plus anciens ancêtres, le fond primitif auquel des invasions venues de l'Est n'ont pas cessé d'ajouter de nouvelles couches. Peu à peu les rangs se sont serrés, la vie pastorale a fait place à l'occupation agricole du sol. Par le travail accumulé des générations, l'Europe, où quelques milliers d'hommes pouvaient difficilement à l'origine trouver leur existence, est parvenue à entretenir aujourd'hui une population de 338 millions d'habitants (1886), le cinquième environ de la population du globe.

Répartition de la population.

Ces 338 millions d'habitants sont distribués très inégalement sur la surface du continent européen. Ainsi, même en mettant à part les steppes plus asiatiques qu'européennes qui avoisinent la Caspienne, et les marécages glacés du cercle polaire, la partie orientale occupée par l'empire de Russie est faiblement peuplée. Elle reste au-dessous de la moyenne de l'Europe, et ne s'en rapproche que dans la région entre le Don et le Dniéper qu'on désigne sous le nom de Terres Noires. Là se trouvent les districts russes les plus fertiles et les populations les plus serrées, bien que leur densité reste encore bien en arrière de celle qu'elle atteint dans les contrées favorisées de l'Europe occidentale.

Lorsque les populations se concentrent dans un pays, elles y sont attirées, soit par la fécondité du sol, soit par l'industrie, soit par la mer.

La grande plaine du *Pô*, comprenant la Lombardie et la Vénétie ; la vallée du Rhin moyen, c'est-à-dire l'Alsace d'un côté, le grand duché de Bade de l'autre ; les plaines qui s'étendent à l'embouchure du Douro, en Portugal, sont des pays favorisés du ciel, où toutes les circonstances semblent réunies pour assurer à l'homme une multiplication rapide ; aussi la population y est-elle très concentrée. Elle l'est pour une autre raison dans le royaume de *Saxe*, du côté de Dresde et de Leipzig : le terrain est maigre et stérile, mais il contient de la houille et a suscité de nombreuses industries. La même cause a aggloméré les habitants autour de Cologne et en Westphalie ; de même encore en *Belgique*, dans le *Nord de la France*, ainsi que dans la région de *Saint-Étienne* et au *centre de l'Angleterre*.

Le voisinage de la mer a groupé de nombreuses

populations sur les côtes de Ligurie, de Bretagne, de Flandre et de Hollande.

Toutes ces contrées sont beaucoup plus peuplées que la moyenne de l'Europe (35 habitants par kilomètre carré); le chiffre de densité de la population y est supérieur à cent cinquante.

Cependant on ne trouve pas dans notre partie du monde ces grandes agglomérations humaines qui vivent sur les bords du Gange ou des grands fleuves de la Chine; en Europe la population est moins accumulée, mais elle est mieux distribuée, et il faut reconnaître que si l'on n'y peut citer d'immenses populations comme celles de l'Inde et de l'empire chinois, il est également impossible d'y rencontrer de grands espaces déserts, comme ceux du centre de l'Asie.

Langues.

Les diverses populations de l'Europe peuvent être classées d'après les langues qu'elles parlent.

Communauté de langue ne signifie pas toujours communauté d'origine. Les descendants des Gaulois parlent une langue issue du latin, sans être pour cela des Latins par le sang. Dans la partie orientale de l'Allemagne, la langue allemande est aujourd'hui parlée par beaucoup d'habitants qui, par leur origine, ne sont pas des Germains, mais des Slaves. Il y a dans la Péninsule des Balkans un peuple qui parle maintenant une langue slave, quoique Finnois d'origine : ce sont les Bulgares. On pourrait multiplier les exemples. Ils nous enseignent qu'il n'y a pas toujours parenté physique entre les peuples que la ressemblance des langues unit par une sorte de parenté morale.

La communauté de langues constitue un rapport puissant, qui ne peut manquer d'exercer de l'influence sur la formation des États. Entre des po-

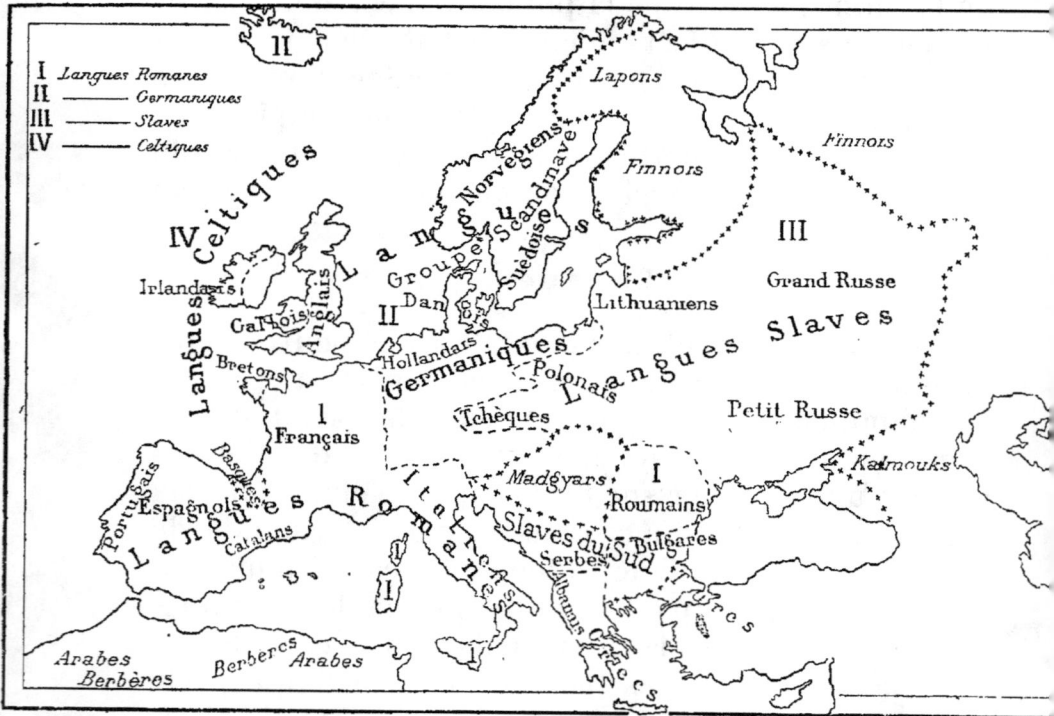

I — Langues Romanes
II ——— Germaniques
III ——— Slaves
IV ——— Celtiques

II

Lapons

Finnois

III

Langues Celtiques

Langue Groupe Scandinave

Norvegiens

Suédois

Finnois

Grand Russe

IV

Irlandais

Gallois

Anglais

Dan ois

Lithuaniens

Langues Slaves

II

Bretons

Hollandais

Germaniques

Polonais

Petit Russe

I

Tchèques

Français

Madgyars

I

Kalmouks

Portugais

Espagnols

Basques

Roumains

Langues Romanes

Catalans

Slaves du Sud

Bulgares

Italiens

Serbes

Arabes
Berbères

Berbères

Arabes

Albanais Grecs

pulations qui parlent la même langue il se fait un rapprochement naturel par la facilité des relations et le développement d'une littérature commune. Cette intimité se manifeste encore, quoiqu'à un moindre degré, entre des populations qui parlent des langues, non pas identiques, mais seulement parentes : s'il n'y a plus fraternité, il y a du moins cousinage.

Il est donc utile de voir comment les groupes ou familles de langues sont distribués en Europe, et comment ils unissent, par des ressemblances de traditions et de mœurs, des peuples quelquefois bien différents d'origine.

Langues indo-européennes.

Les langues européennes se rattachent presque toutes à la famille *indo-européenne* ou *aryenne*; on appelle de ce nom un groupe de langues qui ont des affinités fondamentales entre elles, et qui sont parlées dans toute l'Europe à peu d'exceptions près, ainsi que dans la partie occidentale de l'Asie. L'anneau le plus oriental de la chaîne est formé par les langues dont se servent encore les habitants du Nord de l'Inde. C'est ce qui a fait donner le nom de famille indo-européenne au groupe commençant dans l'Inde pour finir à l'extrémité de l'Europe occidentale. On pourrait dire aujourd'hui *indo-américaine*.

En Europe, la famille aryenne se divise en trois branches qui comprennent chacune un certain nombre de langues ayant leur littérature propre ; ce sont :

1° Les langues tirées du latin, *langues romanes* ou *néo-latines ;*

2° Les *langues germaniques;*

3° Les *langues slaves.*

Langues romanes.

Les langues *néo-latines* ou *langues romanes* sont, comme leur nom l'indique, nées du latin, non pas du latin de Cicéron et de Virgile, mais de ce parler vulgaire de l'armée et du peuple qu'on appelle la langue rustique romaine.

Il y a quatre principales langues latines dans l'Europe occidentale : l'*italien*, le *français*, l'*espagnol* et le *portugais*. Elles se sont développées à part, mais il n'en existe pas moins entre elles des rapports étroits, des ressemblances frappantes qui tiennent à leur origine commune; par suite, les peuples qui les parlent, quoique n'appartenant pas aux mêmes races, se rapprochent par une certaine communauté de traditions historiques, de mœurs et d'habitudes.

Si l'on traçait une ligne, passant par *Bruxelles*, *Thionville*, *Belfort*, traversant le *Valais* en Suisse, et suivant les *Alpes*, on aurait la limite entre les langues romanes et les langues germaniques.

Mais en dehors de cette limite il faut citer en Suisse la haute vallée du Rhin, près de Coire, et la haute vallée de l'Inn ou Engadine ; là se parle une langue d'origine latine qu'on appelle le *romanche*. L'allemand empiète sans cesse sur ce dialecte, réduit aujourd'hui à l'état d'îlot linguistique.

Dans l'Europe orientale, des populations assez nombreuses, dont la langue est d'origine romane, habitent le pays qu'on appelle aujourd'hui la *Roumanie*, et qui, autrefois était plus connu sous le nom de Valachie et de Moldavie. Le roumain est aussi parlé dans une grande partie de la Hongrie et de la Transylvanie, depuis la Theiss jusqu'au Dniester.

De tous les peuples qui les avoisinent, il n'en est aucun dont la langue soit pour les Roumains aussi aisé à comprendre que le français et l'italien.

Au point de vue religieux, le groupe roman de l'Ouest représente le principal contingent du catholicisme romain, tandis que le groupe oriental appartient à la forme grecque du christianisme.

On peut rapprocher des langues néo-latines la langue grecque (grec ancien et grec moderne), qui est parlée non seulement en Grèce, mais à Constantinople par une partie de la population, dans la petite péninsule chalcidique, dans les îles de l'Archipel, et sur les côtes de l'Asie Mineure.

L'*albanais*, qui est à peu près isolé en Europe, a plus de rapports avec les langues romanes qu'avec le slave. Cette différence est une des causes de l'antipathie que les Albanais témoignent aux populations slaves qui les avoisinent.

Ces diverses langues sont parlées par environ un tiers des 338 millions d'habitants de l'Europe.

Langues germaniques.

Les *langues germaniques* sont parlées par un autre tiers. Elles ne se bornent pas à l'Allemagne proprement dite et à une notable partie de la Suisse; l'anglais et les langues scandinaves s'y rattachent.

Il y a entre les peuples qui constituent ce groupe d'incontestables affinités.

Les mélodies, les contes populaires des peuples germaniques se retrouvent aussi bien en Suède et en Norvège qu'en Allemagne et en Angleterre. Les pièces de Shakespeare sont jouées sur les théâtres allemands presque autant que celles de Schiller et de Goethe. Les peuples germaniques ont en très grande majorité adopté le protestantisme.

L'*allemand* proprement dit se divise en *haut-allemand*, devenu depuis Luther la langue littéraire, et *bas-allemand (platt-deutsch)*, dialecte parlé dans le nord de l'Allemagne.

Les langues scandinaves sont au nombre de trois : le *suédois*, le *danois* et le *norvégien*. Le suédois, sonore et harmonieux, est la seule langue germanique qui ait conservé la voyelle à la fin des mots. Le danois et le norvégien se ressemblent beaucoup ; jusqu'en 1815 la Norvège a été unie, non pas à la Suède, mais au Danemark.

La vieille « langue du Nord », sous sa forme primitive, a dominé au moyen âge en Suède, Norvège, Danemark et Islande. Mais elle ne s'est maintenue que dans cette dernière île et dans l'archipel des Féroé ; sur le continent elle s'est démembrée en une branche suédoise et une branche dano-norvégienne.

Le monde scandinave a sa personnalité bien marquée. Voué à l'étude de ses antiquités, de ses *sagas*, de sa littérature et de son histoire, il a le sentiment très vif de son autonomie.

Parmi les langues nées du bas-allemand, il faut citer : au nord-ouest le hollandais, ou plutôt le *néerlandais*, et le *flamand*, idiome très voisin qui est parlé en Belgique et jusque dans l'extrémité nord du territoire français, dans les deux arrondissements de Dunkerque et d'Hazebrouck.

L'*anglais*, qui a reçu un certain nombre de mots français au moment de la conquête normande, n'en est pas moins au fond une langue germanique par la syntaxe et les racines ; on remarque même que les patois de l'Angleterre orientale ressemblent beaucoup à ceux du Jutland.

La limite entre les langues germaniques et les langues slaves a beaucoup varié. Autrefois les dialectes slaves dominaient dans toute la partie de l'Allemagne du Nord qui est à l'est de l'Elbe, comme l'indiquent encore les noms de presque toutes les villes ; aujourd'hui l'allemand, par colonisation et par conquête, s'est étendu jusqu'à la Vistule et au bas Niémen, et même, au moins dans les villes, jusqu'en Livonie. Les provinces baltiques, en effet, quoique soumises à la Russie, renferment une bourgeoisie et une noblesse allemandes, qui maintiennent énergiquement leur langue et leurs usages.

Les idiomes germaniques se sont également étendus le long du Danube jusqu'à Vienne, et même un peu au delà. Cependant la Bohême, à cause des montagnes qui l'entourent, a pu maintenir sa langue nationale, qui appartient à la famille slave.

Ces empiètements de la langue allemande sont dus à des habitudes anciennes et profondément enracinées chez les Allemands; actuellement ils partent chaque année par centaines de mille pour l'Amérique; autrefois ils émigraient, tantôt pacifiquement, tantôt à main armée, vers l'Europe orientale.

Langues slaves.

Les langues slaves ont entre elles des rapports plus intimes que ceux qui unissent les langues romanes ou les langues germaniques. On y distingue deux grands groupes ; celui du Nord et celui du Sud.

Les trois principales langues slaves du Nord sont le *russe*, le *polonais*, et le *tchèque*.

Le berceau de la langue russe est le bassin supérieur du Volga. Moscou est la capitale nationale et littéraire, sinon la capitale officielle de la Russie.

Le polonais domine dans le bassin de la Vistule et de la Varta, affluent de l'Oder ; là se trouve Posen qui appartient aujourd'hui à la Prusse, mais qui était autrefois une des trois grandes villes de la Pologne, avec Varsovie et Cracovie.

En Bohême on parle la langue tchèque ; les habitants la conservent comme un précieux gage de leur nationalité, et la défendent avec une sorte d'âpreté contre les envahissements des Allemands, très nombreux surtout dans le Nord.

Au Sud, les deux principales langues slaves sont le *serbe* et le *bulgare*.

Le serbe est non seulement parlé en Serbie, mais encore dans la partie méridionale de l'Autriche ; l'idiome des Croates doit être considéré comme un dialecte du serbe.

Les Bulgares sont un peuple finnois d'origine, qui s'est slavisé au septième siècle de notre ère. Les langues slaves s'étendent par le bulgare jusqu'aux portes de Constantinople.

Il faut ajouter à celles qui précèdent la langue *lithuanienne*, parlée par le peuple dans les provinces russes de Courlande et de Livonie et à l'extrémité nord-est de la Prusse. C'est un idiome très harmonieux qui se rapproche, dit-on, du sanscrit plus qu'aucune autre langue de l'Europe, et qui a conservé le dépôt, sous une forme très ancienne, de plusieurs contes formant le patrimoine commun des peuples indo-européens.

Autres groupes.

Il y a vers les extrémités occidentales de l'Europe des idiomes qui, refoulés par le développement des langues romanes et germaniques, végètent et perdent du terrain.

Les Basques, qui se nomment *Euscaldunac*, et qui parlent l'*Euscara*, sont au nombre de 660,000 en Espagne (Provinces Basques) et de 140,000 en France (département des Basses-Pyrénées). Leur langue se divise en nombreux dialectes, assez différents entre eux. Elle a sensiblement reculé depuis le dix-septième siècle (en 1621 on imprimait encore un livre basque à Pampelune). D'après Guillaume de Hum-

boldt la langue basque dériverait des dialectes ibériques, dont le domaine embrassait, dans l'antiquité,
toute la péninsule de ce nom.

Les langues celtiques s'étendaient primitivement,
non seulement en Gaule, mais dans la Haute-Italie, le
bassin du Danube, les Alpes et les îles Britanniques,
comme l'indique l'origine de beaucoup de noms de
lieux dans ces contrées. Presque partout elles ont
cédé la place aux langues romanes ou germaniques,
et de continentales qu'elles étaient autrefois, sont
devenues insulaires ou péninsulaires. Il n'en reste
plus que quelques idiomes : le *bas-breton*, parlé à l'extrémité de la Bretagne ; le *velche*, usité dans une
partie du pays de Galles ; le *gaélique*, parlé dans l'ouest
de l'Irlande, dans le nord-ouest de l'Écosse et dans
l'île de Man (1).

Au nord et à l'est de l'Europe on trouve aussi quelques idiomes essentiellement différents des langues
indo-européennes. Tels sont les dialectes *finnois*,
qui s'étendent au nord et à l'est de la Russie. Ils sont
parlés aujourd'hui par des peuples très différents d'origine : par les Lapons et les Samoyèdes, hommes de
petite taille, qui vivent de l'élève du renne au delà du
cercle polaire, aussi bien que par les Finnois proprement dits, qui par leurs traits et leur taille élevée se
distinguent à peine des Slaves du Nord.

Un des peuples les plus civilisés et les mieux doués
de l'Europe, les Hongrois ou *Magyars*, parlent une
langue qui, par une singulière exception, se rattache
au groupe finnois et ne ressemble à aucune autre
langue européenne.

---

(1) Termes celtiques qui entrent fréquemment dans la composition
des noms de lieux : *aber* ou *inver*, embouchure ; *ard*, hauteur ; *ben*
ou *pen*, sommet ; *bally*, ville ; *caer*, village ; *dun*, hauteur ou ville ;
ennis ou *innis*, île ; *kil*, église ; *lan*, monastère ; *lough*, lac ; *mor*,
grand ; *ross*, promontoire, etc. — On distingue aussi dans la nomenclature géographique actuelle un certain nombre de radicaux ayant
appartenu à des dialectes celtiques aujourd'hui éteints : *briva*, pont ;
condate, confluent ; *divona*, fontaine ; *ritum*, gué, etc.

Non moins isolé est le *turc*, dialecte originaire des steppes de l'Asie centrale, où il est parlé par les Kirghizes et les Turkmènes, et qui s'est répandu par la conquête jusqu'aux bords du Bosphore.

Langue et nationalité.

La langue est une partie du patrimoine national. Parfois c'est tout ce qui en reste. Elle représente alors les souvenirs du passé et les espérances de l'avenir. C'est ainsi que le Polonais reste opiniâtrément fidèle à sa langue nationale, que le Tchèque la défend contre les empiétements de l'allemand. Le premier pas des Roumains vers l'émancipation a consisté à remettre en honneur leur vieil idiome.

Mais le mot de nationalité exprime autre chose et plus qu'un simple rapport de langage. Une nation est un être moral. La nature et les combinaisons de la politique préparent, l'histoire cimente ces associations que nous appelons des nations ou des peuples ; mais elles vivent de souvenirs, d'idées, de passions, de préjugés même mis en commun. Si cette intimité n'existe pas, on n'a qu'à voir ce qui se passe entre Anglais et Irlandais pour reconnaître que la communauté de langue est de peu d'effet. Au contraire l'exemple de l'Alsace, si française avec son patois allemand, montre qu'il y a des sympathies qui valent mieux que des affinités de langage, et qu'en dépit des classifications les mieux fondées de la grammaire, il se forme des liens qu'on ne peut rompre sans atteindre les fibres de l'âme.

PREMIÈRE PARTIE

AUTOUR DE LA FRANCE

SUISSE (Schweitz)

Superficie : 41,346 kilomètres carrés.
Population : 2,846,000 habitants (1).

Formation de la Suisse. — La Suisse est un des plus petits Etats de l'Europe, mais non un des moins complexes. Elle est loin de présenter de l'unité au point de vue géographique. Elle se compose de trois régions bien distinctes : 1° une région alpestre, au centre de laquelle se trouvent les cantons primitifs, noyau de la nationalité suisse ; 2° une région de plateau qui s'étend entre les Alpes et le Jura ; 3° une portion du Jura.

Des neiges, des glaciers, des lacs de la Suisse s'écoulent d'énormes masses d'eau, qui divergent en tous sens. Au nord, elles viennent se réunir dans un lit commun, celui du Rhin, par l'intermédiaire de son principal affluent suisse, l'Aar. A l'ouest, le Rhône en emporte une part. Un autre tribut, au sud, va par le Tessin grossir le lit du Pô ; tandis qu'à l'est, l'Inn, principal affluent du Danube, emporte vers la lointaine mer Noire une autre partie des eaux suisses. Ce petit pays distribue ses rivières entre quatre mers différentes.

La Suisse n'est pas moins divisée au point de vue

(1) Recensement de 1880.

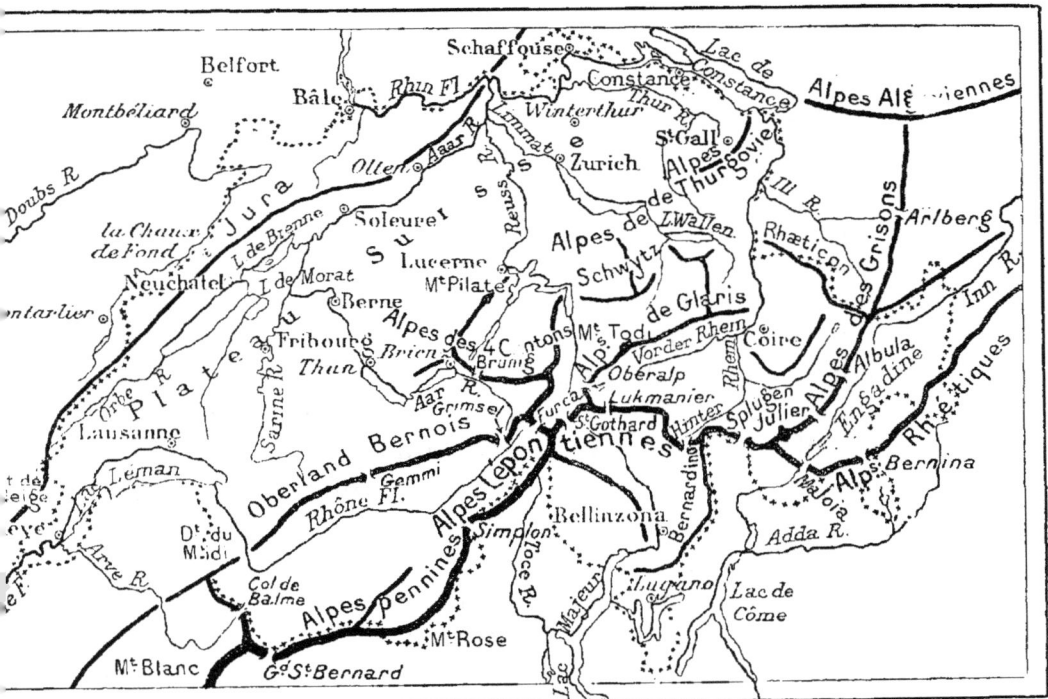

Belfort.

Montbéliard

Schaffouse

Rhin Fl.

Constance

Bâle

Winterthur

Lac de Constance

Alpes Alé ... iennes

Doubs R.

Olten

Aaar R.

Zurich

St.Gall

Ill R.

Arlberg

la Chaux de Fond

Jura

Soleure

Alpes de Thurgovie

Rhæticon

Alpes des Grisons

Neuchâtel

L. de Bienne

L. de Morat

Lucerne

Alpes de L.Wallen.

ntarlier

Berne

Mt.Pilate

Schwytz

Coire

Fribourg

Alpes des 4 Cantons

Mt.Tod.

de Glaris

Albula

Orbe

Thun

Brienz

Brunig

Vorder Rhein

Oberalp

Engadine

Alpes Rhétiques

Lausanne

Sarne R.

Aar R.

Grimsel

Furca

Lukmanier

Splugen

Julier

Léman

Oberland Bernois

Alpes Lepontiennes

St.Gothard

Hinter Rhein

Bernardino

Maloja

Alpes Bernina

D.t du Midi

Gemmi

Rhône Fl.

Simplon

Bellinzona

Adda R.

Col de Balme

Alpes pennines

Toce R.

Lugano

Lac de Côme

Arve R.

Mt.Blanc

Gd.St.Bernard

Mt.Rose

Majeur

Plateau Suisse

Reuss R.

Limmat R.

Thur R.

Inn R.

Dessiné par E. Dufaux

ethnographique. Elle oppose un démenti vivant aux théories extrêmes qui fondent la nationalité sur la langue. La grande majorité des habitants y parle, il est vrai, l'allemand (71 pour 100); mais il y a dans l'ouest, une forte minorité de langue française, et, au sud, le canton du Tessin a une population entièrement italienne.

Même diversité dans les confessions religieuses. Elle se partage en protestants et catholiques, avec une légère supériorité numérique en faveur des premiers.

Malgré toutes ces différences, moins sujettes à conséquences dans un État fédératif que dans un état unitaire, il n'y a pas lieu de contester la solidité du lien qui unit le faisceau des cantons suisses. L'âme de cette confédération est un sentiment de nationalité vivace, qui a fait ses preuves et que l'histoire a consacrée. La nation suisse peut à la rigueur dater son commencement de l'association des trois cantons dits forestiers, Uri, Schwitz et Underwalden (1309), auxquels s'ajoute, quelques années après, celui de Lucerne. Mais elle ne fut vraiment fondée qu'à partir de l'époque où les populations pauvres et belliqueuses des montagnes contractèrent une alliance durable avec les riches bourgeois de la plaine. L'union des patriciats de Zurich (1351) et de Berne (1353) avec les cantons primitifs, qui s'accrurent en même temps de Glaris et de Zug, créa une puissance politique et militaire capable non seulement d'opposer une résistance aux agressions de l'étranger, mais d'exercer une attraction sur les populations voisines. C'est ainsi que Fribourg et Soleure en 1481, que Bâle et Schaffhouse en 1501, qu'Appenzell en 1513, se firent admettre à titre de cantons dans la confédération. Déjà Saint-Gall s'y était rattaché comme allié; exemple qui ne tarda pas à être suivi par Genève et le Valais menacés par les ducs de Savoie, par les

ligues Grises pressées par l'Autriche. L'Europe reconnut solennellement aux traités de Westphalie (1648)
l'existence des « Ligues Suisses des Hautes-Allema-
gnes ». La diplomatie ne fit ainsi que consacrer une
création qui s'était formée toute seule et sans le
secours de personne. La Suisse est un État qui a ses
racines dans le passé. Comme le disait Bonaparte
aux députés suisses, au moment où il préparait avec
leur concours l'Acte de médiation : « Votre pays est
une agrégation de petites démocraties et d'autant
de villes libres impériales, formée sous l'empire
de dangers communs. » Il ajoutait : « cimentée
par l'ascendant de l'influence française » ; on sait en
effet que l'alliance suisse fut une tradition invariable
de notre politique depuis Marignan.

Suisse alpestre.

Cantons alpestres. — Les cantons alpestres de
la Suisse n'étaient pas autre chose à l'origine que des
communautés de pâtres et de paysans, comme celle
qui s'est conservée dans les Pyrénées sous le nom
de république d'Andorre. Les lacs et les communications relativement aisées du système alpestre créèrent
entre eux des rapports qui leur apprirent à se grouper ; leur position à portée des passages internationaux les entraîna de bonne heure dans le courant
de l'histoire générale.

Pour nous orienter dans leur distribution géographique, partons du Saint-Gothard, point central vers
lequel remontent les principales vallées.

Au nord du Saint-Gothard se déroule le cours supérieur de la Reuss, dans une vallée qui se termine à
Fluelen au lac d'Uri. On appelle ainsi la branche
méridionale, qui est la partie la plus encaissée et la
plus profonde du lac des Quatre-Cantons. Le tout

forme le domaine du canton d'*Uri*, qui a pour capitale la petite ville d'Altorf.

La vallée de la Muotta, affluent oriental du lac, est le centre du canton de *Schwitz*, celui des trois cantons primitifs qui a laissé son nom à la Ligue entière. A ce noyau s'ajouta plus tard le pays d'Einsiedeln (vallée de la Sihl), célèbre abbaye dont la Vierge noire attire chaque année 150,000 pèlerins.

Unterwalden comprend la vallée du petit lac de Sarnen et le pays montagneux qui s'étend sur la rive méridionale du lac des Quatre-Cantons entre le Rothstock d'Uri et le mont Pilate.

Lucerne embrasse la rive occidentale du lac, et son débouché ; sa riante capitale, située à la sortie de la Reuss, marque de ce côté la fin de la Suisse alpestre et le commencement du plateau.

Il faut ajouter au groupe des Quatre-Cantons celui de *Zug*, qui en est comme l'annexe naturelle. Il ouvre en effet vers la haute Reuss une voie aisée, qui contourne le petit massif du Rigi ; le chemin de fer du Saint-Gothard suit aujourd'hui les bords du lac de Zug.

A l'ouest du Saint-Gothard s'étend le canton du *Valais*, qui n'est autre chose que la vallée supérieure du Rhône. Le Rhône naît au pied du Galenstock, non loin du col de la Furca. Ses eaux troubles et limoneuses sortent par une espèce de portail du célèbre glacier qui porte son nom. Sa vallée, triste et solitaire dans sa partie supérieure, s'anime à partir de Brieg, point de départ de la route du Simplon. Vers Sion, capitale du Valais, la langue française remplace la langue allemande. A Martigny (route du Grand Saint-Bernard), le Rhône change sa direction, il tourne au nord-ouest et traverse la barrière alpestre par l'étroite cluse que domine Saint-Maurice, dernière ville importante du canton du Valais.

Près de la source du Rhône, si l'on franchit le col de Grimsel, on trouve la source de l'Aar. Ce puissant affluent rhénan sort d'un des plus beaux glaciers des Alpes bernoises ; il se dirige d'abord vers le nord par une vallée ou plutôt par une série de bassins étagés qu'on appelle le Hasli. Puis il s'épure et se calme dans les lacs de Brienz et de Thun, deux moitiés d'une même nappe lacustre que les alluvions de la Lutschine ont séparée, et à l'extrémité de laquelle aboutissent les vallées de la Kander et de la Simme.

Cet ensemble de hautes vallées et de montagnes constitue l'*Oberland* ou partie supérieure du canton de Berne.

Au sud du Saint-Gothard, la vallée du Tessin supérieur (Levantina) constitue, avec une partie du lac Lugano, le canton du *Tessin*, cette Italie de la Suisse où la majesté alpestre s'associe aux séductions d'une nature déjà méridionale.

Les *Grisons*, dont il sera question plus loin, complètent le groupe des cantons alpestres disposés sur la périphérie du Saint-Gothard.

Trois autres cantons montagneux se succèdent à l'ouest de la vallée supérieure du Rhin. Le massif du Tœdi envoie vers le nord de puissantes ramifications qui enveloppent la vallée de la Linth et constituent le canton de *Glaris*. Le canton de *Saint-Gall* enveloppe dans sa partie Alpestre le lac de Wallenstadt et la chaîne aux sept sommets des Churfirsten (Electeurs). — Le faisceau des vallées qui se déroulent au nord du Sentis, le plus septentrional des massifs alpestres de Suisse, constitue le double canton d'*Appenzell*.

Ce pays est dominé par les plus belles montagnes de l'Europe et peut-être du monde. Parmi les Alpes du Valais règne le mont Rose, couronné de neuf sommets presque égaux au mont Blanc, qui dominent le cirque où le village de Zermatt attire chaque année les touristes du monde entier (1). Puis se dressent le Breithorn, la pyramide élancée du mont Cervin, le Collon, le Combin. Les Alpes bernoises étalent tout un monde de nevés et de glaciers; celui d'Aletsch est le plus grand. Dans l'imposante rangée de leurs sommets l'œil distingue le cône du Finster-Aar-horn, la cime arrondie du Mœnch, la double pointe de la Yungfrau, la « Vierge assise, voilée, depuis l'éternité ».

Passages occidentaux. — Mais la Suisse alpestre n'est pas seulement un pays de glaciers et de montagnes ; au point de vue politique, elle doit surtout être considérée comme un pays de passages ; passages internationaux, par lesquels les contrées de l'Europe centrale communiquent avec l'Italie et le Levant.

Le passage du Saint-Gothard, devenu vers le quatorzième siècle un des plus fréquentés des Alpes, est coupé depuis 1882 par un tunnel de 15 kilomètres, construit à frais communs par l'Allemagne, la Suisse et à l'Italie. L'ouverture de cette communication directe et rapide entre les pays du Rhin et ceux du Pô se manifeste par un courant commercial de plus en plus actif entre l'Allemagne et l'Italie. Le chemin de fer n'a cependant pas supplanté pour les touristes la route carrossable construite par les deux cantons d'Uri et du Tessin en 1832.

On monte peu à peu vers le massif de Saint-Gothard par une des routes les plus pittoresques de l'Europe. Près du village de Gœschenen on voit s'ouvrir, comme un trou insignifiant dans l'énorme masse, la bouche du tunnel. C'est au delà de ce point que la route s'élève et que dans la vallée à chaque pas plus étroite et plus pittoresque la Reuss précipite son allure. Au *Pont du Diable* elle tombe en bruyantes cascades entre

(1) La plus élevée de ces cimes est la *Pointe Dufour* (4,638 m.) : elle porte le nom du général qui a présidé aux travaux de la carte d'état-major de la Suisse, un des plus remarquables monuments cartographiques de notre temps. Elle a été gravie pour la première fois en 1855 ; le Cervin, en 1865.

des rochers à pic. Mais, un peu plus haut, le spectacle change
entièrement. On débouche dans une haute vallée, l'*Urseren-
thal*, qui offre par sa direction et par son aspect un parfait
contraste avec celle que l'on quitte. Le niveau en est presque uni. L'horizon est fermé de tous côtés par de hautes
montagnes où l'on entend de loin, se confondant dans une
sorte de concert sauvage, le mugissement des cataractes.
Cependant l'impression que l'on éprouve est celle de la
solitude et du calme. Partout des pâturages s'étendent, car la
hauteur est déjà trop forte pour la croissance des arbres.

La route carrossable s'élève en zigzag sur les flancs d'une
des montagnes qui dominent la vallée d'Urseren, et aboutit
enfin à un petit lac (2.114 mètres de haut) : c'est le point culminant du Gothard. Là se trouve l'hospice qui, comme sur les
principaux passages des Alpes, a été établi pour accueillir les
voyageurs. Le lac se déverse par un petit affluent vers le
Tessin, dont on atteint la vallée à Airolo, village italien de
langue et d'aspect, où débouche aussi le tunnel. La végétation
et le climat changent comme par enchantement. On est encore
en Suisse, mais on est déjà en Italie par la nature des plantes
et du paysage. On arrive à Bellinzona, la ville la plus importante du canton du Tessin, et bientôt se montrent les eaux
bleues du lac Majeur.

Les plus célèbres passages internationaux de la
Suisse, à l'ouest du Saint-Gothard, sont ceux du
Simplon et du *Grand Saint-Bernard*.

La route du Simplon, construite aux frais de la
France sous le Consulat, part de Brieg (Valais) et
aboutit par la vallée italienne de la Toce au lac Majeur. C'est une des routes les plus commodes des
Alpes, et une de celles qui s'élèvent le moins haut
(2,010 m). Il est question de creuser sous le Simplon
un tunnel qui donnerait passage à un chemin de fer :
ce serait la voie la plus directe entre Paris et Milan.

Le Grand Saint-Bernard, entre les massifs du mont
Rose et du mont Blanc, est un passage fréquenté
depuis une époque très ancienne. Déjà les Romains y
avaient élevé un temple, dont on voit quelques restes,
à Jupiter, dieu des hauteurs(1). Vers le temps de Charlemagne ou de Louis le Débonnaire, fut élevé au sommet du col un hospice, détruit plus tard, mais reconstruit

---

(1) De là les noms de *Montjoie*, *Montjeu* (*mons Jovis*), qu'on rencontre en France; *Montjaux* en Suisse, *Monjuich* en Catalogne, etc

à diverses reprises. L'édifice actuel date du seizième
siècle ; il est à 2,470 mètres de hauteur. Il n'est pas
rare que le thermomètre y descende à 27° ou 30° de
froid ; le petit lac situé près de l'hospice reste gelé
une partie de l'année. L'hospice est très vaste ; il
donne asile parfois à trois ou quatre cents personnes.
A quelque distance se trouve une sorte de chapelle où
l'on expose les corps des voyageurs que le froid a
surpris. Cependant la saison dangereuse en ces hautes régions est surtout le printemps, à cause des
éboulements qu'occasionne la fonte des neiges. Le
col n'est pas traversé par une route carrossable,
mais il est animé par le passage de nombreux ouvriers piémontais, qui émigrent en grand nombre et
vont se louer comme terrassiers en France ou en
Allemagne.

Le Saint-Bernard rappelle des souvenirs militaires. En 1800,
au début de la campagne de Marengo, Bonaparte divisa son
armée en plusieurs corps, dont le principal dut suivre le Grand
Saint-Bernard pour déboucher en Italie. D'autres corps passaient par le mont Cenis, le Simplon et même le Saint-Gothard.
Grâce à la convergence souvent remarquée de ces passages,
tous ces corps d'armée, partis de points éloignés, se trouvèrent à peu près ensemble dans la plaine du Pô.

Les Grisons (Graubünden). — A l'est du Saint-
Gothard, on observe une différence remarquable dans
le relief alpestre : il n'y a plus de pics aussi élevés
qu'à l'ouest ; le Bernina, qui est le plus haut, ne
dépasse pas 4,052 mètres ; mais les vallées sont beaucoup plus hautes. Il semble que le soulèvement ait
été plus compact ; le fond des vallées a été relevé
aussi bien que les montagnes. Ces vallées, au nombre
de cent cinquante, se groupent autour de deux principales, celle du Rhin et celle de l'Inn ou *Engadine*.
Dans leur ensemble elles constituent le pays des
Grisons ; pays différent de la Suisse, quoique s'y
rattachant politiquement. Le fond de la population

n'est pas germanique, mais plus ancien ; cependant
la langue allemande est aujourd'hui parlée par près
de la moitié des habitants et ne cesse pas de gagner
du terrain sur la langue du pays, qui est un dialecte
tiré du latin, le romanche, autrement dit *rhéto-
roman* (1).

L'Engadine, encadrée d'un côté par le Bernina, de
l'autre par la chaîne épaisse des Alpes grisonnes, est
la vallée la plus élevée de l'Europe ; «immense dos de
montagne où la vallée est montagne elle-même » (2).
Samaden, ville principale de l'Engadine, est à 1800
mètres. Très étroite, la vallée ressemble à un long
couloir qui se termine au défilé sauvage de Finstermünz, frontière de la Suisse et du Tyrol. Il
y règne un climat rigoureux, « neuf mois d'hiver et trois mois de froid », disent les habitants.
Mais l'air, d'une extrême pureté, autant que l'étrange
beauté des sites, y attirent de nombreux visiteurs.
L'agriculture n'y est guère possible ; le fond de la
vallée est occupé par des pâturages, tandis que les
pentes des montagnes sont couvertes de mélèzes et
surtout d'arolles, sortes de sapins d'un feuillage vert
clair, d'un branchage en forme de candélabres, qui ne
se trouvent nulle part ailleurs en Europe, seulement
en Sibérie.

Malgré l'élévation du pays et la rigueur du climat,
les habitants de l'Engadine sont en général dans une
position aisée, qu'ils doivent à l'émigration. Ils émigrent beaucoup en Allemagne, où ils exercent de
préférence le métier de confiseurs. Ils rentrent, après
avoir amassé un pécule, dans leur pays, où ils construisent ces maisons qui étonnent par leur air d'élégance, avec leurs perrons et leurs belles rampes en
fer et en cuivre.

---

(1) Du nom de la *Rhétie,* province romaine à laquelle appartenait
cette contrée.
(2) Michelet, *la Montagne.*

C'est dans ces vallées que se constituèrent, d'abord séparément, puis en confédération à la suite d'une alliance conclue en 1471, les trois *Ligues grises*, ainsi nommées parce que les adhérents de la Ligue supérieure, qui donna son nom aux deux autres, avaient pour signe de ralliement un vêtement gris. Les Grisons furent les fidèles alliés de la France, à l'époque où le Milanais était aux mains de la maison d'Autriche. Comme les Suisses, ils servirent souvent de point d'appui à la politique française. L'intérêt commun réunit de bonne heure les cantons suisses aux Ligues grises (1); une série de contrats scellèrent peu à peu cette alliance.

Passages orientaux. — Cinq principales routes carrossables traversent les Alpes à l'est du Saint-Gothard :

1° Celle du *Lukmanier*, qui rejoint à Biasca, dans le canton du Tessin, la ligne ferrée du Gothard.

2° Celle du *Bernardino*, qui part de la source du Rhin postérieur et qui rejoint aussi, près de Bellinzona, la voie du Gothard.

3° La voie du *Splügen* (2,117^m) est une des plus fréquentées et des plus célèbres. Elle est orientée de façon à servir de trait d'union entre le lac de Constance et celui de Côme. Quand, au moyen âge, les empereurs de la maison de Souabe allaient ceindre la couronne de fer à Monza ou guerroyer contre les communes lombardes, leur passage préféré était celui du Splügen. Le village de ce nom et quelques autres dans le voisinage sont habités par les descendants des colons établis par les empereurs germaniques pour s'assurer de la route. Mais es gorges formidables qui commencent à Thusis et au fond desquelles écume le Rhin, justifièrent trop longtemps le

_____

(1) Himly, *Histoire de la formation territoriale des États de l'Europe*, tome II, p. 398.

nom de *Via mala*. En décembre 1800, un corps d'armée commandé par Macdonald y périt en partie. C'est de 1820 à 1830 que fut construite la belle route actuelle qui débouche en Italie sur Chiavenna.

4° *Chiavenna* est bien nommée, car elle tient la clef de plusieurs passages. Là aboutit également la route qui vient de la Haute-Engadine par le col de la *Maloïa*. Ce passage, un des moins élevés des Alpes (1811 m), servit longtemps, de préférence au Splügen, pour les communications entre les pays du Pô et la vallée du Rhin. Sur le plateau lacustre qui continue le niveau du col s'ouvre en effet, trois lieues au nord, un autre passage, celui du *Julier*, qui complète le précédent : car il débouche dans la vallée du Rhin à Thusis, au delà de la *Via mala*. Le Julier permettait ainsi de tourner le dangereux défilé. Près du sommet du col on voit deux colonnes de granit et des bornes milliaires indiquant la direction de la voie que les Romains y avaient tracée. C'était aussi par la Maloïa et le Julier que passait, du treizième au quinzième siècle, le commerce de Venise avec les villes du Rhin.

5° Une route, franchissant le col élevé du Bernina, relie l'Engadine à la vallée italienne de la Valteline.

Populations alpestres. — Ces populations de la Suisse alpestre ont gardé quelque chose de leur caractère primitif. Elles sont restées en grande majorité, sauf chez les Grisons, fidèles au catholicisme.

Elles se gouvernent comme de pures démocraties. A Uri, Underwalden, Appenzell, s'est conservé l'usage des assemblées où le peuple entier délibère en commun sur les affaires publiques *(Landsgemeinde)*. Chaque année, les hommes âgés de plus de vingt ans s'assemblent à Altorf, sur la place, après la messe, pour écouter les comptes du premier magistrat ou *Landammann* et lui nommer un successeur.

L'industrie (celle du coton et de la soie) n'est développée que dans les cantons de Glaris, de Saint-Gall et dans une partie d'Appenzell. Les cantons montagneux tirent leurs principales ressources de l'élevage, pour lequel ils sont privilégiés, disposant à la fois des prairies de leurs vallées et des *alpes*, c'est-à-dire des hauts pâturages où, entre 1,800 et 2,000 mètres, les troupeaux vont passer l'été. Cependant la vie est dure, et souvent encore il faut recourir à l'émigration. Emigration en général suivie de retour : car le Suisse montagnard n'a pas perdu l'attachement traditionnel à son pays. Il y a dans cette nature un attrait qui agit sur les esprits même les moins cultivés. Le paysan des plaines ne connaît que son champ et son village ; sait-il seulement ce que sont les collines qu'il aperçoit à l'horizon ? Les Alpes parlent davantage à la curiosité et à l'âme. Ici, observer, voir, se garder est nécessaire. Le montagnard a son bois d'un côté, ses prairies de l'autre, ses pâturages ailleurs. Dès l'enfance il a couru à travers ses montagnes. Il s'attache à son pays parce qu'il le connaît mieux et qu'il l'a pratiqué davantage ; s'il le quitte, il lui est impossible de l'oublier.

Plateau et Jura suisse.

Aspect physique. — En avant de la ligne des Alpes se projettent un certain nombre de montagnes isolées, qui semblent des belvédères naturels. Les plus connues sont le Rigi, près de Lucerne ; le Moleson, qu'on a appelé le Rigi de la Suisse romande ; l'Utliberg au-dessus de Zurich : montagnes formées d'agglomérations de cailloux qu'ont roulés les torrents de l'époque diluviale et que les éléments calcaires ont cimentés en roches compactes.

De ces sommets on domine à la fois et l'on peut comparer les deux Suisses, celle de la montagne et celle du plateau, celle des Alpes et celle du Jura. Tandis que d'un côté l'œil plonge, à travers les déchirures de la brume, sur un chaos de pics neigeux, on aperçoit, de l'autre, une surface ridée par de longues ondulations, sur laquelle brille, de distance en distance, le miroir des lacs. L'aspect est celui d'une plaine ; nom qu'elle mériterait, en effet, si le niveau n'était élevé en moyenne de 500 mètres au-dessus de la mer. Elle se termine à l'horizon par des rangées de chaînes qui ne paraissent pas élevées, mais qui se distinguent par leurs profils rectilignes et horizontaux. Lorsqu'on s'en rapproche, on remarque que cette continuité est interrompue par quelques accidents assez uniformes eux-mêmes ; ce sont tantôt des pointes, dont la saillie plus inclinée d'un côté que de l'autre ressemble à une *crête*, tantôt des coupures ou *cluses* interrompant brusquement la ligne de hauteurs, qui tombe en forme de talus et se relève presque aussitôt au même niveau.

Le Jura a ses plus hauts sommets en France, mais il présente à la Suisse son talus le plus rapide. Lorsqu'on suit, de Genève à Bâle, le chemin de fer qui en longe le pied, on voit successivement se dérouler du sud-ouest au nord-est le mont Tendre, le Chasseral au-dessus du lac de Bienne, le Weissenstein au-dessus de Soleure (1). Si l'on montait sur leurs cimes, on apercevrait presque à ses pieds dans la plaine populeuse les villes, les villages, les lacs, les méandres des fleuves, tandis qu'entre les chaînes parallèles se déroulent de riantes vallées pleines de verdure et de fraîcheur (2) et que sur les froids plateaux

---

(1) *Mont Tendre*, 1680 mètres; *Chasseral*, 1640 mètres; *Weissenstein*, 1419 mètres. Le *Hauenstein*, sous lequel passe le chemin de fer de Bâle à Lucerne, n'a que 732 mètres.
(2) Le *Val-Travers*, suivi par le chemin de fer de Pontarlier à Neuchâtel ; le *Val Saint-Imier*.

l'industrie de l'horlogerie retient les habitants et forme aussi des villes (1).

Les grands lacs de la Suisse sont répartis dans la zone de transition entre la montagne et le plateau. A la ceinture des Alpes appartiennent ceux de Brienz et de Thun, des Quatre-Cantons, de Wallenstadt et de Zurich. Une autre série se groupe au pied du Jura, le long de ses pentes orientales. Le lac de Genève, ou Léman, participe à la fois de la structure des Alpes et de celle du Jura. Au Jura seulement appartiennent les lacs de Neuchâtel, de Bienne et de Morat. Ils se succèdent dans le sillon fluvial et lacustre qui borde sans interruption le pied du Jura suisse, comme les restes des masses d'eau diluviales que l'inclinaison du plateau a rejetées contre cet obstacle.

Entre les deux systèmes montagneux qui l'encadrent, la haute plaine suisse se déroule sur quatre-vingt-cinq lieues de long et quinze lieues de large. Vers le début de la période géologique actuelle, d'immenses glaciers, débordant des Alpes, remplissaient les cavités dans lesquelles se sont amassés les eaux lacustres, et couvraient les plaines où s'élèvent aujourd'hui Lausanne, Genève, Berne, Neuchâtel et Zurich. Leur trace est restée visible : çà et là, l'œil s'arrête avec surprise sur des roches isolées, semées comme au hasard dans la plaine, qu'on appelle des blocs erratiques. La nature des roches indique qu'elles ont été arrachées aux flancs des Alpes ; les glaciers qui les avaient transportées, les ont abandonnées comme des témoins de leur séjour, à l'époque du changement de climat qui a déterminé leur retraite.

C'est dans cette plaine que s'élèvent aujourd'hui les plus grandes villes de Suisse. Elle représente la Suisse urbaine par opposition à la Suisse pastorale.

(1) *Le Locle; Chaux-de-Fonds.*

Le Rhin en Suisse. — Sur le flanc oriental du Saint-Gothard commence la vallée du Rhin. Ce fleuve ou plutôt un des bras qui le forment, le *Rhin antérieur* ou *Vorder Rhein*, a sa source près de celles du Rhône, de l'Aar, de la Reuss et du Tessin, dans cette région remarquable qu'on a pu appeler le château d'eau de l'Europe.

Le Rhin antérieur et le Rhône coulent d'abord dos à dos dans un même pli longitudinal du système alpestre. Après avoir arrosé la petite ville et ancienne abbaye de Dissentis, le Rhin antérieur rencontre à Reichenau le *Rhin postérieur* ou *Hinter Rhein*. Né dans les glaciers du massif de l'Adula, celui-ci vient de traverser les gorges de la *Via mala;* par son volume et la direction de sa vallée il doit passer pour le bras principal.

Désormais formé, le Rhin arrosé Coire (Chur) (1), d'abord ville romaine (*Curia Rhetorum*), puis ville épiscopale, aujourd'hui capitale des Grisons. Il prend alors la direction du nord qu'il suit, sans se laisser détourner par le seuil de Sargans, jusqu'au lac de Constance. Il s'y déverse, après avoir reçu sur sa rive droite l'Ill, dont la vallée sert au chemin de fer de l'Arlberg.

Moins étendu que le Léman, le grand lac de la Suisse allemande (*Boden see)* est plus important par son commerce. Cette belle nappe d'eau, qu'on a appelée la Méditerranée des pays souabes, partage ses rives entre la Suisse, l'Autriche, la Bavière, le Wurtenberg et le grand duché de Bade. Chaque État a ses ports : Rorschach, Arbon et Romanshorn, à la Suisse : Bregenz, à l'Autriche ; Lindau, à la Bavière ; Friedrichshafen, au Wurtenberg ; Constance, à Bade. La Suisse communique ainsi avec toute l'Allemagne du Sud ; par là lui parviennent les blés de Hongrie, appoint nécessaire à un pays que la stérilité d'une grande partie de son territoire oblige à s'approvisionner au dehors.

(1) Coire, 9,000 habitants.

Peu après sa sortie du lac inférieur *(Unter see)*, annexe du lac de Constance, le fleuve, épuré et puissant, rencontre les derniers chaînons du Jura mêlés aux premiers contreforts de la Forêt-Noire. Cet obstacle donne lieu à la célèbre Chute du Rhin, que l'on admire à une demi-lieue en aval de la ville suisse de Schaffhouse (1). La masse d'eau se précipite en mugissant d'une hauteur de 23 mètres. La chute est grandiose, mais le cadre que lui prête le paysage n'est que gracieux, et n'a rien qui rappelle ou les magnificences des Alpes ou la tristesse solennelle de la Norvège. Ce sont d'aimables coteaux, couverts de vignes, que relie un pont de chemin de fer lancé pardessus la cascade.

Entre Schaffhouse et le défilé des villes forestières, le Rhin se double par le contingent de la *Thur* et surtout de l'*Aar*. Celle-ci, par la *Linth*, la *Reuss*, la *Sarine*, ses affluents, lui apporte le tribut du Tœdi, du Saint-Gothard et des Alpes bernoises, auquel se mêlent, par la *Thiéle* (*Zihl*), des eaux venues du Jura. Chacune de ces rivières, après un cours plus ou moins long, vient se perdre dans un chenal unique, qui les conduit toutes ensemble au Rhin.

Près du confluent de la Reuss et de la Limmat (nom du cours inférieur de la Linth), se dressent sur les bords de l'Aar les ruines du château de *Habsburg*, berceau de la dynastie qui règne encore sur l'Autriche. Là vivait le fameux Rodolphe, que les suffrages des électeurs du Saint-Empire germanique choisirent en 1270 pour mettre fin au grand interrègne.

Cette région, comprise dans les cantons d'Argovie, de Zurich et de Thurgovie, auxquels il faut joindre une partie de Saint-Gall, est la plus industrielle et une des plus riches de la Suisse. L'industrie de la soie est très développée dans la ville et le canton de Saint-Gall (2) ; celle du coton contribue à enrichir les can-

(1) Schaffhouse (*Schaffhausen*), 12,000 habitants.
(2) Saint-Gall, 24,000 habitants.

tons de Zurich, de Saint-Gall et d'Argovie. Pour la
fabrication des machines, les villes de Zurich et de
Winterthur (1) possèdent des établissements célèbres dans toute l'Europe. Zurich est le centre naturel
de toute la région.

La situation de Zurich ressemble à celle de Genève et de
Lucerne. Ses vieux quartiers grimpent sur les pentes d'un
coteau qui domine la Limmat, au point où elle sort, rapide et
admirablement transparente, du lac auquel la ville a donné son
nom. En face se dresse l'*Ulli*, extrémité d'une longue chaîne
qui borde le lac à l'ouest, belvédère superbe malgré sa hauteur médiocre. Par un beau temps l'œil découvre au sud les
cimes de l'Oberland, tandis qu'au sud-est se dessinent les sept
sommets, bien plus voisins, des *Churfirsten*, ainsi nommés en
l'honneur des sept électeurs du Saint-Empire romain germanique.

La grande voie internationale qui coupe la Suisse
de Bâle au Saint-Gothard, ne passe pas par Zurich,
qui a dû céder cet avantage à Lucerne, mieux située
sous ce rapport. Mais Zurich est une des principales
étapes d'un autre chemin de fer international, celui
qui emprunte le territoire suisse entre l'Autriche et
la France et que l'on désigne sous le nom de voie de
l'*Arlberg*, à cause du tunnel qu'il traverse. En effet,
la dépression qu'occupent le lac de Zurich et celui de
Wallenstadt, qui le continue à l'est, n'est séparée de
la vallée supérieure du Rhin que par un seuil très bas,
appelé seuil de Sargans, qui n'est sans doute qu'un
ancien lit autrefois suivi par le fleuve. Zurich se
trouve ainsi en communication naturelle avec la
vallée supérieure du Rhin et avec toutes les voies qui
s'y croisent, celle du Splügen et celle de l'Arlberg.
   Zurich est une sorte de capitale intellectuelle ;
elle exerce dans la Suisse allemande une influence
qui paraît supérieure à celle de Genève dans la Suisse
française. Elle possède une université, et surtout un

(1) Winterthur, 11,000 habitants ; Zurich, 76,000 habitants (avec les
faubourgs).

grand établissement fédéral, c'est-à-dire entretenu aux frais de tous les cantons, appelé le *Polytechnicum*.

Après avoir traversé de rapides en rapides le défilé resserré entre la Forêt-Noire et le Jura, le Rhin décrit vers le nord un coude qui décide sa direction définitive. Là se trouve Bâle, avec ses ponts et sa cathédrale en grès rouge dont la terrasse domine le fleuve. Autrefois ville épiscopale, elle se donna librement à la Suisse en 1501, afin de se procurer l'appui des bourgeois de Berne et des cantons montagnards. Elle remplaça alors, dit-on, la garde qui veillait aux portes par une vieille femme filant sa quenouille. Ce fut pendant la Renaissance une ville très importante, la ville des imprimeurs et des banquiers. Aujourd'hui le passé y efface un peu le présent ; c'est une ville de riche et vieille bourgeoisie, qui possède une Université et un établissement de missions protestantes qui dirige surtout son activité vers l'Inde et l'Afrique (1).

Canton de Berne. — La capitale fédérale de la Confédération suisse est Berne. Là siègent le Conseil national et le Conseil des États, qui composent ensemble le Conseil fédéral ; là résident les ambassadeurs accrédités auprès de la république.

Berne est située sur l'Aar, à l'intérieur d'une boucle formée par la rivière, comme celle que décrit le Doubs à Besançon, le Lot à Cahors, le Tage à Tolède. Sa position centrale entre la Suisse allemande, à laquelle elle appartient, et la Suisse française justifie son rang de capitale politique, quoique par la population et la richesse elle soit inférieure à Zurich et à Genève (2).

Mais Berne peut passer aussi pour la capitale historique de la Suisse. Jusqu'à l'Acte de médiation, par

(1) Bâle (*Basel*), 61,000 habitants.
(2) Berne, 44,000 habitants.

lequel Bonaparte, en 1802, réforma sur des bases
modernes l'ancienne constitution suisse, elle fut gou-
vernée par un patriciat qui a parfois joué un grand
rôle dans les affaires de l'Europe. Au quinzième
siècle, les *Messieurs de Berne* étaient une puissance
considérable ; ils traitaient d'égal à égal avec les
souverains ; suivant l'expression de Comines, « ils
disaient leur mot » dans les conseils de l'Europe.
C'est à cette époque que, de gré ou de force, ils soumirent à leur autorité la plus grande partie du
plateau suisse.

A peu de distance de Berne, se trouve le lac de Morat. célèbre par la défaite que les Suisses firent subir en 1476 à Charles
le Téméraire ; les vainqueurs dressèrent avec les ossements des
Bourguignons un ossuaire qui existait encore en 1798, quand
l'armée française, marchant vers Zurich, renversa ce sinistre trophée. Les Suisses ont dressé depuis en cet endroit une colonne
commémorative.

Le canton de Berne est le plus vaste de la Suisse
après celui des Grisons. C'est une Suisse en minia-
niature, car son territoire participe aux trois régions
que nous avons distinguées. Il comprend non seulement une portion de plateau (Seeland et Mittelland),
mais une partie alpestre (Oberland), et enfin une partie du Jura qui relevait autrefois de l'évêché de Bâle.

Suisse française. — Parmi les groupes de langue
romane qui existent en Suisse, celui qui constitue la
Suisse française est le plus important, non seulement
par le nombre, mais par l'influence intellectuelle
qu'il exerce, même au dehors. D'après le recensement
de 1880, la langue française est parlée en Suisse par
608.000 habitans.

« Non-seulement le français, depuis des siècles,
maintient ses frontières, mais il empiète graduellement sur les territoires de la langue allemande. Sierre
Siders) et les communes voisines du Haut-Valais se

romanisent peu à peu. A Fribourg, où la langue allemande était la langue officielle au commencement du siècle, il est question aujourd'hui de fermer, faute d'un nombre suffisant d'élèves, les écoles allemandes. Aux environs de Fribourg, Marly, Guin (Düdingen), Saint-Silvestre, Morat (Murten), se francisent aussi. A Bienne, où la langue du *ja* était seule en usage il y a trente ans, il se publie aujourd'hui plusieurs journaux français (1). »

On parle français dans le Jura bernois, ainsi que dans les cantons de Neuchâtel, de Vaud, de Genève et dans la plus grande partie de Fribourg et du Valais.

Le lac Léman forme le centre naturel de la Suisse française ou romande. Au nord du lac s'élève Lausanne sur une terrasse voisine du Jorat, hauteur isolée de 863 mètres. A l'extrémité occidentale et au débouché du Rhône, Genève (2) étale ses beaux quartiers sur les deux rives du fleuve. D'ailleurs le lac tout entier, sur la rive savoyarde comme sur la rive suisse, est entouré d'une ceinture presque ininterrompue de villes et de villages : ici Meillerie, Évian, Thonon ; là Chillon, Vevey, Nyon, Coppet, célèbre par le séjour de Mme de Staël, non loin de Ferney, en territoire français, où l'on visite le château de Voltaire. Le lac Léman n'a pas la beauté sauvage des lacs de montagnes ; mais l'harmonie et le charme de ses bords peuvent justifier autant que sa grandeur le mot de Voltaire :

Mon lac est le premier.

Située presque au point de contact de deux langues et de deux civilisations, Genève ne se contente pas d'être une des plus populeuses villes de la Suisse ; c'est une sorte de petite métropole intellectuelle, qui se glorifie d'avoir produit depuis le dix-huitième siècle

---

(1) Knapp, *Bulletin de l'Alliance françaises*, n°s 8 et 9.
(2) Genève, 68,000 habitants (avec les faubourgs).

toute une série d'hommes distingués ou illustres : Jean-Jacques Rousseau, Necker et sa fille, Saussure le naturaliste, Pictet, etc.

L'industrie de l'horlogerie fait la fortune de la Suisse française, d'où elle rayonne sur les départements français limitrophes. Outre Genève, il faut citer en Suisse le Locle et la Chaux-de-Fonds, dans le canton de Neuchâtel, rare exemple de deux villes riches et prospères à une hauteur voisine de 1,000 mètres (1).

Caractère politique de la nationalité suisse. — On peut dire de la Suisse qu'avec ses diversités de sol, de culture et d'habitants, ce petit pays est comme un abrégé de l'Europe centrale. Protestants s'y rencontrent avec catholiques, Germains avec Romans, la vie manufacturière des villes avec la vie pastorale des montagnes. Les étrangers s'y rendent en foule, la plupart pour une saison, mais un bon nombre aussi pour s'y fixer (2). Des villes comme Genève ou Zurich ont un caractère cosmopolite bien marqué.

Néanmoins le Suisse reste bien fidèle à lui-même, et ne se confond point avec les nationalités voisines. Au lieu d'être Allemand ou Français, il est Suisse. Sa nationalité lui est d'autant plus chère qu'elle ne ressemble à aucune autre (3). L'originalité des institutions est le lien qui unit ensemble ces races

(1) Le Locle, 10,000 habitants ; Chaux-de-Fonds, 22,000 habitants. Le pays de Neuchâtel s'est longtemps trouvé dans une condition spéciale. Affilié par alliance aux Suisses dès la fin du quatorzième siècle, il tomba par l'héritage de la maison de Nassau, en 1707, sous la domination du premier roi de Prusse. En 1814, il fut admis dans la confédération remaniée avec la position mixte de principauté prussienne et de canton helvétique, et ce n'est qu'en 1857 que le roi de Prusse renonça à tout droit sur ce canton — On peut consulter sur la position géographique de Neuchâtel Em. Bourgeois, *Neuchâtel et la politique prussienne (Bulletin de la Faculté des lettres de Lyon* (1887.)

(2) Il y avait, en date du 1ᵉʳ décembre 1880, plus de 211,000 étrangers, soit un étranger sur 12 habitants.

(3) « Songez bien, disait Bonaparte aux députés suisses, à l'importance d'avoir des traits caractéristiques; ce sont eux qui éloignent l'idée de toute ressemblance avec les autres États, écartent celle de vous confondre avec eux et de vous y incorporer. » (Stapfer, *Histoire et description de Berne,* Paris, 1835.)

et ces confessions différentes. Par un privilège
bien rare dans notre Europe, la Suisse a pu développer
sa vie nationale sans porter atteinte aux libertés
de ses membres. Elle a pu limiter au strict nécessaire
le mécanisme du pouvoir central, et laisser ainsi aux
organismes locaux toute facilité d'agir et de se mouvoir à leur guise. Cela explique le genre d'attachement qui unit entre eux les citoyens de cette libre communauté. État créé en dehors, ou plutôt au-dessus
des considérations de religions et de races, la Suisse
mérite par cela même d'être regardée comme une
haute expression de la civilisation européenne.

De profonds changements se sont accomplis depuis
le commencement du siècle. A la veille de la Révolution française il y avait en Suisse deux parties bien
distinctes : d'une part les Treize Cantons, jouissant de
la plénitude des droits politiques ; de l'autre les sujets,
qui étaient sur le pied d'une complète infériorité. L'Acte
de médiation (19 février 1803) réforma la Suisse dans
un sens plus libéral. Dès lors furent supprimées toutes
distinctions entre cantons, alliés et sujets ; et en
1815, lorsque la Suisse fut constituée dans ses limites
actuelles, elle compta 22 cantons. Chacun d'eux forme
un petit État avec ses souvenirs historiques, sa constitution propre. Cependant le progrès vers un certain
degré de centralisation est indéniable. La guerre du
Sonderbund, en 1847, fut suivie de réformes dans le
sens unitaire ; les douanes intérieures furent supprimées. De plus en plus s'établit depuis vingt ans l'u-
sage du *Referendum*, ou consultation directe sur les
questions qui intéressent l'ensemble du peuple
suisse.

Le gouvernement central se compose de deux Chambres : le
Conseil national et le Conseil des États. Le premier est élu par
le suffrage universel à raison d'un député par 20,000 habitants.
Le second est une sorte de Sénat composé des députés des
cantons, au nombre de deux, quelle que soit d'ailleurs l'importance du canton. N'oublions pas que les cantons présentent des

inégalités extrêmes en étendue comme en population ; ainsi Zug, qui est le plus petit, tiendrait vingt-neuf fois dans celui de Berne. En voici la liste :

Argovie	Grisons	Tessin
Appenzell	Genève	Thurgovie
Bâle	Lucerne	Unterwalden
Berne	Neuchâtel	Uri
Fribourg	Schaffhouse	Valais
Saint-Gall	Schwitz	Vaud
Glaris.	Soleure	Zug
		Zurich

Les deux Conseils se réunissent en Assemblée fédérale. Celle-ci nomme le Conseil fédéral, qui est chargé du pouvoir exécutif et qui se compose de sept membres exerçant les fonctions de ministres. Le Président de la Confédération est choisi parmi ces sept fonctionnaires ; il est élu pour un an, et reçoit un traitement de 12,000 francs.

La neutralité de la Suisse est reconnue par l'Europe. En vertu de sa constitution la Suisse n'entretient pas d'armée permanente ; mais tout Suisse est assujetti au service. Les forces militaires se composent de l'*armée fédérale* (117,000 hommes) et de la *landwehr* (84,000). École militaire à Thun.

Récemment l'assemblée fédérale a voté des fonds pour la défense du Saint-Gothard.

La Suisse n'a pas de villes au-dessus de 100,000 habitants, et n'en a que trois au-dessus de 50,000 : Zurich, Genève et Bâle.

Près du tiers du sol est impropre à la culture. Aussi la Suisse tire-t-elle de l'étranger une partie de sa subsistance, qu'elle paye au moyen des produits de son industrie. Depuis le percement du Saint-Gothard, c'est par Gênes, plus que par Marseille, qu'elle reçoit les blés de Russie. Malgré son éloignement de la mer, la Suisse entretient des relations lointaines, grâce à la facilité avec laquelle ses habitants consentent à s'expatrier pour un temps. Son commerce atteint une valeur annuelle d'environ un milliard et demi de francs.

EMPIRE ALLEMAND (Deutsches Reich)

Superficie : 540,598 kilomètres carrés.
Population : 46,844,926 habitants (1).

L'Empire allemand s'étend au centre de l'Europe. Au Sud il touche aux Alpes ; au nord il est baigné par deux mers, celle du Nord qui est pour lui la mer germanique (*deutsches meer*) et la Baltique qui est pour lui la mer orientale (*ost-see*). De ces deux côtés ses limites sont donc en partie naturelles, « *von Felsen zum Meere*, » du roc à la mer. Il n'en est pas de même à l'ouest et à l'est. Vers la France, le Luxembourg, la Belgique et la Hollande, la limite n'est marquée par aucun accident naturel, si ce n'est les Vosges ; encore celles-ci ne forment-elles que dans leur partie méridionale la frontière imposée par le traité de Francfort en 1871. Vers la Russie, les territoires allemands s'étendent à travers les plaines ouvertes de la Lithuanie et de la Pologne ; les races s'enchevêtrent comme les territoires.

Divisions générales. — Nos pères disaient avec justesse *les Allemagnes*. Malgré l'accomplissement de l'unité politique, ce pluriel conserve une partie de vérité. Parmi les groupes de populations qui se rencontrent dans l'Empire, on distingue encore, à leurs dialectes et à leurs mœurs, des Bavarois, des Souabes, des Franconiens, des Saxons, des Frisons, des Prussiens.

(1) Recensement du 1er décembre 1885.

Les Allemagnes, d'ailleurs, ne sont pas tout entières comprises dans l'Empire. Sans parler de la Suisse, il y a environ 8 millions d'Allemands en Autriche. On peut dire même que certaines communautés urbaines de Transylvanie, ainsi que l'aristocratie foncière des Provinces baltiques de Russie sont de petites Allemagnes organisées au sein d'États différents.

L'Empire est loin, par contre, d'être entièrement allemand : dans la partie septentrionale du Slesvig il retient malgré eux 150,000 habitants de langue danoise. A l'est, malgré les efforts de germanisation poussés à outrance, les provinces polonaises conservent en grande partie leur langue nationale ; les statistiques officielles avouent elles-mêmes près de 2 millions et demi de Polonais. Il y a environ 260,000 habitants de langue française dans la partie annexée de la Lorraine. Naturellement il ne s'agit ici que d'une classification linguistique : car ce n'est pas seulement chez les Lorrains de langue française que le sentiment français est resté vivant.

L'Empire allemand se compose de deux régions que la géographie distingue assez nettement : l'Allemagne du Nord où la plaine domine, et l'Allemagne du Sud où s'élèvent des plateaux, où courent des chaînes boisées de médiocre hauteur et de directions différentes ; forêts autant que montagnes, comme l'indique le mot *wald*, presque toujours joint à leurs noms.

Au point de vue ethnographique la Basse-Allemagne est le pays où le *platt-deutsch*, parent du hollandais, du flamand et même de l'anglais, est encore parlé dans le peuple, tandis qu'au sud règnent les différents dialectes du haut-allemand : le bavarois, le souabe et le franconien.

ALLEMAGNE DU SUD

L'Allemagne du Sud n'est qu'une partie de la Haute-Allemagne : mais elle forme un tout assez distinct qui embrasse le bassin supérieur du Danube et le bassin moyen du Rhin. Politiquement elle comprend les principaux États secondaires de l'Allemagne : la *Bavière*, le *Wurtenberg*, *Bade* et la plus grande partie de la *Hesse*. C'est par elle que nous commencerons.

Région danubienne.

Le Danube ou la *Donau* a sa source dans le Schwart zwald (Forêt-Noire).

On est convenu de décorer de ce nom une source qui se trouve à Donaueschingen (grand-duché de Bade), dans le parc des princes de Fürstenberg. Elle est entourée d'une maçonnerie circulaire et d'une grille ; on y descend par des degrés, et un canal souterrain, ménagé sous une allée de marronniers du parc, fait communiquer ses eaux avec celles d'une petite rivière, appelée la *Brege*, qui est née à une altitude d'environ 1,150 mètres sur les pentes orientales de la Forêt-Noire. C'est ce ruisseau qui est le vrai commencement du Danube. Au sortir de Donaueschingen il se joint à la *Brigach*, autre ruisseau de même force. Le fleuve prend désormais le nom sous lequel il doit traverser l'Europe de l'ouest à l'est avec un développement de 2,800 kilomètres ; mais ce n'est encore qu'un modeste cours d'eau se traînant paisiblement à travers des prairies et des bois. Six lieues à peine d'un pays légèrement accidenté le séparent du Rhin, qui coule en sens inverse et auprès duquel il paraîtrait un enfant.

Cependant, presque dès sa naissance, le Danube rencontre un obstacle qu'il parvient à traverser. A Tütlingen (Wurtenberg) il pénètre entre les falaises calcaires et les plateaux fissurés qui constituent la

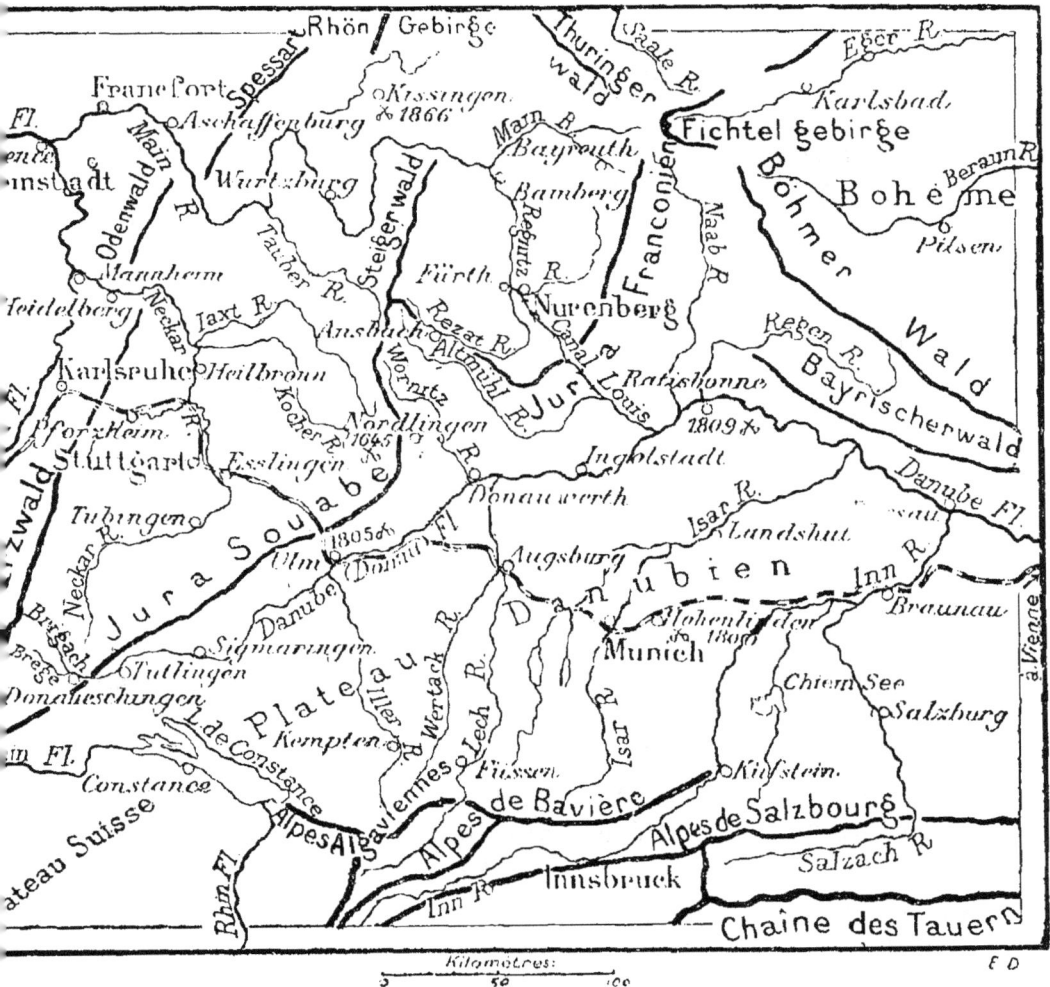

Rauhe Alb ou Jura souabe. Il s'y engage dans d'étroits défilés et n'en sort qu'à Sigmaringen (Hohenzollern). Il suit désormais une direction nord-est, en longeant jusqu'à Ratisbonne le pied méridional du Jura allemand.

C'est à Ulm (Wurtenberg) que lui arrivent les premières eaux des Alpes (*Iller*) et qu'il devient navigable, du moins pour les bateaux de faible tonnage. Il entre alors en territoire bavarois, à Neu-Ulm, faubourg situé sur la rive droite de l'Iller.

Ulm, vieille ville impériale, célèbre par sa cathédrale, ou *münster*, est la deuxième ville de Wurtenberg par sa population (34,000 habitants). Elle occupe une position importante à l'entrée du grand plateau danubien, sur la route (aujourd'hui sur le chemin de fer) de Paris à Vienne. C'est là qu'en 1805 les Autrichiens, attendant le secours des Russes, s'étaient établis afin de protéger l'entrée des pays danubiens contre l'armée française, qu'ils s'attendaient à voir déboucher par les défilés des villes forestières. Mais Napoléon, par un mouvement tournant à travers le Wurtenberg, déboucha sur le Danube, à Donauwœrth, sur les derrières de l'armée autrichienne. La capitulation d'Ulm (octobre 1805) fut le résultat de cette grande opération stratégique ; elle permit à l'armée française d'entrer à Vienne sans livrer de nouvelle bataille.

Au delà d'Ulm, le Danube arrose Hochstedt (batailles de 1703 et 1704), Ingolstadt, ville forte, et continue à suivre une direction uniforme vers le nord-est, le long du Jura souabe et franconien, jusqu'à Ratisbonne. C'est l'ancienne *Radaspona* celtique, dont les Allemands ont changé le nom en *Regensburg*. Cette ville est située, comme Orléans sur la Loire, à l'extrémité septentrionale du coude danubien. Elle a connu des jours de splendeur : car elle fut au onzième siècle la métropole du commerce danubien, et ses marchands pénétraient alors jusqu'en Hongrie et en Transylvanie. Jusqu'en 1806, son *Rathaus* abrita les dernières assemblées d'Empire (*Reichstag*). En 1809 elle vit la sanglante bataille qui précéda la seconde entrée des Français à Vienne. Dans ses vieilles maisons bordant des rues étroites vivent aujourd'hui 35,000 habitants.

Après Ratisbonne, le Danube rencontre une ligne de hauteurs granitiques orientées du nord-ouest au sud-est : c'est la Forêt de Bavière (*Bayrischerwald*),

parallèle à la Forêt de Bohême (*Bœhmerwald*). Il est ainsi
rejeté vers le sud-est, et prend définitivement la route
de la mer Noire. Sa vallée, mieux dessinée et plus
basse, devient plus fertile ; il passe à Straubing ; nous
le retrouverons à Passau.

Affluents du cours supérieur du Danube. — Mais
auparavant il a reçu de nombreux affluents : sur la
rive droite, l'*Iller*, le *Lech*, l'*Isar* et l'*Inn* ; sur la rive
gauche, l'*Altmühl*, la *Wœrnitz*, la *Naab* et la *Regen*.

Ces derniers sont les moins importants. Cependant
la Wœrnitz, qui traverse le Jura souabe, a souvent
prêté sa vallée aux expéditions militaires du Rhin au
Danube ; elle passe à Nordlingen (bataille de 1645), et
se jette à Donauwœrth dans le fleuve. L'Altmühl naît
dans les collines de Moyenne-Franconie, et traverse,
elle aussi, le Jura franconien pour se jeter dans le
Danube à Kelheim. Dans son cours supérieur elle
se rapproche de la Regnitz, affluent du Main. Les
deux bassins fluviaux du Rhin et du Danube ont pu
ainsi être réunis par un canal, appelé *canal Louis*,
du nom du roi Louis Ier de Bavière, qui le fit creuser
pour réaliser une idée attribuée à Charlemagne. Le
trafic en est insignifiant. La Naab, née dans le Fichtel gebirge, et la Regen, venue du Bœhmerwald,
atteignent toutes deux le Danube au coude de Ratisbonne.

L'Iller est le premier des grands affluents alpestres
que reçoit le Danube et qui viennent coup sur coup
grossir son volume et accélérer son cours. Il sort,
vers Kempten (ville bavaroise) (1) des Alpes calcaires,
et, après avoir servi de frontière entre le Wurtenberg et
la Bavière, aboutit à Ulm.

Le Lech, dont la source est voisine de celle de
l'Iller, est plus important. Quoiqu'il ne serve pas de

---

(1) Ingolstadt, 16,000 habitants ; Straubing, 13,000 habitants ; Kempten
11,000 habitants.

frontière politique, il marque une frontière ethnographique, celle du pays souabe à l'ouest et du pays
bavarois à l'est. Si la Bavière politique s'étend jusqu'à
l'Iller, c'est grâce aux acquisitions faites au commencement du siècle ; la Bavière historique et linguistique ne dépasse pas le Lech (1).

Le Lech passe à Augsbourg, vieille ville dont le nom
indique l'origine romaine : l'*Augusta* de la province
de Vindélicie, la grande place d'armes fondée par les
Romains au nord des Alpes centrales. Elle se développa au moyen âge comme ville de commerce et de
finances. Située presque à égale distance de deux des
principaux passages des Alpes, celui du Splügen et
celui du Brenner, elle était une des étapes du commerce entre Venise et les pays rhénans. Ville impériale, elle vit s'amasser dans ses murs de grandes
richesses ; son luxe devint proverbial en Allemagne,
et parmi les banquiers d'Augsbourg on vit briller au
seizième siècle les Fugger, qui prêtèrent à Charles-
Quint l'argent nécessaire pour acheter le vote des
électeurs qui l'éleva à l'Empire. Augsbourg reste
encore un centre commercial et littéraire important (2). Ses maisons, aux façades souvent décorées
de fresques, semblent une réminiscence des relations
avec l'Italie qui furent l'origine de sa fortune.

Dans les champs monotones qui s'étendent à perte
de vue à l'est de la ville, eut lieu, au dixième siècle,
le choc qui délivra l'Allemagne de l'invasion magyare
(bataille du Lechfeld, 955).

Plateau bavarois. — Le plateau bavarois, compris entre les Alpes et le Danube et entre le Lech et
l'Inn, est certainement une des contrées les plus monotones et les plus tristes qu'il y ait dans l'Europe cen-

---

(1) C'est là que la terminaison bavaroise en *ing* (*Freising, Erding,
Straubing, Essling*, etc.) succède dans les noms de lieux à la terminaison souabe en *ingen* (*Memmingen, Dillingen, Nordlingen*, etc.
(2) Augsbourg, 65.000 habitants.

trale. Le climat en est froid, la vigne y manque, le sol
couvert par les débris des torrents de la période diluviale est tantôt caillouteux, tantôt marécageux, rarement fertile. De grands marais appelés *ried* ou *moos*
accompagnent le cours de l'Isar et du Lech. Les rivières suivent une direction uniforme dans des vallées à
peine marquées, qui n'attirent pas les populations et
les villes. Malgré ces désavantages, le plateau bavarois
a eu historiquement une grande importance, vraiment
européenne ; il la doit à sa position intermédiaire entre
le sud et le nord, comme entre l'est et l'ouest de l'Europe centrale. Maîtres du plateau bavarois, les Romains
tenaient en échec les Germains du Danube. Tant qu'il
fut ouvert aux invasions des Hongrois, toute l'Europe
occidentale trembla au seul nom de ces envahisseurs.
Dans les guerres entre la France et l'Autriche, la possession du plateau livrait les clefs de Vienne ; aux
noms d'Ulm et de Ratisbonne on peut ajouter celui
de Hohenlinden.

La capitale de la Bavière est Munich *(München)*,
située au centre du plateau, par 515 mètres d'altitude,
sur l'Isar. Cette rivière, dont le nom, semblable à celui
de deux de nos rivières de France (1), rappelle les populations celtiques qui ont précédé les Germains dans ces
contrées, est une fille des Alpes. Ses eaux rapides et
d'un vert blanchâtre portent la marque de cette origine ; elles n'ont d'ailleurs aucune importance pour
la navigation. L'Isar n'en est pas moins la rivière
historique de la Bavière : car outre la capitale, elle
arrose Freising, insignifiante aujourd'hui, mais la
plus ancienne ville épiscopale de ces contrées.

On chercherait vainement quel avantage naturel a
pu attirer vers Munich le choix des ducs, qui, au
treizième siècle, y établirent leur résidence. Dans cette
campagne plate et laide, l'horizon ne s'ennoblit que

_____

(1) L'*Isère* et l'*Isara* (forme latine du nom de l'Oise).

lorsque par hasard un temps clair permet d'apercevoir ou plutôt de deviner au sud les premières cimes des Alpes. Munich est essentiellement ce que les Allemands appellent une ville-résidence, une capitale créée artificiellement par la volonté du souverain. Ceux-ci appartenaient déjà à cette maison de Wittelsbach qui règne encore en Bavière, dépassant en ancienneté les Habsbourg et les Hohenzollern dont la fortune a éclipsé la sienne. Ils furent séduits sans doute par la position centrale qu'occupait en effet Munich avant les annexions qui ont déplacé l'axe politique de la Bavière.

La ville doit à ses souverains non seulement l'existence, mais aussi les musées qui font aujourd'hui son principal intérêt. Sous ce rapport elle n'a de rivale en Allemagne que Dresde. C'est à la libéralité souvent fantasque, mais cette fois éclairée, du roi Louis Ier qu'elle doit surtout les toiles qui décorent sa *Pinacothèque*, et les marbres qui font l'orgueil de sa *Glyptothèque* ; on admire parmi les derniers les bas-reliefs du fronton d'Égine, un des plus importants morceaux de la sculpture grecque de la période archaïque. Munich est une des capitales artistiques de l'Allemagne. Elle possède aussi depuis 1826 une importante université, dont l'influence n'a pas peu contribué à répandre le sentiment germanique dans ce vieux foyer de particularisme bavarois. La boisson nationale de la Bavière compte à Munich ses plus fervents adeptes et donne lieu à un commerce considérable.

Munich est par sa population la quatrième ville d'Allemagne : 262,000 habitants.

L'Inn et son affluent, la Salzach, forment dans la section inférieure de leurs cours la limite orientale de la Bavière, qu'ils séparent de l'Autriche.

Si l'on ne tenait compte que du volume des eaux, et non de la direction générale de la vallée, l'Inn devrait être considéré, plutôt que le Danube, comme le véritable fleuve. Il naît au seuil de Maloïa et, après avoir formé les petits lacs pittoresques de la Haute-Engadine, il reçoit le principal tribut des grands glaciers du Bernina. Il arrose en territoire suisse cette haute vallée de l'Engadine dont il a été question : il en sort par de sombres défilés que domine la forteresse autrichienne de Finstermünz. Il traverse ensuite le Tirol, dont il baigne la capitale, Innsbruck. Au-dessous de Küfstein (autrichien), il entre en terri-, toire bavarois et sort définitivement des montagnes Son lit, jusqu'alors resserré, s'étale et enlace un gra nombre d'îles de sable (*werder*), boisées d'aunes, (tre lesquelles roulent avec rapidité ses eaux troubles et grisâtres. Son cours, qui depuis Innsbruck jusqu'à Rosenheim est suivi parallèlement par le chemin de fer international du Brenner, décrit au-dessous de cette dernière ville une courbe, qui le porte à la rencontre de la Salzach, son puissant tributaire.

La Salzach, qui doit son nom à la région de mines de sel, exploitées depuis l'antiquité, qu'elle traverse avant de quitter les Alpes, n'est guère inférieure à l'Inn. Elle naît dans la chaîne des Tauern, et forme en s'échappant des flancs du Venediger (3,659ᵐ) la cascade de Kriml, la plus grandiose des Alpes. Puis elle coule pendant vingt lieues de l'ouest à l'est dans une vallée longitudinale, d'aspect monotone et mélancolique, qu'on appelle le Pinzgau. Après avoir reçu les eaux qui arrosent la vallée très visitée de Gastein, elle change brusquement sa direction et se fraie un chemin vers le nord par une tranchée gigantesque à travers les Alpes calcaires. Le défilé de Lueg, célèbre par les luttes entre Français et Tiroliens en 1809, marque le point le plus étroit de cette brèche transversale. La jolie ville autrichienne de Salzbourg s'élève au débouché des montagnes; presque aussitôt après l'avoir sillonnée de ses eaux rapides, la Salzach devient frontière entre la Bavière et l'Autriche, et conserve ce rôle jusqu'à son confluent avec l'Inn. Leurs masses réunies se dirigent vers le Danube, qu'elles atteignent à Passau, la dernière ville danubienne de la Bavière.

Comme Ratisbonne et Augsbourg, Passau est une ville d'origine romaine. Elle doit son origine à un

campement de Bataves établi dans cette position émi-
nemment stratégique qui rappelle celle de Coblentz
(Batava Castra). Ville épiscopale, elle contribua plus
.tard à répandre le christianisme parmi les barbares
qui s'étaient répandus dans l'ancienne province de
Norique. Mais elle n'a plus aujourd'hui que 15.000
habitants.

Là se termine à la fois la partie politiquement allemande et le cours supérieur du Danube. L'importance
de cette région a incontestablement diminué depuis
le moyen âge et même depuis le dernier siècle. Le
temps est loin où elle servait de passage préféré au
commerce entre l'Italie et l'Allemagne. L'attention
des militaires se porte ailleurs, depuis que la rivalité
de la France et de l'Autriche est reléguée au rang de
souvenir historique. Aussi est-ce surtout du passé
que parlent les villes, et beaucoup languissent.

Après Passau, le fleuve, qui n'est déjà qu'à 287 mètres au-dessus du niveau de la mer, perd le caractère
de fleuve de plateau. Il va désormais s'engager dans
une série de défilés et de bassins, et prendre dans
cette seconde étape une autre allure et un autre aspect.

Région rhénane de l'Allemagne du Sud.

Le Rhin redevient de nos jours une des grandes
voies commerciales de l'Europe. Au sortir de Bâle,
il pénètre dans l'Empire allemand, où il coule pendant 170 lieues environ jusqu'à ce qu'il le quitte, en
aval d'Emmerich, pour entrer en Hollande.

Vallée du Rhin moyen. — A son entrée dans le
Rheinthal, c'est-à-dire dans la vallée qui s'étend de
Bâle à Mayence, le fleuve est encore à une hauteur
de 248 mètres; il a reçu tous ses affluents alpestres;
les glaciers et les neiges éternelles ne lui enverront

Rhin Fl. — Wesel — Lippe R. — Meuse Fl. — Ruhr R. — Diemel R. — Weser Fl. — Duisburg — Düsseldorf — Bassin houiller — Erft R. — Wupper R. — Eder R. — Cologne — Sieg R. — Fulda R. — Roër R. — Ahr R. — Bonn — Lahn R. — Wetter R. — Nidda R. — Kinzig R. — Coblentz — Moselle R. — Francfort — Hanau — Main R. — Bingen — Mayence — Nahe R. — Darmstadt — Trèves — Worms — Mannheim — Tauber R. — Sarre — Bassin houiller — Iaxt R. — Sarrebrück — Metz — R. — Neckar R. — Kocher R. — Lauter R. — Rhin Fl. — Carlsruhe — Stuttgart — Nancy — Strasbourg — Murg R. — Kinzig R. — Danube Fl. — Moselle Fl. — Meurthe R. — Ill R. — Dreisam R. — FRANCE — Mulhouse — Wiese R. — Chûte du Rhin — L. de Constance — Bâle — Constance — Doubs R. — Birse R. — Aar R. — Reuss R. — Limmat R. — L. de Zurich — Lac de Neuchâtel — Berne — L. des 4 Cantons — Ill R. — Coire — L. de Morat — L. de Thun — SUISSE — Verder Rhein — Lac de Brienz — Aar R. — Hinter Rhein

Kilomètres

0   50   100

E. Dufaux

plus désormais une seule goutte d'eau. Il tourne le
dos aux Alpes, et se dirige vers le nord-est, droit
vers le centre de l'Allemagne. Deux rangées de montagnes aux formes douces, les Vosges et la Forêt-
Noire, encadrent à droite et à gauche l'horizon de
la vallée. Celle-ci s'étend, couverte de prairies, de
moissons, de vignobles, comme un jardin magnifique interrompu seulement par les bandes sombres que forment quelques forêts de pins croissant
sur les sables. Dans ce pays où l'histoire ne parle
que de guerre, tout respire une opulence paisible.
Le fleuve, néanmoins, conserve encore longtemps
un caractère torrentueux et sauvage. Il se répand
dans un lit mal formé, multipliant autour de lui
les îles, les bras morts, les marécages. C'est qu'en
effet, jusqu'à la hauteur de Strasbourg, sa pente
est extrêmement rapide. On ne trouve aucune
ville importante assise sur les bords mêmes du
fleuve dans cette partie de son cours. La batellerie
l'évite et suit de préférence le canal du Rhône
au Rhin, qui par l'embranchement de Mulhouse
à Huningue se relie au fleuve dès son entrée en
Alsace.

Au-dessous du confluent de l'Ill, la pente décroît et
le fleuve se calme. Le Rhin n'est plus qu'à 104 mètres
au-dessus de la mer ; et tandis qu'il est descendu de
144 mètres depuis Bâle, il n'a plus à descendre que de
26 mètres jusqu'à Mayence. La différence de niveau
est beaucoup moindre, et le confluent de l'Ill doit
par conséquent marquer la fin de la partie supérieure
du Rheinthal.

Rive gauche. — A l'exception de Huningue, célèbre
par son héroïque résistance en 1815, et de Vieux-
Brisach, les villes fuient les bords du fleuve. Elles
se succèdent au contraire le long de l'*Ill* ou *Ell*, la
rivière principale de l'Alsace, qui semble lui avoir

emprunté son nom (Elsass). Là s'élèvent Altkirch, Mulhouse, Colmar et Schelestadt, toute une rangée de villes riches et industrieuses (1).

Lorsque Mulhouse, auparavant affiliée à la Confédération suisse, se donna à la France en 1798, elle ne comptait que 6,000 habitants. Elle en comptait près de 70,000 au moment de l'annexion à l'Allemagne. Ainsi dans l'intervalle de deux ou trois générations, la ville a décuplé grâce aux progrès de l'industrie. C'est surtout dans l'impression des tissus que Mulhouse s'est fait une place unique, due aux qualités d'élégance, d'harmonie et de goût qui distinguent ses produits. L'honneur de ces progrès revient à l'initiative de quelques familles appartenant à l'ancien patriciat bourgeois de la ville, qui, vers le commencement du siècle se mirent à la tête du mouvement industriel (2).

Mulhouse n'est pas la seule ville d'Alsace où se soit développée la grande industrie. Les jolies vallées qui descendent sur le flanc oriental des Vosges, sont des ruches d'activité industrielle. Masevaux, Wesserling, Thann, Guebwiller, Orbey, Sainte-Marie-aux-Mines, etc. (3), réussissent dans les branches les plus diverses : confection des toiles et des draps, fabrication du papier, de produits chimiques, construction de machines. A ces usines du Haut-Rhin il faut ajouter celles de Graffenstaden et de Niederbronn dans le Bas-Rhin. Mais c'est en somme l'industrie cotonnière qui domine en Alsace. Au moment de l'annexion elle atteignait à elle seule une importance presque égale à celle de tout le *Zollverein* (union douanière allemande).

L'agriculture n'est pas moins florissante que l'in-

---

(1) Mulhouse, 70,000 habitants ; Colmar, 26,000 habitants ; Schelestadt, 9,000 habitants.

(2) Parmi les nombreuses fondations dues à l'initiative privée, il faut citer au premier rang la Société des cités ouvrières constituée en 1853 par Jean Dollfus, qui a exercé la meilleure influence sur le sort des ouvriers.

(3) Guebwiller, 12,000 habitants ; Sainte-Marie-aux-Mines, 12,000 habitants ; Haguenau, 11,000 habitants ; Thann, 8,000 habitants.

dustrie. De Thann à Mutzig, la lisière des Vosges est bordée de coteaux où mûrissent des vins renommés. Là se pressent les bourgs et les petites villes. Parmi celles-ci, Kaisersberg, Turckheim, Obernai, gardent encore leurs vieilles murailles croulantes étreignant « des rues étroites et tortueuses bordées par des maisons sombres, à pignons pointus » (2).

Dans la plaine, ce sont les cultures de froment, de colza, de chanvre, de tabac, de lin et de houblon. Le Kochersberg, nom que l'on donne aux environs de Benfeld au nord-ouest de Strasbourg, passe pour le grenier de l'Alsace. Nulle part les villages n'ont un air plus prospère et ne sont plus nombreux, le long de magnifiques routes que bordent des arbres à fruits.

Ce riche pays, qui s'étend sur la rive gauche du Rhin, de Bâle à la Lauter, est habité par une population nombreuse (130 hab. par kil. carré), robuste de corps et saine d'esprit. L'Alsacien, joyeux et expansif par tempérament, plus ami du confort que du luxe, plus disposé à l'activité réglée qu'à l'effort violent, jouit largement du sol plantureux qu'il habite. L'Alsace présentait un aspect bien différent, lorsqu'elle fut cédée à la France par les traités de Westphalie, toute saignante encore des ravages de la guerre de Trente ans. La renaissance du pays fut l'œuvre de la domination française, qui, s'étant abstenue de faire violence à ses mœurs et à ses traditions, sut d'autant mieux gagner son cœur.

Strasbourg (112,000 hab.) s'élève sur l'Ill, à une demi-lieue du Rhin, près des confluents des canaux qui l'unissent, l'un à la Marne, l'autre au Rhône. Plusieurs circonstances géographiques rendaient cette position propre à la formation d'une ville : là seulement le fleuve, jusqu'alors bordé de marais, offre un passage facile, il perd ses allures violentes

(1) Ch. Grad, *Études statistiques sur l'industrie de l'Alsace*, 1879-1880.

et devient plus propre à la navigation. De légères
ondulations, qui expirent au nord de la ville, s'étendent
jusqu'au débouché des Vosges à Saverne, offrant
un terrain sec, exempt de rivières et de marécages,
par lequel il était aisé de tracer une route. C'est en
effet à la voie romaine venant de Saverne et de l'intérieur
de la Gaule que Strasbourg dut son premier
développement. On la voit apparaître sous le nom
gaulois d'*Argentoratum* dans la géographie de Ptolémée,
au second siècle de notre ère. Dévastée au
temps des invasions, elle se relève au septième siècle
comme ville épiscopale. L'orgueil de Strasbourg est
sa cathédrale (münster) bâtie en grès rouges, dont
la flèche haute de 142 mètres n'est dépassée en élévation
que par la grande Pyramide, par la flèche de
Rouen et les tours de Cologne. Sa riche bourgeoisie
prit une part brillante aux progrès de l'humanisme
et de la renaissance des lettres ; et la Réforme compta
parmi elle de nombreux adeptes. Après que l'Alsace
eut été cédée à la France, Strasbourg subsista comme
république urbaine et ville impériale jusqu'au 24 octobre
1681, date de sa soumission à Louis XIV. La
statue de Kléber, qui se dresse sur une des principales
places, rappelle la part glorieuse que ses
enfants ont prise à nos guerres. Le 28 septembre
1870, Strasbourg dut capituler devant l'armée allemande,
après un bombardement qui avait presque
détruit le faubourg de Pierre et anéanti la bibliothèque
de la ville.

Rive droite. — Moins richement comblée que la
partie alsacienne du Rheinthal, la partie badoise, sur la
rive droite, lui ressemble cependant par sa disposition
générale. La Forêt-Noire (*Schwartz Wald*) correspond
aux Vosges avec une symétrie parfaite : aux masses culminantes
de granit et gneiss qui s'accumulent au sud,
succèdent vers le nord les formes aplaties du grès avec

ses roches imitant des burgs naturels et ses vallées
sèches. Comme les Vosges au delà de Saverne, la
Forêt-Noire s'abaisse, plus sensiblement encore, au-
delà de Bade. De riantes villes, Fribourg, Lahr, Offen-
burg, enfin Bade, dont les eaux étaient connues et
fréquentées des Romains, s'échelonnent au débouché
des vallées, sur les dernières pentes, d'où l'œil embrasse un magnifique horizon (1).

Fribourg est situé sur la Dreisam, au débouché de
cette vallée, plus connue sous le nom de Val-d'Enfer
(*Hollenthal*) (2), qui fournit un passage étroit, mais
direct, vers Donaueschingen et le Danube.

Fribourg est la ville principale du Brisgau, ancienne possession de l'Autriche, que Napoléon donna en 1805 au grand-duché
de Bade, auquel il est demeuré. Elle fut occupée par la France
de 1678 à 1697. Son Université date de 1454. Entre la ville et le
Rhin on voit se dresser la montagne basaltique du *Kaiserstuhl*
(siège de l'empereur), masse isolée au milieu des alluvions de
la plaine.

La capitale du grand-duché de Bade est Carlsruhe, ville récente qui s'est développée autour
d'un château fondé en 1715 par le margrave
de Bade, Charles III, dont elle rappelle le nom. Le
terrain sur lequel elle s'élève est une de ces parties
sablonneuses qui parsèment çà et là la vallée du
Rhin et où croissent des forêts de pins. Ce Versailles
badois a pris de nos jours une certaine importance
industrielle (construction de machines) et possède
une École polytechnique renommée. A l'est de Carls-

(1) Bade, 13,000 habitants.
(2) C'est par là qu'en 1796 Moreau ramena sur le Rhin son armée après
six mois de campagne au cœur de l'Allemagne. « Un tiers des soldats
marchaient pieds nus, et l'on n'apercevait sur eux d'autres vestiges
d'uniforme que la buffleterie. Sans les haillons de paysans dont ils
étaient couverts, leurs têtes et leurs corps eussent été exposés à
toutes les injures du temps C'est dans cet état que je les ai vus défi-
ler à Huningue, et cependant leur aspect était imposant ; à aucune
époque je n'ai rien vu de plus martial. Leur démarche était fière ;
peut-être quelque chose de farouche se faisait voir dans leurs regards.»
(*Mémoires de Gouvion Saint-Cyr*, tome IV, ch. 17.)

ruhe, la vallée rhénane n'est plus enfermée par la
Forêt-Noire ; le chemin de fer qui relie Carlsruhe à
Pforzheim, situées l'une et l'autre sur la grande
ligne internationale de Paris à Vienne, n'a que dé
faibles accidents de terrain à surmonter. Pforzheim,
ville également badoise, est arrosée par l'Enz, affluent
du Neckar ; c'est aussi une ville industrieuse, qui
exporte au loin sa bijouterie à bon marché (1).

Palatinat. — Après le confluent de la Lauter, le Rhin
cesse de servir de limite à l'Alsace ; il sépare désormais
du grand-duché de Bade, qui se prolonge le long de sa
rive droite, la Bavière rhénane, qu'il vaut mieux désigner par son nom historique de Palatinat. Ce riche
pays de petits propriétaires, où la vigne dispute la
place au houblon et que dominent, à l'ouest, les hauteurs boisées de la Hardt, porta sous la domination
française le nom de département du Mont-Tonnérre ;
en 1815, par une combinaison qu'explique seul le
désir de nous rendre la Bavière hostile, la diplomatie
européenne fit de cette province en majorité protestante et profondément imbue d'idées libérales une
annexe de la couronne bavaroise.

Le Rhin y baigne le pied de la terrasse où s'élève
la cathédrale aujourd'hui restaurée de Spire. Elle contient les tombeaux de Rodolphe de Habsbourg et
d'autres empereurs germaniques, et domine de ses cou-
poles romanes une ville silencieuse qui n'a pas senti,
comme ses voisines, le souffle de la vie moderne. Spire
(*Speyer*) fut pourtant, au douzième siècle, la première
ville de l'Allemagne. Elle était déjà bien déchue, lorsqu'en 1689 elle fut dévastée par les Français, dans une
de ces exécutions militaires que le patriotisme autant
que l'humanité nous commandent de condamner, mais

---

(1) Fribourg, 42,000 habitants ; Carlsruhe, 61,000 habitants ; Pforzheim, 27,000 habitants.

qui ont servi de prétexte à des rancunes bien tenaces (1).

A la ville des souvenirs succède bientôt la ville des affaires : Mannheim, qui est la première du grand-duché de Bade par son commerce et sa population (61,000 hab.). Elle s'élève au confluent du Neckar, la rivière souabe, qui vient ici mêler au Rhin ses eaux d'un vert sombre, chargées de trains de bois. Comme, d'autre part, elle est au point le plus méridional que puissent atteindre aisément les steamers de Cologne et de Rotterdam, de Dordrecht et même de Londres, elle est devenue un centre d'affaires pour toute l'Allemagne du Sud et un important marché de grains. En face, sur la rive bavaroise, s'étend Ludwigshafen. Entre ces deux villes le fleuve, bordé d'usines, de docks, de chantiers, que des rails mettent en communication le long des deux rives, offre l'image d'une remarquable activité (2). Sans les quelques édifices du dix-huitième siècle qui ornent ses places publiques, Mannheim avec ses rues tirées au cordon ressemblerait assez à une ville américaine. Là, comme à Francfort, l'élément israélite tient une grande place.

Pays du Neckar. — Le *Neckar* est une des plus jolies rivières de l'Allemagne. Il a sa source non loin de celle du Danube, dans un plateau marécageux qui s'étend entre la Forêt-Noire et la Rauhe Alb, et qui envoie ses eaux, d'une part au Danube, de l'autre, par le Neckar, au Rhin. A Rottweil le Neckar désormais formé commence à frayer sa vallée à travers les plateaux du pays souabe. Comme la Moselle, à laquelle on l'a souvent comparé, il coule d'abord dans une direction qui l'éloigne du fleuve auquel il doit finalement

(1) Spire, 16,000 habitants.
(2) Un canal va être creusé pour relier Ludwigshafen à Strasbourg. Ludwigshafen, 21,000 habitants.

parvenir après avoir traversé plusieurs formations
géologiques. Comme la rivière lorraine, il arrose une
contrée dont le niveau général est sensiblement plus
élevé que celui de la vallée rhénane. Mais ses eaux
ont creusé profondément entre les hautes terres qui
le dominent une série de bassins reliés entre eux par
d'étroits passages. Tandis que sur les hauteurs se
dressent les ruines des vieux châteaux de la noblesse
souabe, les villages et les villes, généralement petites
mais animées, recherchent l'abri et la fertilité des
bassins. Grâce à la décroissance rapide du niveau, le climat est plus doux dans la vallée du Neckar
que sur le plateau bavarois ; la vigne commence à se
montrer à Tubingen. Les villages, avec leurs maisons
éparses, à moitié construites en bois et entourées de
cerisiers, ont un aspect riant. Il y a dans la population
qui habite ce pays accidenté quelques traits de caractère qui rappellent les populations montagnardes : le
dialecte rude et aspiré qu'elle parle, les petites industries qui se joignent assez généralement chez elle
aux occupations agricoles, et le goût de l'émigration,
qui toutefois semble commun à presque toutes les
tribus germaniques. Elle est d'ailleurs remarquable
par ses qualités d'imagination. L'Allemagne doit
à ce pays quelques-uns de ses plus grands noms
dans la science, la philosophie et la poésie : Keppler,
Hegel, Schiller, Uhland et Wieland.

Tubingen (Tubingue), au fond d'un de ces bassins du haut
Neckar, n'a d'autre importance que celle que lui donne son
Université, fondée en 1477 et célèbre par les études théologiques
(la population de Wurtenberg est en grande majorité protestante). Le Neckar n'est déjà plus qu'à 320 mètres au-dessus de
la mer.

A Esslingen, ancienne ville impériale, le Neckar,
qui vient de changer sa direction, débouche dans le
bassin central où s'est développée la capitale de l'Etat
Wurtenbergeois. Stuttgart occupe le fond d'un cir-

que formé par des coteaux couverts de vignobles. Elle fut choisie en 1320 pour résidence par les comtes de Wurtenberg ; mais c'est seulement depuis le commencement de ce siècle qu'elle s'est agrandie. Son commerce de librairie est un des plus importants de l'Allemagne. Des promenades semées de villas l'unissent à Cannstadt, ville plus ancienne et qui eût mérité par ses souvenirs historiques de devenir la capitale. Là se trouvent des sources salines, déjà fréquentées par les Romains. La ville qu'ils y construisirent devint, grâce à sa position, le centre des voies entre le Rhin et le Danube ; les nombreux vestiges qu'on y rencontre attestent la force et la durée de l'occupation romaine (1).

Signification historique des pays du Neckar. — L'importance historique des pays du Neckar consiste en ce qu'ils fournissent entre le Danube et le Rhin un passage direct permettant d'éviter les difficultés de la Forêt-Noire. Entre la navigation du Danube, qui commence à Ulm, et celle du Rhin, qui se développe à partir de Strasbourg, la ligne de communication la plus directe croise le Neckar dans la partie de son cours où s'étend le bassin de Cannstadt-Stuttgart. Il était donc naturel que le centre politique du pays se fixât dans cette position. La voie du Rhin moyen au Danube coupe, plutôt qu'elle ne suit, le Neckar. C'est par Pforzheim et la petite vallée de l'Enns qu'elle l'atteint ; elle le quitte, à l'est, par la petite vallée de la Filz. Le chemin de fer de Paris à Vienne s'écarte fort peu de la grande route que l'on suivait au dix-huitième siècle. Il s'élève lentement le long de la Filz vers le plateau presque désert que forme le Jura souabe, d'où il descend par des rampes rapides sur Ulm et la vallée danubienne.

(1) Esslingen, 21,000 habitants ; Cannstadt, 18,000 habitants Stuttgart, 126,000 habitants.

Les empereurs romains de la dynastie flavienne
avaient bien compris l'importance de cette contrée,
lorsque, pour fortifier leurs frontières sur les deux
fleuves, ils avaient jugé nécessaire de s'établir dans
la vallée du Neckar. Ils fondèrent des colonies composées de vétérans et d'aventuriers gaulois, et l'en-
tourèrent d'une série de retranchements et de petits
forts, dont on suit encore la trace depuis le Rhin
jusqu'au Danube (1).

Le Wurtenberg. — C'est au centre de cette vallée
que se développa, au moyen âge, la fortune des comtes
de Wurtenberg. Le château patronymique de cette
dynastie, aujourd'hui royale, est situé près de Cannstadt. C'est de Napoléon qu'elle reçut, en 1806, avec le
titre royal, la possession effective du pays considéra-
blement agrandi. Non seulement le nouveau royaume
recula ses limites par l'annexion de territoires danubiens *(Donaukreis)* jusqu'au lac de Constance, mais
toute trace d'indépendance locale disparut. Là,
comme dans tout le reste de l'Allemagne, les villes
libres et la noblesse d'empire, anciens membres du
corps germanique qui ne relevaient que de l'autorité
impériale, furent subordonnés aux souverains dans le
territoire desquels ils étaient compris. Les *médiatisations* et les *sécularisations,* termes consacrés, transformèrent en quelques années la face politique de
l'Allemagne. On vit alors disparaître ce type populaire de baron d'empire, personnifié dans le drame de
Goëthe par Gœtz de Berlichingen à la main de fer,
ennemi juré des évêques, des marchands et des villes
libres, maître absolu dans son château sur la Jaxt,
mais gardant au fond du cœur sa fidélité à la majesté
impériale.

(1) Cette fortification ne consistait pas en une muraille continue,
mais en une série de retranchements et de postes reliés par des
voies carrossables. Elle partait du Rhin en aval de Coblentz et atteignait le Danube au-dessus de Kelheim.

En augmentant ainsi le Wurtenberg, la Bavière, Bade et la Hesse grand-ducale, Napoléon formait un faisceau d'Etats alliés destinés à fermer à l'Autriche l'accès du Rhin et à lui interdire le haut Danube : conception habile, malheureusement compromise par les excès d'une politique sans mesure et sans pitié. Napoléon tomba, et avec lui la Confédération du Rhin *(Rheinbund)*, qui était son œuvre ; mais les Etats qu'il avait agrandis conservèrent la plupart de leurs acquisitions.

Après avoir arrosé Heilbronn, le Neckar sort du Wurtenberg, auquel appartiennent les quatre cinquièmes de son cours, pour entrer dans le grand-duché de Bade. A Eberbach il rencontre les massifs boisés de l'Odenwald à travers lesquels, changeant brusquement de direction, il s'est taillé un passage. Cette percée, qui dure 30 kilomètres, est la partie la plus pittoresque de son cours. Il débouche à Heidelberg dans la vallée du Rhin. Du haut du Kœnigstuhl, croupe boisée qui domine le château, on voit la mince vallée au fond de laquelle s'allonge la ville, se perdre tout à coup dans la plaine qui s'étend presque à l'infini. Heidelberg possède une Université fondée en 1386 à l'imitation de celle de Paris, la plus ancienne de l'Allemagne, et encore une des plus fréquentées, surtout en été (1).

Hesse rhénane. — Le Rhin, auquel le confluent du Neckar nous ramène, entre, à Worms (rive gauche) dans le grand-duché de Hesse. Worms était aussi jusqu'à ces derniers temps une grandeur déchue. Ville gauloise à l'origine, puis capitale des Burgondes à l'époque que retrace la vieille épopée des Niebelungen, ville épiscopale au temps où l'on appelait le Rhin la

(1) Heilbronn, 28,000 habitants ; Heidelberg, 27,000 habitants.

grande rue des prêtres, mais ruinée par les guerres
du dix-septième siècle, elle se relève maintenant ;
l'industrie y prend chaque jour un développement
notable.

Près de son antique cathédrale on a élevé en 1868 le monument de Luther, destiné à rappeler le souvenir de la diète dans
laquelle le moine augustin comparut devant Charles-Quint.
Autour de la statue du réformateur, se dressent celles de ses
principaux disciples, des champions de la Réforme et des villes
qui ont pris une part importante à ce mouvement mémorable.
Mais l'œuvre n'est pas à la hauteur des souvenirs qu'elle évoque.

Ce n'est pas cependant sur le Rhin, mais sur la lisière de l'Odenwald, le long de la *Bergsstrasse*, ancienne route de Mayence à Bâle, que se pressent les
villes, les villages, les maisons de campagnes. La
noble cime du Melibocus (519 m.), masse de syénite
entourée de gneiss, qui tombe presque à pic sur la
vallée du Rhin, domine un vaste horizon. A l'extrémité septentrionale de l'Odenwald, aux confins d'une
plaine sablonneuse qui s'étend jusqu'à Mayence,
s'élève la capitale du grand-duché. Darmstadt (1)
occupe une position centrale par rapport à la partie
du grand-duché comprise au sud du Main. Une troisième province, la Haute-Hesse *(Ober hessen)* en est
séparée par le territoire de Francfort, devenu prussien
en 1866.

Bassin de Mayence. — Il faut arriver jusqu'au
confluent du Main pour trouver une grande ville sur
le cours du fleuve. Avant de se heurter au massif
schisteux du Taunus, le Rhin circule en décrivant de
grandes courbes, indice d'une pente de plus en plus
faible, dans sa vallée élargie. Les géologues donnent le nom de bassin de Mayence à cette extrémité
septentrionale du Rheinthal, qu'encadrent les granits

(1) Worms, 22,000 habitants ; Darmstadt, 43,000 habitants ; 52,000
avec Bessungen.

de l'Odenwald, les porphyres de la Hesse rhénane et les schistes du massif rhénan. Longtemps arrêté par l'obstacle que lui oppose cette dernière barrière, le fleuve a accumulé dans ce bassin ou plutôt dans cette poche les sables et les graviers diluviens, en couches énormes dont la profondeur atteint parfois plusieurs centaines de mètres (1). Une maigre végétation silvestre les couvre aujourd'hui.

Cependant, vers la petite ville d'Oppenheim, trois lieues environ au-dessus de Mayence, l'allure du fleuve change et le courant commence à s'accélérer de nouveau. Les roches schisteuses, dont la rencontre va forcer le Rhin à s'infléchir vers l'ouest jusqu'à ce qu'il trouve une fente pour les traverser, occupent déjà le fond de son lit. Le point où le fleuve décrit un coude et où il reçoit les eaux du Main, marque la position de Mayence (66,000 hab.).

Il y avait, dans cette position prédestinée, une ville gauloise du nom de *Moguntiacum*, dont les Romains firent leur grande place d'armes et leur tête de pont vers le centre de la Germanie. Tandis que la ville se développait sur la rive gauche, une citadelle romaine s'élevait sur la rive droite à la place où se trouve aujourd'hui le faubourg de Castel. Le riche musée gallo-romain de Mayence atteste l'importance qu'eut la ville pendant la période romaine. Cette importance survécut aux invasions barbares et ne fit même que s'accroître. C'est de là que partit en effet le mouvement de propagande qui eut pour résultat la conversion de la Germanie à la foi chrétienne. Saint Boniface, qu'on a appelé l'apôtre de la Germanie, contribua surtout à faire de Mayence la métropole de la Haute-Allemagne. L'archevêque-électeur de Mayence devint le principal dignitaire du Saint-Empire; à lui appartenait le droit de couronner le nouvel Empereur.

---

(1) R. Leipsius, *die Oberrheinische Tiefebene.*

L'histoire primitive de l'Allemagne gravite, pour ainsi dire, autour de Mayence. De là partaient les voies de commerce vers les pays slaves ; et jusqu'à l'époque où Francfort commença à disputer à sa voisine la supériorité commerciale, Mayence resta le principal entrepôt des contrées rhénanes.

Mayence s'est renouvelée et embellie dans ces dernières années. Mais quoiqu'elle soit par son commerce et sa population la première ville de la Hesse grand-ducale, elle tire surtout son importance actuelle de sa valeur stratégique. Prise par les Français en 1792, française jusqu'en 1815, elle servit de boulevard aux expéditions napoléoniennes, d'abri à la retraite de 1813. Retournée contre nous par la coalition victorieuse, elle fut érigée en forteresse fédérale de la Confédération germanique, et forme aujourd'hui un camp retranché entouré de 12 forts.

Les avantages locaux ne suffiraient pas à expliquer l'importance présente et passée de Mayence : il faut embrasser un horizon plus étendu, et considérer les vallées qui, presque de toutes les directions, viennent aboutir à ce carrefour de l'Europe centrale. On reconnaîtra ainsi que les mêmes causes générales ont influé sur le développement de Mayence et sur celui de Francfort, sa voisine et son heureuse rivale.

Les pays du Main. — Le Main est après la Moselle le principal des affluents que le Rhin reçoit en Allemagne. Ce paisible cours d'eau franconien promène ses sinuosités à travers un riche pays épiscopal, dont la Bavière a hérité à la suite des sécularisations du commencement du siècle. Sa principale source (Main blanc, *Weisser Main*) se trouve par 894 mètres d'altitude dans le *Fichtel Gebirge* (chaîne des Pins), sur les confins de la Bohême.

On a souvent exagéré l'importance orographique du Fichtel Gebirge : ce massif médiocre n'a rien qui rappelle le Saint-Gothard. Ses abords, dégagés et facilement accessibles de toutes parts, servent de passage entre la vallée bohémienne de l'Eger à l'est, celle de la Saale au nord, et celle du Main à l'ouest. C'est ce qui continue à lui donner encore de l'importance, depuis que les mines d'or et d'argent qui contribuèrent, au moyen âge, à la fortune des burgraves de Nurenberg, sont épuisées.

Le cours supérieur du Main fut une frontière souvent disputée entre les Allemands de Franconie et les Slaves de Bohême : Bamberg, citadelle avant d'être évêché, fut fondée comme poste avancé de la civilisation allemande. C'est là que le Main reçoit du sud la Regnitz, dont un affluent, la Pegnitz, arrose Nurenberg, aujourd'hui la seconde ville de la Bavière.

On connait la renommée de cette ville industrieuse pour les jouets d'enfants ; elle fabrique aussi des bronzes, des fils d'or et d'argent, des crayons, et fait un grand commerce d'exportation. Elle est située par 313 mètres d'altitude au milieu d'une grande plaine venteuse et stérile, dont l'aspect n'a rien d'attrayant. Mais un roc de grès, qui se dresse brusquement, comme une dent, fournit une défense naturelle et une vue étendue sur ce pays plat. Là s'établit, dès les premiers temps du moyen âge, le burg au pied duquel se développa la ville. A mi-chemin entre le Main et le Danube, celle-ci servit d'étape au commerce entre le nord et le sud de l'Allemagne. Elle s'éleva rapidement, à partir du treizième siècle, au premier rang des villes libres. Beaucoup de ces villes, habitées par une bourgeoisie riche et éclairée, devinrent des foyers d'activité intellectuelle ; mais la patrie du peintre Dürer, du sculpteur Fischer, du poète artisan Hans Sachs, du géographe Behaim, etc., « brillait, suivant le mot de Luther, dans toute

l'Allemagne comme le soleil parmi les étoiles ». Elle
embrassa la Réforme avec ardeur et est demeurée
presque entièrement protestante.

Le *burg* a aussi son histoire. Au douzième siècle un Hohenzollern quitta son triste château en pays souabe pour exercer
dans ce burg la charge de gouverneur au nom de l'Empire. Les
burgraves de Nurenberg surent tirer parti de cette dignité lu-
crative, et c'étaient déjà des personnages puissants, quand ils
la quittèrent en 1417, à l'appel de l'empereur Sigismond, pour
gouverner le Brandebourg où les attendait une bien autre fortune.

Le Main s'attarde dans le riant bassin de Wurzbourg,
autre ville ecclésiastique qui a pour principal monument son château épiscopal bâti sur le modèle de
Versailles. A Wertheim, sa vallée se resserre entre
l'Odenwald et les croupes plus sombres, plus sauvages du Spessart. Comme le Neckar, il apporte au
Rhin de longs trains de bois qui descendront en files
interminables vers les régions déboisées de la
Hollande. A Aschaffenbourg (1), il a accompli sa percée à travers les montagnes ; il sort bientôt du territoire bavarois, et sa vallée se confond dans celle
du Rhin.

**Signification militaire et politique des pays du
Main.** — Le Main ne sépare pas, comme on s'est plu
parfois à le supposer, le nord et le sud de l'Allemagne ;
cette rivière paisible, coulant d'une allure égale dans
un lit régulier, a plutôt contribué à mêler et à confondre les intérêts des populations riveraines. Les grandes luttes militaires se sont rarement dénouées dans
sa vallée. Cependant en 1866 les Prussiens, débouchant de Fulda, y culbutèrent à Kissingen l'armée

(1) Bamberg, 32,000 habitants ; Wurzbourg, 55,000 habitants ; Aschaffenbourg, 13,000 habitants ; Nurenberg, 115,000 habitants. A une lieue
de Nurenberg se trouve Fürth, 35,000 habitants. Ce couple urbain
qui rappelle Altona et Hambourg, doit son origine aux mêmes causes.
Ce furent les mesures intolérantes des autorités de Nurenberg qui
forcèrent de nombreux artisans à s'établir à Fürth.

bavaroise (10 juillet). En 1806 le Main avait été notre base d'opération contre la Prusse.

C'est à Wurzbourg que se concentra l'armée française ; et tandis que les Prussiens attendaient à Erfurt l'attaque de Napoléon, celui-ci, remontant le Main jusque près de sa source, franchissait vers Cobourg les défilés de la Thuringe. Plus il passait à droite, plus il avait chance de tourner les Prussiens par leur gauche, de les gagner de vitesse sur l'Elbe, de les séparer de la Saxe, de leur en ôter les ressources et les soldats (1). Ce fut en effet sur les bords de la Saale que se décida le sort de la campagne (Iena, 14 octobre 1806).

Ces pays franconiens sont, après le Palatinat bavarois, les contrées les plus riches et les plus peuplées du royaume de Bavière. Leur possession, qui lui fut définitivement assurée par les traités de 1815, déplaça en quelque sorte l'axe de la politique bavaroise. Il lui devint moins aisé de suivre une direction particulariste, lorsqu'aux populations catholiques de l'Etat danubien qui avait tant de fois fait cause commune avec la France, se joignirent des populations différentes de position, de traditions et de croyances. Par son association avec la Franconie, la Bavière fut plus profondément mêlée aux affaires communes de l'Allemagne ; elle cessa de pouvoir s'isoler, s'abstraire des courants généraux qui entraînaient la nation allemande ; elle perdit sa personnalité historique. Et si ses hommes d'Etat purent un instant rêver pour leur pays l'hégémonie de l'Allemagne du Sud, ils ne tardèrent pas à recevoir le démenti de l'expérience ; loin de donner l'impulsion, la Bavière était destinée à la subir.

Francfort. — Avant de parvenir à Francfort, le Main reçoit, à Hanau (2), la Kinzig, petite rivière dont la vallée communique sans obstacle avec celle de la Fulda et qui ouvre ainsi une voie directe vers la

(1) Thiers, *Histoire du Consulat et de l'Empire*, tome VII p. 61.
(2) Hanau 21,000 habitants.

Thuringe ainsi que vers le Brandebourg. Elle est
suivie par le chemin de fer qui unit Francfort d'une
part à Leipzig, de l'autre à Berlin (1). C'est à Hanau
que notre armée, en route vers Mayence après la
bataille de Leipzig, rencontra et battit l'armée bavaroise qui, ayant abandonné notre cause, essayait de
nous barrer la route.

Ainsi au nord-est comme à l'est, des voies naturelles
convergent vers Francfort. Cette ville qui compte
154,000 habitants (184,000 avec la banlieue industrielle)
est après Munich, la principale de l'Allemagne du Sud.
Elle remonte par ses origines à l'époque carolingienne; on place au treizième siècle l'établissement des
foires célèbres qui ont fait sa fortune. Plus tard, elle
fut officiellement désignée comme siège de l'élection
impériale, et à partir du seizième siècle comme ville du
couronnement. Goëthe, né à Francfort, nous fait assister dans ses mémoires au cérémonial archaïque et
compliqué qui accompagna le couronnement de Joseph II. Il décrit aussi l'aspect pittoresque que présentait alors cette vieille ville et qu'ont presque effacé
les transformations qui en ont fait une des cités les
plus élégantes de l'Europe. La prospérité de Francfort survécut en effet aux destinées du Saint-Empire.
Elle devint de nos jours le principal marché financier
de l'Allemagne, la ville des banquiers. La guerre de
1866 lui enleva sa qualité de ville libre et amena son
incorporation à la Prusse, mais ne put arrêter son
essor. Depuis cette époque, il est vrai, le principal
marché financier de l'Allemagne est passé à Berlin.
Mais Francfort est resté une grande ville d'industrie
et de commerce. On achève aujourd'hui de grands
travaux de canalisation qui doivent permettre aux
plus grands bateaux rhénans de parvenir sans rompre charge jusqu'aux quais de Francfort. A 6 lieues

(1) Bifurcation à Bebra, sur la Fulda.

du Rhin, à 14 heures de Paris, à 13 heures du Saint-Gothard, à 15 heures de Berlin, cette ville occupe dans les pays rhénans une position à laquelle il ne manque qu'une communication plus directe avec Bruxelles pour être tout à fait centrale. Elle a les allures et l'aspect d'une petite capitale.

Fin du cours moyen du Rhin. — C'est au pied des vignobles du Taunus, près des sources thermales qui ont fait la prospérité de Wiesbaden (1), que se termine donc, avec le cours moyen du Rhin, l'Allemagne du Sud. A Bingen, le grand fleuve tourne au nord-ouest et s'enfonce dans un repli du plateau schisteux.

La Nahe, tortueuse et pittoresque, vient de traverser les porphyres de Creuznach pour se joindre à lui. Elle ouvre la route du sud-ouest, vers Metz et Paris. L'endroit a quelque chose de solennel. En face du confluent, l'Allemagne a dressé sur le coteau du Niederwald un monument national qui évoque pour elle le souvenir de ses récentes victoires, mais qui rappelle aussi à l'observateur les vicissitudes et les alternatives de fortune par lesquelles a passé ce coin de l'Europe depuis les origines de l'histoire.

(1) Wiesbaden, 55,000 habitants.

ALLEMAGNE DU NORD

L'Allemagne du Nord embrasse la région de transition par laquelle se termine la Haute-Allemagne, ainsi que la grande plaine comprise entre les Pays-Bas et la Russie. La majeure partie de ce vaste territoire appartient à la Prusse; on n'y peut citer en dehors d'elle qu'un seul État secondaire de quelque importance, le royaume de Saxe.

Contrée de transition entre le Nord et le Sud.

Par l'abaissement graduel des hauteurs, par la direction uniforme des fleuves, la région de transition annonce et prépare la Basse-Allemagne.

Massif schisteux rhénan. — Elle est constituée à l'ouest par le massif schisteux que traverse le Rhin, pendant 100 kilomètres, entre Bingen et Bonn. Le Taunus et le Hunsrück, entre lesquels se resserre subitement le cours du Rhin, ne sont pas de simples chaînes de montagnes, mais les talus méridionaux d'une sorte de grand plateau qui s'étend largement sur les deux rives du fleuve. Chaînes, plateaux et vallées incluses forment une seule masse, un tout géographique et géologique. Elle s'étend même hors des limites de l'Allemagne, dans la partie orientale de la Belgique jusqu'aux Ardennes. A travers les schistes et les ardoises qui la constituent, les forces volcaniques se sont frayé passage, et ont laissé comme preuves de leur ancienne activité les éruptions de trachyte qui, sous le nom de *Sieben Gebirge* (Sept Mon-

tagnes), bordent le Rhin en face de Bonn, les petits
lacs d'effondrement qui parsèment la surface de
l'Eifel, les eaux thermales ou minérales, parmi lesquelles on peut citer Ems (1) dans le pays de Nassau,
Spa en Belgique. Sur les versants septentrionaux et
orientaux se sont déposées de puissantes couches de
houille, exploitées aujourd'hui par l'industrie, qui
dessinent les linéaments extérieurs du massif aux
âges reculés où il se dressait comme une île dans les
mers qui couvraient encore une partie de l'Europe.

Peu de contrées égalent en âpreté et en tristesse
les hautes surfaces du plateau, moins à cause de l'é-
lévation, qui ne dépasse guère 500 mètres en moyenne,
qu'à cause de la stérilité du sol et du mauvais écoulement des eaux. Les schistes désagrégés y forment
une sorte de pâte imperméable qui retient les eaux
et produit ces marécages qu'on désigne en pays wallon sous le nom de *Fagnes*, et sous celui de *Venn*
dans la partie germanique

Villes et industries du massif rhénan. —

Toute la vie est dans les vallées. Ce sont moins des
vallées, que des fentes appartenant sans doute à la
structure primitive du massif, mais que les cours d'eau
ont approfondies et dégagées. La Moselle, la Lahn, la
Sieg y décrivent d'innombrables sinuosités. Le Rhin
y franchit des écueils qui ont longtemps entravé la
navigation, et dont chacun a sa légende. Dans ces
vallées profondes et abritées la douceur du climat a
attiré les populations ; les prairies des fonds d'alluvion, les vignes sur les flancs rocheux des parties
volcaniques ont enrichi les nombreuses petites villes
qui s'y succèdent. Toutefois la nature des hautes
terres qui les environnent, l'étroitesse de la fissure
qui leur sert d'issue, les laisse dans une sorte d'isole-

1) Ems. 7.000 habitants.

ment qui ne permet pas à leurs relations et à leur
développement de s'étendre. Coblentz même, quoique
situé à proximité d'un double confluent, n'a guère
que 32,000 habitants.

Mais lorsque les rebords rocheux qui enserraient
étroitement la vallée du Rhin s'écartent aux approches
de la grande plaine du Nord, lorsque cette
plaine s'introduit elle-même, pour ainsi dire, en
forme de golfe entre les dernières hauteurs qui
fuient vers l'horizon, la vie locale cesse et les relations
s'agrandissent. C'est une place favorable pour
que, d'autres circonstances aidant, des centres de
population aient pu se former et de grandes
villes s'épanouir. Le développement de Cologne
ne s'explique que par sa position géographique.

Ce n'est pas seulement au débouché du Rhin que
les bords septentrionaux du massif sont animés par
un riche développement de vie urbaine. Les plateaux
du Rothaar et du Sauerland ne le cèdent pas, à l'est
du Rhin, en aridité et en tristesse à ceux de l'Eifel.
Mais lorsque leurs dernières pentes prononcent leur
inclinaison vers le nord-ouest et l'ouest, la scène
change. De clairs ruisseaux se hâtent d'un cours
rapide vers la plaine, offrant leur force inépuisable à
l'établissement de machines, favorables par la qualité
de leurs eaux aux teintureries de tissus. La Lenne, la
Ruhr amènent en quantité considérable le bois des
montagnes. Ces circonstances, jointes à la présence
de riches minerais de fer, se prêtaient à la création
d'industries. Dès le commencement du dix-septième
siècle, en effet, des tissages, des fabriques s'installèrent
dans ces vallées : ce furent les modestes débuts du
puissant foyer industriel qui s'est formé de nos jours
autour de Barmen et Elberfeld, grâce aux gisements
de houille que renferme en outre le sol.

Le pays de Hesse. — Nulle part la liaison entre

l'Allemagne du Sud et celle du Nord n'est plus aisée
qu'à travers la région accidentée qui s'étend entre
le massif rhénan et la forêt de Thuringe. La Lahn
dans la partie supérieure de son cours, la Fulda jusqu'à son confluent avec le Weser, circulent entre
des collines boisées, dont les flancs entaillés par de
nombreuses carrières laissent apercevoir à vif les
tranches rouges du grès qui les constitue. Peu
de contrées ont mieux conservé l'aspect forestier de
l'ancienne Germanie. C'est le véritable pays de
Hesse, car ni la géographie ni l'ethnographie ne
sauraient approuver l'extension de ce nom à la
partie rhénane du grand-duché de Darmstadt. La
population, rude et pauvre, de type essentiellement
germanique, est une des moins mélangées d'éléments romans ou slaves. Aucune chaîne continue ne sépare dans cette contrée les bassins du
Weser et du Rhin. Entre Hanau (sur la Kinzig)
et Fulda (sur la rivière de ce nom) le chemin de
fer de Francfort à Leipzig passe sans obstacle, en
contournant à l'est la masse basaltique isolée du
Vogelsberg. Il en est de même entre Marbourg et Cassel
sur le trajet de la grande ligne directe qui unit Berlin
à Coblentz. Quoiqu'au dessous de Cassel des rangées
de collines accompagnent encore le cours du Weser,
l'abaissement du niveau de la vallée, qui descend
bientôt à moins de 100 mètres, annonce la grande
plaine. A Minden enfin le fleuve traverse les derniers
coteaux qui l'en séparent, par une brèche que l'on a
trop pompeusement décorée du nom de *Porte de
Westphalie*.

Le Vogelsberg, entre la Kinzig et la Fulda, et la
Rhœn où la Fulda prend sa source, sont deux massif
de basalte entièrement isolés, disposés le long d'unes
ancienne ligne d'activité volcanique dont on suit la
trace, de l'ouest à l'est, depuis le massif rhénan jusqu'en Bohême. Le cône du Vogelsberg, qui s'élève

jusqu'à 772 mètres, ressemble par sa forme générale et par le rayonnement des vallées à notre Plomb du Cantal. La Rhœn, un peu plus élevée (950 mètres), se compose de deux groupes dont le principal est au sud. Son sommet chauve et tourbeux, presque toujours enveloppé de brouillards, rappelle la nature des hauts lieux scandinaves. Sur les versants du massif pullule une population trop nombreuse pour les ressources du sol, vivant de pain noir et de pommes de terre. Mais à l'est le pays s'ouvre de nouveau ; une dépression bien marquée sépare la Rhœn du Thüringer Wald ; c'est celle où coule le Weser, ou Werra, encore voisin de sa source. Elle est suivie par le chemin de fer de Wurzbourg à Eisenach.

Le pays de Thuringe. — La montagne boisée qui doit son nom au vieux pays historique de Thuringe, est au contraire une chaîne bien définie, de granit et de porphyre, qui se déroule, comme plusieurs autres soulèvements de l'Europe centrale, du sud-est au nord-ouest. Elle forme pendant vingt lieues une barrière assez continue, de 800 mètres de hauteur moyenne, qui paraît avoir exercé une influence de séparation assez sensible encore entre les dialectes, les coutumes et les mœurs sur les deux versants. Au sud-ouest finit la Franconie ; au nord-est commence la Thuringe. La Saale, jadis limite entre les Germains et les Slaves, réunit dans son lit, pour les apporter à l'Elbe, tous les cours d'eau du versant septentrional, et peut passer pour la rivière thuringienne par excellence. Ce n'est pourtant pas dans sa vallée que s'assemblent les principales villes, mais plutôt sur ses affluents de gauche et à l'issue des défilés qui conduisent de Hesse en Thuringe. Citons Eisenach au débouché du Thüringer Wald (chemin de fer de Francfort à Leipzig) ; Gotha ; la vieille ville d'Erfurt que baigne la Gera et qui marquerait le centre de la contrée, si cette contrée naturellement morcelée pouvait avoir un centre ; Weimar sur l'Ilm (1). Plus on avance vers le nord, plus le pays s'ouvre. A partir de Nordhausen se déroulent les *prairies dorées (Goldene Aue)* qu'arrose la Helme ; riche vallée qui sépare du Harz les derniers coteaux thuringiens, et qui sert de passage au chemin de fer de Berlin à Metz par Cassel et Coblentz.

Ce pays thuringien est cher à l'Allemagne, qui y retrouve quelques-uns de ses plus populaires souvenirs et de ses plus célèbres légendes. La *Wartburg*, qui domine Eisenach, est le « mystérieux Pathmos », le « séjour des oiseaux » d'où Luther, caché sous la protection de Frédéric le Sage, datait ses écrits qui remuaient toute l'Allemagne. On voit dans le Horselberg, près de Gotha, les mystérieuses cavernes où Tannhaüser, le chevalier-poète, fut retenu par les enchantements de « dame Vénus ». Voici, au-dessus des Goldene Aue, qu'il domine, le Kyphäuser (470 m.) avec les ruines fameuses du burg

> Où Barberousse, assis sur sa chaise de pierre,
> Dort depuis six cents ans !

Concentrations urbaines sur la lisière de la Basse-Allemagne.

— Les vallées thuringiennes s'inclinent vers l'est, ouvrant autant de routes vers ce coin privilégié de la plaine allemande où aboutissent tant de rapports, où se croisent tant de directions différentes que, de bonne heure, une importante ville de commerce s'y est formée. Au moyen âge, les marchands de la Franconie et des pays rhénans, ceux de la Westphalie et du Hanovre s'acheminaient à travers les défilés et les vallées du pays de Thuringe, pour gagner Leipzig et échanger dans ses foires célèbres leurs produits

---

(1) Eisenach, 20,000 habitants ; Gotha, 28,000 habitants ; Erfurt, 58,000 habitants.

contre ceux du Nord et des contrées slaves. Aujourd'hui les lignes de chemins de fer convergent de toutes parts vers l'angle de plaine qui est compris entre la Saale et l'Elbe ; la population y atteint un degré de densité qui n'est dépassé que dans peu de contrées de l'Europe.

C'est un fait étroitement lié à la structure de l'Allemagne, que le développement d'une série de grandes villes à proximité des dernières ramifications montagneuses et au seuil de la plaine septentrionale. Cologne, Barmen-Elberfeld, Hannover, Leipzig, Dresde, Breslau, etc., jalonnent une ligne de forte densité de population, de grande activité industrielle et commerciale qui s'étend sur la lisière des deux principales régions naturelles de l'Allemagne.

Le Harz. — Avant d'entrer dans la plaine du Nord, il faut jeter un regard sur le dernier et remarquable contrefort que projettent les hautes-terres, et qui en est presque entièrement détaché. Le *Harz* (vieux mot qui signifie à la fois montagne et forêt) est un massif allongé pendant vingt lieues du sud-est au nord-ouest, dans lequel le granit et le porphyre percent au milieu de schistes anciens. Sa principale altitude est marquée au nord par la cime du Brocken, qui ne dépasse pas 1,141 mètres, mais qui domine, comme un promontoire, la plaine immense. Les versants du massif sont encore en partie boisés, mais la cime est nue. Les nuées du nord-ouest apportées par les vents de la plaine s'amassent autour du Brocken, et alimentent des tourbières parsemées de blocs de granit aux formes bizarres ; digne rendez-vous des sorcières dans la nuit de Walpurgis (1er mai).

Le Harz a dû, surtout autrefois, son importance à ses mines d'argent, de plomb et de fer. Au dixième siècle, quand l'argent avait une valeur dix fois plus grande qu'aujourd'hui, la possession du Harz était un précieux avantage. Aussi les premiers Empereurs de la maison de Saxe n'aimaient-ils pas à perdre de vue

co trésor souterrain. Les vieilles villes de Quedlinburg, de
Goslar, situées autour du massif, servirent de résidences favo-
rites à Henri l'Oiseleur et aux Ottons. De cette position centrale
ils étaient à même aussi de surveiller les peuples saxons du
Nord ; partout se montrent encore des vestiges de fortifications
remontant à l'époque du Haut-Empire germanique.

Plaine de l'Allemagne du Nord.

Aspect général de la plaine allemande. —
La plaine allemande du Nord fait partie de cette
région basse qui s'étend à travers le continent de
l'Europe depuis le Pas de Calais jusqu'aux monts
Ourals. Elle couvre en Allemagne environ 385,000 kilomètres carré, soit plus de la moitié de la superficie de l'Empire. Sa longueur, depuis la frontière
du royaume des Pays-Bas jusqu'à celle de l'Empire russe, est d'environ 1,050 kilomètres. Sa largeur est plus grande à l'est qu'à l'ouest : il y a
600 kilomètres, à vol d'oiseau, entre les Carpathes et
la Baltique ; il n'y en a guère que 150 entre les
dernières collines du Weser et la mer du Nord. Dans
toute cette étendue, les roches, qui dans le sud et
le centre de l'Allemagne se montrent à la surface du sol, sont recouvertes d'une masse épaisse de
débris diluviens, disposés en couches horizontales
où se succèdent les sables, les marnes, les argiles
et les graviers. Il est très rare que la roche appa-
raisse ; un géographe né dans le Brandebourg raconte
comme un des événements de son existence le jour
où, dans les carrières calcaires de Rüdersdorf, il put
pour la première fois observer des rochers (1). Mais
çà et là se montrent des blocs granitiques, étrangers
au sol qui les porte, épaves charriées, à ce que l'on
suppose, par les anciens glaciers et enlevées par eux
au massif scandinave. On en retrouve en effet, non
seulement dans la plaine, mais dans le lit de la Bal-

(1) K. H. von Klœden, *Jugend Erinnerungen*.

tique. Sur cette surface, telle que l'avaient constituée
les dépôts de la plus récente période géologique, se sont
formées plus récemment des tourbières, des nappes
d'humus fertile et des bandes d'alluvions. Ce sont ces
différences de terrain, plus que les accidents du sol,
qui déterminent la physionomie du paysage. Les
collines ne manquent pas absolument, mais elles
sont de trop peu d'importance pour accidenter
l'aspect d'une façon notable. Les vents règnent
en maîtres sur ces espaces découverts. Un ciel
humide et venteux, balayé le plus souvent par
de gros nuages, ou parfois même, en été, envahi
par des brumes roussâtres, n'est pas propre à ajouter
de l'agrément au paysage. Le climat participe
encore aux influences océaniques et n'a pas le
caractère excessif qu'il prendra dans la Russie d'Europe. Il est néanmoins triste et sévère. Il y a dans la
nature de l'Allemagne du Sud un certain charme, qui
se traduit chez les habitants par cette espèce de
gaieté et d'abandon expansif qu'exprime le mot
Gemüthlichkeit : ce trait de caractère est étranger à
l'Allemand du Nord.

Cette monotonie générale n'exclut pas des différences d'aspect, qui s'accusent principalement entre
la partie qui est à l'ouest et celle qui est à l'est de
l'Elbe.

Partie occidentale. — A l'ouest de ce fleuve, et même
au nord de son embouchure, dans la partie occidentale
du Holstein et du Slesvig, le littoral de la mer du Nord
est bordé, non il est vrai d'une façon continue, par une
ceinture de terres d'alluvion, grasses et fertiles, qu'on
appelle *marschen*. Ces marschen ressemblent aux
polders de la Hollande et ont la même origine. Ce
sont les mêmes prairies protégées par des levées ou
des digues, les mêmes maisons de briques à un étage.
A cette lisière de pâturages succède vers l'intérieur
un sol plus sec et plus pauvre, composé de graviers

cailouteux, que l'on distingue sous le nom de *geest*.
C'est celui qui constitue la plus grande partie de la
Westphalie et du Hanovre. On y trouve, surtout à
l'ouest du Weser, de grands marécages tourbeux
(*moor*), comme ceux de Bourtange qui s'étendent
aux frontières de la Hollande et de l'Allemagne : sol
mouvant, dont la culture n'est possible que lorsqu'il
a été égoutté par les canaux de drainage. Entre le
Weser et l'Elbe les landes de Lunebourg occupent une
sorte de renflement aplati, dont l'élévation relative
ne se montre distinctement que quand on vient du
nord ; elles s'annoncent alors par une sorte de talus
régulier qui borne l'horizon. C'est une des parties les
plus désolées de l'Allemagne du Nord ; l'élevage des
troupeaux et des abeilles constitue avec de maigres
cultures les principales ressources des habitants ;
de rares villages se groupent autour de bosquets de
chênes. Au contraire, dans la partie de la plaine qui
est contiguë à la lisière montagneuse, les fleuves ont
amassé un terreau gras et fertile sur lequel se sont
développées de riches cultures. On donne à ce terrain
le nom de *Borde;* celle des environs de Magdebourg
est particulièrement renommée. C'est le sol de pré-
dilection de la betterave ; entre les villes de Hannover
et de Magdebourg cette culture industrielle s'est répandue sur toute la lisière méridionale de la plaine.

Partie orientale. — On constate un certain changement à l'est de l'Elbe. L'affaissement des lignes et l'effa-
cement des vallées ne cessent pas de communiquer une
certaine tristesse à l'ensemble du paysage. Mais la différence entre les plateaux et les dépressions s'accuse
avec plus de netteté. Sur les plateaux le sable domine.
Des bois de pins entremêlés de quelques bouquets de
bouleaux, des champs de pommes de terre coupés de
routes poudreuses, des troupeaux d'oies s'ébattant
dans la campagne : tel est l'aspect assez prosaïque
sous lequel se présentent au voyageur les parties

relativement élevées du Brandebourg et de la Poméranie. Heureux, lorsque par un rayon de soleil égaré sur les bruyères, par un reflet d'étang entre les bois de pins, un sourire fugitif vient éclairer cette nature ingrate ! L'autre aspect caractéristique est celui des dépressions. A la poudre grisâtre des plateaux succède un sol gras et noir ; des rangées de saules bordent les rigoles et les fossés ; de hautes lignes de peupliers entourent les maisons en briques et les nombreux villages. On peut observer dans le Brandebourg même ce contraste de deux natures différentes, entre les plateaux du Fläming et de la Zauche d'une part, les dépressions du Havelland et de l'Oderbruch de l'autre.

Lignes d'élévations. — Deux lignes d'élévations assez distinctes sillonnent dans leur direction générale de l'est à l'ouest la partie orientale de la plaine allemande. Celle du sud, qui paraît être la continuation des plateaux de la Petite-Pologne, est constituée à l'extrémité sud-est de l'empire allemand, près des frontières de la Russie et de l'Autriche, par des couches de calcaire coquiller (*muschelkalk*) qui contiennent de riches gisements de fer et de plomb et au pied desquelles se montre de la houille. Ces conditions ont favorisé dans la Haute-Silésie un puissant mouvement industriel. Aucun point n'y dépasse 400 mètres. La ligne de hauteurs se dirige ensuite vers le nord-ouest ; mais elle s'abaisse et ne se présente plus désormais que sous la forme d'ondulations de sable et d'argile, atteignant rarement 300 mètres. L'Oder coupe cette ligne de collines entre Breslau et Glogau. Elles se prolongent en Lusace et apparaissent sur la rive droite de l'Elbe à Wittenberg. Là elles s'étendent en un plateau sablonneux, appelé *Flaming* (à cause des Flamands qui y furent établis comme colons au moyen âge), et dont la plus grande hauteur est de 200 mètres. Après avoir décrit, sous l'influence de cet obstacle, un coude vers l'ouest, l'Elbe le traverse à son tour ; et les hauteurs finissent sur sa rive gauche en se confondant avec les landes de Lunebourg.

La série septentrionale des élévations de la plaine allemande suit le littoral de la mer Baltique, et apparaît aussi comme la continuation de celles qui, en territoire russe, accidentent la Livonie et la Lithuanie. Elles se déroulent sous la forme d'un plateau ondulé, dépassant rarement 200 mètres, à travers les provinces de Prusse, de Poméranie, et les duchés du Mecklenbourg. Elles se prolongent même dans la péninsule Cimbrique, et leurs versants boisés de hêtres y dessinent les contours des golfes sinueux qui en échancrent le littoral oriental. Nulle part la roche ne se montre. Ces larges croupes ne sont qu'un mélange de sable et d'argile. L'eau, filtrant à travers les sables mais retenue par les couches d'argile, remplit les creux et produit une multitude de lacs, grands et petits, parfois, mais rarement profonds, qu'on y compte par centaines et même par milliers. Comme ces hauteurs longent parallèlement la Baltique, la Vistule et l'Oder sont forcés de les traverser pour parvenir à la mer.

Réseau fluvial et canalisation. — Ainsi les deux lignes de hauteurs qui sillonnent distinctement la plaine germanique n'encadrent pas les systèmes fluviaux entre lesquels elle partage ses eaux. Tout au contraire, elles s'opposent à la direction normale des fleuves. Ceux-ci éprouvent au point de rencontre une déviation plus ou moins marquée, mais ils finissent par triompher de l'obstacle. Le Weser, l'Elbe, l'Oder, la Vistule au moins en partie, gardent, en somme, une direction presque parallèle du sud-est au nord-ouest, dans le sens de l'inclinaison générale de la plaine. L'intervalle qu'ils ont à traverser entre les deux rangées de hauteurs est une dépression marquée par d'anciens fonds de marais, dans laquelle il n'existe aucun obstacle sensible entre le fleuve et les affluents du fleuve voisin. Une supposition assez vraisemblable, appuyée sur l'étude des lieux, veut qu'autrefois la Vistule se soit écoulée par le chenal actuel de la Netze et de la Varta dans le lit de l'Oder, qui de son côté rejoignait l'Elbe par Liebenwalde, Fehrbellin et Havelberg (canaux de *Finow* et de *Ruppin*), de sorte que les trois fleuves, aujourd'hui disjoints, ne formaient alors qu'une seule masse d'écoulement vers la mer du Nord. Des lignes marécageuses suivies presque d'un bout à l'autre par des affluents, tracent encore sur le sol ces anciennes communications. Aussi a-t-il été facile de les rétablir artificiellement par des canaux. A la vérité, l'Elbe n'est relié au Weser que dans la partie tout à fait inférieure de son cours (*Oste-Hamme Canal; Hadelnsche Canal*) ; et ni l'Aller, ni la Leine, affluents de droite du Weser, n'ont été encore mis en rapport avec le cours moyen de l'Elbe. Mais entre ce fleuve et l'Oder une double jonction a été établie, l'une au moyen de la Sprée et du *Canal Frédéric-Guillaume*, l'autre par la Havel et le *Canal de Finow*. L'Oder communique avec la Vistule par la ligne de la Varta-Netze et le *Canal de Bromberg*. Pour combiner ces trois systèmes fluviaux en un même réseau navigable, il a suffi de suivre les linéaments du cours antérieur des eaux.

Influence historique. — Assurément la plaine de l'Allemagne du Nord ne peut pas passer pour une contrée favorisée de la nature. Toutefois on ne saurait nier que les circonstances naturelles aient favorisé son rôle historique. Quoique la contrée soit unie et plate, il ne serait point exact de dire qu'elle n'offrît aucun obstacle aux communications. Certainement, au contraire, au temps des premiers margraves de Brandebourg et

des guerres contre les Slaves, quand le pays était
encore, ou peu s'en faut, à l'état de nature vierge, les
forêts marécageuses et les dépressions inondées
rendaient les rapports difficiles et pouvaient servir
aux populations vaincues de retranchement et de
refuge. Seulement la nature de ces obstacles variait
peu. Les mêmes procédés de conquête et de colonisation pouvaient s'étendre et s'étendirent en effet
indéfiniment. C'est en occupant des points stratégiques sur les cours d'eau, en drainant les marais,
en défrichant les terrains conquis sur les eaux, que
les chevaliers et les moines allemands du douzième
siècle assirent, dans la partie peut-être la plus ingrate de toute la plaine, les fondements d'un solide
État germanique (1). Le Grand Électeur et surtout
Frédéric II ne firent pas autre chose, aux dix-septième
et dix-huitième siècles. Quand celui-ci se prévalait
du dessèchement de l'Oderbruch comme d'une des
grandes œuvres de son règne, il ne disait rien d'exagéré. Les sables des plateaux n'ont guère rien perdu
de la stérilité et de la désolation d'autrefois ; mais
ces labyrinthes fangeux et boisés sont devenus de
riches terroirs agricoles, des noyaux de richesse et
de population dense.

Dans l'œuvre de conquête et de colonisation qui a
abouti à la formation de l'État prussien, les fleuves
servirent de voies stratégiques, comme plus tard ils
tracèrent les lignes de développement suivant lesquelles s'étendit l'État conquérant. La force de la
marche de Brandebourg tint, dès l'origine, à la possession des lignes fluviales de l'Elbe et de l'Oder au point de
rapprochement marqué par la Havel et la Sprée. On suit
le long de ces cours d'eau les étapes de la puissance
naissante : Havelberg, Brandenburg, Potsdam, Berlin, Francfort-sur-l'Oder. L'autre contrée qui, avec le

(1) L. Ranke, *Genesis des Preussisschen Staates*, p. 13, 19.

Brandebourg, a servi de noyau constitutif au grand
État de la plaine allemande, la Prusse proprement
dite doit aussi aux fleuves les linéaments de sa physionomie politique. C'est à l'aide des cours d'eau que
l'Ordre teutonique tissa la toile d'araignée dans les
mailles de laquelle il finit par envelopper, pour les
réduire jusqu'à extermination, les populations lithua-
niennes de la vieille Prusse. Thorn et Marienburg,
Elbing et Kœnigsberg furent les points d'appui de la
conquête germanique. Enfin, au dix-huitième siècle,
période pendant laquelle la Prusse se rangea définitivement parmi les grandes puissances de l'Europe,
le résultat territorial de sa politique se résuma dans
une double acquisition fluviale, celle de l'Oder en
entier et celle de la basse Vistule.

Ce sont les fleuves qui, dans la région que nous
venons de caractériser, sont le principe de toute géographie politique. Ce sera donc à eux de nous servir
de guides dans l'examen des États ou des provinces
qui la constituent.

Royaume de Saxe.

Entrée de l'Elbe en Allemagne. — L'Elbe est le
plus important des fleuves de la plaine allemande, à
laquelle il appartient par les trois quarts de son cours.
Par la Moldau, son affluent bohémien, sa navigation
s'étend jusqu'à Budweis ; à partir de Tetschen (Bohême) il est activement sillonné par des bateaux à
vapeur. Il traverse à son entrée en Allemagne plusieurs rangées de collines de grès par une suite de
défilés pittoresques (Suisse Saxonne), et débouche
bientôt dans un cirque entouré de coteaux, où s'étend,
dans une position qui rappelle celle de Florence, la
capitale du royaume de Saxe.

Dresde (1) est par la population la cinquième ville

(1) Dresde, 216,000 habitants.

de l'Allemagne. Elle apparaît comme ville dès le treizième siècle, sur un emplacement où se trouvait déjà une bourgade slave, ainsi que l'indique l'origine de son nom. Devenue au quinzième siècle la résidence des ducs, puis électeurs de Saxe, elle suivit la fortune de cette maison, à laquelle semblaient s'ouvrir des destinées si grandes au moment de la Réforme. Lorsque la politique eut fait pencher ailleurs le centre de gravité du Nord de l'Allemagne, Dresde, du moins, dut à ses souverains de devenir une des capitales artistiques de l'Europe. Tandis que son voisin de Brandebourg attirait des colons et collectionnait des grenadiers, l'électeur Auguste III achetait les tableaux qui font l'orgueil de la galerie de peinture. Les conquêtes de ces souverains saxons du dix-huitième siècle étaient la Vierge Sixtine de Raphaël, la Madone de Holbein, la Nuit du Corrège, etc. Par ses palais et ses nombreux édifices, que le temps a enduits d'une couleur noire qui les dépare, Dresde a gardé le caractère d'une capitale du siècle dernier. Ses collections, son théâtre, sa belle position sur les deux rives du fleuve justifient son renom de ville élégante. Elle a pris, de nos jours, un développement très rapide, comme la plupart des villes de ce royaume de Saxe, qui est devenu une des régions les plus industrielles et les plus populeuses de l'Allemagne.

L'Elbe continue à couler entre des coteaux jusqu'au delà de Meissen, mais peu à peu les hauteurs s'effacent, et à Torgau, première ville qu'il arrose sur le territoire prussien il prend tout à fait le caractère d'un fleuve de plaine (1).

Formation du royaume de Saxe. — L'État sur lequel s'est égaré en quelque sorte le nom de Saxe, eut pour noyau la petite ville de Meissen, qui par

(1) Meissen, 15.000 habitants. Torgau, 11.000 hab.

ses origines historiques remonte au delà de Dresde.
Elle fut la capitale du margraviat de Meissen ou
Misnie créé par Otton le Grand contre les Vendes, et
le point d'appui de la germanisation de cette contrée.
Comme la Prusse et l'Autriche, l'électorat puis royaume
de Saxe fut à l'origine une *marche*, c'est-à-dire un pays-
frontière organisé militairement, de l'ancien Empire
Germanique. Au dixième siècle, tout le pays était occupé
par les Vendes ou Slaves, comme l'indiquent encore
les noms de lieux ; c'était la Saale qui formait la limite
ethnographique entre Slaves et Germains. Les Thuringiens et les Franconiens contribuèrent à germaniser
le pays, sans effacer toutefois le fond primitif, et un
groupe politique important se forma, du Fichtel
Gebirge aux monts de Lusace, sous les auspices de la
maison de Misnie. Le chef de cette maison ayant été
investi en 1422 par l'empereur Sigismond du titre
électoral de Saxe, le nom de *Saxe* se communiqua
ainsi à une contrée qui n'a en réalité rien de commun
avec le domaine de la vieille tribu germanique de
ce nom. Celle-ci est encore aujourd'hui principalement
groupée dans la Westphalie et le Hanovre.

La Saxe fut érigée en royaume en 1806 par Napoléon, et incorporée dans la Confédération du Rhin.
Mais, moins heureuse que les États du Sud, elle dut
aux traités de Vienne, pour sauver son existence,
céder la moitié de son territoire à la Prusse.

Ce qui lui reste n'a guère que l'étendue de deux de nos
départements, mais par la population (plus de 3 millions d'habitants) et par l'importance des villes le
royaume de Saxe tient encore un rang élevé parmi
les États secondaires.

Il occupe, à l'ouest de l'Elbe, les terrasses des monts
Métalliques (*Erz-Gebirge*), et à l'est la plus grande
partie des collines de Lusace. L'Erz-Gebirge s'étend
du sud-ouest au nord-est sur une longueur de près
de 40 lieues depuis la source de l'Elster jusqu'à la

percée de l'Elbe. Célèbre dès le douzième siècle par ses mines d'argent, ce pays rude et stérile a été un des berceaux de l'industrie métallurgique dans l'Europe centrale. Les villes de Schneeberg, Annaberg et surtout celle de Freiberg, où fut fondée en 1765 une école des mines rendue célèbre par l'enseignement de Werner, doivent leur origine à l'exploitation des filons argentifères (1). La concurrence des métaux précieux d'Amérique a beaucoup réduit l'importance de ces mines ; mais le mouvement industriel qu'elles avaient déterminé, n'a fait que croître grâce à l'existence des bassins houillers que recèlent aussi les versants septentrionaux de la chaîne.

Foyer industriel. —· Une rangée de villes industrielles s'est formée dans les vallées qui descendent de l'Erz-Gebirge. Elle garnit la zone moyenne où ces vallées déjà plus larges commencent à ouvrir des communications faciles : telles sont, sur l'Elster, Plauen ; sur la Mulde, Zwickau, puis Glauchau qui est, avec la ville voisine de Meerane, un grand centre de fabrication de tissus, rival de nos industries de Roubaix (2). La ville de Chemnitz, située sur un affluent de la Mulde, ne comptait pas 10,000 habitants au commencement du siècle, elle en a 110,000 aujourd'hui. C'est une métropole qui est pour cette région ce qu'est Mulhouse pour la région industrielle de la Haute-Alsace. Mais il ne conviendrait pas de pousser plus loin la comparaison avec le beau pays rhénan. Il n'y a ici ni la beauté ni la fécondité de nature qui font l'esprit joyeux et l'existence facile. La vie est dure dans ce pays surpeuplé ; les anciennes industries de tissage, partout répandues sur les terrasses de l'Erz-Gebirge, ne suffisent pas pour amé-

(1) Freiberg, 27,000 habitants. Annaberg, 11.000 hab.
(2) Plauen, 43.000 habitants ; Zwickau. 39.000 hab.; Glauchau, 22.000 hab. Meerane, 22.000 hab.

liorer la condition des habitants, et même dans les villes les salaires restent généralement assez bas.

La plaine de Leipzig, dont nous avons déjà parlé, est au débouché de cette région industrielle. La ville fameuse qui s'étend près du confluent de l'Elster et de la Pleisse, dans la plaine plate et nue où le 16 octobre 1813 les « nations » vinrent vider leur querelle, occupe une position centrale, non pour l'Allemagne, mais pour une partie du continent européen. Slave, comme son nom l'indique, par l'origine, elle devint dès le dixième siècle un avant-poste germanique ; et au quinzième siècle se développèrent ses foires qui encore aujourd'hui, à Pâques et à la Saint-Michel, provoquent un mouvement d'affaires considérable. Les fourrures et les peaux en sont toujours les denrées les plus importantes. On voit alors, non seulement les rues principales, mais les ruelles, les cours longues et étroites encombrées de marchandises et d'étalages temporaires, et la ville prend pour quelques semaines un aspect cosmopolite. Elle est d'ailleurs en tout temps beaucoup plus allemande que saxonne. C'est le centre du commerce de la librairie, un rendez-vous favori pour les congrès et réunions qui jouent un si grand rôle dans la vie des Allemands. Son université, une des plus anciennes de l'Allemagne (1409), en est aussi une des plus riches et des plus fréquentées ; c'est surtout depuis 1866 que, devenue l'objet de secours nouveaux du gouvernement saxon, elle s'est placée au premier rang des universités d'Allemagne. Soit par ses domaines propres, soit par les subsides de l'État, elle dispose d'un revenu annuel de 1.200.000 marcs, et le nombre des étudiants s'élève souvent à près de 3.000 (1).

Lusace Saxonne. — La partie du royaume qui est située à l'est de l'Elbe a moins d'importance. Elle

(1) Leipzig : 170.000 habitants.

comprend les hauteurs de Lusace, assemblage confus de montagnes et de collines sans liaison ni continuité, passage naturel vers la Bohême avec laquelle on communique de ce côté sans obstacle. Aussi la Lusace a-t-elle été longtemps unie à la couronne de Venceslas. C'est par Zittau, petite ville industrielle sur la frontière saxonne, que l'armée prussienne du prince Frédéric-Charles pénétra, le 24 juin 1866, en Bohême.

Vers la source de la Sprée, autour de Bautzen, le fond slave de la population a résisté aux envahissements du germanisme (1). Le dialecte vende est encore en usage ; et les Vendes de la Lusace saxonne donnent la main à ceux de la Lusace brandebourgeoise. Ce n'est pas seulement par la langue, mais par le type qu'ils diffèrent des Allemands. On en est frappé lorsque dans les rues ou les églises de Dresde on aperçoit, le dimanche, ces hommes aux longues houppelandes et aux grandes bottes, que leurs têtes plus petites, leurs cheveux d'un blond terne, et souvent une expression de douceur somnolente répandue sur leur physionomie, distinguent nettement dans la foule germanique qui les entoure.

De mai à octobre 1813 les destinées de l'Europe se décidèrent dans cette contrée centrale, aux débouchés de la Silésie et de la Bohême. L'armée française arrivant par la Thuringe dans la plaine de Lützen (à l'ouest de Leipzig) y refoula les Prussiens et les Russes (2 mai), qu'elle battit une seconde fois à Bautzen (21 mai). Mais, après l'accession de l'Autriche à la coalition, Napoléon qui venait de rejeter Blücher derrière la Katzbach, fut rappelé de Silésie à Dresde par l'approche de l'armée de Bohême. Il est vainqueur à la bataille des 26 et 28 août ; mais, peu de jours après, Vandamme est battu à Kulm. Le dernier acte se joue autour de Leipzig, dans les journées des 16, 18 et 19 octobre, où les trois armées de la coalition se réunissent pour accabler nos troupes. Cette défaite est le signal de l'écroulement de l'édifice napoléonien en Allemagne, et, deux mois et demi après, c'est sur le sol français que s'engage la suprême lutte.

(1) Zittau, 23.000 habitants. Bautzen, 19,000 hab.

ROYAUME DE PRUSSE

Superficie: 348.330 kilomètres carrés.
Population: 28.313.833 habitants.

Tant de rapports aboutissent et se croisent au
cours moyen de l'Elbe, que cette contrée a été plusieurs fois le siège d'influences décisives sur les destinées de l'Allemagne du Nord. Deux grands faits de
propagande religieuse y ont pris leur point de départ:
à Magdebourg la conversion des Slaves, à Wittenberg la Réforme. Jusqu'en 1648 il fut permis de
se demander à qui, des électeurs de Brandebourg ou
des électeurs de Saxe, reviendrait la domination de
cette contrée. Les premiers y possédaient la Vieille-
Marche, berceau des marches de Brandebourg ; les
seconds étaient fortement établis sur le fleuve depuis
les défilés de la Suisse saxonne jusqu'en aval de
Wittenberg. Les traités de Westphalie, en attribuant
au Brandebourg les domaines sécularisés de Magdebourg et de Halberstadt, firent pencher la balance en
sa faveur : les annexions prussiennes de 1815 tran-
chèrent définitivement la question. A cette époque,
la moitié environ de la Saxe royale fut dévolue à la
Prusse. C'est avec cette agglomération de territoires,
Vieille-Marche, domaines sécularisés, démembrements
saxons, qu'a été composée l'active et industrieuse
province qui porte le nom de Saxe prussienne.

Cours moyen de l'Elbe. — L'Elbe, que nous con-
tinuons donc à prendre pour guide, conserve sa direction normale vers le nord-ouest jusqu'au confluent

de l'Elster noir (*Schwarze Elster*), qu'il reçoit à droite. Cette rivière, issue des hauteurs de Lusace, comme la Sprée avec laquelle elle a parfois des communications temporaires au temps des crues, atteint le fleuve un peu au-dessus de Wittenberg.

Là fut fondée en 1502 la célèbre université où, douze ans après, le moine augustin Martin Luther afficha les 95 propositions qui furent le point de départ de sa rupture avec l'Église de Rome ; l'Université a été supprimée en 1817 au profit de celle de Halle.

Wittenberg (1) est situé au point où le chemin de fer de Leipzig à Berlin traverse l'Elbe. La ville est dominée au nord par les premières pentes du plateau du Flaming, qui commence à se rapprocher de la rive droite du fleuve. A la rencontre de cet obstacle l'Elbe s'infléchit et coule pendant une douzaine de lieues vers l'ouest. Il se rapproche par ce changement de direction des grandes rivières issues de la partie occidentale de l'Erz-Gebirge et du pays de Thuringe. Depuis sa sortie de la Bohême il n'avait encore reçu aucun affluent important sur sa rive gauche ; il reçoit successivement la Mulde et, six lieues en aval, la Saale, qui s'est grossie elle-même de l'Elster. Un peu au-dessus du confluent de l'Elster, la Saale arrose la ville de Halle, qui doit son nom et son origine à des sources de sel (2).

Parmi les causes qui ont contribué de bonne heure à grouper les habitants et à former des établissements destinés plus tard à devenir des villes, il faut compter le désir de s'approprier l'exploitation des mines ou des sources de sel. Salzbourg, Hallein, Hallstadt, dans la région salifère qui borde les Alpes orientales, n'eurent pas d'autre origine. Tacite parle de luttes qui divisaient de son temps les Hermundures et les Chattes pour la possession de sources de sel. Les bords de la Saale thuringienne ne virent pas de moindres rivalités, allumées par le même motif, entre les Germains et les Slaves, dont cette rivière fut longtemps la limite commune. C'est au dixième siècle que Halle

(1) Wittenberg, 14.000 habitants.
(2) Halle, 82.000 habitants.

devint ville allemande, dépendante de l'archevêché de Magdebourg. Elle passa aux électeurs de Brandebourg avec sa métropole, à la suite des traités de Westphalie et devint, en 1694, le siège d'une université essentiellement prussienne, destinée à fournir à l'Etat des fonctionnaires instruits et des théologiens orthodoxes. Mais fidèle à ses origines commerciales, la ville a pris de nos jours un notable développement ; on ne compte pas moins de six lignes de chemins de fer qui s'y croisent.

Notablement accru par les tributaires de gauche, l'Elbe conserve jusqu'à Magdebourg la direction nord-ouest qu'il avait déjà reprise avant de recevoir la Saale. Mais là sa direction change de nouveau et tourne au nord-est et au nord. Le coude qu'il décrit ainsi était naturellement désigné à l'établissement d'une ville. Il offrait en effet la position la plus commode pour dominer le cours moyen du fleuve et pour assurer le passage. Non seulement c'était le point le plus rapproché du centre de la puissance impériale qui se présentât sur l'Elbe, mais aussi celui qu'il était le plus facile d'atteindre par l'ouest, puisqu'on n'y rencontrait plus les obstacles qu'opposent en amont les nombreuses rivières parallèles au fleuve. Aussi la fondation de Magdebourg par Otton le Grand marqua-t-elle un pas décisif vers la conquête germanique des pays de l'Elbe.

Ce fut à la fois une forteresse et un archevêché. Mais de bonne heure aussi sa position prépondérante sur l'Elbe moyen lui assura des avantages commerciaux, et elle figura avec honneur dans la Hanse. Magdebourg fut une des villes qui embrassèrent avec le plus d'ardeur la Réforme. Ruinée par Tilly en 1631, elle passa, à la suite des traités de Westphalie, sous la domination prussienne. Elle s'élève sur la rive gauche dans une plaine très fertile et très apte aux cultures industrielles. Elle se prolonge le long du fleuve par ses faubourgs de Neustadt et de Buckau (fabriques de machines); l'ensemble n'a pas moins de 159,000 habitants.

Au-dessous de Magdebourg, l'Elbe coule dans une vallée de plus en plus effacée, où les bras morts deviennent nombreux. Près de la petite ville de Tangermünde il est traversé par le chemin de fer de Hannover à Berlin. Il continue à se diriger droit au nord, jusqu'au confluent de la Havel, la grande rivière du Brandebourg. Là finit son cours moyen. Il n'est plus alors qu'à 22 mètres au-dessus du niveau de la mer; et ses eaux, pendant les cinquante lieues qui les en séparent encore, s'écoulent dans le sillon qui accompagne du sud-est au nord-ouest le pied méridional des hauteurs baltiques. Nous le laisserons continuer sa route vers la mer du Nord, en réservant pour le moment l'étude de sa partie maritime. Il faut nous arrêter maintenant sur la région qu'arrosent la Havel et la Sprée, dont les eaux réunies viennent de se confondre dans le lit de l'Elbe.

Les marches de Brandebourg.

La contrée qu'arrose l'Elbe entre Magdebourg et le confluent de la Havel, quoique rattachée aujourd'hui à la province de Saxe prussienne, porte encore le nom d'*Altmark* ou Vieille-Marche. Ce fut en effet un de ces territoires militaires qu'à l'exemple de Charlemagne les premiers empereurs de la maison de Saxe constituèrent au dixième siècle, pour étendre aussi bien que pour protéger les frontières de l'Empire contre les Slaves. Les chefs, nommés à titre héréditaire, portaient le nom de *margraves*.

La marche fondée dans la région moyenne de l'Elbe, à l'ombre de la citadelle germanique de Magdebourg, eut d'abord à s'appro prier par voie de conquête et de colonisation le pays même où elle avait été établie. Les villes de Salzwedel et de Stendal, toutes deux situées dans la contrée à l'ouest de l'Elbe, servirent

tour à tour de résidence aux margraves. Elles indiquent les premières étapes de la puissance militaire
qui s'affermit peu à peu sur la rive gauche du fleuve.

Beaucoup de familles nobles, associées plus tard à
l'histoire du Brandebourg, ont leur berceau dans
l'Altmark (1).

Par la concentration de pouvoir que leur position
même rendait nécessaire, ces marches étaient particu-

(1) Une petite ville de l'Altmark porte le nom de *Bismark;* une
autre, qui est celle où est né le chancelier, s'appelle *Schœnhausen.*

lièrement favorables à la poursuite d'ambitieux desseins et à la formation d'un État vigoureux. La main qui devait en jeter les bases ne se fit pas longtemps attendre. Investi en 1134 de ce margraviat, Albert l'Ours, chef de la dynastie dite ascanienne, franchit définitivement la ligne de l'Elbe et porta à la ligne de la Havel le point de départ de ses entreprises. Un évêché fut fondé ou plutôt restauré à Havelberg, un autre à Branibor, localité slave qui changea sous ses nouveaux maîtres son nom en celui de *Brandenburg*, et qui devint à son tour la capitale du margraviat transformé. A peu de distance de la nouvelle capitale, mais déjà plus à l'est, des moines de Cîteaux, appelés par les fils d'Albert l'Ours, fondèrent le monastère de Lehnin. « On peut, dit Ranke (1), se représenter l'activité de ces associations religieuses : l'abbé qui, au milieu de la forêt vierge, plante la croix comme symbole de prise de possession ; les moines qui abattent les arbres, arrachent les racines ou y mettent le feu et créent ainsi un espace libre. Nul ne savait mieux qu'eux rassembler l'eau dans les étangs, la détourner par des canaux, de façon à changer le marais en prairie. Ils ne revenaient jamais de leur maison principale sans rapporter des semences... » Ce monastère de Lehnin fut en quelque sorte le Saint-Denis de la future royauté prussienne ; l'un des soins du premier souverain du nouvel empire germanique a été de le faire, il y a quelque temps, reconstruire. En même temps que des moines, venaient des paysans, des artisans, pour la plupart originaires des Néerlandes, qui, sous la protection des margraves, se constituaient en villes ou en villages aux dépens des anciens possesseurs du sol. Bientôt, si l'on excepte certains cantons retirés, le vieux fond vende ou slave, transformé et germanisé, ne vécut que dans les légendes, les superstitions populaires et les noms de lieux.

(1) *Genesis des Preussischen Staates*, p. 14.

Les noms de lieux à racine slave ont persisté en très grand nombre dans les marches de Brandebourg ainsi que dans les contrées limitrophes ; ils dominent dans toute la Poméranie orientale. *Bor*, forêt, a formé *Brannibor*, *Mersibor*, que les Allemands ont transformé en *Brandenburg*, *Merseburg*. — *Dub*, chêne, a donné *Düben*, *Dübrau*. — *Lipa*, tilleul, se retrouve dans *Lübben*, *Leipzig*. — *Gard*, enceinte fermée, subsiste dans *Gardelegen*, *Stargard*, *Belgard*, etc. On pourrait citer bien d'autres exemples. Il y a dans la partie de la province de Hanovre qui est contiguë au Brandebourg une contrée qu'on appelle *Hannoversche Wendland :* le dialecte vende y était encore en usage à la fin du siècle dernier.

Dans ce travail de colonisation et de conquête, la haute main appartenait au margrave ; lui seul dirigeait les entreprises, distribuait les nouveaux colons, organisait le pays soumis. Là point de féodalité turbulente qui pût tenir son autorité en échec, pas de villes fortifiées qui pussent, en se liguant ensemble, résister à son autorité. Aussi le développement politique des marches suivait-il une direction opposée à celle de l'Empire : tandis que la puissance impériale déclinait peu à peu dans le reste de l'Allemagne, celle des margraves de Brandebourg devenait plus forte. Après la conquête du pays de la Havel, vint celle du territoire entre la Havel et l'Oder (*Mittelmark*), celle des marches de *Priegnitz* et d'*Ucker*, au nord des précédentes, et enfin celle d'une nouvelle marche *(Neumark)* à l'est de l'Oder lui-même. C'est ainsi qu'au delà de la marche primitive qui put désormais prendre le nom d'Altmark, se constitua une agglomération de nouveaux territoires, auxquels fut attachée de bonne heure la dignité électorale. Ils forment aujourd'hui, avec quelques annexions postérieures, ce qu'on appelle la province de Brandebourg.

Position du Brandebourg. — Le Brandebourg occupe la partie de la plaine allemande où les deux principaux fleuves, l'Elbe et l'Oder, arrivés l'un et l'autre à la plénitude de leur volume, se rapprochent

avant de s'écarter définitivement et ne sont séparés
que par une distance d'environ quarante lieues. Cet
intervalle est coupé par deux grandes rivières qui,
venant, l'une du nord et l'autre du sud, à la rencontre l'une de l'autre, se réunissent vers le centre
du pays et contribuent, par les communications
qu'elles ouvrent, à rapprocher encore les deux principaux fleuves.

La Havel a sa source dans le plateau lacustre du
Mecklenbourg par 68 mètres d'altitude ; elle se dirige
tout d'abord vers le sud et n'est, jusqu'à son entrée
dans le Brandebourg, que le lien par lequel communique une série de petits lacs. Là elle prend un caractère mieux défini de rivière et traverse d'abord de
grandes forêts. Arrivée près de la petite ville de Liebenwalde, la Havel ne se trouve qu'à 57 kilomètres de
l'Oder, et une vallée s'étend vers l'est dans la direction de ce fleuve. L'électeur Joachim-Frédéric profita
de ces circonstances pour faire creuser en 1605 un
canal de jonction qui, ayant été détruit pendant la
guerre de Trente ans, fut rétabli en 1746 par le grand
Frédéric ; il porte le nom de canal de Finow. Entre
Oranienburg et Spandau, la Havel rase sur sa rive
gauche le plateau sablonneux de Barnim, tandis qu'à
droite partent dans la direction de son cours inférieur
deux lignes de bas-fonds jadis marécageux, qui
marquent d'anciennes lignes d'écoulement. On les
appelle *Rhin luch* et *Havellandische luch ;* elles forment
comme un double fossé naturel protégeant au nord-
ouest les approches de Berlin. A l'entrée du Havelland se trouve Fehrbellin, où le Grand Electeur arrêta
en 1675 l'invasion suédoise. A Spandau, la Havel est
parvenue au centre de la dépression qui s'étend
entre les hauteurs baltiques d'une part, les hauteurs
de la Lusace et du Fläming de l'autre : elle y rencontre la Sprée, qui vient du sud, attirée vers la
même dépression.

La Sprée naît, comme on l'a vu, dans les hauteurs de Lusace, aux frontières du royaume de Saxe et de Bohême. A Bautzen (216 mètres) elle sort des montagnes à travers lesquelles elle a coulé pendant environ cinq lieues, et s'étale en se ramifiant dans une plaine basse. Elle n'est séparée que par une suite d'étangs et de prairies marécageuses, à gauche, de l'Elster Noir qui suit directement sa route vers l'Elbe, et à droite, de la Neisse qui se dirige vers l'Oder. Entrée en territoire prussien, elle continue à couler vers le nord ; mais, au-dessous de Cottbus, elle se divise en une centaine de bras et de canaux, formant un réseau compliqué, dans lequel disparaît, pour ainsi dire, la personnalité de la rivière. Ce n'est plus la Sprée, mais le *Spreewald*, c'est-à-dire une ancienne forêt marécageuse, aujourd'hui drainée et cultivée, mais qui garde encore quelque chose de son caractère primitif. Le Spreewald s'étend sur une longueur de 45 kilomètres et une largeur de 4 kilomètres en moyenne, jusqu'à Lübben, où la rivière, de nouveau reconstituée, reprend la direction du nord.

Le Spreewald n'est plus aujourd'hui qu'en partie une forêt On y voit encore d'assez grandes étendues couvertes d'aunes, de chênes et de hêtres, et peuplées d'un excellent gibier, parmi lequel figurent surtout, avec le cerf et le chevreuil, les bécassines et les poules d'eau. Mais la plus grande partie a été transformée en prairies entourées de hauts peupliers et en jardins maraîchers, qui envoient leurs produits au marché de Berlin. C'est par eau que se fait surtout la circulation ; c'est par bateaux qu'hommes et femmes transportent leurs denrées et que le chasseur se dirige à travers ce labyrinthe aquatique et boisé. L'hiver, ces chenaux restent longtemps gelés ; mais pendant l'été, ce pays, plein de verdure et de feuillage, prend un aspect agréable. La vie de l'ancienne population vende, avec son goût traditionnel pour la batellerie et la pêche, s'y perpétua mieux qu'ailleurs, grâce au milieu naturel. Elle y a conservé, avec sa langue, l'usage de ses maisons de bois, disséminées au bord des rigoles, hérissées aux angles par les denticules qui résultent de l'entrecroisement des poutres. La population, forte et saine, fournit à Berlin d'amples nourrices, dont le costume bariolé attire l'œil dans les rues de la grande ville. Jadis les Vendes, pourchassés par la colonisation germanique, trouvèrent un refuge dans ce pays marécageux et forestier.

Mais aujourd'hui la germanisation les gagne peu à peu ; leur domaine linguistique s'est réduit de moitié depuis 300 ans, il ne cesse de décroître encore (1).

Jusqu'à son arrivée dans la dépression centrale du Brandebourg, il semble que la Sprée destine ses eaux à l'Oder. Elle se rapproche, près de Müllrose, jusqu'à 22 kilomètres de ce fleuve et lui a été réunie par un canal ouvert en 1669, qui porte le nom du Grand Électeur Frédéric-Guillaume. Mais elle se détourne alors brusquement vers l'ouest, et, après s'être étalée dans le profond lac Müggel, elle entre à Berlin avec une largeur de 65 mètres, par 32 mètres seulement d'altitude.

Complétons, avant d'étudier cette capitale, le réseau fluvial au centre duquel elle s'est formée.

A une lieue de la ville, la Sprée achève à Spandau dans la Havel, au milieu des bois de pins et des sables, son cours de 327 kilomètres. De Spandau à Brandenburg, ce n'est pas une rivière, mais une série de nappes lacustres qui s'élargissent et se rétrécissent tour à tour. Entre les sables, les bois et les eaux, dans un site qui ne manque pas de charme, quoiqu'un peu triste, s'élève Potsdam (2), le Versailles du Grand Frédéric. La vieille Brandenburg montre sa cathédrale où des chapiteaux sculptés représentent des guerriers vendes, casqués, à queues de poisson. Bientôt après, à Plaue, la Havel termine son cours lacustre ; mais au lieu de continuer à se diriger perpendiculairement vers l'Elbe, dont 32 kilomètres seulement la séparent, elle tourne au nord-ouest comme pour regagner la région de ses sources, et n'atteint qu'en aval de Havelberg le fleuve dont elle est tributaire. Le canal de Plaue, ouvert en 1746, établit une communication plus directe.

(1) *Petermann's Mitteilungen*, 1873, carte 17.
(2) Potsdam, 51.000 habitants. Brandenburg, 33.000 habitants. Spandau, 32.000 habitants.

Le Brandebourg n'est donc pas seulement, suivant une expression souvent répétée « la sablonnière de l'Empire germanique » ; c'est surtout, en partie grâce à la nature et en partie grâce au travail des hommes, une région de voies navigables sans égale en Allemagne. Dans l'espace de 38,000 kilomètres carrés qui s'étend au sud du Mecklenbourg entre l'Oder et l'Elbe, se développe un réseau de canaux dont la longueur atteint 475 kilomètres. Le premier électeur de la maison de Hohenzollern avait raison de dire, au moment de quitter la Franconie pour le triste Brandebourg, qu'un pays qui a tant d'eau ne peut passer pour pauvre.

Berlin. — Cependant la grandeur de la Tamise et la beauté de la Seine manquent à la ville énorme qui par une série de bonds rapides s'est élevée au rang de quatrième ville du monde, après Londres, Paris et New-York. En trente ans, la population de Berlin est passée de moins d'un demi-million à 1,316,000. Le progrès s'est accéléré à partir de 1867. Lorsque du haut du *Rathaus*, ce grand et moderne édifice en briques qui s'élève au cœur du vieux Berlin, on embrasse la vue de la ville, rien n'arrête le regard au milieu de cette mer de maisons, d'usines et de fabriques qui se perd à l'ouest dans les espaces boisés de Jungfernheide et de Spandau. La ville s'étend à plat; l'insignifiant monticule du Kreuzberg (62 m.) se perd dans l'ensemble. Il n'y a ni l'amphithéâtre de coteaux, ni la traînée d'eau et de lumière que la Seine jette à travers Paris. La Sprée, que l'on aperçoit à son entrée dans la ville, ne tarde pas à se diviser et à se traîner comme un canal obscur entre les bâtisses.

Mais si les avantages topographiques de la situation de Berlin ne se manifestent pas directement à la vue, ils se découvrent à la réflexion. Lorsque l'on reconstitue, au moyen d'une carte détaillée, l'ensemble de circonstances physiques qui se rencontrent autour de Berlin, il semble que leur concours justifie le choix des princes politiques et guerriers qui y fixèrent leur capitale. Dans les rivières et les petits lacs qui l'enveloppent de leurs replis, dans les grandes lignes de bois qui la couvrent à l'ouest, on aperçoit les éléments naturels d'un système de défenses. Berlin n'est pas fortifié, mais on sait qu'il fut facile en 1813 d'improviser des obstacles sérieux autour de ses abords. Sans doute il se mêle toujours un peu de hasard ou de caprice dans le choix d'une capitale. Le choix aurait pu s'arrêter aussi bien sur Spandau ou sur Potsdam, qui partagent avec Berlin l'avantage d'une position centrale au point de convergence des cours d'eau ; mais il y avait de bonnes raisons pour ne pas sortir du cercle assez étroit dans lequel la nature elle-même enfermait les préférences.

Berlin s'est formé, à l'origine, de la réunion de deux bourgades, l'une qui, sous le nom de Cœln, s'était établie dans une île de la Sprée, l'autre qui, sous le nom de Berlin, se trouvait en face, sur la rive droite. C'était une population de pêcheurs et de mariniers vendes, une modeste agglomération qu'avaient groupée sur ce point les ressources offertes par la rivière et la facilité que son lit resserré et ramifié présentait pour le passage. Les deux bourgades furent réunies en 1307, et formèrent une petite ville qui prit quelque importance, grâce au commerce des laines, et fut affiliée à la Hanse des villes du Nord de l'Allemagne. C'est en 1486 qu'elle devint la résidence des électeurs et s'associa définitivement à la fortune des Hohenzollern. Mais les progrès continuèrent à être lents et l'avenir à rester incertain. Après la guerre de Trente ans, qui avait promené le ravage sur toute la contrée, Berlin se trouva réduit à une population de 6,000 habitants. Paris et Londres avaient vécu âge de peuple, avaient traversé des révolutions mémorables et comptaient déjà un demi-million d'habitants : Berlin n'était encore qu'une petite ville-résidence de pauvre aspect. C'était le temps où le carrosse de l'électrice Dorothée risquait de verser devant le château même, au milieu d'un troupeau de porcs. Cependant, avec le Grand Electeur, ce prince habile sous lequel l'Etat de Brandebourg commença à jouer un rôle européen, l'importance de Berlin ne tarda pas à s'accroître. Aucune ville ne profita davantage de la révocation de l'Edit de Nantes. Des vingt mille réfugiés que les offres du Grand Electeur attirèrent dans le Brandebourg, le plus grand nombre s'établit à Berlin. « Grâce à eux, écrivait plus tard le Grand Frédéric, Berlin eut des orfèvres, des bijoutiers, des horlogers et des sculpteurs. » Ce furent des réfugiés qui fondèrent dans leur ville d'adoption l'industrie de la soie. D'autres, établis aux portes de la capitale, dans une triste lande pour laquelle ils ressuscitèrent le nom biblique de pays de Moab (*Moabit*), transformèrent ces terrains déshérités en riches jardins potagers, qui disparaissent de nos jours sous l'envahissement des fabriques et des usines. L'influence des réfugiés imprima pour longtemps son cachet au développement de Berlin. Un siècle après, Mirabeau remarquait que des noms français figuraient encore à la tête des principales industries, et pouvait dire de Berlin : « C'est la ville d'Allemagne où il y a le plus de goût (1). »

De toutes les grandes capitales de l'Europe il n'en est aucune, si ce n'est Pétersbourg, qui ait été plus fortement marquée à l'effigie personnelle des maîtres qui s'y sont succédé. On sent encore ce qu'il y eut d'artificiel et de voulu dans la croissance de cette ville. Au noyau primitif s'ajoutèrent la *Dorotheestadt* commencée en 1673, la *Friedrichstadt* commencée dans les premières années du dix-huitième siècle par le

(1) *Tableau de la monarchie prussienne*, t. II, p. 123.

premier électeur qui prit le nom de roi de Prusse, et achevée par les soins de son successeur dans le goût rectiligne et monotone qui plaisait à Frédéric-Guillaume Ier. « Le gaillard est riche, il faut qu'il bâtisse, » était un des dictons favoris du roi-sergent. La tolérance intelligente de Frédéric II contribua à fortifier dans Berlin un autre élément qui a beaucoup servi à son développement commercial, et qui, dans la presse ou dans la banque, y tient aujourd'hui une si grande place, l'élément juif. A la mort de Frédéric II, Berlin était une grande et belle ville de 114.000 habitants, dotée d'industries importantes parmi lesquelles on pouvait citer celle des porcelaines, un centre social et politique vers lequel se portait déjà l'attention de l'Allemagne. Cependant l'influence morale de Berlin en dehors des limites du royaume de Prusse, date surtout de la fondation de son Université en 1810. Le moment était dramatique : c'était après les désastres qui avaient momentanément brisé la force matérielle de l'Etat prussien. La fondation de l'Université fut un appel aux forces morales. Elle groupa dans la capitale de la Prusse ce que l'Allemagne avait de plus illustre dans la philosophie et la science, les Wolf, les Savigny, les Humboldt, les Ritter. Son influence a fortement contribué à incliner dans le sens prussien la marche de l'esprit allemand.

Depuis une vingtaine d'années se forme une agglomération immense qui ne cesse de s'étendre et qui enveloppe les deux ou trois villes particulières dont la réunion constitua le Berlin historique. C'est vers l'ouest, suivant une sorte de loi générale des grandes villes, que se porte la richesse, la haute banque ; c'est là que, sous prétexte de style vieil-allemand, l'architecture prodigue de pompeuses bâtisses où tout est disposé pour l'effet, et qui derrière leurs tourelles et leurs balcons abritent moins de confort et de vrai luxe que telle ancienne maison de Dantzig ou d'Ams-

terdam. Au nord, l'industrie règne en maîtresse ; là
sont les grandes fabriques, les ateliers de construction.
On évalue à 600,000 au moins le nombre de personnes
engagées dans les différents genres d'industries qui
se concentrent à Berlin (1). Après les machines, les
industries de luxe, ébénisterie, modes, etc., sont pratiquées avec un succès dont la concurrence vise directement Paris. La population ouvrière s'entasse surtout
dans les quartiers pauvres qui occupent la partie
orientale. Là se recrutent les gros bataillons du
socialisme berlinois, moins nombreux encore que
ceux de la misère. On évaluait récemment à 282.000
personnes le nombre de celles qu'en vertu de lois
promulguées à cet effet la prévoyance de l'État soumet
au régime de l'assurance forcée.

Quoiqu'en général l'esprit berlinois excite peu de
sympathies en Allemagne, il est peu d'Allemands qui
ne se plaisent à supputer les progrès présents et fu-
turs de la métropole du nouvel Empire. Ces progrès
ont été assurément très rapides, et ne peuvent pas
être considérés comme touchant à leur terme. Ce
n'est pas seulement à Berlin, mais dans toute l'Allemagne, surtout dans celle du Nord, que les villes
tendent, depuis un quart de siècle, à prendre un accroissement accéléré ; il en est même qui relativement
semblent marcher plus vite que la capitale. L'Allemagne, qui n'avait en 1875 que treize villes au-dessus
de 100.000 habitants, n'en a pas moins de dix-neuf
d'après le recensement de 1885. L'accroissement de
Berlin est donc loin d'être un fait isolé ; il répond à
des conditions générales et profondes, qui se font
sentir d'un bout à l'autre de l'Empire. Il ne semble
pas près de s'arrêter. En effet, malgré les traditions
et un ensemble d'habitudes qui luttent contre la centralisation, il est dans la force des choses que Berlin
attire une part de plus en plus grande du mouvement

(1) *Statistisches Jahrbuch des Deutschen Reichs*, 1885, p. 19.

de l'industrie et des affaires. La Bourse de Berlin a
dépassé celle de Francfort, et est devenue le plus important marché de capitaux pour le Nord et l'Est de
l'Europe. Quoique les environs immédiats soient encore assez faiblement peuplés (1), Berlin est un nœud
de communication de premier ordre. Dix grandes
lignes de chemin de fer y convergent, et la capitale
elle-même est traversée de part en part, à travers ses
quartiers les plus populeux, par un métropolitain.
Entre Hambourg et Breslau, Stettin et Leipzig, Berlin
occupe le centre. Elle est à moitié route entre Cologne et Varsovie. Sa position pouvait paraître autrefois excentrique par rapport aux foyers de production
et de population qui restaient alors concentrés dans
l'Ouest de l'Europe ; elle ne l'est plus, depuis que des
foyers semblables se sont constitués ou se constituent en Silésie, en Pologne, dans la Russie occidentale. A ces communications par terre s'ajoutent
les communications par eau. Berlin est le principal
port fluvial de l'Allemagne. Le trafic par eau s'y est
élevé, en 1884, à 3.715.000 tonnes ; et le rôle de Berlin,
comme première ville industrielle de l'Empire, tient
en grande partie au bon marché du transport par
eau. On voit ainsi que les causes géographiques qui
avaient favorisé ses débuts, continuent à concourir
au développement de sa grandeur.

Pays de l'Oder.

La partie orientale du royaume de Prusse s'appuie
sur l'Oder, enveloppe le cours inférieur de la Vistule
et s'étend en pointe jusqu'au delà de l'embouchure
du Niémen, le long de la Baltique. Elle se compose

(1) Le district de Potsdam, dans lequel est compris Berlin, ne
compte, si l'on fait abstraction de la grande ville, qu'une population
spécifique de 56 habitants par kilomètre carré, notablement inférieure
à la moyenne de l'Allemagne.

des provinces de Silésie, Posen, Poméranie, Prusse occidentale et Prusse orientale.

L'Oder naît, par 627 mètres d'altitude, dans un marais entouré de forêts de sapins, près de l'extrémité méridionale des Sudètes. Pendant 110 kilomètres environ, il coule en territoire autrichien. De sa vallée encaissée, que suit le chemin de fer de Breslau à Vienne, on voit à l'est se dessiner par des lignes très soutenues les premières chaînes des Carpathes, tandis qu'à l'ouest s'étendent des mamelons boisés qu'on appelle le *Gesenke*, dernier contrefort des Sudètes. A Oderberg (195 mètres), il entre définitivement en plaine, et bientôt après sur le territoire prussien. Il ne s'écartera guère plus, pendant les 900 kilomètres qu'il a encore à parcourir, de la direction sud-est-nord-ouest. Malgré sa longueur c'est un fleuve inégal, encombré de bancs de sable et, dans son cours supérieur, de blocs de grès ou de calcaire. Aussi jusqu'à Breslau, point à partir duquel il a été régularisé, la navigation y est-elle difficile. Bien qu'il soit officiellement considéré comme navigable à Cosel et que cette petite ville soit reliée par un canal au centre métallurgique de Gleiwitz, en réalité canal et fleuve sont insuffisants, et le bassin houiller de Haute-Silésie manque d'un débouché par eau qui soit à la hauteur de son importance.

L'Oder coule, pendant la première moitié de son cours, parallèlement aux monts Sudètes qui lui envoient sur sa rive gauche de nombreux affluents : l'Oppa, qui vient de l'Altvater (1.490 mètres) et forme quelque temps la frontière entre l'Autriche et la Prusse ; la Neisse de Glatz ; la Katzbach, dont les rives furent témoins, en août 1813, de sanglants combats entre l'armée de Silésie, commandée par Blücher, et le corps de Macdonald ; cette rivière arrose Liegnitz (1) ; enfin la Bober, le plus grand des affluents de gauche de l'Oder. Issus de montagnes d'élévation médiocre, ces cours d'eau ont un débit très inégal ; leurs eaux pures et claires coulent avec rapidité sur un lit de cailloux. La Neisse de Gœrlitz (1), qui naît dans les coteaux de Haute-Lusace, se traîne au contraire entre les marécages et les prairies ; elle appartient presque entièrement à la plaine.

Silésie. — Cette terrasse qui s'incline au nord-est des Sudètes jusqu'au sillon de l'Oder, au delà duquel elle s'aplatit et s'ouvre vers les plaines de Pologne, est la contrée qu'on appelle la Silésie. Elle flanque extérieurement le massif le plus avancé au nord-est de la Haute-Europe ; les vents de la plaine russe peuvent souffler sans obstacle depuis l'Oural jusqu'aux Sudètes, et condenser sur les pentes du *Schneekoppe* (2) les vapeurs dont ils se sont imprégnés sur les marais de la Russie arctique. Avant de devenir une pomme de discorde entre l'Autriche et la Prusse, la Silésie était un ancien pays polonais ; mais la politique des ducs ou *piastes*, jaloux de leurs rivaux du reste de la Pologne, y favorisa l'immigration germanique, qui prit dès le onzième siècle une importance considérable. Les ducs, les évêques et les couvents attirèrent à l'envi des artisans et des cultivateurs allemands ; des villes furent fondées avec le droit de Magdebourg. La population polonaise n'a conservé la majorité que dans la Haute-Silésie (district d'Oppeln) ; on peut l'estimer à un million environ, soit au quart de la population de la province entière. Malheureusement pour eux, les Polonais catholiques de Silésie sont dominés par une aristocratie territoriale et financière d'origine allemande ; ils constituent une armée sans état-major, moins apte par conséquent que leurs compatriotes de Posen à résister aux empiètements du germanisme.

(1) Gœrlitz, 56,000 habitants.
(2) Schneekoppe, 1.601 mètres.

Frédéric II obéissait à une pensée déjà traditionnelle dans sa famille, lorsqu'au début de son règne entreprit par une brusque attaque d'arracher cette belle province à l'Autriche. Par son importance militaire, industrielle et commerciale, la Silésie justifie les convoitises du Grand Electeur, qui avait préparé le plan d'attaque, et de Frédéric II, qui l'exécuta. Par elle, en effet, le territoire prussien s'introduit, comme un coin, entre la Russie et l'Autriche. Il s'avance au sud jusqu'aux abords de la dépression connue sous le nom de Porte Morave, qui s'ouvre entre les chaînes des Sudètes et celles des Carpathes. Une menace reste toujours suspendue sur les communications entre Cracovie et Vienne, et sur cette large vallée de la Morava, qui trace vers la capitale de l'Autriche une route comparable à celle qu'ouvre l'Oise vers Paris. Entre la Silésie et la Bohême la frontière, œuvre du Grand Frédéric, est dessinée tout à l'avantage de la Prusse ; on y reconnaît la main d'un vainqueur prévoyant qui se ménage une base pour de futures attaques. Il eut soin, en effet, de joindre à l'annexion de la Silésie celle du comté de Glatz, petit bassin entouré de montagnes qui s'avance entre la partie restée autrichienne de la Silésie, la Moravie et la Bohême.

Les montagnes qui le bornent ont la forme d'un bastion dont le saillant très proéminent est dirigé vers le sud-ouest. De Glatz, forteresse prussienne, trois grandes routes et un chemin de fer conduisent sur le territoire autrichien : l'une au nord-ouest vers Braunau ; une autre à l'ouest vers Nachod ; un chemin de fer, au sud, vers Gabel ; une autre route, au sud-est, vers Altstadt, dans la Silésie autrichienne. C'est par les deux premières qu'en 1866 l'armée du prince royal Frédéric pénétra en Bohême.

Ainsi la possession de la Silésie donne à la Prusse une forte base offensive au cœur de l'Europe centrale.

Comme région industrielle, la Silésie n'est pas moins précieuse. On y distingue, sous ce rapport, deux groupes. L'un suit la lisière septentrionale des Sudètes. Sur le versant silésien de ces chaînes se développent un grand nombre de vallées étroites, où les villages s'allongent parfois pendant une lieue et où se presse une population très dense. Tout porte la trace d'une activité industrielle déjà ancienne, à laquelle les cours d'eaux clairs et rapides fournirent en abondance la force motrice. On trouve même à Waldenburg un petit bassin houiller. Autrefois le rouet à filer et le métier à tisser le lin, installés dans chaque habitation, suffisaient à répandre l'aisance dans les nombreux villages. Mais la concurrence de la grande industrie et des machines a changé les conditions. L'industrie tend de plus en plus à descendre dans la plaine, et se concentre, de Waldenburg à Gœrlitz, dans une rangée de villes échelonnées parallèlement au pied de la montagne.

Le groupe industriel de beaucoup le plus puissant est celui qui doit son origine aux riches gisements de fer, de houille et de zinc qui sont renfermés dans les formations de calcaire jurassique et de muschelkalk de la Haute-Silésie, à droite de l'Oder. Là s'étend, presque au centre géographique de l'Europe, au point de contact des trois Empires, un plateau élevé d'environ 300 mètres, qu'on désigne souvent du nom de Tarnowitz, une de ses principales villes. Au commencement du siècle ce pays était pauvre et paraissait la partie la plus déshéritée de cette riche province : il offre aujourd'hui avec ses hautes cheminées, ses usines, ses voies ferrées qui s'entrecroisent, l'image d'une activité qui va grandissant. On s'y croirait en Westphalie ou en Belgique, si la présence de juifs à longues lévites, aux cheveux taillés en oreilles de chien, ne rappelait à chaque pas le coin d'Europe où l'on se trouve. A côté des villes plus anciennes de

Tarnowitz et de Beuthen (1), de nouvelles ont surgi : Gleiwitz, qui a 18,000 habitants, Kœnigshutte, qui en compte 32,000, et qui est moins une ville qu'une agglomération, d'usines, de hameaux industriels s'étendant sur plus d'une lieue à la ronde.

La Silésie est une des parties les plus vivantes de l'Europe centrale. Il en fut ainsi de bonne heure, car par sa position centrale entre la Baltique et le Danube, aux confins de la grande plaine slave, cette contrée était en mesure de servir de rendez-vous aux marchands et de lieu d'échange pour les produits les plus divers. Parmi les foires qui jouirent de bonne heure de quelque célébrité, aucune ne prit rapidement plus d'importance que celle de la Saint-Jean à Breslau. Située au centre de la plaine silésienne et dans une de ses parties les plus fertiles, au point où l'Oder forme plusieurs îles, Breslau devint le marché principal et la capitale naturelle de la contrée. Vers le milieu du treizième siècle, à l'époque où le moine Plan-Carpin y passa se rendant à Kief et de là à la résidence du Grand Mogol (1247), on pouvait y voir des Russes ou des Tatars venus du fond des pays slaves pour échanger leurs pelleteries, leur suif, leur cire, leur résine, contre les toiles de Silésie et les draps de Flandre, les vins de Hongrie, du Rhin ou de France. Il semblait qu'on s'y trouvât au bout de l'Europe, et Breslau faisait l'effet de quelque Nijni-Novgorod. Après avoir traversé aux seizième et dix-septième siècles une période de décadence, Breslau s'est rapidement relevée. Sa population a triplé depuis quarante ans ; c'est aujourd'hui la deuxième ville de la Prusse et la troisième de l'Allemagne; centre d'un grand commerce de laines, et siège d'une université reconstituée en 1811, que fréquentent en moyenne plus de 1.200 étudiants (1).

(1) Beuthen, 26,000 habitants.
(2) Breslau, 209.000 habitants.

Cours inférieur de l'Oder. — Après avoir traversé, vers Glogau, une dernière ligne de collines sablonneuses, l'Oder entre dans la province de Brandebourg, dont il coupe la partie orientale. Il y arrose Francfort, passage fluvial dont les premiers margraves de Brandebourg firent une ville, clef de la Nouvelle-Marche. Puis il reçoit sur sa rive droite son grand affluent polonais, la Varta, grossie de la Netze. Au confluent s'élève la place de Cüstrin, dont les abords peuvent être inondés, mais qui capitula sans coup férir le 1er novembre 1806 devant l'armée de Davoust (1).

L'Oder servit, pendant la guerre de Sept ans, de ligne de défense à Frédéric II, pour couvrir les abords de sa capitale contre les armées russes. Près de Cüstrin, au nord-est, se trouve Zorndorf, où il fut vainqueur le 25 août 1758 ; près de Francfort-sur-l'Oder, le champ de bataille de Künersdorf, où il fut vaincu l'année suivante. Vainqueur ou vaincu, mais jamais découragé, il réussit à « sortir de la guerre avec le même embonpoint qu'auparavant ».

Le dessèchement de l'*Oderbruch* (marais de l'Oder) témoigne de l'activité pacifique du conquérant de la Silésie. Au dessous de Cüstrin, l'Oder, rencontrant l'obstacle des hauteurs baltiques, formait un marécage de 830 kilomètres carrés ; c'est aujourd'hui une plaine couverte de métairies et de villages, traversée de canaux et protégée par des digues contre les retours offensifs du fleuve. Puis, s'infléchissant au nord-est, l'Oder s'engage à travers les hauteurs baltiques. Pour la première fois depuis son entrée en Allemagne il coule dans une vallée resserrée, qu'il remplit de ses ramifications. L'un de ces bras, appelé le Reglitz, se jette dans le lac de Damm ; l'autre, qui garde le nom d'Oder, arrose Stettin. Tous deux communiquent par un grand nombre de fossés et de petits bras. Ils se réunissent enfin dans un chenal

(1) Francfort-sur-l'Oder, 51.000 habitants ; Cüstrin, 15.000 hab.

commun, le Papenwasser, qui se jette dans la grande lagune appelée le Haff.

Stettin est à la fois la capitale de la Poméranie et le principal port de la Prusse. C'est en 1720 que la Suède épuisée dut céder Stettin et l'embouchure de l'Oder, trophée des victoires de Gustave-Adolphe. La Prusse, qui ne possédait auparavant sur la Baltique que Kœnigsberg, acquit ainsi une position maritime qu'elle convoitait depuis longtemps, à proximité de Berlin, voisine de l'archipel Danois et des centres commerciaux qui peuplent la côte à l'ouest de l'Oder. Au lieu d'être reléguée à l'extrémité de la Baltique, dans un port fermé pendant plusieurs mois par les glaces, elle occupa désormais l'embouchure d'un des principaux fleuves allemands, avec les îles d'Usedom et de Wollin, qui en protègent l'entrée. Stettin a surtout grandi depuis le commencement de ce siècle ; de 22.000 habitants, elle s'est élevée à 100.000. Elle possède d'importants ateliers de constructions navales et entretient des relations directes avec New-York. Située à 70 kilomètres de la mer, sur un fleuve qui n'a pas plus de 5 mètres de profondeur, elle a dû, comme Nantes et Brême, se créer un avant-port : c'est Swinemünde, petite ville d'aspect tout hollandais, au débouché de la passe entre Usedom et Wollin.

Poméranie. — Morceau par morceau, à mesure que l'action scandinave s'affaiblit dans la Baltique, la Poméranie dut échoir à la Prusse. Il y avait longtemps que les Slaves, ces anciens maîtres du pays, sous lesquels avait fleuri autrefois le port de Julin (1), avaient cessé de compter au nombre des rivaux qui se disputaient la domination de la Baltique. En 1815, la dernière épave des conquêtes suédoises, Stralsund, où était venu échouer la fortune de Charles XII,

(1) Adam de Brême, II, 19. — Dans cette chronique, écrite à la fin du onzième siècle, Julin est dépeinte comme « une ville illustre, entrepôt de toutes les marchandises du Nord, riche en agréments et en raretés de toute espèce. » Julin était située dans l'île de Wollin.

Greifswald, petite ville universitaire, la belle île de Rügen aux falaises de craie bizarrement découpées, furent accordées aux longues revendications de la Prusse (1).

La Poméranie, malgré l'étendue de ses côtes et la signification même de son nom slave (2), n'est un pays maritime que dans sa partie occidentale. De ce côté les ports sont petits, à l'exception de Stettin, mais nombreux, et la pêche du hareng est encore assez activement pratiquée autour des îles et des péninsules qui découpent le littoral. Mais à l'est de Wollin, dans l'ancienne Poméranie citérieure, la scène change. Là s'étend une côte uniforme, bordée de dunes généralement basses, derrière lesquelles les eaux intérieures s'amassent dans des lagunes séparées de la mer par de longs cordons littoraux. Ces conditions écartent toute activité de développement maritime, et l'on ne peut citer en effet aucun port de marque le long des 60 lieues de côtes qui se déroulent entre l'Oder et le golfe de la Vistule. L'intérieur ne paraît guère au premier abord plus favorisé. Lorsque l'œil se promène sur les plateaux des hauteurs Baltiques, il n'aperçoit que signes de pauvreté : des chemins sablonneux et mal entretenus, peu de maisons; car les villages se cachent presque tous dans les vallées, aux bords des lacs ou des fonds lacustres aujourd'hui desséchés. Cependant la Poméranie a gagné depuis le siècle dernier, grâce aux libéralités intelligentes de Frédéric II et surtout aux réformes accomplies par le baron de Stein après Iéna. Les habitants du pays n'y sont plus précisément, comme au temps de Mirabeau, des serfs attachés à la glèbe, chargés de corvées onéreuses et ne possédant rien en propre. Mais le pays reste encore foncièrement pauvre, et la pro-

(1) Stralsund, 29,000 habitants ; Greifswald, 20,000 hab.
(2) Elle apparait dès le onzième siècle sous le nom de pays des *Pomerani* ou *Pomores*, c'est-à-dire de ceux qui habitent au bord de la mer.

priété mal répartie. La Poméranie, bien qu'on ne puisse, sous ce rapport, la comparer au Mecklenbourg (1), est toujours le pays des *Rittergüter* (biens nobles), l'asile du *Junkertum* (classe des hobereaux) et, par une conséquence naturelle, la contrée que le paysan fuit en masse pour aller chercher en Amérique des conditions meilleures. Aucune partie de l'Allemagne n'envoie chaque année aux États-Unis un plus grand nombre d'émigrants que la Poméranie et le Mecklenbourg. Le contingent de ces deux provinces représente dans ces dernières années 15,4 pour 100 du total de l'émigration de l'Empire(2). Elles sont loin pourtant d'offrir un excès de population ; car il n'y a que 50 habitants par kilomètre carré dans la Poméranie et 43 dans le Mecklenbourg. Mais que faire dans un pays où le mode de tenure du sol oppose un obstacle à la formation d'une classe aisée de paysans-propriétaires ? La condition de la petite noblesse n'est guère en général bien brillante ; mais celle-ci trouve au moins dans la carrière des armes compensation et honneurs. Depuis plus de deux cents ans, elle est une pépinière d'officiers pour l'armée prussienne. « La Poméranie, écrivait Mirabeau, est peuplée d'une noblesse innombrable, mais très pauvre, si pauvre qu'on en fait mille contes singuliers en Allemagne. Elle est d'une bravoure à toute épreuve, et l'on peut assurer qu'elle forme la plus grande base de l'infanterie prussienne. Les régiments de Poméranie sont réputés les plus intrépides et les plus fidèles de l'armée. » Ce jugement n'a pas cessé d'être vrai.

---

(1) Dans le grand-duché de Mecklenbourg la plus grande partie du sol se partage entre les domaines grand-ducaux et les propriétés d'une noblesse quasi-souveraine.
(2) *Petermann's Mitteilungen,* 1884, p. 322.

Anciens pays polonais.

Avant les partages de la Pologne le royaume de
Prusse, abstraction faite de quelques possessions
isolées dans l'Ouest de la Basse-Allemagne, se composait de deux tronçons séparés. Le Brandebourg, la
Poméranie et la Silésie formaient une masse; la
la Prusse ducale (aujourd'hui Prusse orientale) formait l'autre. Entre ces deux agglomérations de territoires, entre Berlin et Kœnigsberg, il y avait une
lacune occupée par le royaume de Pologne. C'est
pour combler cette lacune que Frédéric II prit, de
concert avec l'Autriche et la Russie, l'initiative du
premier partage de la Pologne (1772). Ce premier
démembrement lui adjugea la possession du cours
inférieur de la Vistule à l'exception de Danzig, et
celle du pays d'Ermeland. Un second démembrement,
en 1793, ajouta à cette annexion celle de la ville
même de Danzig et la Grande-Pologne presque tout
entière. Cette dernière acquisition fut enlevée à la
Prusse par Napoléon et forma, jusqu'en 1814, le
grand-duché de Varsovie. Mais le grand-duché ne
survécut pas à la chute de l'Empire. Les traités de
1815 le partagèrent entre la Russie et la Prusse.
Varsovie fut donnée à la Russie et devint la capitale
du nouveau royaume de Pologne, placé sous la sou-
veraineté du czar. Quant à la Prusse, elle garda
Posen, et une proclamation adressée à cette époque
par Frédéric-Guillaume III à ses sujets polonais leur
disait : « Vous êtes incorporés à ma monarchie, mais
sans avoir à renoncer à votre nationalité propre. »
Ainsi les deux provinces qui figurent dans la liste
des provinces prussiennes sous les noms de *Posen* et
de *Prusse occidentale*, ainsi que le pays d'*Ermeland*,
englobé dans la Prusse orientale, entraient, il y a un

siècle, dans la composition du royaume de Pologne, et sont encore en partie polonais par la race comme par l'histoire.

Province de Posen. — Par la Varta et la Netze, son affluent, la province de Posen se rattache au système fluvial de l'Oder. Au moment où la Varta se jette dans l'Oder à Cüstrin, elle a parcouru autant de distance que le fleuve et n'a pas un moindre volume d'eau. Elle naît au pied du plateau de Haute-Silésie, sur la frontière même de l'empire allemand et de l'empire russe, et coule pendant la moitié de son cours dans la partie russe de la Pologne. Après avoir suivi une direction presque parallèle à celle de l'Oder, elle se détourne vers l'ouest et reçoit la Prosna, rivière qui sert de limite aux deux empires. C'est alors seulement qu'elle pénètre dans le territoire prussien. Elle arrose Posen (*Poznan*), capitale de la province de ce nom, une des plus anciennes villes historiques de la Pologne. Peuplée de 68.000 habitants, Posen s'étend sur les deux rives de la Varta. Les quartiers neufs, bâtis dans le goût de Berlin, la citadelle et les forts qui l'entourent et qui en font un point stratégique de premier ordre au croisement de plusieurs lignes de chemin de fer, l'aspect d'une partie de la population, tout cela montre l'empreinte de l'Allemagne. Mais sous cette empreinte superficielle il n'est pas difficile de démêler le fond polonais. Les bas quartiers, voisins de la rivière, sont entièrement polonais, mêlés d'éléments juifs ; de nombreux monuments rappellent le goût et l'influence des jésuites ; la campagne est toute polonaise. Dans la ville même, une partie du commerce et de l'industrie se trouvent entre les mains des Polonais ; malgré les mesures prises par le gouvernement allemand, Posen reste le centre de sociétés, de publications périodiques et d'institutions diverses qui s'efforcent d'entretenir le sentiment national (1).

C'est qu'en effet les plus anciens souvenirs de la nationalité polonaise ont leur foyer dans ce pays. Parmi les trois capitales qu'eut tour à tour le royaume de Pologne, Posen est la plus ancienne. Plus ancienne que Cracovie devenue autrichienne et que Varsovie devenue russe, elle fut jusqu'en 1296 la résidence royale. A l'est de Posen on trouve la pauvre vieille ville de Gnesen, qui fut, dès l'an 1000, le siège métropolitain des pays polonais. De là partaient des missionnaires qui marchèrent au premier rang dans l'œuvre de conversion du Nord de l'Europe ; on voit dans la cathédrale le tombeau de l'évêque Adalbert, l'apôtre des pays prussiens de la Baltique.

Aussi nulle part, dans les anciens pays slaves que possède l'Allemagne, la résistance à la germanisation n'est-elle plus forte. Ce n'est pas, comme dans la Haute-Silésie, où cependant l'agitation polonaise existe aussi, une société fortement entamée par le haut et privée de ses chefs naturels, qui essaye de se reconstituer et de réagir. Il y a dans Posen une aristocratie polonaise encore puissante et considérée, disposant d'une clientèle assez étendue, mais qui, il est vrai, a pour ennemi ses propres habitudes de prodigalité et de faste, entretenues par le souvenir de l'existence d'autrefois. Un élément de résistance plus solide peut-être réside dans la bourgeoisie et la petite propriété. Près de la moitié environ des domaines territoriaux que l'immigration germanique a laissés aux Polonais dans le grand-duché de Posen, se trouve entre les mains de petits propriétaires (2).

Les Polonais conservent encore la majorité numérique dans la province de Posen ; on peut estimer leur nombre à 1.100.000 sur une population totale de 1.700.000 habitants. Mais la forte proportion numé-

(1) Ed. Marbeau, *Slaves et Teutons*, ch. 19 et 20.
(2) *Bulletin consulaire*, 1885.

rique que les Allemands sont parvenus à atteindre,
indique la gravité du danger qui les menace. Le
district méridional, celui de Bromberg, est passé en
majorité au germanisme. Dans l'ensemble du duché,
un peu plus de la moitié de la propriété foncière
appartient aux Allemands. Peu à peu l'usure et les
dettes ont raison des grands domaines, et livrent aux
capitalistes berlinois ou à l'État lui-même l'occasion
guettée. Dans plusieurs circonstances et notamment
aujourd'hui, le gouvernement s'est employé directement, par des allocations ou des achats de terres vacantes, à fortifier la part des Allemands dans la propriété foncière. Des colonies de cultivateurs allemands
ont trouvé l'aisance en desséchant les parties boisées
et marécageuses qui s'étendaient aux bords de l'Obra.
Les mesures officielles de contrainte qui poursuivent
le Polonais jusque dans l'école primaire, les expulsions qui cherchent à couper les racines par lesquelles
il pourrait se fortifier du dehors, constituent pour lui
un danger peut-être moins grave que l'aptitude de
l'Allemand à la colonisation agricole. C'est avec la
charrue, aidée de l'épée, que furent germanisés les
marais du Havelland, les deltas de la Vistule et du
Niémen. Mais si la civilisation a pu gagner autrefois
à ces conquêtes, on ne voit pas ce qu'elle gagnerait
aujourd'hui à ce que les Polonais subissent le sort des
Vendes, des Viltzes, des Poméraniens ou des Lithuaniens de la Prusse primitive.

Origines coloniales du pays de Prusse. — La
province de *Prusse occidentale* embrasse le cours
inférieur et le delta de la Vistule. Ce fleuve qui, dans
son cours de 1.050 kilomètres, unit les Carpathes à
la Baltique, semblait destiné par la nature à grouper
dans une unité politique les différentes branches de
la famille polonaise. Son bassin communique sans
obstacle au sud-est avec celui du Dniester, dont la

source est toute voisine de celle de la San, principal affluent du cours supérieur. Par le Bug, autre affluent de droite presque égal à la Vistule elle-même, il tend vers le système fluvial du Dniéper un bras qu'il a été facile de prolonger par un canal (canal du Roi). La Vistule traverse des pays fertiles en grains et en bois ; et, malgré les difficultés qu'opposent les sables, la faible profondeur du lit et les glaces en hiver, elle se prête à la navigation à partir du confluent de la San et même, au moins pour les petites embarcations, à partir de Cracovie. Enfin, depuis sa source jusqu'au commencement de son delta, le fleuve ne quitte pas le domaine historique et linguistique des Polonais, race résistante et qui a la vie dure, suivant l'expression d'un écrivain qui n'est pas leur ami (1).

Assise à la fois sur la Vistule et sur le Dniester, la Pologne semblait donc appelée à s'étendre de la mer Noire à la Baltique et à se constituer d'une mer à l'autre, au point de resserrement du continent européen.

S'il n'en fut pas ainsi, c'est que de bonne heure la colonisation allemande avait réussi à s'emparer du delta de la Vistule et à se rendre prépondérante sur toute l'étendue du littoral de la Baltique jusqu'au fond du golfe de Livonie. Tandis que dans la province de Posen l'immigration germanique est récente, elle date de la première moitié du treizième siècle dans les pays de la basse Vistule. Elle y fut appelée par les chevaliers de l'Ordre teutonique, ordre religieux et militaire fondé au temps des premières croisades et transporté plus tard de Jérusalem sur les bords de la Baltique. Ces moines guerriers, qui se recrutaient dans toutes les parties de l'Allemagne, firent pendant plusieurs siècles une guerre impitoyable aux populations encore païennes qui habitaient entre le cours inférieur de la Vistule et celui du Niémen (2).

(1) Richard Bœckh. Der Deutschen Volkszahl. Berlin, 1870.
(2) E. Lavisse, Études sur l'histoire de Prusse. Paris 1879.

Dans les forêts et les marécages qui couvraient alors cette région, le vieux paganisme naturaliste du Nord, le culte des eaux et des bois, avait conservé ses derniers adeptes. Autour du Frische Haff et du Curische Haff, ainsi que dans la péninsule de Samland, qui les sépare, se groupait une population lithuanienne que le commerce de l'ambre avait depuis longtemps familiarisée avec les étrangers. Elle était connue sous le nom de *Pruzzi* ou *Prussiens*, « hommes très humains, qui se portent volontiers au secours de ceux qui sont en péril de mer ou de pirates, » dit un géographe allemand du temps (1). C'est contre elle que se porta surtout l'effort des chevaliers teutoniques. Convertis, exterminés en partie et remplacés par des colons germaniques, ces habitants primitifs du pays qui produit l'ambre n'ont laissé d'autre trace que leur nom ; mais par une singulière fortune, celui-ci a fini par s'étendre, non seulement à la double province dont ils occupaient autrefois le territoire, mais encore au royaume qui a recueilli la majeure partie de l'héritage de l'Ordre.

La Pologne réussit toutefois, à la faveur de la décadence de l'Ordre teutonique, à se mettre en possession des embouchures de la Vistule. Le traité de Thorn (1466) marqua dans l'histoire du Nord un recul de l'élément germanique devant l'élément slave. Le royaume de Pologne devint, en vertu de cette convention, possesseur direct de la partie occidentale et même suzerain reconnu de la partie orientale de la Prusse. Jusqu'en 1657 les électeurs de Brandebourg, comme héritiers des grands maîtres, se soumirent au serment d'allégeance envers la Pologne pour la Prusse orientale. Quant à la Prusse occidentale, elle n'échappa à la domination directe de la Pologne que par le premier partage (1772).

Historiquement le pays de Prusse se présente donc

comme une sorte d'annexe coloniale de l'Allemagne. L'établissement germanique dans cette région de deltas, de *nœhrungen* et de côtes se signala par l'occupation des points stratégiques, la fondation de villes et la mise en culture des marais. On comprendrait mal l'aspect actuel du pays, sans tenir compte de ses origines coloniales. Entre les côtes et l'arrière-pays le contraste est tranché. « Ce pays singulier, dit Thiers (1), a deux versants, l'un tourné vers la mer, qui est allemand et très bien cultivé ; l'autre tourné vers l'intérieur, peu habité, peu cultivé, couvert de forêts épaisses et presque impénétrable en hiver. » Le paysage masovien (Pays des Mazures) surtout, avec son dédale de lacs, ses forêts immenses qui se prolongent en Lithuanie, ressemble à un canton resté par hasard intact d'Europe primitive. Cependant il se transforme lentement aujourd'hui, sous l'influence des routes et des chemins de fer.

Il reste actuellement environ un million de Polonais inégalement répandus dans les deux provinces de Prusse occidentale et de Prusse orientale. Nous comprenons dans ce nombre le petit groupe des *Cassoubes* à l'ouest et au nord de Dantzig, près de la frontière russe, et le groupe plus important des *Mazures*, qu'on peut rattacher à la nationalité polonaise, mais qui ont embrassé le protestantisme. La majorité appartient aux Allemands ; ils forment plus des deux tiers de l'ensemble de la population. C'est naturellement dans la Prusse occidentale que l'élément polonais a le plus de vitalité.

La Vistule dans l'empire allemand. — La première ville qu'arrose la Vistule après avoir franchi la frontière allemande, est aussi le premier point qu'occupèrent dans cette région les chevaliers teutoniques. Thorn (2) est bâti sur la rive gauche du

(1) *Consulat et Empire*, t. VII, p. 238.
(2) Thorn, 21.000 habitants.

fleuve, plus élevée que la rive droite, dont elle est séparée par une grande île boisée. Ce fut la porte d'invasion des colons germaniques. Là s'éleva, dès le commencement du treizième siècle, un burg fortifié, tandis que sur l'autre rive « un chêne puissant, entouré d'un fossé, servait avec ses rejetons et ses branches de tête de pont aux chevaliers (1). » Thorn est aujourd'hui une place forte qui surveille Varsovie, et qui tient le passage du fleuve à une lieue de la frontière. Elle servit en 1807 de point d'appui à la campagne de Napoléon. L'élément polonais y tient encore une place beaucoup plus importante qu'à Danzig; il domine par la langue. La ville se déploie en forme de croissant sur le bras principal du fleuve, large de 250 mètres et animé par les trains de bois qui viennent de la haute Vistule. Sur la place principale s'élève la statue de Copernic, né à Thorn, autour de laquelle on voit se grouper, le dimanche, des paysans ou des bateliers polonais du haut fleuve avec des attitudes nonchalantes et un désordre de haillons pittoresque, qui ferait plutôt penser à quelque ville d'Espagne ou d'Italie qu'à une cité du *Deutschen Reichs.*

Entre Thorn et Graudenz (petite place forte), la Vistule décrit vers l'ouest un coude prononcé, dans la concavité duquel se dessine le *Culmer land* (pays de Culm), plateau sablonneux et légèrement mamelonné où alternent des bois de pins, de petits lacs et des champs de pommes de terre. Les Polonais y dominent. Le fleuve lui-même, déjà élevé de moins de 29 mètres au-dessus du niveau de la mer, coule dans une vallée large, profonde et fertile. Les *werder* ou îles en partie boisées qui s'y succèdent annoncent l'approche du delta. A partir de Graudenz, la Vistule a accompli sa percée et se dirige droit au nord. Elle laisse, à une lieue sur sa rive droite, la petite ville de Marienwerder, une des plus anciennes fondations de

(1) Ranke, ouvr. cité.

l'Ordre (1236). A 50 kilomètres environ de la Baltique elle se divise en deux branches ; celle de droite garde le nom de Vistule et va se jeter dans le golfe de Danzig ; celle de gauche aboutit, sous le nom de Nogat, au Frische Haff.

Le Werder. — Le delta de la Vistule, ou le *Werder* par excellence, embrasse une étendue d'envirno 2.200 kilom. carrés. Il se prolonge à l'ouest par le Danziger werder sur les deux rives de la Mottlau, et à l'Est par le werder d'Elbing, entre le Nogat et le lac Drausen. Ce pays n'était au treizième siècle qu'un marais couvert de joncs et d'arbustes, et où quelques parties élevées étaient seules habitées. Grâce aux colons attirés par l'Ordre, désireux de voir s'accroître le revenu de ses dîmes, il ne tarda pas à devenir une des plus, fertiles *marschen* de l'Allemagne. Les Néerlandais participèrent largement à cette colonisation. C'est leur travail qui transforma en prairies et en herbages les fanges de la Vistule, et créa une petite Hollande aux bords de la Baltique. L'aspect de la contrée ferait deviner cette origine. A travers les prairies un bout de voile décèle les cours d'eau qui se dissimulent derrière les digues ; il ne manque ni les maisons en briques, ni les vaches blanches et noires, ni les moulins a vent.

Pourtant, Danzig existait déjà comme ville de commerce plusieurs siècles avant que les Allemands prissent pied dans le delta. Elle est mentionnée pour la première fois en 997 (1). Bâtie à une lieue de la Baltique, sur la Mottlau qui la traverse en se ramifiant, et près de la Vistule qui, séparée de la mer par un cordon de dunes, la couvre au nord, Danzig domine tout un pays plat et aquatique, sujet à des inondations fréquentes. Vue de loin, elle réveille assez l'idée d'une autre Venise. Mais il n'en est pas de même à

(1) Th. Hirsch, *Handels und Gewerbe Geschichte Danzigs.* Leipzig, 1858.

l'intérieur, qu'entoure une enceinte flanquée de portes fortifiées. Là tout respire les habitudes et le style sévère du Nord. Le long de vieilles rues silencieuses, plantées de tilleuls, se succèdent des maisons graves et basses, précédées par un perron et isolées de la chaussée par un fossé que franchit souvent un escalier monumental. La colossale église de Sainte-Marie, patronne de l'Ordre, a l'air extérieurement d'une forteresse avec ses grands murs sombres en briques et les créneaux qui les couronnent. Des halles et d'anciennes maisons de corporation bordent, comme à Bruges, des places irrégulières.

Lorsque Danzig faisait partie de la Hanse avec le rang de chef-lieu du quartier prussien, ces vieux édifices n'étaient ni trop nombreux ni trop larges ; on y voyait des Anglais, des Flamands ; au quinzième siècle, le conseil de ville entretenait des relations avec nos ducs de Bretagne. En 1466, Danzig se donna volontiers à la Pologne, qui lui apportait avec de beaux privilèges la libre et entière navigation du fleuve. Elle était en pleine prospérité lorsqu'en 1772 le pays environnant fut saisi par la Prusse, qui ne tarda pas, par le second partage de la Pologne, à annexer la ville elle-même (1793). La domination prussienne ne lui a pas rendu son ancienne importance ; une partie du commerce dont elle est le débouché naturel lui échappe, depuis que la Vistule, au lieu d'arroser un seul État, est partagé entre trois puissances. Danzig est néanmoins le centre d'un trafic encore considérable de bois, de grains et d'eau-de-vie (1), en même temps qu'une place forte. La Vistule, au confluent de la Mottlau, disparaît presque sous les trains de bois. Danzig possède un avant-port dans la petite ville de Neufahrwasser, située en face de la forteresse de Weichselmünde, à l'embouchure de la Vistule et au pied des coteaux boisés où

(1) Danzig, 145.000 habitants.

s'élève l'ancien couvent d'Oliva. C'est là que le fleuve coupe par une brèche les dunes qui l'ont forcé à couler pendant plus de deux lieues parallèlement à la mer. En 1840 une autre brèche s'ouvrit subitement en amont (Neufahr); elle existe encore, mais de puissantes digues retiennent dans son ancien lit la masse principale du fleuve.

Les principales villes qui remontent à l'établissement germanique dans les marschen de la Vistule, sont, outre Marienwerder dont il a été question, celles d'Elbing et de Marienburg. Elbing unie par un canal au Nogat, et située sur la rivière qui sert d'émissaire au Drausen see dans le Frische haff, est aussi, comme Danzig dont elle rappelle l'aspect, une ville aquatique. Les femmes apportent en bateaux les provisions au marché, et la vie fluviale est fort active. Mais c'est surtout comme ville de fabriques que se signale aujourd'hui Elbing (1). Marienburg, au contraire, l'ancienne capitale de l'Ordre, est une ville morte. Le Nogat, bien moins large que l'autre bras de la Vistule, coule solitairement au pied des constructions colossales en briques, église et château, élevées par les grands maîtres de l'Ordre teutonique et consacrées à la Vierge Marie. Entre les établissements antérieurs de Marienwerder et d'Elbing le point était central et bien choisi pour assurer la domination du pays. Du haut du château le regard embrasse une étendue immense, il s'étend sans obstacle sur tout le Werder et aperçoit distinctement le pont monumental de Dirschau, au moyen duquel le chemin de fer de Berlin à Kœnigsberg traverse le principal bras de la Vistule.

(1) Elbing, 38,000 habitants. Elbing fut fondé en 1238, Marienburg en 1276.

Prusse orientale,

Tandis que la province de Prusse occidentale n'est passée qu'en 1772 sous le sceptre des Hohenzollern, celle de Prusse orientale, à l'exception du territoire épiscopal d'Ermeland, appartient depuis 1618 à la maison régnante de Brandebourg. A cette époque, en effet, s'éteignit la descendance d'Albert de Brandebourg, cadet de Hohenzollern et grand maître de l'Ordre teutonique. Cet Albert de Brandebourg s'était converti au protestantisme en 1445 et avait sécularisé, c'est-à-dire rendu héréditaires dans sa famille, les domaines de l'Ordre. Par l'extinction de sa dynastie, la Prusse orientale passa à la branche aînée des Hohenzollern, et fut réunie au Brandebourg. Le même prince se trouva électeur en Brandebourg et duc en Prusse ; son autorité s'exerça à titres différents sur deux tronçons séparés par le royaume de Pologne. Il dut néanmoins prêter le serment d'allégeance auquel les anciennes possessions de l'Ordre étaient soumises envers la Pologne en vertu des vieilles stipulations de Thorn. Mais le Grand Electeur sut s'affranchir de cette obligation, et son successeur changea en 1701, avec l'assentiment de l'empereur d'Allemagne, son titre ducal en un titre royal. L'électeur de Brandebourg Frédéric III devint alors Frédéric Ier, *roi en Prusse*, et se fit couronner à Kœnigsberg, ville qui est restée jusqu'à ce jour en possession de ce privilège.

Kœnigsberg n'est donc pas seulement la capitale de la province la plus reculée de l'empire allemand ; elle est en quelque sorte le berceau de la royauté prussienne. Cette grande ville de 150,000 habitants, place d'armes entourée de treize forts détachés, siège d'une université plus de trois fois séculaire, centralise aux points de vue administratif, intellectuel et militaire la puissance prussienne sur sa frontière du nord-est.

Il est curieux que cette sentinelle du germanisme ait été fondée par un roi de Bohême. Ottocar II, allié des chevaliers de l'Ordre, jeta en 1255 les fondements d'une citadelle et d'une ville sur une hauteur isolée qui porta en son honneur le nom de montagne du Roi. La position offrait de grands avantages, qui se manifestèrent à mesure que la colonisation allemande fit des progrès le long de la Baltique. En 1457 il parut qu'il était temps d'abandonner Marienburg et de fixer à Kœnigsberg, comme plus centrale, la résidence des grands maîtres de l'Ordre.

Le Pregel sur lequel est bâtie la ville, à une lieue de son embouchure dans le Frische haff, est formé de la réunion de plusieurs rivières qui naissent sur les plateaux lacustres, hauts de 100 à 150 mètres, qui couvrent la partie méridionale de la province. On y compte jusqu'à 450 lacs, pour la plupart en liaison naturelle les uns avec les autres. L'Angerap est le principal émissaire de ce labyrinthe lacustre qui porte par lui au Pregel le principal tribut de ses eaux. La pente septentrionale du plateau est très douce ; le Pregel devient navigable à Insterburg (21.000 hab.). Il coule alors dans une vallée large et fertile, bordée d'épaisses forêts, et reçoit sur sa rive gauche l'Alle, qui arrose Friedland (1). Bientôt le fleuve se bifurque et envoie vers le nord un bras navigable qui aboutit à Labiau dans le Curische haff, tandis que la masse principale des eaux se dirige vers le Frische. Elle est, à Kœnigsberg, large de 220 mètres avec une profondeur qui varie de 4 à 16.

Kœnigsberg est donc aussi une ville de delta ; delta qui se termine à la vérité, non sur un golfe ouvert,

1) Friedland, bataille du 11 juin 1807.

comme celui de Danzig, mais sur une double lagune.
Ces lagunes qui rappellent, sinon par leur forme, du
moins par la composition saumâtre de leurs eaux, les
limans de la mer Noire, n'ont qu'une faible profondeur, à peine de 3 à 5 mètres, insuffisante pour les
grands navires. Ceux-ci s'arrêtent à Pillau, à l'embouchure du Haff.

Samland. — Par une singularité qui, pour n'être
pas sans exemple (1), est assez rare, la surface circonscrite par les deux branches du delta n'est pas un
terrain plat, uniquement formé d'alluvions : à la
zone d'alluvions se rattache vers l'ouest un terrain
relativement élevé (jusqu'à 110 mètres), qui s'avance
en péninsule entre les deux lagunes et se termine en
promontoire sur la haute mer. Cette curieuse articu-
lation de la côte Baltique s'appelle le Samland. La mer
en ronge incessamment l'extrémité, et paraît recouvrir
aujourd'hui une surface qu'occupait à une époque
préhistorique une végétation forestière d'arbres
résineux. Lorsque les gros temps règnent sur cette
côte avec assez de force pour bouleverser le fond du
lit marin, les vagues arrachent aux sables dans lesquels
elles sont enfoncées des morceaux d'une sorte de
résine fossile qui n'est autre chose que l'ambre, et les
rejettent sur le littoral. La cueillette de l'ambre se
pratique dans ces conditions sur les côtes du Samland ;
elle est encore assez abondante pour occuper en
moyenne 500 pêcheurs et fournir de 72 à 80.000 livres
par an de cette substance.

Un intérêt historique s'attache à cette production de l'ambre.
Recherchée par le commerce dès une haute antiquité, cette
substance, qui ne se trouve nulle part en aussi grande quantité que sur cette partie des côtes de la Baltique, donna lieu à
des relations, qui restèrent d'ailleurs longtemps indirectes, avec

(1) Les bifurcations du Gota-elf et du Torne-elf en Scandinavie
fournissent des exemples analogues.

les peuples de la Méditerranée. Des ornements d'ambre ont été
trouvés dans les vieilles nécropoles de Mycènes, à Ilium, ainsi
qu'à Hallstadt sur le versant septentrional des Alpes. On sait
par Hérodote que ce produit de la Baltique arrivait de main en
main jusqu'aux entrepôts commerciaux situés aux embouchures
du Pô. Sous l'Empire romain, le commerce de l'ambre suivait
une voie bien connue, de la Baltique à la ville de Carnuntum
sur le Danube près de Vienne, et de là par la Pannonie jusqu'en Vénétie (1).

Un canal creusé parallèlement au Curische haff, à
2 kilomètres seulement de la côte, pour permettre
à la batellerie fluviale d'éviter les dangers de la navigation du Haff, lie le delta du Pregel à celui du Memel
ou Niémen, complétant ainsi le remarquable système de voies navigables dont Kœnisgberg est le nœud.
Le Niémen, né en Russie, au sud de Minsk, n'a que
la partie inférieure de son cours en territoire prussien. Il y arrose Tilsit, ville de 21.000 habitants, dont
l'origine remonte aux chevaliers teutoniques (1289) ;
elle est située dans une plaine basse dont la fertilité
rappelle celle des werder de la Vistule. Plus loin le
Niémen s'épanouit en un vaste delta, dont une seule
branche, la Russ, offre une navigation active. Mais le
port du Curische haff se trouve à Memel, à l'angle
septentrional de la lagune et à son débouché dans
la mer.

Memel est la dernière ville prussienne de la Baltique, mais non la dernière des colonies urbaines
fondées par les Allemands au treizième siècle. La
chaîne d'établissements se prolonge en territoire
russe dans ce qu'on appelle les provinces baltiques.
Mais l'élément rural germanique s'y fait rare, et
une oligarchie de commerçants et de grands propriétaires continue seule à représenter l'ancien mouvement d'expansion, le *Drang nach Osten* des races de la
Basse-Allemagne.

L'Empire finit pauvrement au nord-est. Cette bande

(1) Pline, *Hist. nat,*, 37, 43, 45.

extrême de territoire bloquée de trois côtés par la frontière russe, est dépourvue de ressources industrielles. Les grains et les bois entretiennent un commerce qui reste médiocre. La grande propriété représentée par les *Rittergüter*, domine. Dans ces conditions il n'a pu se former qu'une vie urbaine faible et mesquine. A l'exception de Kœnigsberg, il n'y a, surtout dans l'intérieur, que des centres insignifiants, des villes d'employés, comme Gumbinnen (1). Officiers et fonctionnaires y sont les hauts personnages, devant lesquels tout s'incline.

La Prusse dans l'Allemagne occidentale.

C'est à l'est de la plaine germanique, dans cette partie de l'Allemagne qu'on peut appeler l'Allemagne nouvelle, car elle est située entièrement au-delà de l'ancienne ligne de démarcation des Germains et des Slaves, que l'Etat prussien s'est formé. Ses traditions étaient constituées et sa physionomie politique depuis longtemps fixée, quand il commença à prendre pied dans la partie occidentale de l'Allemagne. Là son établissement territorial est de date relativement récente. Les traités de Westphalie et les événements qui se succédèrent aux dix-septième et dix-huitième siècles avaient toutefois posé des jalons dont les souverains de la Prusse surent habilement se servir pour étendre leur influence (2). Dans sa petite ville rhénane de Duisburg le Grand Electeur installa dès 1675 une université protestante en antagonisme avec la catholique Cologne. Le même prince sut attirer dans le comté de Mark les protestants expulsés de la grande cité rhénane et constituer dans ses domaines un

(1) Memel, 19.000 habitants. — Gumbinnen, 9.000 habitants.
(2) E. 1789 les possessions de la Prusse, dans l'Ouest, se composaient de trois petits groupes : 1° l'ancien évêché de Minden, le comté de Ravensberg, ceux de Lingen et de Tecklenburg, en Westphalie ; 2° le comté de Mark, le duché de Clèves et la Haute-Gueldre, dans les pays rhénans ; 3° l'Ost-Frise, sur la mer du Nord.

noyau de population d'artisans, qui commença à
développer les ressources industrielles du bassin de
la Ruhr. La Prusse fit ainsi sentir peu à peu sa présence dans les pays rhénans. Elle commença à s'accli-
mater dans les régions heureuses de l'Ouest. Mais il
y avait loin encore de ces premiers pas à la domination pleine et entière.

Dans les traités de 1815 aucun des arrangements
pris contre nous ne fut plus grave que celui qui fit de
la Prusse une grande puissance rhénane. La Prusse
fut établie à nos portes afin de surveiller nos frontières, et reçut l'héritage des anciens électeurs ecclésiastiques de Trèves, Mayence et Cologne, dont la
domination paternelle s'était étendue pendant sept
ou huit siècles sur ces contrées. L'influence française
y était ancienne et profonde ; elle y tenait, non seulement aux relations politiques que les électeurs
avaient l'habitude d'entretenir avec Versailles, mais
aux traditions mêmes du pays, à la fois romain et
germanique, mixte par son histoire et sa civilisation.
Aussi la domination française, quand elle avait été
apportée par les armées de la République, n'avait
porté atteinte à aucun de ces sentiments profonds et
enracinés qui se traduisent par une protestation
vivace contre la conquête. Au contraire, par la suppression d'une foule d'entraves locales, par l'octroi
de libertés civiles et l'affranchissement des mille
sujétions qui rendaient dans tous ces petits États la
vie étroite et mesquine, elle avait amélioré le sort des
populations et put laisser en elles, malgré sa brève
durée, des traces qui lui survécurent.

La Révolution française avait déposé dans ces
provinces des germes de transformation, mais ce fut
la domination prussienne qui en profita. La propriété continua à se morceler sous l'influence du Code
civil ; la libre navigation du Rhin (1), et plus tard les

(1) Engelhardt, *Régime des fleuves internationaux.* Paris, 1879.

chemins de fer imprimèrent une impulsion nouvelle
au commerce et à l'industrie. Mais peu à peu une
transformation s'opéra dans les esprits. Le régime
prussien n'avait pas seulement apporté un changement de maître, mais un changement de discipline.
Les générations nouvelles s'habituèrent à éliminer
une partie de leurs traditions ; elles s'enfermèrent
dans un germanisme exclusif, et des sentiments d'antagonisme, inspirés par l'éducation prussienne, succédèrent à ceux qu'avaient longtemps nourris envers
la France les populations de cette partie des pays
rhénans.

Les arrangements territoriaux de 1815 aboutirent
dans ces contrées à la formation de trois provinces prussiennes, bientôt réduites à deux par la
constitution définitive de la Province rhénane (*Rhein-
provinz*), qui n'eut lieu qu'en 1824. La Westphalie et
la Province rhénane formèrent une seule masse compacte, qui toutefois resta séparée jusqu'en 1866 par
une lacune territoriale du reste de la monarchie des
Hohenzollern.

Province rhénane. — La Province rhénane est la
plus peuplée des douze provinces du royaume de
Prusse. Elle compte 4.400.000 habitants, à raison de
161 par kilomètre carré, c'est-à-dire la population
d'un petit royaume. Les trois quarts sont catholiques.

Le Rhin en est l'artère principale. Jusqu'au confluent de la Lahn, il la sépare de la province de
Hesse-Nassau ; mais à partir de ce point, il la traverse
par le milieu, pour ne la quitter qu'à Emmerich, aux
frontières de l'empire d'Allemagne. D'abord encaissé
entre les parois du massif schisteux, il s'en dégage
vers Bonn, pour s'épanouir définitivement en plaine.
Il court droit au nord-ouest, comme s'il devait se
jeter dans le Zuyderzée. Mais à Wesel il commence à

s'infléchir vers l'ouest et à s'incliner vers la direction qui conduira ses eaux dans la mer du nord en face de l'embouchure de la Tamise. Néanmoins il ne se rami-fie qu'immédiatement après sa sortie du territoire

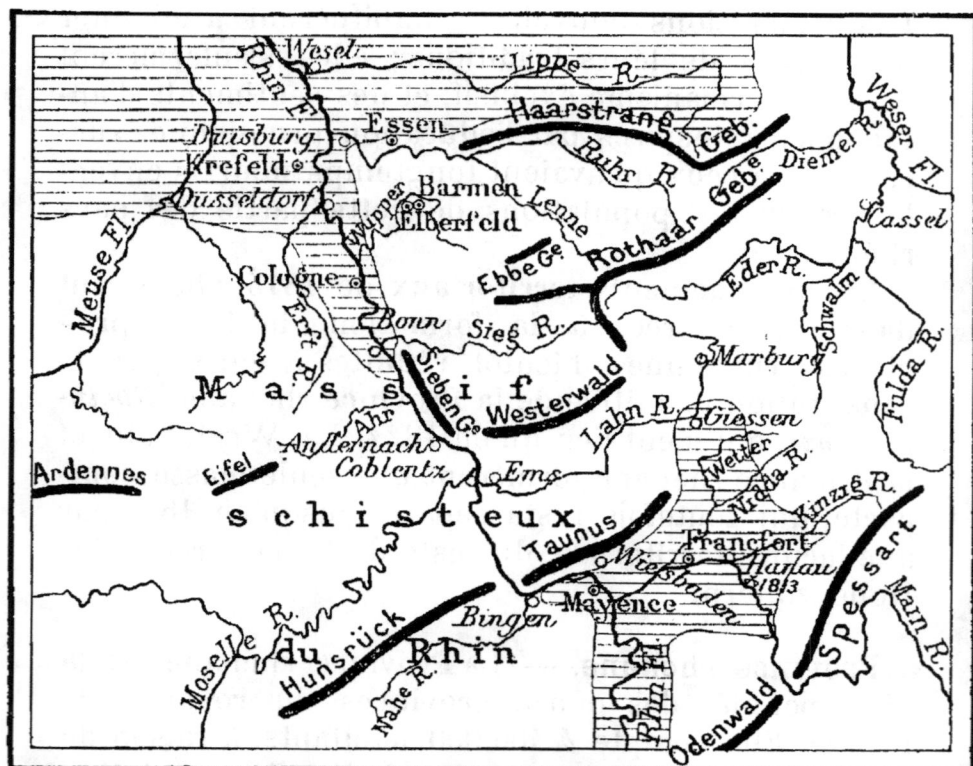

allemand : le Delta est politiquement séparé du cours inférieur.

Dans son trajet à travers la province, le Rhin reçoit à gauche la Moselle, dont la vallée, étroite et extraor-dinairement sinueuse entre Trèves et Coblentz, correspond à un plissement longitudinal du massif schisteux. Ce plissement se continue sur la rive droite du Rhin par la vallée toute semblable de la Lahn, de sorte qu'un sillon du nord-est au sud-ouest tracé dans le massif croise le sillon taillé par le fleuve en sens inverse. C'est dans cette diagonale qu'a été établie une des principales lignes stratégiques de l'Allemagne, le chemin de fer qui par Wetzlar, Coblentz et Trèves, unit directement Berlin à Metz.

Deux foyers industriels se sont formés aux extrémités opposées de la province. Celui de la Sarre doit son origine au bassin houiller qui se trouve près des frontières de la Lorraine et de la Bavière rhénane. Il n'a ni l'étendue ni l'importance de celui qui s'est développé au nord, sur le bassin houiller de la Ruhr. Là est maintenant le principal centre manufacturier de l'Allemagne.

Caractères du développement urbain. — Ce beau pays, aujourd'hui presque entièrement germanisé à l'exception du district de Malmédy près de la frontière belge(1), est en majeure partie celtique et romain par ses origines. La plupart des fondations urbaines de l'époque romaine subsistent, sans avoir changé de noms, dans les principales villes qui s'élèvent sur le Rhin et la Moselle. Mais à côté de ces cités séculaires toute une pépinière de villes industrielles, nées d'hier, grandit avec une rapidité surprenante.

Trèves est bâtie à la limite de deux régions naturelles. Elle s'étend dans un bassin fertile, sur la rive droite de la Moselle, au point où cette rivière va quitter les terrains de trias qui caractérisent le plateau de Lorraine, pour s'enfoncer dans les schistes du massif rhénan. Capitale d'une des plus puissantes tribus gauloises au temps de César, l'antique cité des *Trévires* devint une grande place d'armes pour les Romains, lorsqu'ils eurent à défendre le Rhin contre les invasions germaniques. Il faudrait aller à Nîmes ou à Arles pour trouver une ville qui ait conservé autant de monuments de la domination romaine : la *porte Noire*,

_____

(1) On compte environ 10.000 habitants parlant un dialecte wallon dans le cercle de Malmédy (district d'Aix-la-Chapelle).

l'amphithéâtre, les ruines improprement appelées *Bains romains*, la basilique, la cathédrale même dont les plus anciennes parties sont des constructions dues à l'empereur Valentinien. On retrouve dans ces édifices des colonnes de syénite tirées des carrières que les Romains exploitaient jusque dans l'Odenwald (1). Le passé romain domine à Trèves le passé germanique, bien que la ville ait connu aussi des jours brillants comme résidence des électeurs-archevêques. Elle n'a plus aujourd'hui que 26,000 habitants, mais 40,000 avec ses faubourgs.

La ville du confluent, Coblentz (*Confluentes*), doit aussi probablement son origine aux Romains, qui établirent dans cette position stratégique une forteresse et une tête de pont. Située, comme Lyon, dans la péninsule formée par le confluent, elle communique par un pont de bateaux sur le Rhin avec la forteresse d'Ehrenbreitstein, bâtie sur un roc escarpé haut de 176 mètres. Sur la rive gauche de la Moselle, au pied du fort du Pétersberg, une simple pyramide en pierre couvre le tombeau de Marceau tué en 1796 à à Altenkirchen, au nord de Coblentz. Grâce à sa situation centrale, à mi-chemin de Mayence et de Cologne, Coblentz est le centre administratif et militaire de la province (2).

Le centre universitaire est à Bonn, autre ville d'origine gauloise ou romaine. Elle s'étend sur la rive gauche du Rhin, en face du massif trachytique et basaltique des Sept montagnes (*Siebengebirge*). Tandis que la Prusse transformait en grandes places d'armes Coblentz et surtout Cologne, elle dressait à Bonn une sorte de citadelle intellectuelle, par la création d'une université ouverte en 1818 afin de répandre son influence et ses idées dans les pays rhénans.

(1) Cohausen und Werner, *Rœmische Steinbruche auf dem Felsberg*. Darmstadt, 1876.
(2) Coblentz, 32.000 habitants, Bonn, 36.000 habitants.

Mais la métropole naturelle de cette riche contrée est Cologne, la troisième ville de la Prusse et la septième de l'empire par sa population (1). Cologne est au carrefour des Pays-Bas. Les lignes de chemins de fer qui mènent de Paris à Berlin ainsi qu'à Hambourg et aux capitales du Nord, s'y croisent avec un fleuve large de 522 mètres, accessible aux bateaux de mer jaugeant mille tonnes. Comme Bordeaux et la Nouvelle-Orléans, elle s'étale en forme de croissant sur la rive concave du fleuve ; une ligne de 9 kilomètres le long de laquelle les bateaux peuvent partout accoster, en fait un des meilleurs ports du Rhin. Elle entretient une navigation active avec Dordrecht et Rotterdam, et s'efforce d'établir des relations directes avec Londres. L'industrie, quoique importante surtout pour l'ameublement, est au deuxième rang. Sept voies ferrées aboutissent à cette ville, qui est un des trois camps retranchés que l'Empire a établis sur le Rhin.

De toutes les grandes villes d'Allemagne, Cologne est celle dont les origines remontent le plus haut. On sait qu'elle doit son nom à la colonie de vétérans fondée en l'an 51 de notre ère sous les auspices de la mère de Néron. Elle fut pour le Nord de la Germanie ce que Mayence fut pour le Sud, le point d'appui de l'influence romaine ; et quand elle eut échangé son titre de métropole de Germanie-Inférieure pour celui de métropole ecclésiastique, elle embrassa dans sa juridiction la plus grande partie des Pays-Bas, et contribua à la conversion du Nord. Du onzième au treizième siècle son commerce prit un grand essor ; elle exportait les vins du Rhin à Londres, elle transportait dans la Haute-Allemagne les denrées des Flandres, elle

_____

(1) Cologne, 161,000 habitants, avec le faubourg de Deutz, sur la rive droite.

fabriquait des toiles renommées et était un grand
marché de métaux précieux. Aussi prit-elle une des
premières places parmi les villes de la Hanse germanique. Puis, comme dans les cités commerçantes de
Flandre et d'Italie, commença une longue période de
luttes intestines, émeutes contre l'archevêque, luttes
entre les corporations et le patriciat. Mais au milieu de ces turbulences l'art fleurit. Il arriva à Cologne
ce qui s'est vu à Venise, à Bruges, à Anvers, à
Amsterdam : lorsque le travail de plusieurs générations a créé un fonds de richesses et des goûts de luxe,
il n'est pas rare que ces grandes villes de commerce
deviennent aussi des foyers artistiques. En 1248
commence à s'élever sa fameuse cathédrale qui ne
devait être définitivement achevé qu'en 1880 ; à la
fin du quatorzième siècle se développe l'école de
peinture connue sous le nom d'école de Cologne.

Le protestantisme ne parvint pas à y prendre pied ;
la ville des onze mille vierges, de la chàsse des Trois
Mages, des 120 églises, resta fidèle à elle-même. Mais
son intolérance lui fut funeste : car à la fin du dix-
huitième siècle elle était tombée dans une décadence
profonde. Elle s'est vigoureusement relevée de nos
jours. Néanmoins elle a en grande partie conservé ses
vieilles rues tortueuses, sa physionomie archaïque,
et une personnalité encore assez accentuée qui se
manifeste dans les types populaires et les fêtes.

L'histoire de Cologne retrace en abrégé une partie
de la civilisation rhénane. Dans sa longue carrière de
ville, son influence, morale ou matérielle, a connu
des éclipses ; mais elle s'est toujours retrouvée. La
vieille Cologne n'a pas complètement perdu son caractère de métropole ; sa librairie domine dans le
monde catholique de l'Allemagne et il s'y publie un des
journaux les plus répandus de l'Europe.

A 55 kilomètres au sud-ouest de Cologne s'élève la
ville d'Aix-la-Chapelle (*Aachen*) qui, avec sa voisine,

l'industrielle Burtscheid, forme un groupe urbain de
plus de 100.000 habitants. Des eaux thermales fréquentées par les Romains furent l'origine de cette
ville, dont Charlemagne fit sa résidence favorite.
Située près de la limite où se touchent les langues
française et allemande, entre le Rhin germanique et
la Meuse wallonne, elle répondait au double caractère
de la domination carolingienne.

Aujourd'hui l'industrie moderne a créé autour du
confluent de la Ruhr dans le Rhin un des plus puissants foyers d'activité de l'Europe, et fait sortir, pour
ainsi dire, du sol une agglomération de villes dont
plusieurs dépassent 100,000 habitants. C'est surtout
dans l'espace compris entre Crefeld, Düsseldorf, Essen
et Barmen-Elberfeld que se concentre l'activité.
Chaque ville se distingue par une ou plusieurs spécialités de travail industriel ; mais le principe commun
de leur développement se trouve, comme on l'a vu,
dans l'existence des mines de houille du bassin de la
Ruhr. Aussi le confluent de cette rivière marque-t-il
le point culminant de l'activité commerciale du Rhin,
au moins en Allemagne. Là se trouve Ruhrort, qui
exporte soit en amont, soit en aval, plus de 20 millions de quintaux métriques de houille par an, et qui
est relié par un canal aux vastes entrepôts de Duisburg. La province voisine de Westphalie participe
dans son extrémité occidentale à ce mouvement industriel. Jusqu'à Dortmund (1) et Recklinghausen, on
y voyage entre la fumée des usines et le flamboiement
des hauts fourneaux.

Cette région manufacturière alimente un commerce d'exportation, qui s'étend aujourd'hui à peu
près au monde entier. Barmen et Elberfeld expédient leur passementerie et leurs tissus. Crefeld,

(1) Barmen-Elberfeld, 220.000 habitants ; Düsseldorf, 115.000 habitants ; Crefeld, 90.000 habitants ; Essen, 65.000 ; Duisburg, 48.000 ; Dortmund, 78.000 habitants.

avec ses soieries et ses velours, essaye de disputer à Lyon les marchés d'Europe et d'Amérique. Essen, une des métropoles de l'acier, doit sa fortune aux fameux ateliers Krupp ; ils occupaient en 1881 près de 20.000 ouvriers. Les draps d'Aix-la-Chapelle font concurrence à Sedan et Elbeuf. Düsseldorf construit des machines ; Dortmund a des forges et des verreries. A Remscheid, Solingen, Iserlohn on fabrique de la quincaillerie, des couteaux, des aiguilles, des armes.

La Westphalie. — Cette importante province (2.202.700 habitants à raison de 109 par kilomètre carré) se compose, pour la plus petite partie, de territoires qui appartenaient déjà à la Prusse avant 1789, et pour le reste d'anciens domaines ecclésiastiques qui se rattachaient soit à Cologne, soit aux évêchés de Paderborn et de Münster. Cette différence d'origine est la cause du dualisme confessionnel, en vertu du principe *cujus regio ejus religio* fort largement appliqué en Allemagne jusqu'à ce siècle. La population se partage en une minorité protestante principalement groupée dans les anciens territoires prussiens et une majorité catholique dans les anciens domaines épiscopaux. C'est principalement sur les bords de la Ruhr, dans l'ancien comté de Mark que se trouvent les protestants : car la Prusse y avait ouvert asile aux dissidents expulsés de l'intolérante Cologne. Ils ne tardèrent pas à prospérer ; déjà, au commencement de ce siècle, le comte Beugnot, administrateur de l'éphémère grand-duché de Berg, constatait les remarquables progrès qu'ils avaient accomplis dans l'industrie.

La Westphalie est le passage naturel entre les pays rhénans et les plaines de la Basse-Allemagne. Les grands marais qui, vers le nord, s'étendent le long de l'Ems et couvrent une grande partie de la

plaine hanovrienne, ont contribué à rejeter vers cette
contrée les communications naturelles entre le Rhin
et l'Elbe. Aussi son histoire est-elle remplie de souvenirs de rencontres mémorables : Romains contre
Chérusques, Francs contre Saxons, et, dans les temps
modernes, les Français de Contades contre les Prussiens de Brünswick (1). C'est aussi par la même route
que l'armée d'invasion du nord s'achemina en 1813 vers
nos frontières. Aujourd'hui les lignes de chemins
de fer qui de Paris, de Londres et même d'Amsterdam se dirigent vers Berlin, traversent la Westphalie.

Elle embrasse dans sa partie principale une région
géographique bien marquée : ce golfe de plaine, dont
la limite est dessinée au nord par la longue et basse
chaîne appelée Teutoburger Wald, et qu'arrosent
deux cours d'eau, la Lippe, affluent du Rhin, et l'Ems,
tributaire direct de la mer du Nord. Au centre de cette
plaine se trouve Münster, et à son extrémité intérieure, près des sources de la Lippe et à proximité du
Weser, la ville non moins ancienne de Paderborn.
Toutes deux doivent leur origine à des évêchés fondés
par Charlemagne, dans sa grande lutte contre les
Saxons. Une troisième ville westphalienne fut établie
à la même époque et dans les mêmes circonstances:
c'est Minden, dont la position, choisie avec un remarquable instinct politique, domine le Weser au débouché de la *Porte de Westphalie*, dernière brèche rocheuse
que traverse ce fleuve (2). Les fondations ecclésiastiques sont donc ici le principe de la géographie urbaine. Entraves destinées à contenir des populations
indociles, elles furent placées dans des positions
stratégiques et au croisement de communications
naturelles. Ce fut autour de ces points fixes que se
déroula, à partir de leur conversion au christianisme,
le développement politique des Saxons de l'Ouest.

(1) Bataille de Minden, 1759.
(2) Minden, 19.000 habitants; Münster, 44.000 habitants.

Dans ces pays d'ancienne domination ecclésiastique, hommes et choses changeaient peu. Le Westphalien est resté de nos jours un des représentants les plus purs de cette solide race saxonne qui fait aussi le fond de la population du Hanovre et de la partie occidentale du Holstein. Tandis que les autres tribus saxonnes ont perdu les noms particuliers par lesquels elles étaient désignées, seul le groupe occidental (*Westfalen*) a gardé le sien. On retrouverait dans le paysan westphalien d'aujourd'hui quelques-uns des traits de caractère qui ont toujours vivement frappé chez le Saxon les observateurs des autres races germaniques, depuis le Franc Eginhard jusqu'au Souabe Sébastien Münster. L'obstination rude, l'attachement jaloux aux anciennes coutumes, l'esprit conservateur et légiste, la passion d'indépendance et le désir de ne ressembler qu'à soi-même (1) : voilà des remarques faites depuis longtemps et qui trouvent encore leur application sur les bords de la Lippe et du bas Weser. On voit dans le pays de Münster des paysanneries (*Bauerschaften*), c'est-à-dire des paroisses composées de maisons isolées grandes et massives, où tout vit sous le même toit, et entre lesquelles il n'y a d'autre lien et d'autre point commun que l'église et le cimetière. La plupart de ces maisons sont ombragées de vieux arbres, surtout de chênes, et il n'est pas rare qu'il y ait un quart de lieue de distance entre une famille et sa plus proche voisine.

Les annexions prussiennes de 1866.

La province rhénane et la Westphalie restèrent séparées du reste de la monarchie prussienne jusqu'en 1866. A la suite de la guerre contre l'Autriche et ses

(1) *Propriam et sinceram tantumque sui similem gentem facere conati sunt... Legibus optimis utebantur*, etc...
(Eginhard, c. 4-8.)

alliés, la Prusse profita de ses victoires pour procéder à une série d'annexions : 1° celle de l'ancien électorat de Hesse (*Kurhessen*) et du duché de Nassau ; ils furent constitués en une seule province avec Francfort-sur-le-Main, qui cessa également alors d'être ville libre ; 2° celle du royaume du Hanovre, qui forma une autre province ; 3° celle du Holstein qui, avec le Slesvig définitivement incorporé, forma une troisième province. Ces annexions eurent pour effet de réunir les deux groupes territoriaux dont se composait la monarchie prussienne et de porter au nord sa limite jusqu'au Jutland.

Nous avons déjà caractérisé le pays hessois (1). L'ancienne capitale des électeurs de Hesse, qui fut aussi celle du royaume napoléonien de Westphalie, Cassel, occupe un site riant dans la vallée de la Fulda, près de la masse basaltique du Habichtswald. On aperçoit sur une hauteur voisine, encadré par les bois, le château de Wilhelmshœhe, Versailles des anciens électeurs, qui servit de lieu de captivité à Napoléon III. Cassel remplace aujourd'hui sa physionomie de ville-résidence par celle de ville industrielle (2). Elle se livre avec activité à la fabrication des machines et au commerce des cuirs. L'ancien gouvernement ne paraît pas avoir laissé beaucoup de regrets.

Hanovre. — Il n'en est pas de même dans le Hanovre. Cette grande province qui s'étend, abstraction faite de quelques enclaves, depuis l'embouchure de l'Ems jusqu'au cours inférieur de l'Elbe et depuis le Harz jusqu'à la mer du Nord, conserve encore le souvenir de sa dynastie guelfe, à laquelle elle a été arrachée.

On désigne sous ce nom la maison de Brunswick-Lunebourg, qui compte parmi ses ancêtres Henri le Superbe et Henri le Lion, les champions du germanisme saxon au douzième siècle

(1) Voir plus haut, page 101.
(2) Cassel, 61.000 habitants.

et les rivaux de la puissance impériale. La fortune de cette maison abonde en péripéties. Abattue en 1180 sous les coups de Frédéric Barberousse et tombée d'une chute retentissante, elle languit pendant plusieurs siècles. Mais en 1692 elle acquit la dignité électorale. Cette promotion n'était que le prélude d'un plus brillant avenir: car en 1714, à la mort de la reine Anne, l'électeur Georges de Hanovre, en vertu d'une parenté très lointaine, fut appelé au trône d'Angleterre.

Le Hanovre et la Grande-Bretagne restèrent unis dans la personne de leurs souverains pendant toute la durée du dix-huitième siècle ; des rois allemands se succédèrent en Angleterre, et le territoire hanovrien servit de champ de bataille où Anglais et Français vidaient leurs querelles. Cette union fut momentanément rompue par l'établissement de la domination napoléonienne en Allemagne ; mais 1815 apporta de nouveaux trophées à la maison guelfe. L'ancien électorat, cette fois érigé en royaume, fut restitué à la branche régnante de Grande-Bretagne, et la diplomatie anglaise sut même arracher à la Prusse le sacrifice de ses anciennes possessions de Frise orientale et de Hildesheim, pour arrondir le nouveau royaume.

Les deux couronnes de Hanovre et d'Angleterre devaient ainsi rester unies jusqu'en 1837. A cette époque elles se séparent. Tandis que la reine Victoria succède en Angleterre à son oncle Guillaume IV, c'est le fils de celui-ci qui, en vertu de l'ordre de succession masculine, monte sur le trône de Hanovre. Mais en 1866 le roi Georges V, ayant uni sa cause à celle de la confédération germanique et de l'Autriche, est battu à Langensalza, son royaume est perdu, transformé en province prussienne. Le vieux souverain aveugle meurt douze ans après à Paris, mais sans avoir renoncé à ses droits et laissant à son fils le soin de les soutenir.

Toutefois la ville de Hanovre (*Hannover*), ex-capitale du royaume, loin de déchoir, s'est rapidement développée depuis 1866. Elle a gagné plus de 30.000 habitants dans l'espace des dix dernières années ; elle en compte aujourd'hui 139.000 et même 165 avec son faubourg de Linden. C'est donc une des grandes villes de l'Allemagne du Nord et une des plus modernes d'aspect ; riches étalages dans les beaux quartiers, suie et brique enfumée dans les faubourgs. Elle s'étend dans une plaine sablonneuse, mais bien cultivée, sur les bords de la Leine, sous-affluent du Wéser, au point où elle commence à devenir navigable, et sur le trajet du chemin de fer qui unit directement Berlin aux ports de Hollande.

Pour retrouver le passé et l'image du *Kleinstaaterei* qu'a remplacé le nouvel ordre de choses, il faut visiter, à une lieue de Hanovre, le château de Herrenhausen avec ses jets d'eau et ses jardins à la française, œuvre des électeurs du dernier siècle. Là l'imagination peut évoquer à son aise ce temps, qui paraît aujourd'hui si loin, des petites cours où chaque prince voulait avoir son Versailles et où faisait loi l'imitation des mœurs du grand siècle.

L'Allemagne doit à ses anciens électeurs de Hanovre une de ses plus célèbres universités, celle qui fait l'honneur de la petite ville de Gœttingen (1), dans la riante vallée du cours supérieur de la Leine. Fondée en 1737 sous le nom de Georgia-Augusta, elle prit rang, dès le dix-huitième siècle, parmi les centres importants de culture historique et philologique. Elle attire encore en moyenne plus d'un millier d'étudiants.

Schleswig-Holstein. — La province de Schleswig-Holstein se compose de deux parties bien distinctes ; le duché de Holstein qui comprend la portion méridionale de la péninsule cimbrique jusqu'à l'Eider, et celui de Slesvig qui s'étend au nord de l'Eider jusqu'à la petite rivière Kœnigsau et la ville danoise de Ripen (2).

Le Holstein répond à l'ancienne marche germanique fondée par Charlemagne au nord de l'embouchure de l'Elbe, sous le nom de Nordalbingie. La population en est foncièrement saxonne, sauf dans la partie orientale (Wagrie) où elle se compose de Slaves depuis longtemps germanisés.

Il en est autrement du Slesvig. Pendant longtemps celui-ci n'a été connu que sous le nom de Jutland du sud ; c'est en effet un pays danois par son origine, à l'exception d'une partie de la côte occidentale et des îles, qu'habitent de longue date des populations frisonnes. Les premiers empereurs allemands de la

(1) Gœttingen, 22.000 habitants.
(2) Slesvig (orthographe danoise).

maison de Saxe, Henri l'Oiseleur et Otton le Grand,
s'avancèrent, au dixième siècle, dans le Slesvig ;
mais la résistance danoise finit par avoir raison des
envahissements germaniques, et en 1027 Conrad II se
vit obligé de renoncer solennellement à toute pré-
tention au nord de l'Eider. Cette ligne prolongée à
l'est jusqu'à la Baltique par le *Danische Wohld* (forêt
danoise), resta pendant mille ans reconnue comme
limite septentrionale du Saint-Empire romain germanique. C'est ce que rappelait la célèbre inscription
qu'on lisait encore en 1807 sur l'une des portes de la
ville de Rendsburg :

« Eidora Romani terminus imperii. »

En fait cependant, cette séparation historique entre
les deux duchés contigus n'empêcha pas qu'ils ne
fussent réunis par voie de succession entre les mains
de la même famille ; réunion qui fut le germe de toutes les complications futures. A la fin du quatorzième
siècle, la maison ducale du Holstein entra en possession du Slesvig. Puis, en 1448, cette même maison se
trouva appelée par l'extinction de la maison royale
de Danemark à régner sur l'ensemble de la monarchie danoise. Ce fut ainsi une dynastie d'origine allemande qui entra en possession de l'héritage des
Waldemar. Dès lors le germanisme fit des progrès
sensibles dans le Slesvig, plus sensibles encore lorsqu'un siècle après, l'introduction de la réforme luthé-
rienne vint donner une nouvelle force à l'influence allemande. Beaucoup de gentilshommes du Holstein
s'établirent dans la partie méridionale du Slesvig ;
l'allemand devint dans les villes la langue du commerce et des affaires.

Ce qui facilitait alors les empiétements de la langue
allemande, c'est que le danois n'était encore qu'imparfaitement fixé. Livré à tous les caprices des idiomes
populaires, il ne pouvait lutter à armes égales contre

la langue fixée par Luther. Au dix-septième siècle les
savants danois écrivaient en latin ; on parlait à la cour
français ou allemand ; ce n'est qu'au dix-huitième
siècle que se développa une riche littérature danoise (1).

La langue nationale perdit donc du terrain dans le
Slesvig. Lorsqu'après avoir longtemps fermé les yeux
sur cet envahissement, le Danemark essaya, au commencement du dix-neuvième siècle, de réagir en faveur
d'une partie de son patrimoine en péril, il était déjà
trop tard. Dans toute la partie méridionale du Slesvig,
jusques et y compris la ville de Flensburg, la langue
allemande et les patois *platt-deutsch* avaient entièrement pris possession du pays. Le danois ne s'était
solidement maintenu que dans la partie septentrionale, plus complètement dans les campagnes que
dans les villes. L'agitation allemande comptait de
nombreux adhérents dans les duchés mêmes. Toutefois, même dans la partie germanisée du Slesvig,
la plupart des noms de lieux rendent encore témoignage de leur origine danoise. On remarque au sud
de Flensburg et jusqu'au golfe de Kiel beaucoup de
localités dont les noms se terminent en *by*, *trup*, *rup :*
désinences qui ne sont pas allemandes, mais incontestablement scandinaves.

Nous n'avons pas à exposer ici le développement
de ce que l'on a appelé la *question des duchés*. C'est à
l'histoire qu'il appartient d'en rendre compte et d'apprécier les arguments de droit constitutionnel qui
servirent de base aux revendications allemandes.
Le sentiment national s'enflamma pour les prétendus
frères opprimés du Slesvig-Holstein, « du pays baigné
par la mer, noble sentinelle de la culture allemande ! »
Ce qui avait échoué en 1849, réussit en 1864. Profitant
des difficultés de succession soulevées par la mort de

<hr/>

(1) Holberg, poète comique et historien (1685-1751), fut le principal
représentant de ce mouvement littéraire.

Frédéric VII, qui n'avait pas laissé d'enfant, la Prusse et l'Autriche déclarèrent la guerre au Danemark, qui résista courageusement, triompha même sur mer des escadres combinées de la Prusse et de l'Autriche, mais qui, après l'échec de Düppel (1), abandonné par l'Europe, dut céder. Les deux puissances allemandes occupèrent les duchés sur le pied d'un partage territorial dont la durée ne fut pas longue. Le canon de Sadowa trancha aussi cette question. Par le traité de Prague, la Prusse se fit reconnaître unique maîtresse des duchés. Toutefois une réserve expresse avait été introduite, sur la demande de la France, en faveur des habitants de la partie septentrionale du Slesvig : la Prusse s'engageait à les restituer au Danemark, si après consultation ils exprimaient le désir d'être réincorporés à la monarchie danoise. Cette consultation n'a jamais eu lieu.

Cependant les Danois du Nord-Slesvig n'ont laissé planer aucun doute sur leurs véritables sentiments ; ils n'ont pas cessé de protester par le choix de leurs députés ou autrement contre leur annexion à la Prusse. Les statistiques officielles évaluent à 140,000 le nombre des sujets de l'Empire dont la langue maternelle est le danois. Si faible que ce contingent puisse paraître, il représente un solide noyau de résistance parmi les éléments réfractaires que renferme l'empire allemand.

Le pays et les villes. — « Les duchés, disait Frédéric le Grand, sont les meilleures vaches à lait du Danemark. » Quoique le centre soit occupé par des landes et des marais, la fertilité des parties orientale et occidentale justifie cette expression. A l'ouest la lisière des polders et des marschen qui borde, non sans interruption, la mer du Nord, se con-

(1) Prise des retranchements de Düppel par l'armée prussienne (18 août 1864). — Victoire navale des Danois près de Heligoland (9 mai 1864).

tinue jusqu'aux approches du Jutland; c'est un riche pays d'élevage qui exporte ses bêtes à cornes en Angleterre et en Amérique, et dont les races de chevaux sont réputées. A l'est, le long de la Baltique, la physionomie de la contrée est entièrement différente. Elle est coupée de collines, de champs enclos par des haies vives, de petits bois de hêtres. Si elle est peut-être moins fertile que la contrée du littoral opposé, elle est plus riante. Elle doit surtout son charme aux bras de mer longs et sinueux qui la découpent. Tandis que la côte de la mer du Nord, bordée de bas-fonds, garde une allure uniforme, celle de la Baltique est profondément entamée par les *fœhrden* de Kiel, d'Eckernfœrde, de Slesvig, de Flensburg, d'Apenrade et de Hadersleben.

Les principales villes du pays sont situées avec une régularité remarquable à l'extrémité intérieure de ces anfractuosités. Pas un de ces fœhrden qui n'ait la sienne; et il en est de même sur la côte orientale du Jutland, dans les îles de Fionie et de Seeland (1). On s'explique aisément les causes de ce choix. Ces positions, par la facilité d'en protéger les abords, offraient aux villes une garantie contre la piraterie qui a longtemps infesté ces parages. Mais il est à remarquer qu'avant même qu'il y eût des villes, aux temps préhistoriques dont l'archéologie étudie les traces, c'est également sur les bords et au fond de ces golfes qu'eurent lieu les premiers groupements de population. De là partirent les premiers défrichements ; là fut le point d'attaque contre les forêts marécageuses qui obstruaient le sol. Les fiords de la péninsule cimbrique ont abrité les premiers débuts de la civilisation du nord scandinave.

Parmi ces villes slesvigo-holsteinoises (2), il en est

(1) Exemples : Kolding, Veile, Horsens, Randers, dans le Jutland ; Odense dans Fionie ; Roeskilde dans Seeland.
(2) Kiel, 52.000 hab. (université) ; Flensburg, 33.000 ; Slesvig, 15.000 : Rendsburg, 13.000 ; Hadersleben, 8.000 ; Apenrade 6.000. — Altona

une qui a une importance particulière, c'est Kiel. La Prusse y a installé son principal port de guerre. Elle occupe l'extrémité méridionale d'une baie qui s'avance de plus de trois lieues dans les terres et dans laquelle les navires trouvent un chenal d'une profondeur qui dépasse 10 mètres. Cette baie est resserrée vers le milieu par le rapprochement de la côte du Slesvig qui la borde à l'ouest et de celle du Holstein qui la borde à l'est. Par-dessus ce goulet, qui n'a que 1130 mètres de large, les forts de Friedrichsort croisent leurs feux avec ceux qui garnissent le littoral opposé. Mais le port est exposé à geler en hiver.

C'est dans la partie intérieure de la rade, près de Holtenau (Slesvig) que débouche le canal, creusé au siècle dernier, qui unit la baie de Kiel à Rendsburg sur l'Eider. Ce *canal de l'Eider*, dont la profondeur était depuis longtemps jugée insuffisante, va être remplacé par une voie de grande navigation, destinée à unir la Baltique à la mer du Nord.

Canal de la Baltique à la mer du Nord. — Du jour où la Prusse est devenue maîtresse de la partie la plus resserrée de la péninsule cimbrique, l'idée d'établir une communication directe entre les deux mers a pris une importance politique et militaire. Entre Kiel et l'Eider à Rendsburg il n'y a pas plus, en ligne droite, de 30 kilomètres; il y en a 52 entre Eckernfœrde et Husum, à peine 33 entre Husum et la ville de Slesvig. Cependant le nouveau canal ne suivra pas la direction la plus courte. De Kiel ou plutôt de Holtenau, qui est son point de départ, il gagnera, il est vrai, Rendsburg; mais abandonnant, quatre lieues plus bas, la vallée de l'Eider, il doit déboucher directement à l'entrée de l'estuaire de l'Elbe, près de Brunsbüttel.

(105.000 hab.) ne peut, dans cette exposition être séparée de Hambourg.

D'après les propositions adoptées par le Reichstag le 25 février 1886, il aura 99 kilomètres de parcours, une largeur de 60 mètres au niveau de l'eau et de 26 mètres au plafond, une profondeur de 8 mètres 5. La dépense est estimée à 156 millions de marcs.

La puissance navale de l'Allemagne se trouvera, pour ainsi dire, doublée par la facilité de transporter sa flotte en quelques heures d'une mer à l'autre. Quant au commerce il y gagnera une abréviation notable, sans compter l'avantage de pouvoir éviter les abords du cap Skagen et de la *Côte de fer*, où il se perd en moyenne deux cents navires par an. Le trajet entre la Baltique et les ports de la partie méridionale de la mer du Nord sera raccourci de 22 heures pour les bateaux à vapeur, de 3 ou 4 jours pour les voiliers. On pense que la moitié au moins du trafic qui s'opère entre les deux mers sera détourné vers le canal. Les ports allemands de la Baltique se rapprocheront des grands marchés de l'Ouest, mais on peut prévoir en revanche que les charbons anglais disposant d'une voie plus courte, pourront y lutter plus victorieusement que jamais avec ceux de Westphalie.

La côte allemande de la mer du Nord.

Quoique l'Allemagne n'ait pas une étendue de côtes aussi considérable que la France, elle possède une marine marchande presque égale à la nôtre (1), inférieure seulement à celles des États-Unis et de l'Angleterre. Ce n'est pas le littoral allemand de la Baltique, mais

(1) Elle serait même supérieure, si l'on se contentait de considérer le chiffre total du tonnage de la marine marchande des deux pays, sans avoir égard à la proportion entre la navigation à vapeur et la navigation à voile. L'Allemagne a plus de bateaux à voile que la France ; mais comme celle-ci a plus de bateaux à vapeur, il en résulte que la capacité de transport que représente la marine marchande des deux pays est à peu près égale. On admet généralement qu'un bateau à vapeur représente, à cause de sa rapidité, une capacité de transport 3 à 4 fois plus grande qu'un voilier de même tonnage.

celui de la mer du Nord, quoique bien moins étendu, qui est le principal siège de son activité maritime. Sans doute nous avons rencontré et l'on
peut citer encore sur la Baltique des ports d'une
réelle importance : Kœnigsberg, Stettin, Lübeck enfin,
sur la Trave, qui quoique très inférieure à son brillant
passé, au temps où elle était capitale de la Ligue hanséatique, occupe encore le premier rang parmi les ports
secondaires (1). Mais la Baltique est une mer aux issues
étroites, les ports sont exposés à geler, le Frische haff
reste souvent inaccessible de décembre à mars ; enfin
à l'est de l'Oder l'uniformité du littoral est une circonstance peu favorable au développement de la vie
maritime. Ces inconvénients n'existent pas sur la
mer du Nord. Là aboutissent deux des principaux
fleuves de l'Allemagne, s'ouvrant par de larges estuaires que balayent les marées. Le long des côtes et
dans les îles qui les bordent habitent des populations
depuis longtemps familières avec la mer. Enfin surtout ce littoral donne à l'Allemagne une façade sur
la mer qui est aujourd'hui la plus commerçante du
monde ; il lui montre l'Angleterre et, au delà, l'Amérique, but des désirs ou des illusions de tant d'Allemands « fatigués de l'Europe » et surtout de leur
pays.

Les Frisons. — Il y a le long de la côte allemande
de la mer du Nord un peuple que Tacite, dans sa
Germanie, nous montre déjà en possession de ces
contrées : ce sont les Frisons. Le pays maritime de
la Frise orientale n'est qu'une partie du domaine
qu'occupe cette vieille tribu germanique. A l'ouest
ils s'étendent le long des côtes de Hollande jusque
vers Alkmaar, et au nord le long du Slesvig presque
jusqu'au Jutland. Les Frisons, dit une vieille chronique, sont comme les poissons ; ils habitent dans

(1) Lübeck, 55.000 hab. (57 avec l'avant-port de Travemünde).

l'eau. Ils peuplent, en effet, comme en vertu d'une aptitude spéciale, les îles, les terres d'alluvion, les oasis des marécages depuis le Zuiderzée jusqu'au Jutland. Le dialecte frison règne dans les *marschen ;* avec la *geest,* au contraire, apparaît une population de dialecte saxon.

Les Frisons de l'Ouest ont réussi, en s'associant à d'autres races, à constituer la nationalité hollandaise; ceux de l'Est et du Nord ont été moins heureux. Il manqua à leurs petites communautés, éparses le long de la côte, de pouvoir se constituer en un groupe compact. Ce rapprochement de forces eût sans doute agrandi leur activité, élevé leur génie et leur eût permis peut-être de transformer en autonomie nationale l'indépendance dont ils étaient si jaloux. Du moins la nature toute spéciale de leur genre de vie, par l'influence qu'elle eut sur leur caractère et sur leurs institutions, créa un véritable type, qui empêcha le sentiment de la communauté de race de s'éteindre en eux. Ce sentiment s'exprimait par un profond mépris, au moyen âge, pour leurs voisins, les bourgeois de Brême, aujourd'hui encore pour le paysan saxon. Noble et riche étaient les deux épithètes par lesquelles le Frison saluait son compatriote. Par leur orgueil, effet de leur isolement, ils restèrent longtemps fidèles aux choses du passé. Il y avait encore chez eux au quinzième siècle des traces de la possession en commun et du partage annuel des terres. Leur christianisme était si mélangé de pratiques païennes qu'au treizième siècle une croisade provoquée par l'archevêque de Brême vint exterminer une de leurs tribus. On trouve aujourd'hui chez eux tels cantons retirés qui ne connaissent pas l'usage des noms de famille. D'autres, oubliés par la Réforme, sont restés catholiques ; il en est ainsi de 2,800 habitants isolés dans les marais du Saterland.

Sans doute, tout va s'effaçant peu à peu, par une loi générale. L'idiome frison, abâtardi depuis le quinzième siècle, a disparu sauf dans une partie de la Frise hollandaise, dans les villages catholiques du Saterland, quelques districts du Slesvig et quelques îles qui disparaissent elles-mêmes. Cette race garde pourtant sa physionomie dans la famille germanique : race prosaïque, malgré son amour du passé et du sol natal. Pépinière de matelots pour la marine marchande, ils apportent dans la manœuvre du navire un sang-froid flegmatique, habitué depuis longtemps à toutes les formes de la lutte contre les flots. A la différence des autres Allemands, ils ne quittent guère qu'avec esprit de retour cette terre qu'ils ont à moitié conquise sur les eaux ou qu'ils partagent encore avec elles.

La Prusse sur la mer du Nord. — La Prusse, dès l'époque où, reléguée encore dans la partie orientale de la Baltique, elle n'avait pas même réussi à se rendre maîtresse de l'embouchure de l'Oder, tournait déjà les yeux vers la mer du Nord. Sous le règne du Grand Electeur elle parvint à prendre pied sur son littoral par l'occupation de la Frise Orientale (*Ost-Frise*). Cette annexe éloignée, qu'il fallut en 1835 céder au Hanovre et que la Prusse n'a recouvrée qu'en conquérant le Hanovre lui-même, fut au dix-septième siècle le siège des entreprises maritimes de l'État brandebourgeois. A cette époque le port d'Emden, situé sur le golfe du Dollart près de l'embouchure de l'Ems, venait d'atteindre un certain degré de prospérité factice, due surtout aux longues guerres qui avaient ruiné les principaux ports d'Allemagne et des Pays-Bas. L'électeur Frédéric-Guillaume y fonda une Compagnie de commerce créée à l'imitation de celles d'Angleterre, de Hollande et de France ; il en fit le point de départ d'une tentative de colonisation sur la côte

de Guinée. Essais prématurés! Il fallut vendre à la
Hollande le fort africain de Friedrichsburg ; aux yeux
du Grand Frédéric un régiment valait mieux. La
Prusse avait à asseoir sa position continentale avant
de songer aux entreprises lointaines. Il était fort
douteux, au reste, que cet établissement d'Emden (1)
devînt jamais en état de soutenir la concurrence, des
vieilles cités maritimes du Weser et de l'Elbe. L'Ems,
à peine flottable dans la plus grande partie de son
cours, longtemps pressé, pour ainsi dire, entre deux
marécages, était peu propre à attirer vers son embouchure le commerce de l'intérieur de l'Allemagne.

Entre l'Ost-Frise et l'embouchure du Weser s'ouvre
dans le territoire du grand-duché d'Oldenburg, la
baie de Iade, vaste effondrement pratiqué dans la côte
par les irruptions de la mer du treizième au seizième
siècle.

C'est la position qu'a définitivement choisie la
Prusse pour établir son port militaire de la mer du
Nord. Il n'y avait là qu'un terrain marécageux, malsain, dépourvu d'eau potable, lorsqu'en 1852, sous
l'impression des mécomptes de la guerre contre le
Danemark, et par un acte habile de nature à flatter
. le patriotisme allemand, la Prusse acheta au grand-
duc d'Oldenburg un espace de 15 kilomètres carrés.
L'argent et l'art des ingénieurs y ont créé un équivalent de Kiel sur la Baltique : le 17 juin 1869 on inau-
gurait solennellement la nouvelle ville, sous le nom
de Wilhelmshafen (2). Un chenal étroit ouvre aux
plus grands navires un accès vers une rade autour de
laquelle sont multipliés tous les moyens de défense.
Ce port offre par sa position géographique un solide
appui aux opérations navales, que le voisinage de
Brême et de Hambourg est fait pour attirer dans ces
eaux ; il donne à l'Allemagne dans la mer du Nord ce

---

(1) Emden, 14.000 habitants.
(2) Wilhelmshafen, 14.000 hab.

qui nous a manqué si longtemps dans la Manche.
Toutefois l'expérience a montré que les ensablements
menacent d'obstruer l'entrée de la rade.

Les villes Hanséatiques.

Au point où le Weser commence à sentir l'action
de la marée et où cesse la navigation fluviale, à
80 kilom. environ de l'embouchure, s'élève la ville
libre et hanséatique de Brême. L'aspect de la ville ne
dément pas ces vieux titres. Avec ses quartiers tortueux, son vieil hôtel de ville, ses toits à pignons,
ses balustrades sculptés, son air d'antique opulence
bourgeoise, Brême rappelle encore vivement le passé.
Par le fleuve qui l'arrose, déjà allemand à une époque
où l'Elbe était encore à moitié slave, cette ville a été
associée dès les premiers temps à la vie générale
de l'Allemagne. Charlemagne y établit un archevêché
en 787 ou 788 ; aux dixième et onzième siècles cet
archevêché devint pour quelque temps la métropole
du Nord germanique et scandinave, et sa juridiction
s'étendit un moment jusqu'à l'Islande. Il y eut parmi
ses souverains ecclésiastiques de véritables figures
d'hommes d'État, dont la pompe frappait d'étonnement les princes danois encore barbares. Non moins
brillant fut l'essor commercial de cette bourgeoisie
émancipée, qui au douzième siècle fonda en Palestine
l'Ordre teutonique et qui, arrivant la première sur les
côtes de Livonie, y dota la ville naissante de Riga
d'une constitution semblable à la sienne. La ligue
hanséatique ne compta guère d'associées plus florissantes ; et ces expéditions sans cesse renouvelées,
dans lesquelles le commerce et la conquête marchant
de pair frayaient la voie à la colonisation et qui finalement transformèrent en colonie allemande une
partie des rives orientales de la Baltique, eurent à

Brême leur principal point de départ. Autour de la
vieille ville historique se groupent des faubourgs où
se presse depuis 1848 une nombreuse population ; et
de l'autre côté du fleuve, sur la rive gauche, s'élève
une nouvelle cité. Avec cette active banlieue, Brême
compte aujourd'hui 135.000 habitants.

Un sérieux danger menaçait pourtant la prospérité
de Brême. Le Weser, qui n'a pas le volume de l'Elbe
ni une embouchure aussi directement ouverte à l'irruption des marées, s'embarrasse en aval d'îles et de
bancs de sable que ne peuvent franchir les grands
navires d'aujourd'hui. Enclavée par le Hanovre, la
ville libre n'épargna ni la diplomatie ni l'argent ; et
elle réussit en 1827 à obtenir de son voisin jaloux un
emplacement à peu près égal, comme on dit alors, à
celui que mesura Didon sur la côte de Carthage,
mais situé à l'embouchure même du fleuve, à l'abri
des sables et des glaçons. C'est là qu'elle put établir
son avant-port de Bremerhafen (1), devenu bientôt
florissant.

Brême et Bremerhafen sont aujourd'hui le second
port de l'Allemagne. La puissante Compagnie du
Lloyd allemand (*Nord deutscher Lloyd*) entretient
depuis longtemps par Bremerhafen, avec escale à
Southampton, des relations actives avec l'Amérique.
Brême est devenu le principal marché européen pour
le pétrole de Pensylvanie. Depuis 1886 cette même
Compagnie a organisé, avec le concours financier de
l'Empire, des services rapides vers l'Extrême-Orient
jusqu'à Nagasaki et Yokoama et vers l'Australie, avec
escale à Anvers. Les armateurs de Brême passent
pour les plus entreprenants de l'Allemagne. L'importance de la marine brêmoise se manifeste moins dans
le nombre de ses navires que dans le chiffre de leur
tonnage. Si l'on compare en 1884 le nombre de ses
navires à celui de Hambourg, on trouve en faveur de

(1) Bremerhafen, 15.000 habitants.

ce dernier un excédent marqué ; mais avec ses
362 navires, Brême obtient un tonnage presque égal
à celui des 480 de la ville voisine (1).

Emigration allemande. — Parmi les sources de
l'activité de Brême, il faut compter au premier rang
l'émigration allemande vers les Etats-Unis. Malgré la
concurrence de Hambourg et d'Anvers, Brême reste
le principal débouché. En 1885, tandis que 69.000
émigrants s'embarquaient à Hambourg, 84.000 pre-
naient la voie de Brême. Ce genre spécial d'exportation n'a pas médiocrement contribué à multiplier
ses relations de toute espèce avec les Etats-Unis.
Brême n'a garde de laisser échapper ce fret et cet élément d'activité. Un journal spécial se donne pour
mission de procurer aux émigrants les renseigne-
ments nécessaires ; un vaste établissement a été aménagé de façon à leur donner asile en attendant le
moment du départ.

Ainsi la même ville qui fut, au moyen âge, le principal point de départ du germanisme vers le pays de
l'Est, vers les rives slaves de la Baltique, expédie
aujourd'hui dans une direction opposée ces cargai-
sons d'émigrants qui, à défaut de l'esprit guerrier et
de la richesse, ont pour eux le nombre. L'empire allemand n'a pas les mêmes raisons que ses villes maritimes d'assister avec complaisance à ces départs multipliés, qui en certaines années lui enlèvent plus de
250.000 sujets (2). Tout cependant dans cet exode
n'est pas perdu pour la mère patrie. On évalue à
1.967.000 le nombre des Allemands nés en Allemagne,

(1) Almanach de Gotha, 1887.
(2) *Statistisches Jahrbuch für das deutsche Reich* (1885). —
Cp Levasseur, *les Progrès de la race européenne au XIX° siècle*
(*Bulletin de la Société d'acclimatation de France*, juillet 1885).
— Après les Etats-Unis, les pays étrangers où il se trouve le plus
d'Allemands, sont :

La *Suisse*, 95.252.	Le *Brésil*, 11.087.	L'*Angleterre*, 37.304.
L'*Autriche*, 93.442.	L'*Australie*, 42.129.	La *Belgique*, 31.106.
La *France*, 81.988.	Les *Pays-Bas*, 12.026.	Le *Danemark*, 33.158.

établis aux États-Unis, et à un chiffre au moins double celui des Américains fils ou petits-fils d'Allemands immigrés. Le sacrifice est assurément considérable ; mais il est en partie compensé par l'accroissement de commerce et d'influence, très rapide en ces dernières années, qui résulte pour l'Allemagne de la présence sur le sol américain d'un si grand nombre de ses enfants.

Hambourg. — Hambourg s'élève sur la rive droite de l'Elbe, à 100 kilomètres environ de son embouchure. Le grand fleuve qui, depuis le confluent de la Havel, coule dans la direction du nord-ouest, commence à sentir l'action de la marée à quelques lieues en amont de Hambourg. Le flot permet à des navires de 5 m. 50 de tirant d'eau de remonter jusque dans la ville. En ce point l'Elbe est divisé en plusieurs bras, comme la Loire à Nantes ; entre Harbourg, tête de pont de la rive gauche, et Hambourg, le chemin de fer de Brême et de Cologne traverse pendant plus de deux lieues une série d'îles verdoyantes, au delà desquelles apparaissent les mâts et les clochers de la grande ville. Mais les bras du fleuve ne tardent pas à se réunir, et ses eaux confondues en une seule masse coulent entre une rive droite qui reste encore pendant quelque temps élevée, et une rive gauche basse, bordée de riches terrains de marschen, que des digues mettent à l'abri des inondations. Hambourg et Altona, ville holsteinoise qui continue vers l'ouest la ville libre, mais qui ne forme en réalité avec elle qu'un seul groupe urbain, occupent les éminences légères qui sont les points dominants du pays. Hambourg commande le dernier passage facile qui s'offre sur le fleuve, en même temps que la pointe d'un estuaire qui par sa profondeur et sa largeur est le plus beau de l'Allemagne.

La première de ces deux circonstances topogra-

phiques fut sans doute celle qui détermina la fondation de la ville. Le germe de Hambourg fut une église
et un fort, fondés l'un et l'autre en 804 par Charlemagne, avant-poste du germanisme chrétien contre
les Slaves et les Scandinaves encore païens. Mais les
avantages commerciaux de la position firent fructi-
fier le germe. L'activité éparse le long du cours inférieur de l'Elbe, dans les anciens marchés de Lunebourg, Bardowick, Stade, se concentra à Hambourg ;
la ville, plusieurs fois saccagée, fit preuve d'une
indomptable vitalité. Lorsqu'au treizième siècle les
archevêques abandonnèrent ce poste menacé pour se
fixer à Brême, la ville ne s'en plaignit pas. Elle ne tarda
pas à fonder, de concert avec Lubeck, la célèbre
alliance commerciale qui prit le nom de Ligue hanséatique (1241). Après avoir largement participé à sa
prospérité, elle ne put complètement échapper à sa
décadence. A la fin du seizième siècle sa population
flottait entre 20 et 30,000 habitants. Le point de
départ d'une ère nouvelle de prospérité fut l'émancipation des colonies anglaises de l'Amérique du
Nord (1778). Plus qu'aucune ville du continent européen, elle sut profiter du marché grandissant qui
s'ouvrait au commerce libre. En 1789 elle atteignait
un chiffre de 96,000 habitants. Quelque temps arrêtée
par les guerres de la période impériale, sa prospérité
s'accrut rapidement après 1815. Les réformes de
Robert Peel, qui ouvrirent l'Angleterre aux grains
et aux bestiaux de l'étranger, imprimèrent une impulsion nouvelle à ses relations avec ce pays.

En 1875 Hambourg était devenu le premier port
océanique de l'Europe continentale. Depuis cette
époque elle a été dépassée par Anvers, dont les progrès ont été encore plus rapides ; mais le Havre reste
sensiblement en arrière. Au commerce maritime, qui
dépasse 6 millions de tonneaux de jauge (1), s'ajoute

(1) Un tonneau de jauge représente 1000 kilos.

un mouvement fluvial considérable. Dire les contrées
avec lesquelles Hambourg entretient des relations,
serait nommer le monde entier. La Compagnie
Hambourgeoise-Américaine dessert par de très grands
steamers New-York et l'Amérique centrale ; une
autre Compagnie dessert le Brésil ; la Compagnie
Cosmos entretient des services réguliers avec la Plata
et les côtes occidentales de l'Amérique du Sud ; la
Société allemande d'armements à vapeur exploite
l'Extrême-Orient ; la Compagnie *Sloman* unit Hambourg à l'Australie ; des bateaux à vapeur partent
régulièrement pour la côte occidentale d'Afrique et
le Congo. Jusqu'à présent Hambourg, ainsi que
Brême, sont restés en dehors de l'union douanière
allemande (*Zollverein*). Mais leur accession est pro-
chaine, et Hambourg s'y prépare par de grands travaux qui ont pour but l'agrandissement et l'amélioration de son port, et qui doivent être terminés
en 1888.

Par sa population Hambourg est aujourd'hui la
deuxième ville de l'empire d'Allemagne : 305,000 habitants sans Altona, 411.000 avec celle-ci. En tenant
compte de la banlieue on arrive à une agglomération
de près de 600.000 âmes. Depuis l'incendie de 1842,
qui détruisit la cinquième partie de la ville, sa physionomie est devenue moderne. L'Alster, petit affluent
de l'Elbe, forme au cœur de la ville un grand bassin
autour duquel se déroulent les beaux quartiers ; des
canaux, bordés de magasins et de docks, sillonnent
la basse ville et facilitent le transport des marchandises. Une banlieue populeuse se prolonge dans la
direction de l'ouest ; les rives de l'Elbe sont couvertes
de maisons où, comme à Londres, les négociants se
hâtent de rentrer après les heures données aux affaires. Des villages de pêcheurs, de petites villes actives
se succèdent sur les deux rives jusqu'à l'embouchure, mais elles ne font plus partie du territoire de

la ville libre. Seul, l'avant-port de Cuxhafen, à l'entrée même de l'estuaire, est une dépendance politique de Hambourg.

Ainsi Hambourg, Lubeck et Brème sont les seules et dernières villes qui rappellent encore par leur titre et leur condition autonome la plus fameuse des ligues urbaines formées en Allemagne pendant le moyen âge.

Il fut un temps où par la force et la ruse la Hanse germanique monopolisait tout le commerce du Nord, où elle comptait 80 villes, divisées en 4 quartiers, dont les députés se réunissaient à Lubeck. De là partaient les instructions pour les comptoirs établis à Londres, à Bruges, à Bergen en Norvège, à Novgorod en Russie. Une politique étroite, mais singulièrement âpre et persévérante, empruntant suivant l'occurrence les procédés de l'intimidation et ceux de l'intrigue, présidait aux opérations de la Hanse. Elle eut une période de splendeur, pendant laquelle le commerce du Nord tout entier subit ses lois. Cela dura jusqu'au moment où les États septentrionaux se sentirent de force à faire leurs affaires eux-mêmes. Quand les Hollandais et les Anglais réussirent à se procurer directement les produits du Nord, et à s'émanciper du monopole que la Hanse avait établi à son profit, son organisation déclina, puis ne tarda pas à se dissoudre. Au dix-septième siècle elle ne durait que pour l'apparence ; en 1669 cessèrent les assemblées de Lubeck.

Les traditions commerciales de la Hanse n'ont pas entièrement péri avec elle. Il y a dans l'esprit que les modernes Hanséates portent dans les affaires, quelque chose de l'initiative mêlée de prudence qui distingua leurs ancêtres. Les habitudes d'expatriation temporaire ne sont pas perdues ; il y a toujours chez eux un personnel de négociants n'hésitant pas à passer plusieurs années à l'étranger, comme ces exilés volontaires que la Hanse envoyait vivre d'une vie presque cénobitique dans ses comptoirs éloignés de Norvège ou de Russie. Les trois villes hanséatiques représentent plus de la moitié du trafic maritime de l'Allemagne ; elles possèdent plus des deux tiers de sa flotte marchande à vapeur. Lubeck a surtout les yeux tournés vers la Russie et les pays scandinaves ;

Hambourg et Brême sont les pépinières de ces nombreux établissements répandus depuis l'Amérique jusqu'en Chine, qui font connaître partout les produits allemands. Leur commerce est parvenu aujourd'hui à dominer dans l'Amérique centrale, le Vénézuela, une partie du Brésil et les îles du Pacifique; il progresse rapidement dans l'Extrême-Orient et dans le reste de l'Amérique. Beaucoup de maisons anglaises à l'étranger emploient surtout des commis allemands. En somme, le développement remarquable qu'a pris l'exportation allemande est dû surtout aux Hanséates. Ce sont eux qui se distinguent dans la recherche infatigable des débouchés nouveaux et qu'on trouve à la tête de la plupart des entreprises coloniales (1), procédant de l'initiative privée, qui ont inauguré ces dernières années, et auxquelles l'Empire n'a pas cru devoir refuser son concours.

(1) Pays soumis au protectorat allemand : 1° (Afrique) territoire de *Togo*, sur la côte des Esclaves; de *Camerun*, sur la côte de Guinée; côte du Sud-Ouest, depuis le Cunene jusqu'au fleuve Orange; protectorats sur l'Afrique orientale, depuis l'Équateur jusqu'à 8° lat. sud. — 2° (Océanie) *Terre de l'Empereur-Guillaume*, dans la Nouvelle-Guinée; *Archipel Bismarck* (Nouvelle-Bretagne, Nouvelle-Irlande, Nouveau-Hanovre, îles de l'Amirauté, etc.).

LA PRUSSE
ET L'EMPIRE ALLEMAND

Quoique l'unité politique de l'Allemagne ait suivi de près la réalisation de l'unité italienne, et qu'il y ait entre ces deux événements un lien plus fort qu'une coïncidence de dates, les conditions en furent bien différentes. Le Piémont en 1859 comprenait à peine le cinquième de la population de l'Italie ; la Prusse, à la veille de ses agrandissements de 1866, possédait déjà la moitié de la population des contrées qui composent l'Empire actuel. La capitale du Piémont dut, après l'accomplissement du but national, rentrer dans le rang et céder la place à une autre métropole ; la capitale de la Prusse est devenue celle de l'Empire. Le royaume d'Italie fit disparaître tous les anciens gouvernements locaux ; la dernière transformation de l'Allemagne n'a pas supprimé ceux qui avaient survécu aux annexions de 1866. L'Italie unie, il sembla que le Piémont eût épuisé son rôle historique ; la Prusse subsiste avec son individualité intacte dans l'Allemagne nouvelle.

Les Allemands disent volontiers qu'une race purement allemande n'aurait pas réalisé le type de concentration politique que représente l'État prussien ; il y fallait le mélange d'un élément plus souple, l'élément slave. Il est certain, comme nous l'avons vu, que bien des gouttes de sang slave coulent dans les veines du peuple qui s'est formé entre l'Elbe et l'Oder

et sur les côtes de la Baltique. Mais c'est la colonisation germanique qui a mis le sceau à la nationalité
prussienne ; colonisation non livrée au hasard, mais
systématiquement poursuivie pendant plusieurs siècles, recrutée dans toutes les races de l'Allemagne,
mais principalement dans l'élément saxon et néerlandais, à laquelle s'ajouta plus tard un ferment français.
De cette combinaison est sorti un peuple spécial, un
type très caractérisé et très personnel qui déjà vers
la fin du dernier siècle attirait vivement l'attention
des observateurs (1).

Le mot d'entraînement est celui qui rend le mieux
la différence principale qui existe encore entre le
Prussien et les autres Allemands. Cet entraînement
remonte loin dans le passé. Arrivé en colon sur une
terre nouvelle, le futur Prussien s'y trouva affranchi
de ces attaches locales héréditaires qui liaient le
paysan à sa paroisse, le bourgeois à sa ville, et les
empêchaient de rien voir au delà. Les cadres dans
lesquels s'était cristallisée la société allemande, n'eurent pas le temps en Prusse de se consolider. La
main de chefs militaires, margraves, électeurs ou
rois, put travailler sur une matière malléable et
docile. De ces paysans endurcis par la lutte contre un
sol avare, de cette bourgeoisie sans éclat municipal,
de cette noblesse pauvre, elle fit un peuple de fonctionnaires et de soldats. Il n'y eut en Prusse que des
serviteurs de l'État ; et dans ce concours où le prince
donnait l'exemple, chacun eut le sentiment de son
effort propre. Sur un sol ainsi préparé les succès du
Grand Frédéric allumèrent un orgueil national immense. Ils excitèrent cette « verve nationale, » suivant l'heureuse expression de Mirabeau (2), qu'on
nommait, dit-il, en Allemagne l'aiguillon prussien,

---

(1) Mirabeau, *Tableau de la Monarchie prussienne*. Londres,
1788.
(2) Id., t. III. p. 661.

« Les Prussiens, écrivait plus tard Beugnot, ont de commun avec les Allemands la langue, le courage et le penchant à l'illuminisme (1); mais ils sont devenus à l'école de Frédéric déliés et hardis. » C'est par ce décidé d'allures et cette conviction de leur supériorité qu'ils s'imposent aux autres Allemands. Loin de chercher à se confondre, le Prussien maintient rigoureusement et accentuerait au besoin son caractère propre. Dans l'Allemagne unie la Prusse conserve l'attitude de l'Etat modèle et aux yeux d'une grande partie de l'Allemagne elle-même, méfiante de ses vieux instincts particularistes, « l'école prussienne » est encore indispensable.

Il y a donc dans l'empire allemand un royaume de Prusse, qui garde ses institutions propres, ses traditions et son esprit. En vertu de la constitution de 1850, il possède un parlement (*Landtag*) composé d'une Chambre des députés et d'une Chambre des seigneurs. Il y a un Conseil d'État et des ministres prussiens. L'idée de l'État s'incarne surtout dans un corps de fonctionnaires, qui réalise le mieux ce qu'on pourrait appeler en Prusse la classe dirigeante. Le fonctionnaire prussien est le produit direct de l'éducation publique et des universités. C'est là qu'il puise l'unité d'esprit qui l'anime. Tout candidat aux fonctions publiques doit avoir un stage d'un an et demi au moins dans une université prussienne. Le royaume est divisé administrativement en provinces, aujourd'hui au nombre de treize ; celles-ci sont divisées en régences (*Regierungsbezirk*), qui sont elles-mêmes partagées en cercles (*Kreis*), ceux-ci à peu près de l'étendue de nos arrondissements. Soit comme président de régence, soit comme *Landrath* de cercle, le fonctionnaire prussien se meut dans un cercle d'attributions plus étendu que le préfet ou sous-préfet

(1) *Mémoires*, t I, p. 296. — Ce dernier trait semble aujourd'hui de trop, mais il porte bien la marque du temps.

français. Sa responsabilité est en raison du droit
d'initiative qui lui est laissé. L'élément local est
associé dans une forte mesure à l'organisation administrative : c'est souvent parmi les notables du pays
que sont choisis les principaux fonctionnaires ; ils
sont assistés par des assemblées ou *états* de provinces,
des assemblées ou *états* de cercles. Mais, issus d'un
mode de recrutement dont la base exclusive est la
propriété foncière, ces conseils sont soumis à l'influence de la grande propriété et de la haute bureau-
cratie. C'est donc en définitive aux fonctionnaires
qu'appartient l'impulsion administrative à tous les
degrés.

Les attributions de l'Etat prussien, loin de se restreindre, ont pris au contraire de nos jours une nouvelle extension, grâce à l'organisation du régime des
chemins de fer. Tandis qu'en France, en Angleterre
et en Amérique prévalait le régime des Compagnies
privées, en Prusse l'Etat s'est efforcé de ramener de
plus en plus à lui l'exploitation des chemins de fer,
soit en les construisant directement, soit par le rachat
des lignes précédemment concédées. En 1885, plus
des trois quarts du réseau étaient placés sous l'administration de l'Etat. Il existe un *Conseil des chemins de
fer* pour le royaume ; dans chaque province fonctionnent un certain nombre de directions et de conseils locaux. Une armée de fonctionnaires et d'employés se rattache à ce service d'Etat.

États secondaires. — Après le royaume de Prusse,
l'empire allemand comprend trois autres royaumes :

Bavière . . . .   5.416.180 habitants
Saxe. 3.179.168
Wurtenberg. 1.995.168
    Six grands-duchés :
Bade . . . .   1.600.839 habitants
Hesse. 956.272

Mecklenbourg-Schwerin	575.140 habitants
Saxe-Weimar	313.946
Mecklenbourg-Strelitz	98.371
Oldenbourg	341.525

Cinq duchés :

Brunswick	372.388 habitants
Saxe-Meiningen	214.697
Saxe-Altenbourg	161.460
Saxe-Cobourg-Gotha	198.829
Anhalt	247.603

Sept principautés :

Schwartzbourg-Sondershausen	73.606 habitants
Schwartzbourg-Rudolstadt	83.836
Waldeck	56.565
Reuss, branche aînée	55.904
Reuss, branche cadette	112.118
Schaumbourg-Lippe	37.204
Lippe	123.250

Trois villes libres :

Lübeck	67.658 habitants
Brême	166.392
Hambourg	518.620

Il faut mettre à part l'Alsace-Lorraine (1), pays conquis, placé comme terre d'Empire (*Reichsland*) sous un régime dictatorial et gouverné par un *Statthalter*, représentant de l'empereur.

A l'exception des trois villes libres, derniers débris du développement urbain qui fut si original et si puissant dans l'ancienne Allemagne, ces États secondaires représentent ce qui reste, après les révolutions territoriales du commencement de ce siècle, après les annexions prussiennes de 1866, de l'Allemagne féodale et princière. Cependant la plupart de ces États ont reçu, depuis 1818, des constitutions; et les formes extérieures du régime parlementaire sont observées

(1) Alsace-Lorraine, 1.564.354 habitants.

jusque dans les principautés minuscules de Reuss ou
de Schaumbourg-Lippe. Il faut faire exception pour
les deux Mecklenbourgs, où il n'existe encore ni constitution parlementaire ni budget. Partout ailleurs le
gouvernement se partage entre la couronne et une
représentation composée de deux Chambres dans les
principaux Etats. L'élément héréditaire est largement
représenté dans les Chambres hautes, où les princes
de la famille régnante se rencontrent avec les membres de l'ancienne noblesse immédiate, les principaux
dignitaires civils et ecclésiastiques, les délégués des
corps privilégiés. Le mode de recrutement des
diverses Chambres de députés est très varié : suffrage
à deux degrés en Prusse et en Bavière ; députés des
villes et députés des campagnes dans la Saxe, Bade
et Hesse ; représentation par ordres (noblesse, clergé
catholique et protestant, université, villes privilégiées
et campagnes), dans le Wurtenberg.

Vingt-cinq gouvernements particuliers, pourvus de
leurs rouages spéciaux, chargés de leur budget spécial,
fonctionnent donc dans l'intérieur de l'Empire. L'administration locale leur appartient, sauf les attributions que l'Empire a jugé nécessaire de prélever pour
lui-même. Mais la part d'activité autonome qui reste
à ces centres locaux est encore considérable. Ainsi
l'instruction publique reste confiée aux soins des
gouvernements locaux. Chaque État dote lui-même
ses universités et ses écoles, et garde le droit de
décider lui-même sur les questions d'enseignement.
Quoique le courant général tende vers l'unité, il faut
reconnaître que le particularisme, trait essentiel dont
il faut toujours tenir compte dans les jugements sur
l'Allemagne, n'a pas entièrement perdu ses droits.

Ces gouvernements locaux reposent d'ailleurs sur
des droits dynastiques ; droits qui devaient naturellement recevoir leur sanction dans une constitution
aussi essentiellement monarchique que celle de l'em-

pire allemand (1), partout où leur existence semblait compatible avec le nouvel ordre de choses. Quelques-unes de ces dynasties sont liées aux plus anciens souvenirs de l'histoire d'Allemagne : en Bavière, celle des Wittelsbach, qui y gouverne sans interruption depuis 1180; hier encore, dans le duché de Brunswick (2), la maison guelfe qui, si elle ne remonte pas à Odoacre, roi des Hérules, compte au moins parmi ses ancêtres authentiques Henri le Superbe et Henri le Lion; en Saxe, une branche de la vieille maison de Wettin, mêlée depuis dix siècles aux plus grands événements de l'Allemagne; dans les Mecklenbourgs, une dynastie d'origine slave, qui prétend se rattacher à Pribislav, roi des Obotrites et contemporain de Frédéric Barberousse. Au sommet de ce monde aristocratique et princier trône l'empereur d'Allemagne, roi de Prusse, deux titres désormais inséparables. Lui seul agit au nom de l'Allemagne dans les affaires nationales. Il nomme le chancelier d'Empire, il convoque le Conseil fédéral et le Reichstag; mais surtout il est le chef militaire, le chef suprême d'une armée qui compte parmi ses généraux et ses officiers la plupart des princes des maisons régnantes d'Allemagne; sorte d'état-major dont l'aspect féodal tranche avec notre Europe démocratique et simplifiée de l'Ouest.

Institutions d'Empire. — Après l'empereur et le chancelier, les deux organes principaux de l'Empire sont le Conseil fédéral et le Reichstag.

Le Conseil fédéral (*Bundesrath*) se compose des délégués des gouvernements d'après une proportion déterminée : 17 pour la Prusse, 6 pour la Bavière, 4 pour la Saxe, 4 pour le Wurtenberg, 3 pour Bade, 3 pour la Hesse, 2 pour Mecklenbourg-Schwerin, 2 pour Brunswick, un enfin pour chacun des autres Etats :

---

(1) Proclamation de l'empire allemand : 18 janvier 1871. — Constitution : 4 mai 1871.
(2) Mort du dernier duc de Brunswick : octobre 1884.

58 au total. Les délibérations ne sont pas publiques ;
le Conseil est investi d'un droit de *veto*, que 14 voix
suffisent pour rendre valable, contre tout changement
de constitution. Le Bundesrath, tant par son origine
que par le mode de ses délibérations, s'éloigne profondément de la représentation des cantons, telle qu'elle
existe en Suisse, ou des États, telle qu'on la trouve en
Amérique ; il représente en quelque sorte l'aréopage
de l'Allemagne princière et monarchique.

Le *Reichstag*, au contraire, représente le peuple
allemand. Aucune des nombreuses assemblées élues
que possède l'Allemagne, ne repose sur une base
aussi populaire, puisqu'il est nommé directement par
le suffrage universel, à raison d'un député par 100.000
habitants. C'est ainsi que le parti socialiste, auquel
la composition du corps électoral ne permet guère de
franchir le seuil des parlements locaux, fait passer
nombre de ses candidats au Reichstag.

Le cercle dans lequel s'exerce la compétence des
autorités suprêmes de l'Empire embrasse les grandes
lignes de la vie politique et économique de l'Allemagne. L'armée, d'abord, ne relève que de l'Empire,
y compris les deux corps, vêtus d'un uniforme particulier, qui constituent l'armée bavaroise (1). Il en est
de même de la marine militaire. L'organisation d'une
puissance militaire commune, maintenant sous les
armes 461,000 hommes en temps de paix et capable d'en
jeter 1,400,000 dans la balance de la politique européenne, est le point central de l'institution impériale.
L'entretien des forces de terre et de mer absorbe les

(1) L'armée allemande se compose de l'armée active, de la réserve
et de la *landwehr*. Le service est de 3 ans dans l'armée active, 4 ans
et demi dans la réserve, 5 ans dans la landwehr. Il y a 17 corps d'armée, plus la garde royale prussienne. Le corps d'armée se recrute,
sauf l'exception de l'Alsace-Lorraine, dans le pays où il tient garnison. Le ministère de la guerre et l'état-major général sont à Berlin.
  La marine de guerre comptait en 1885 97 navires, armés de 558 canons, parmi lesquels 13 vaisseaux cuirassés de combat. Équipages,
13.120 hommes. Siège de l'amirauté à Berlin. Deux stations, com-
mandées chacune par un vice-amiral, à Kiel et à Wilhelmshafen.

trois quarts des dépenses de l'Empire. Le budget militaire n'est pas voté annuellement, mais pour sept
ans. Il existe en outre, sous le nom de *Trésor impérial
de guerre*, un fonds de réserve, qui monte à 120 millions de marcs, déposé dans une tour (*Julius thurm*) à
Spandau.

A l'Empire exclusivement appartient aussi la ges-
tion des rapports tant politiques que commerciaux
avec les puissances étrangères. Il exerce, sans égard
pour les frontières des États particuliers de l'Allemagne, un droit de police générale, et peut prendre, sur
n'importe quelle partie du territoire allemand, soit
contre un individu, soit contre une catégorie de
personnes, telle mesure d'exception qu'il croit nécessaire. Les postes et les télégraphes sont directement
administrés par l'Empire, sauf les *droits réservés* du
Wurtenberg et de la Bavière. Tout ce qui concerne les
chemins de fer, aux points de vue de la défense et
du commerce général, relève de l'Empire, qui peut
décréter, sans même consulter le gouvernement local,
l'établissement d'une ligne jugée nécessaire. Son
action s'exerce avec vigueur dans le domaine économique : il a organisé sur un type uniforme les poids,
mesures et monnaies. Par l'institution de la Banque
impériale, qui a son siège à Berlin et des succursales
dans les principales villes, il influe sur le crédit public.
Par l'office des assurances et des patentes, il inter-
vient dans la condition des ouvriers et dans le rè-
glement de leurs rapports avec les patrons. Il dispose
du régime douanier ; il s'est réservé le droit de légi-
férer sur l'émigration. En un mot il n'y a guère
d'intérêts essentiels qui échappent à son action.
D'ailleurs, en principe, la loi d'Empire domine en tout
la loi locale (1). Tout Allemand relève immédiatement

(1) Un tribunal d'Empire siégeant à Leipzig décide en dernier ressort sur les cas de haute trahison, appels, etc.

de la loi d'Empire, et, quelle que soit sa patrie locale,
est partout chez lui en terre allemande.

Nous en avons dit assez pour montrer que l'institution impériale dispose d'armes plus que suffisantes
pour n'avoir pas à craindre les retours offensifs du
particularisme. Il y aurait d'ailleurs quelque naïveté
à insister sur les limites entre les droits constitution-
nels de l'Empire et ceux des États particuliers ; cette
limite étant sujette à varier suivant les besoins de la
politique.

Pour que l'Empire fût assuré de la disposition régulière des ressources nécessaires à son action, il a
été pourvu d'un budget distinct. Ce budget est ali-
menté en grande partie par les revenus des douanes
(*Zollverein*), par des impôts de consommation sur le
sucre, sel, tabac, eau-de-vie, bière, par les revenus
des postes et des télégraphes. Le surplus est fourni
par des contributions matriculaires payées par chaque
État d'après une proportion qui varie suivant les exigences annuelles du budget.

Le budget des dépenses d'Empire monte, en 1886-87, à la
somme de 696,645,509 marcs. Tandis que le budget de l'Empire
suit une marche ascendante, les budgets locaux ne diminuent
pas. Celui de la Prusse a doublé depuis 1871 ; il en est de
même en Bavière.

L'ancien et le nouvel empire germanique.

Un historien anglais, Freeman, voulant caractériser
la dernière transformation politique de l'Allemagne,
s'exprime ainsi : « Il était difficile de ne pas rétablir la dignité impériale dans une confédération dont la constitution était monarchique, et qui
comptait des rois parmi ses membres. Aucun autre
titre que celui d'empereur ne pouvait mieux convenir
à un souverain placé à la tête d'autres souverains.
Cependant, il faut bien se mettre dans l'esprit que le

nouvel empire d'Allemagne n'est en aucune façon la
continuation ou la restauration du Saint-Empire germanique qui était tombé soixante-quatre ans auparavant. On pourrait plutôt le regarder comme une restauration de l'ancien royaume germanique (1). »

Cette appréciation est irréprochable au point de vue
historique. Le nom de Saint-Empire romain-germanique
décorait une institution vénérable par son antiquité,
mais restée au milieu du monde moderne comme la
dernière expression du moyen âge chrétien et féodal. La
couronne était élective, bien qu'en fait depuis près de
quatre siècles elle eût fini à peu près par se fixer sur
la tête des princes de la maison de Habsbourg. Le
territoire qu'il embrassait en 1789, à la veille de l'é-
branlement dans lequel il devait disparaître, était
plus grand que celui de l'Empire actuel, mais surtout très différent ; car si les deux provinces de Prusse
et celles de Posen et de Silésie, sans parler du Slesvig
et de l'Alsace-Lorraine, n'en faisaient pas partie, il
comprenait d'autre part les pays allemands de l'Autriche, ainsi que la Bohême et la Moravie, et même la
Belgique. C'était dans l'Allemagne du Sud que se
trouvaient les sièges consacrés par l'exercice de ce
qui restait encore d'autorité et de vie impériales : à
Vienne, la résidence du *Kaiser*, à Francfort, la ville
de l'élection et du couronnement, à Ratisbone le
Reichstag, à Spire, puis à Wetzlar, la *Chambre impé-*
riale. C'était aussi dans le Sud de l'Allemagne que
l'Empereur, en dehors de ses domaines héréditaires,
conservait le plus de prestige et d'influence. La
Souabe et la Franconie, où le morcellement politique
était poussé à un haut degré, conservaient à l'Empire
une clientèle encore assez nombreuse dans les villes
libres et les rangs de la noblesse immédiate, membres menacés du corps germanique, et disposés à se
serrer autour du trône impérial pour échapper aux

(1) *Géographie politique de l'Europe*. (Trad. fr.) p. 229.

convoitises des princes. A Berlin, à Dresde, à Munich,
on pratiquait une politique entièrement indépendante
des intérêts du Saint-Empire. Mais parmi les « libres
chevaliers » l'aigle d'Autriche trouvait une pépinière
d'officiers toujours empressés à s'enrôler à son service ; et si l'idée impériale vivait encore dans quelque
classe de la société, c'était surtout dans celle d'où
sortirent, pendant les guerres napoléoniennes, deux
des adversaires les plus résolus de la domination
étrangère, le comte de Stadion et le baron de Stein (1).
Lorsque les médiatisations eurent confisqué ce qui
restait encore de villes libres et de fiefs d'Empire, et
les eurent partagés, avec les dépouilles ecclésiastiques, entre quelques États souverains, la vieille
Allemagne cessa du même coup d'exister. La renonciation de l'empereur François II ne fit que sanction-
ner un fait accompli (2) ; l'acte qui scellait dans sa
tombe le Saint-Empire romain-germanique fit peu de
bruit.

Il suffit d'un peu de réflexion sur ce passé pour
apprécier, en effet, les différences profondes qui le séparent de l'Empire actuel : la couronne héréditaire et
non plus élective, le centre de gravité porté du Sud
au Nord de l'Allemagne, l'Autriche évincée et la Prusse
disposant en maîtresse d'une organisation bien autrement solide que ne le fut jamais celle du Saint-Empire.
Il y avait dans l'ancien Empire des pays qui, sans cesser
d'en faire partie, relevaient de souverains étrangers,
de la Suède ou de l'Angleterre, tandis qu'au contraire
une bonne part des domaines prussiens ou autrichiens
restaient en dehors des cadres de l'organisation impériale. Rien de tel dans le nouveau : pas plus que
l'ancien, il n'est exclusivement germanique par sa
sa composition ethnographique, il comprend des

---

(1) Stein, né dans le Nassau ; Stadion, originaire du Wurtenberg.
(2) Acte de renonciation de François II, qui garde dès lors exclusivement le titre d'empereur d'Autriche : 6 août 1806.

éléments étrangers dont nous avons noté l'importance ; mais aucune puissance étrangère ne possède une parcelle du sol impérial, et aucun membre du nouvel Empire ne possède une seule parcelle de sol en dehors de son territoire.

Mais il n'y a pas seulement dans la nouvelle institution impériale ce que la réalité y met ; il y a ce que l'imagination ajoute. Au fond l'esprit allemand, si pénétré de traditions historiques, y voit une restauration plutôt qu'une création nouvelle. Seulement, dans ses réminiscences, ce n'est pas aux rois de Germanie, c'est à Charlemagne et aux Ottons qu'il remonte. Les soixante-quatre ans qui se sont écoulés entre la fin de l'ancien Empire d'Allemagne et la proclamation du nouveau, ne sont pas une période assez longue pour que les derniers reflets du soleil impérial aient eu le temps de disparaître de l'horizon germanique. L'Allemagne actuelle rétablit par son passé impérial la continuité de son existence nationale. Monarchique, elle reprend, pour y ajouter les noms de l'heure présente, sa lignée d'empereurs remontant, sans autre interruption que deux interrègnes, à Charlemagne. Elle se sent amoindrie dans les amoindrissements subis par l'ancien Empire germanique, diminuée des pertes réelles ou prétendues qu'il a faites.

C'est ainsi qu'au-dessus des limites actuelles de l'Empire, il est une autre Allemagne, non moins populaire dans les livres et dans l'école : celle-là s'étend du Pas-de-Calais à Presbourg, de la pointe du Jutland au golfe de Fiume. La France s'y voit assigner des « limites naturelles qui, partant du cap Gris-Nez, atteignent les sources de la Lys, de l'Escaut et de la Sambre, suivent l'Argonne et les hauteurs entre la Meuse et l'Ornain jusqu'au plateau de Langres et aux monts Faucilles. » Sans revendiquer positivement, au moins dans son entier, le royaume d'Arles, on rappelle que l'Allemagne a des droits historiquement fondés sur les pays du Rhône. La Suisse, la Belgique, le Luxembourg, les Pays-Bas, le Danemark figurent comme « États allemands extérieurs » dans l'orbite du nouvel Empire ; quand ce n'est pas au nom de la parenté des langues, c'est au nom du lien d'obéissance ou de vassalité qui les aurait unis à l'Empire d'Allemagne (1). Les voisins de l'Allemagne qui avaient cru à la mort du Saint-Empire, feraient les frais de sa résurrection, si jamais un jour venait pour l'application des prétendus droits historiques.

(1) Ces exemples sont empruntés à l'un des ouvrages scolaires les plus répandus : Daniel, *Handbuch der Geographie* ; notamment tome III, p. 17, tome IV, p. 918, tome II, p. 673, etc. (5e édition).

En ce qui concerne les rapports de l'Allemagne et de l'Italie, on trouve le passage suivant :

« Après Rodolphe de Habsbourg, les souverains qui ont embrassé dans son ampleur l'idée impériale, nous donnent la preuve que même en Italie tout n'était pas perdu ; il fallait seulement qu'un grand cœur présidât à la succession de Charlemagne. Banale redite, que l'Italie n'ait été pour l'Allemagne qu'un appendice dangereux ! Jusqu'à ces derniers temps une politique vraiment allemande ne pouvait renoncer à exercer une influence précise sur les choses d'Italie...» (Tome IV, p. 8.) La dernière phrase a été supprimée dans la dernière édition.

ROYAUME DE BELGIQUE

Superficie : 29,457 kilomètres carrés.
Population : 5,853,278 habitants (1).

La Belgique célèbre officiellement par des fêtes commémoratives les journées des 23-26 septembre 1830, date de l'insurrection bruxelloise qui eut pour résultat la rupture de l'union avec la Hollande. C'était le congrès de Vienne qui avait, en 1815, stipulé la réunion de la Belgique et de la Hollande en un seul royaume, sous le sceptre de la maison d'Orange. L'affinité de langue et de race entre les Flamands et les Hollandais semblait une garantie en faveur de cette conception, principalement imaginée par le parti tory dans une intention hostile à la France. Elle échoua pourtant, et les fautes du souverain ne furent pas les seules raisons de cet échec. Il n'y avait pas dans ce royaume néerlandais une force d'assimilation capable d'unir les éléments disparates qui entraient dans sa composition : une Belgique toute catholique avec une Hollande protestante, une forte minorité de populations wallonne ou française avec une majorité flamande ou hollandaise. Après une expérience de quinze années, la séparation répondit aux vœux à peu près unanimes des populations belges. Louis-Philippe ne crut pas pouvoir accepter la couronne offerte par le congrès belge à son second fils, le duc

(1) Recensement du 31 décembre 1885.

de Nemours ; et, lorsque la résistance de la Hollande eut été écartée par l'intervention militaire de la France, l'Europe sanctionna la création d'un nouveau

royaume, admis avec le privilège de neutralité au nombre des États souverains (1).

Plus d'un demi-siècle s'est écoulé, pendant lequel

1) Conférence de Londres, 15 novembre 1831.

la Belgique a pris un remarquable essor économique. Mais les passions qui animaient les combattants de 1830 se sont éteintes ou transformées. Elles n'éveillent plus d'écho chez les générations présentes. Plusieurs même regrettent la rupture du pacte avec la Hollande, comme la perte d'une garantie d'existence qui pourrait avoir son prix dans la situation menaçante où se trouve l'Europe.

Ce jeune royaume, à peine supérieur en étendue à l'une de nos provinces de Normandie ou de Bretagne, tire une grande importance de son développement économique et de sa position européenne. Borné au sud par la France, il confine à l'Allemagne par une partie de sa frontière orientale, tandis que la côte s'avance jusqu'à proximité de l'Angleterre. Son territoire sert de passage à quelques lignes maîtresses du réseau ferré européen : de Paris à Berlin et à Pétersbourg par les vallées de la Sambre et de la Meuse ; de Cologne à Londres, par Malines et Ostende ; de Bâle à Anvers, par Namur et Bruxelles.

Mais ce n'est pas seulement une contrée de transit ; c'est aussi un des plus puissants foyers de production du monde. Dès le moyen âge, l'industrie du tissage avait aggloméré de nombreuses populations dans les cités de la Flandre et du Brabant. Éprouvée par les révolutions et les guerres étrangères, cette prospérité industrielle s'est relevée de nos jours, appuyée sur de nouvelles bases. C'est dans ses mines de houille, qui occupent environ la vingt-deuxième partie de son territoire, et dont elle tire par an 18 millions de tonnes, presque autant que la France entière, que gît le principal aliment de son industrie. Aussi la population y atteint-elle une densité qui n'est égalée dans aucun État de l'Europe, 198 habitants par kilomètre carré. La Belgique a retrouvé aujourd'hui la prospérité de ses meilleurs jours. Une circulation active, servie par le réseau ferré le plus développé qui existe en

Europe (1), règne d'un bout à l'autre de la contrée. Nulle part, si ce n'est en Angleterre, le mouvement de personnes et de marchandises n'est plus considérable. On évalue à peu près à 1 milliard 400 millions de francs la valeur des marchandises qui transitent à travers ce petit pays, et à 2 milliards 800 millions celles de l'importation et de l'exportation proprement dites.

Lorsqu'on parcourt certaines parties du Hainaut ou des Flandres on s'explique l'expression de Guichardin, écrivant au XVIᵉ siècle, avant les guerres espagnoles, que « toute la Flandre n'est qu'une ville continue ». L'esprit urbain et communal est profondément imprégné dans les populations ; il respire dans leurs monuments favoris, dans ces hôtels de ville fourmillant de statues et surmontés de beffrois superbes ; il s'exprime encore dans ces associations et ces fêtes qui jouent un grand rôle surtout dans la vie flamande.

Le pays. — La Belgique ne constitue pas une région naturelle. Les régions limitrophes trouvent leur continuation sur son territoire. C'est ainsi que les dunes et les polders du littoral hollandais se succèdent sur une bande parallèle à la mer. Entre Bruges et Ostende, comme entre Dixmude, Furnes et Nieuport, les prairies coupées de canaux rappellent les environs de Dordrecht ou de Rotterdam. A l'est d'Anvers, occupant tout le Nord du royaume, s'étend la Campine, région de sable et de tourbières, où l'œil rencontre les horizons mornes et désolés qui, à travers le Brabant hollandais, la Gueldre et l'Over-Yssel, le poursuivraient jusque dans le Nord-Ouest de l'Allemagne. De la zone des polders à la vallée de la Meuse, le sol s'élève insensiblement. Néanmoins, malgré quelques collines qui l'accidentent dans les provinces de Brabant et de

(1) La Belgique a 11,5 kilomètres de voies ferrées pour 100 k. c. Le Royaume-Uni n'a que 9,5 pour la même étendue. Voir von Scherzer *Das Wirthschaftliche Leben der Völker*, Leipzig, 1885.

Hainaut, c'est une plaine qui continue celle du Nord de la France. La séparation des eaux entre les tributaires de la Meuse et ceux de l'Escaut n'est marquée par aucun accident sensible de terrain. Rien n'indique qu'on passe d'un bassin à l'autre dans ces larges croupes, à peine modelées par de légères ondulations, qui constituent ce qu'on appelle la Hesbaye, riches terres à blé dont l'aspect rappelle nos hautes plaines de Picardie. La brèche profonde où coule la Meuse, forme une sorte de séparation naturelle. Au delà commence une contrée qui ne tarde pas à devenir plus âpre : ce sont d'abord les calcaires fissurés et percés de grottes du pays qui porte encore le nom d'une ancienne peuplade gauloise, le Condroz (1). Puis, à l'extrémité sud-est du royaume, s'élève l'Ardenne avec ses schistes noirâtres, ses forêts, ses *hautes fanges*, et cet ensemble de traits physiques qui la caractérisent soit dans l'Eifel rhénan, soit dans son prolongement en France jusqu'à Mézières et Hirson.

Les populations. — Cette singulière variété d'un territoire dont on ne doit pas oublier la petitesse, contribue avec les causes historiques à expliquer la variété des populations qui l'occupent. Placée aux confins du monde roman et du monde germanique, la Belgique a été le champ de bataille séculaire que se sont disputé les deux influences. Son nom désignait primitivement une des trois grandes divisions ethnographiques de l'ancienne Gaule et embrassait un territoire dont le royaume actuel n'est qu'une faible réduction. Les Gaulois de Belgique furent romanisés comme les autres. On voit dans les provinces orientales et méridionales du royaume de nombreux vestiges de la période romaine. Nulle part ils ne sont plus nombreux que dans la région traversée par la voie romaine (2) que l'on suit encore de Bavay, près de

(1) *Condrusi* (César, *De bello Gallico*, II, 4).
(2) Van Dessel, *Carte archéologique de la Belgique*.

Maubeuge, jusqu'à Tongres et à Maestricht, et qui est connue sous le nom de *Chaussée de Brunehaut*. Au contraire, dans les parties maritimes et basses l'occupation du sol, contrariée par les difficultés naturelles, tarda plus longtemps à devenir intense. Les rares et pauvres populations qui s'y trouvaient, se fondirent dans le flot des invasions franques. A celles-ci appartint la tâche de disputer le sol à la mer et aux eaux fluviales, de changer ces fanges et ces marécages en un terroir fertile. L'étymologie des noms ne laisse aucun doute sur l'origine germanique des villes dans le Nord et l'Ouest de la Belgique actuelle (1).

La distinction entre la Belgique flamande et la Belgique dite *wallonne* repose donc sur un fondement à la fois historique et géographique. Aujourd'hui, malgré l'avantage que donne au français l'étendue générale de son domaine et la popularité de sa littérature, la Belgique se divise à peu près en deux moitiés au point de vue linguistique. Quatre provinces appartiennent presque en entier au domaine des dialectes flamands : Flandre occidentale, Flandre orientale, Anvers et Limbourg. Quatre sont entièrement wallonnes : Hainaut, Namur, Liége et Luxembourg. La neuvième, celle du Brabant, appartient, par sa moitié septentrionale au flamand, par sa moitié méridionale au wallon. Une ligne passant un peu au sud de Courtrai (*Kortryk*), de Renaix, de Bruxelles et de Tongres marquerait à peu près la limite des deux groupes.

Même dans la partie flamande, le français est généralement parlé dans les villes, au moins par les hautes classes ; mais en ce cas l'accent permet de saisir la différence. Aux intonations lourdes et traînardes du français parlé à Louvain ou à Malines, succède, dès qu'on entre en pays wallon, un parler plus vif, d'une

___

(1) Parmi les radicaux germaniques qui figurent le plus souvent dans les noms de lieux de cette contrée, on peut citer *bek* (ruisseau) *brouk* (marais), *hem* (demeure), *kerke* (église), *laer* (pâturage commun), *loo* (?), *rode* ou *roo* (défrichement).

physionomie plus française. Le geste aussi est plus vif, l'allure du corps plus dégagée, il y a moins de têtes carrées. Sans doute les différents patois qui se parlent de Tournai à Liége, en pays wallon, ne flattent pas l'oreille par des sons très harmonieux ni toujours très intelligibles ; mais alors même qu'on ne comprend pas, on se sent dans sa langue. Des intonations connues, l'abus des diphtongues nasales, de vieux mots qu'on saisit au vol dans le flux du discours, vous transporteraient dans quelque village picard. Il y a aussi ces éternels traits de race du vieux peuple gaulois (1), le goût des reparties piquantes et le plaisir d'exercer sa langue. On a toujours eu le mot vif et le franc parler à Tournai, à Dinant, à Liége, même envers les puissants et non sans risques. Les dictons satiriques pleuvent de village à village, et l'on s'y fait, comme en notre pays de France, une guerre acharnée de plaisanteries et de malices. La fibre militaire s'éveille facilement chez le Wallon, et les campagnes du premier empire ont longtemps laissé chez ceux de Tournai et d'autres lieux matière inépuisable à des contes et à des chansons. Cette population joyeuse et hardie est une vraie fille du sol gaulois, une plante vivace qui a conservé la saveur du cru.

Le dualisme de langue ne se présente pas en Belgique dans les mêmes termes qu'en Suisse. Là coexistent, dans un État fédératif, deux des principales langues de l'Europe ; le royaume de Belgique au contraire se partage entre le français et un idiome local. Il était donc naturel que le français obtînt la préférence, comme organe général de communication, dans la vie publique. Même aujourd'hui en pays flamand la plupart des journaux, presque toutes les plaidoiries sont en français. Cependant les revendications de la langue flamande se sont manifestées en

---

(1) « *Argute loqui* était un des plaisirs des Gaulois, d'après Caton.

ces dernières années avec une certaine force. Grâce à l'appui des pouvoirs publics, elles ont réussi à conquérir du terrain dans les écoles. Des efforts ont été faits pour dégager une langue flamande du chaos des patois locaux. Les romans d'Henri Conscience, un Anversois d'origine française, ont contribué à ce résultat. Le flamand littéraire tend à se rapprocher du hollandais, son voisin immédiat, de façon à former avec lui un domaine linguistique comprenant 6 à 7 millions d'hommes. On ne saurait blâmer les Flamands du soin avec lequel ils s'appliquent à défendre et à restaurer leur idiome maternel. L'exagération seule serait un danger. Le jeune royaume n'aurait rien à gagner à introduire chez lui un antagonisme des langues. Ce n'est pas aux Flamands, mais aux fauteurs suspects d'un germanisme envahissant qu'il appartient de s'inspirer du mot d'un autre âge : « *Wat Walsch es, valsch es :* Ce qui est velche est mensonge ! »

Belgique flamande.

La Belgique flamande se compose des deux provinces de Flandre occidentale et Flandre orientale, et de la grande ville d'Anvers. La première de ces provinces, malgré sa nombreuse population, ses industries célèbres de dentelles et de lin, n'a plus son importance commerciale d'autrefois. Les villes sont un peu mortes, mais presque toutes ont des monuments qui rappellent une période de splendeur. Lorsque, dans la petite ville d'Ypres (1) on visite le gigantesque édifice construit au treizième siècle pour servir de halle aux draps, on retrouve, comme dans une rapide vision du passé, la turbulente commune qui armait des milliers de tisserands pour l'émeute ou pour la guerre.

Bruges, quoique moins déchue, puisqu'elle compte

(1) Ypres, 16.000 habitants.

encore 46,000 habitants, rappelle aussi Pise la morte.
Tant que le bras de mer du Zwyn, qui s'avançait
jusqu'à Damme à une lieue au nord de Bruges, resta
accessible aux navires, Bruges fut le grand entrepôt
des Pays-Bas, un marché où se rencontraient le commerce du Nord et du Midi, ainsi qu'une ville industrielle
célèbre par la fabrication des draps. Mais au quinzième
siècle, la mer se retira graduellement ; les sables, puis
les prairies prirent la place des ports de Damme et
de Sluus (l'Écluse) (1). Ce fut, avec les discordes civiles,
la cause de la décadence de Bruges. Rien dans cette
ville inanimée ne distrait l'attention des monuments
et des œuvres d'art du passé. Toute la vie maritime
de la Flandre occidentale se concentre aujourd'hui
à Ostende (2), ville de bains et surtout port d'embarquement vers l'Angleterre en concurrence avec Calais.

La Flandre orientale a plus d'activité. Oudenarde,
Alost, Saint-Nicolas (3), sont des centres industriels
assez importants. Gand (4), capitale de la province,
est par sa population la troisième ville du royaume.
Située au confluent de la Lys et de l'Escaut, au point
où ce fleuve, tournant brusquement vers l'est, commence à sentir l'action de la marée, Gand occupe une
position centrale qui la fit choisir de bonne heure
comme résidence par les comtes de Flandre. Mais c'est
comme *capitale de la draperie* qu'elle devint une
des plus puissantes villes du moyen âge. Sur une de
ses places principales, d'aspect malheureusement
trop moderne, s'élève la statue d'Arteveld, du brasseur
fameux qui traitait de puissance à puissance avec les
rois de France et d'Angleterre. L'industrie du coton,
établie à Gand dès 1803, lui a rendu une partie de
son ancienne prospérité ; il y a près de 50,000 ou-

(1) Bataille navale du 21 juin 1310.
(2) Ostende, 22.000 habitants. On met 23 heures de Londres à Bâle
par Ostende.
(3) Alost, 22,000 hab.; St.-Nicolas, 27.000 hab.
(4) Gand, 141.000 habitants.

vriers dans la ville ou la banlieue. Elle communique directement avec la mer par le grand canal de Terneuzen (5 mètres de profondeur), et reçoit des navires d'Angleterre. L'État a établi à Gand une de ses deux universités.

Le port d'Anvers. — Le grand port maritime de la Belgique est Anvers (*Antwerpen*). Lorsque l'Escaut arrive devant les quais de cette grande ville, encore à vingt lieues de son embouchure, il a reçu tous ses affluents, la Lys à Gand, la Dender à Termonde, la Ruppel à Ruppelmonde ; il roule, dans un lit dont la largeur a été réduite de 600 mètres à 350, des eaux dont la profondeur, qui est de 10 mètres à l'étiage, atteint 14 à haute marée. Avant de se détourner vers l'ouest pour atteindre la mer du Nord juste en face de l'estuaire de la Tamise, il décrit vers l'est une dernière inflexion, qui marque le point le plus oriental de tout son cours. C'est le long de la convexité de cette courbe, sur la rive droite, que s'étale en forme de croissant Anvers, ville à la fois intérieure et maritime. La tour de sa cathédrale, si fine qu'elle semble un défi aux vents furieux qui font souvent rage dans ce pays plat, se dresse presque au milieu de l'arc de cercle. Du haut de cet édifice on voit se dérouler presque à ses pieds trois régions différentes : au sud-ouest le pays de Waës, qui avec ses champs entourés d'arbres et ses maisons basses perdues dans le feuillage a presque l'air d'une forêt ; au nord-ouest la Zélande toute en prairies et en polders ; au nord-est les sables et les maigres taillis de la Campine.

C'est grâce à ces conditions géographiques qu'Anvers s'éleva au seizième siècle, comme héritière de Bruges, à une grande prospérité. Jusqu'au moment où éclatèrent les troubles des Pays-Bas, elle fut une grande cité manufacturière, l'intermédiaire du commerce entre le Nord et le Sud, et un foyer d'art (Quin-

tin-Massys, 1450-1531). Cette dernière gloire lui resta
seule, après les guerres qui bouleversèrent les Pays-
Bas. Le commerce déserta l'Escaut pour passer à
Rotterdam et à Amsterdam, et les Hollandais, devenus
maîtres des embouchures du fleuve tandis qu'Anvers
restait à l'Espagne, réussirent à introduire dans les
traités de Westphalie une clause qui fermait le
port et privait outrageusement les habitants « des
commodités et avantages que Dieu et la nature leur
avaient accordés ». La domination autrichienne, qui
succéda à celle de l'Espagne, ne put s'affranchir de
cette interdiction. Napoléon voulut faire d'Anvers un
grand établissement militaire, et creusa deux des
bassins du port. La prospérité commerciale était en
train de renaître, lorsque la séparation de la Belgique
et de la Hollande, en 1830, lui porta un nouveau coup.
Ce n'est qu'en 1863 que le rachat des droits de navigation perçus par la Hollande permit enfin à la ville
de prendre son essor.

Après tant de vicissitudes, Anvers tend aujour-
d'hui à devenir le premier port du continent. De
grands travaux ont été accomplis pour le mettre au
niveau des récents besoins de la navigation. Les plus
forts navires accostent à quais ; ceux-ci bordent le
fleuve avec un développement de 3.500 mètres, et
sont continués par 6 docks ou bassins creusés de
main d'homme au nord de la ville. Notre port du
Havre ne peut qu'envier à Anvers les facilités de circulation dont il dispose. Les quais, larges d'environ
80 mètres, sont sillonnés par plusieurs lignes de
rails, entre lesquels des halles couvertes, construites
en fer, abritent les marchandises. Là attendent leur
tour d'embarquement des produits venus non seulement de Belgique, mais des pays rhénans et du nord
de la France : fers, verreries, machines, vins de
Champagne et même de Bordeaux, à côté des balles
de coton qu'envoie l'Amérique et que des wagons

vont transporter directement à Mulhouse ou à Zuric , et de balles de laine venues de la Plata et prêtes à partir pour Lille ou Roubaix. Anvers est un grand entrepôt, en rapport avec le monde entier. Tous les samedis, les vapeurs de la *Red Star line*, compagnie belge, emportent vers New-York de nombreux émigrants venus surtout de Suisse et d'Allemagne. D'autres lignes mettent Anvers en communication régulière soit avec Québec et Montréal (2 fois par mois), soit avec Boston, Philadelphie et la Nouvelle-Orléans. Des services directs et fréquents sont entretenus avec la Havane et Porto-Rico, avec Para, Santos, Rio-de-Janeiro, Montevideo, Rosario et même, par le détroit de Magellan, avec Valparaiso, Mollendo et Callao. Anvers possède depuis peu un service direct, qui nous manque encore, avec le Congo, dont l'*État libre* est placé sous le patronage du roi des Belges. Les relations avec l'Inde, l'Australie et l'Extrême-Orient se développent avec rapidité. Le commerce de la Belgique avec l'Inde, à peu près nul il y a seulement quinze ans, est devenu aujourd'hui considérable, surtout avec Bombay. « Aucun pays d'Europe n'a marché d'un pas plus rapide depuis ces dernières années dans le commerce de l'Inde (1). » Depuis 1886 les grandes lignes postales subventionnées par le gouvernement allemand, et qui partent tous les quinze jours de Bremerhafen pour l'Asie orientale et pour l'Australie, font escale à Anvers.

En peu d'années Anvers est ainsi devenu un grand marché international, dont l'attraction s'étend bien au delà des limites du royaume. La part du pavillon belge dans le mouvement maritime du port est très inférieure à celle du pavillon anglais et même hollandais, à peine supérieure à celle du pavillon allemand. L'ensemble des entrées et sorties de navires de mer a représenté en 1885 un chiffre total de

(1) *Statement exhibiting the progress of India*. Lond., 1885.

6,988,151 tonneaux de jauge (1). A ce mouvement
s'ajoute un trafic de batellerie très considérable, soit
avec le Rhin par les chenaux de la Zélande, soit avec
l'intérieur de la Belgique par l'Escaut et la Rupel,
qu'un canal de navigation relie directement à
Bruxelles.

La population d'Anvers s'est rapidement accrue ;
de 126,000 habitants en 1870, elle est montée aujour-
d'hui à 191,000. La ville a néanmoins conservé en
grande partie sa physionomie flamande et catholique.
Du mouvement qui s'agite autour des quais, de la
Bourse ou des principales places, on passe vite dans
des rues silencieuses aux angles desquelles sont
nichées des statues de la Vierge. Quoique située en
dehors des provinces qui portent le nom de Flandre,
Anvers est bien aujourd'hui le centre du mouvement
flamand.

On sait qu'Anvers est entouré d'une enceinte continue et
d'une ceinture de forts détachés, dont les abords peuvent être
inondés. Ce système de fortifications, un des plus complets
qu'il y ait en Europe, est destiné à fournir une base d'opérations
à l'armée belge, au cas où la neutralité du territoire aurait été
violée. Anvers est resté jusqu'à ce jour la seule place forte de
la Belgique. Il est question d'élever d'autres fortifications le
long de la vallée de la Meuse.

Brabant. — Le Brabant est la province centrale
du royaume. Il est traversé par deux rivières, la
Senne et la Dyle qui se réunissent à la Nèthe pour
former la Ruppel et se jeter ensemble dans l'Escaut.
Au point où la Dyle éprouve encore l'action de la
marée, se trouve Malines (2) (province d'Anvers),
métropole religieuse de la Belgique et centre important de chemins de fer. Plus haut sur la même rivière
est Louvain (3), jadis la capitale du Brabant, aujour-

---

(1) *Bulletin consulaire* (1886). A comparer pour la même année :
    Londres : 12.019.137 tonneaux.
    Liverpool : 9.995.351.
    Marseille : 64.52.008.
(2) Malines (*Mecheln*), 46.000 hab.
(3) Louvain (*Loeven*), 37.000 hab.

d'hui siège d'une université catholique dont l'influence est considérable.

Bruxelles a, comme capitale, l'avantage d'une position centrale entre la Meuse et la mer, entre la France et la Hollande. Son histoire depuis le quinzième siècle est mêlée à tous les événements décisifs de l'histoire des Pays-Bas ; c'est dans la haute ville, *Montagne de la Cour*, que Philippe le Bon tint sa cour brillante ; c'est à Bruxelles que commença en 1566 le premier soulèvement contre l'Espagne, que furent décapités en 1568 les comtes d'Egmont et de Horn ; c'est sur Bruxelles que marchait Napoléon, lorsqu'il fut arrêté le 18 juin 1815 au Mont Saint-Jean (1) ; c'est dans cette ville qu'éclata l'insurrection contre la maison d'Orange.

Cependant l'esprit local et communal est trop développé en Belgique, pour que l'influence de la capitale y soit considérable. Résidence de la cour, siège des pouvoirs publics et d'une université libre, Bruxelles, qui ne comptait que 84.000 habitants en 1824, en compte aujourd'hui 169.000 et, si l'on comprend ses faubourgs, 430.000. C'est donc le plus grand centre de population de la Belgique et l'un des principaux de l'Europe. La ville couvre de maisons serrées les pentes de sa montagne et la vallée dans laquelle la Senne a tracé son cours, dissimulé aujourd'hui sous les boulevards nouveaux. Si ce n'est la vieille place historique qu'entourent les maisons de corporations et l'Hôtel de ville, Bruxelles a conservé peu de monuments du passé. C'est la plus cosmopolite des villes belges. Sa physionomie manque de trait saillant ; elle est un

(1) Mont St-Jean, quartier de Wellington, à 4 lieues au sud de Bruxelles sur la route de Charleroi. A 3 kil. et demi au sud, la ferme de la Belle-Alliance, où se tint Napoléon ; à l'est de ce point, le village de Plancenoit et la ferme de Papelotte où eut lieu l'attaque prussienne. Au village de *Waterloo*, resté en dehors de l'action, commencement des bois qui se prolongent jusqu'aux portes de Bruxelles.

peu effacée, comme celle du paysage qui l'entoure
et où d'ailleurs se mêlent assez agréablement les
prairies, les champs et les bois.

Belgique wallonne

Au sud et au sud-est de Bruxelles commencent de
larges plateaux, par lesquels on s'élève graduellement
jusqu'aux roches calcaires entre lesquelles coulent la
Sambre et la Meuse. Cette zone, qui marque le passage
de la Belgique flamande à la Belgique wallonne, pourrait être appelée la *zone des champs de bataille*. Steen-
kerque, Seneffe, Fleurus, Ligny, Ramilies, Neer-
winde, noms souvent répétés dans l'histoire des
guerres, s'y échelonnent depuis les sources de la
Senne jusqu'à celles de la Geete. En effet la plupart
des affluents ou sous-affluents de la rive droite de
l'Escaut prennent naissance dans ces grands plateaux.

Entre les marais de la Basse-Belgique et les accidents de terrain de la partie haute, ces larges croupes
à blé offraient un terrain facile aux opérations militaires. Par là passait la grande chaussée romaine de
Bavay à Tongres, qui fut comme la voie Appienne de la
Belgique. Par là se sont avancées les armées dans les
guerres modernes dont les Pays-Bas ont été le théâtre.
La plaine de Fleurus célèbre par les batailles de 1622,
1690, 1794, 1815, est une des plus belles régions
agricoles de la Belgique. « Si vous êtes montés dans
les clochers de Chartres, dit un observateur, vous
avez l'idée du pays (1). » Dans cette région, les fermes,
bien différentes des petites habitations rurales qu'on
voit dans les Flandres, se composent d'énormes bâtiments en briques, élevés au-dessus d'une vaste cour

(1) Léonce Person, *Excursion aux champs de bataille de Ligny
et Waterloo*, 1886.

qu'ils enserrent de toutes parts. Les fenêtres sont
rares, une porte solide clôt l'unique entrée (1).

Hainaut. — Le Hainaut belge continue le Hainaut
français (partie orientale du département du Nord).
Tournai, sur l'Escaut, en est la ville la plus considérable
et la plus ancienne, car son origine remonte à l'époque
romaine. Les roches calcaires, qui commencent à se
montrer dans le Tournaisis, fournirent les matériaux
de la belle cathédrale gothique qui s'éleva dès le
douzième siècle. C'est dans ce pays de carrières que se
formèrent les architectes et les sculpteurs qui allèrent
ensuite porter leurs procédés de construction et leur
art dans ceux où la pierre manque, dans les tristes
pays de la brique, en Flandre et particulièrement à
Bruges. Tournai (2) dut à ses maîtres architectes et
sculpteurs une place importante dans l'histoire de l'art
aux Pays-Bas. Belge ou Français, le Hainaut a toujours gardé ses traditions artistiques. Ce n'est pas
seulement dans l'art d'assembler et de tailler la
pierre, mais aussi dans la sculpture peinte et dans la
peinture proprement dite qu'il s'est illustré. Parmi les
vieux peintres du quinzième siècle Tournai revendique
ce Roger de la Pasture, dont le nom transformé en
Van der Weiden se retrouve à la tête des écoles du
Brabant. Valenciennes, dans le Hainaut français, nous
a donné Watteau et Carpeaux.

Région industrielle. — Dans la partie orientale du
Hainaut les gisements de houille qui sont distribués
sur la lisière occidentale des terrains anciens de la
Belgique, se rapprochent de la surface du sol (3). Ils
donnent lieu à une série de bassins d'exploitation qui
se prolongent en France et qui en Belgique se conti-

---

(1) Telles sont les fermes de Goumont, de Papelotte, de la Haie-
Sainte, si rudement disputées entre les Français et les Anglais sur
le champ de bataille de Waterloo. Voir Laveleye, *Revue des Deux
Mondes*, juin 1861.
(2) Tournai, 31.000 hab.
(3) André Dumont, *Carte géologique de la Belgique.*

nuent avec peu d'interruptions jusqu'à Liége. C'est aux environs de Mons, au bourg de Jemmapes, témoin de la célèbre bataille du 6 novembre 1792, que commence le pays des forges et des usines (1). Les chemins deviennent noirs et les figures ressemblent aux maisons. Le plus occidental de ces bassins houillers porte le nom de Borinage ; il est relié à l'Escaut par un canal dont une bifurcation aboutit à Condé (France) et l'autre à Antoing (Belgique). Plus à l'est s'étend le bassin de Charleroi (2) que la Sambre et le canal de l'Oise mettent en relations directes avec Paris, tandis qu'un canal le relie à Bruxelles. De là descendent ces lourdes péniches chargées de charbon qui viennent s'amarrer aux quais de notre capitale.

Vallée de Sambre et Meuse. — La Sambre, entrée en Belgique au-dessous de la petite ville industrielle de Jeumont, occupe jusqu'à son confluent avec la Meuse la vallée maîtresse qui traverse la Belgique en diagonale et qui sert de route entre Cologne et Paris. Ce n'est pas une vallée d'érosion, mais une fente primitive du sol, dans laquelle l'accumulation des minerais de houille, de fer et de zinc a frayé la voie à un grand mouvement industriel. On sait la vieille réputation des habitants comme forgerons et fondeurs de métaux. C'est à Marchienne et à Charleroi que se pressent surtout les hauts fourneaux, les verreries et les usines de toute espèce. Plus bas le tumulte industriel s'apaise un peu, bien qu'à Floreffe (près Namur) se trouve une des plus importantes fabriques de glaces de la Belgique. Namur (3) domine de sa citadelle aujourd'hui surannée le confluent de la Sambre dans la Meuse.

Celle-ci vient du sud presque à angle droit. Elle a traversé avant d'entrer en Belgique les croupes boisées

(1) Mons, 25.000 hab.
(2) Charleroi, 16.000 hab.
(3) Namur, 27.000 hab.

des Ardennes par une série de brèches profondes qui
se succèdent entre Mézières et Vireux. Puis elle s'est
frayé une vallée étroite entre des murailles calcaires ;
elle a reçu sur sa rive droite la jolie petite rivière de la
Lesse, célèbre par les grottes qui la bordent et dont
plusieurs ont servi de demeures aux populations tro-
glodytes de la période glaciaire. Elle a arrosé, une
demi-lieue plus bas, la pittoresque Dinant, tout à
l'étroit entre les rocs qui la surplombent et la rivière
qui l'étreint. Quand elle arrive à Namur, très supérieure à la Sambre en largeur et en débit, elle change
brusquement de direction et suit à son tour, du sud-
est au nord-ouest, la profonde rainure, dans laquelle
elle remplace son affluent. Si l'on tenait compte de la
vallée plus que de la rivière, c'est la Meuse qui serait
le tributaire.

De Namur à Liége elle suit un couloir encaissé entre
les roches à pic, qui nulle part, sauf à Liége même, ne
s'écartent assez pour encadrer un bassin. Mais entre ces
parois resserrées s'agite une ruche d'activité industrielle. A deux lieues en amont de Liége s'élèvent les
hautes cheminées des établissements de Seraing (1),
fondés en 1817 et devenus comme le Creusot de la Belgique. Puis c'est Liége (2) elle-même, sur la rive gauche
de la Meuse, escaladant de ses maisons les pentes des
rochers, emplissant la vallée du tumulte et de la
fumée de ses établissements industriels. L'aspect est
inattendu et saisissant, lorsque des plateaux agricoles
qui s'étendent à l'ouest on débouche brusquement
sur cette fournaise.

Située sur un des points les plus productifs du bassin houiller, Liége doit sans doute à cette circonstance une partie de son développement. Mais ce n'est
point une ville née d'hier. Elle se rattache par son
origine aux Carlovingiens, dont cette contrée fut le

(1) Seraing, 34.000 hab.
(2) Liége, avec é fermé suivant la prononciation locale.

berceau, comme le rappellent les noms des villes de Herstal et de Landen, la première presque contiguë et la seconde voisine de Liége. Au quinzième siècle on y comptait une nombreuse population d'artisans et d'armuriers, souvent en lutte avec le prince-évêque. Il y a en effet dans la position de cette ville des avantages généraux qui expliquent son importance. C'est le point où la Meuse, près d'entrer dans les Pays-Bas, élargit sa vallée et tourne au nord. Presque en face de Liége débouche l'Ourthe, qui vient du sud après avoir traversé la plus grande partie de l'Ardenne belge. Au moment où elle va se jeter dans la Meuse elle reçoit sur sa rive droite la Vesdre, petite rivière d'une haute importance industrielle et commerciale, route d'Aix-la-Chapelle et Cologne. Liége a donc grandi au carrefour des routes des Pays-Bas et d'Allemagne ; c'est le centre naturel de la Belgique wallonne. L'État y a fondé une de ses deux universités (1).

La petite vallée de la Vesdre est la continuation géologique de la trouée de Sambre-et-Meuse. Les dépôts de houille, de fer et de zinc s'y succèdent dans l'alignement de la section de la Meuse qui finit à Liége ; et avec eux se prolonge la zone de forte population et d'industrie. A Chênée, Angleur, sont des fonderies de zinc appartenant à l'importante société dite de la *Vieille-Montagne* (2). Plus loin se trouve Verviers, ville moderne, dont les manufactures de draps sont célèbres et qui compte 45.000 habitants.

Ardenne belge. — Dans la variété de contrées qui entrent dans la composition du petit royaume de Belgique, l'Ardenne est un dernier pays à part. De Spa au sud de Verviers, jusqu'à Bouillon près de la frontière française s'étendent des plateaux schisteux, largement bombés, d'aspect noirâtre, qui se continuent

(1) Liége, 133.000 hab.
(2) Principal établissement à *Moresnet*, dans le petit territoire neutre d'une lieue de long sur une demi-lieue de large qui est situé aux confins de la Belgique, de la Prusse et du Limbourg hollandais.

dans l'Eifel prussien ou dans l'Ardenne française.
Quelques sommités, près des sources de l'Ourthe,
atteignent un peu plus de 650 mètres, la plus grande
hauteur qu'on trouve en Belgique. Région boisée, d'aspect parfois pittoresque, plus souvent triste. Le climat
est âpre et la population rare. Les plus grands centres
sont des bourgs de 4 à 5,000 habitants. Mais ce pays
sévère nourrit des habitants sains et robustes. La
population rurale a beaucoup plus d'aisance, si maigre
que soit le sol, que dans la Flandre plantureuse
mais surpeuplée. On n'y rencontre pas ces tempéraments lymphatiques si fréquents en Flandre. La
phtisie, qui fait beaucoup de victimes dans la partie
basse de la Belgique, est rare au contraire sur ces
plateaux, malgré la rigueur du climat. Le climat devient plus tempéré, et le pays prend un aspect plus
gai dans le Bas-Luxembourg, qui comprend la contrée
d'Arlon (1), modeste capitale du Luxembourg belge. On
s'y trouve en effet hors des limites naturelles de l'Ardenne, sur les terrains de lias qui appartiennent
géologiquement au plateau lorrain.

La Belgique compte neuf provinces, dont l'étendue varie entre
4418 kilomètres (Luxembourg) et 2442 (Limbourg) et la population entre 1.060.000 habitants (Brabant) et 214.000 (Luxembourg). Ce sont:

Anvers.	Flandre orientale.	Limbourg.
Brabant.	Hainaut.	Luxembourg.
Flandre occidentale.	Liége.	Namur.

Le pouvoir législatif appartient à la Chambre des représentants et au Sénat. La Chambre des représentants se compose
de députés directement choisis par tous les citoyens âgés de
plus de vingt et un ans et payant un certain chiffre de taxes
directes. Le même corps électoral nomme les sénateurs. L'armée se compose d'environ 47,000 hommes sur le pied de paix,
et 104,000 sur le pied de guerre. Il y a, en outre, une *garde
civique*. Les pays avec lesquels la Belgique fait le plus de
commerce, sont: 1º la France, 2º la Grande-Bretagne, 3º l'Allemagne, 4º les Pays-Bas, 5º les Etats-Unis. Les trois quarts environ des lignes de chemins de fer en exercice appartiennent à
l'Etat.

On ne compte en Belgique que 15.000 protestants et 3000 juifs.
Il y a deux universités d'Etat, Gand et Liége, et deux universités libres, Bruxelles et Louvain.

(1) Arlon, 6000 habitants

GRAND-DUCHÉ DE LUXEMBOURG

Superficie : 2.587 kilomètres carrés (1)
Population : 213.000 habitants

Le grand-duché actuel de Luxembourg n'est qu'une assez faible portion du pays que l'histoire connaît sous ce nom depuis le onzième siècle. Dans cette zone intermédiaire entre la France et l'Allemagne qui s'étend des Ardennes à la Moselle, se forma de bonne heure un groupe important de territoires, dont le noyau fut le château fort de Luxembourg. Sur un plateau rocheux, environné de trois côtés par des ravins à pic où coulent l'Alzette et un de ses affluents, s'élevait la vieille forteresse à laquelle a succédé la ville actuelle. Maîtres de cette position redoutable, les comtes de Luxembourg devinrent d'importants personnages, et l'on vit, de 1308 à 1437, plusieurs d'entre eux régner comme empereurs élus sur l'Allemagne. Mais en 1443 leurs domaines allèrent grossir les possessions des ducs de Bourgogne, et désormais le Luxembourg fut entraîné dans les destinées orageuses qui s'ouvraient alors pour les Pays-Bas. Il fut au nombre des provinces méridionales qui restèrent, après l'insurrection, sous la domination de l'Espagne. Les conquêtes de Louis XIV en détachèrent Montmédy et Thionville. Il passa en 1713, avec le reste des Pays-Bas espagnols, sous le sceptre de l'Autriche et il suivit en 1792 la Belgique sous la domination française.

En 1815, le congrès de Vienne, préoccupé de sou-

(1) 1ᵉʳ décembre 1885

mettre nos nouvelles frontières à une étroite surveillance, appliqua au Luxembourg une organisation
spéciale. Au lieu d'en faire une simple province du
royaume des Pays-Bas qu'ils venaient de créer, les
diplomates européens le constituèrent en un grand-
duché, dont fut investie la dynastie régnante d'Orange-
Nassau, mais à titre purement personnel, le nouvel
État devant être incorporé à la Confédération germanique. En vertu de cette disposition la ville de Luxembourg fut érigée en forteresse fédérale et reçut une
garnison aux trois quarts prussienne. Ces arrangements furent en partie renversés par la révolution
qui sépara la Belgique des Pays-Bas. Le Luxembourg
fit cause commune avec la Belgique et devint ainsi
entre les deux États l'objet d'un litige particulier, qui
ne put être tranché qu'en 1839 par l'intervention de
l'Europe. Le territoire grand-ducal subit un démembrement : la partie occidentale, comprenant les deux
tiers de la superficie, devint une province du royaume
belge et fut en même temps affranchie de tout lien
avec la Confédération germanique ; la partie orientale,
qui est le grand-duché actuel, resta au roi des Pays-
Bas, aux conditions stipulées en 1815. Il y eut même
en 1842 un nouveau lien contracté avec l'Allemagne,
par l'adhésion du grand-duché à l'union douanière ou
Zollverein.

Lorsque les événements de 1866 eurent mis fin à la
Confédération germanique, la situation du grand-
duché changea encore de face. Pour échapper aux
périls d'un partage d'autorité avec la Prusse, le roi
des Pays-Bas consentit à en négocier la vente à la
France. La guerre entre la France et la Prusse faillit
sortir de ces pourparlers. Elle put être conjurée pour
cette fois par l'intervention de l'Europe (1), qui, moyen-
nant le renoncement de la France au traité presque
conclu, décida la Prusse à évacuer la ville de Luxem-

(1) Convention de Londres du 11 mai 1867.

bourg. Le démantèlement en fut ordonné, et le grand-
duché fut déclaré État neutre.

Ce n'est donc pas une annexe du royaume des
Pays-Bas, mais un petit État qui a sa constitution et
son administration propres. Son étendue est inférieure
à la moitié d'un de nos départements ordinaires.
Quoique la population en grande majorité parle un
dialecte allemand, on a conservé l'usage du français
dans les actes officiels. Mais la France ne l'atteint
plus que par un coin de sa frontière. L'Allemagne
l'entoure presque maintenant au sud comme à l'est ;
elle l'enveloppe au point de vue commercial ; c'est
même la compagnie allemande d'Alsace-Lorraine qui
exploite ses chemins de fer et qui établit à travers son
territoire une communication directe et économique
entre Ostende et Bâle, entre Londres et le Saint-
Gothard. Pour la première fois peut-être depuis les
Romains, le roc de Luxembourg n'a plus de fortifications (1) ; de belles promenades ont remplacé les ouvrages sur lesquels Vauban et les ingénieurs modernes
avaient épuisé leur art. Il ne reste plus à l'ancienne
ville de guerre que le souvenir de son importance stratégique. Lorsqu'après une occupation française qui
avait duré treize ans (1684-1697) il fut question de
l'abandonner, comme cela eut lieu en effet au traité
de Ryswick, Vauban écrivait : « Si cela est, nous four-
nissons à nos ennemis de quoi nous bien donner les
étrivières. » Ce n'est pas sans un serrement de cœur
qu'on transcrit aujourd'hui ces paroles.

(1) Luxembourg, 17.000 hab.

ROYAUME DES PAYS-BAS

Superficie : 33.000 kilom. carrés.
Population : 4.336.000 habitants (1).

Le royaume des Pays-Bas, autrement dit de Hollande, appartient géographiquement à l'extrémité maritime de la plaine germanique. Il s'étend le long de la mer du Nord depuis l'ancien golfe de Zwyn à l'extrémité occidentale des embouchures de l'Escaut jusqu'au Dollart et à l'embouchure de l'Ems. Il présente un développement de côtes de plus de 800 kilomètres. Entre ses extrémités méridionale et septentrionale il y a tout au plus 300 kilomètres (comme de Paris à Dunkerque). Il y en a tout au plus 200 (comme de Paris à Dieppe) entre la frontière allemande et la mer du Nord.

Mais ce petit pays est presque partout en contact avec la mer. Parmi les onze provinces dont il se compose, on n'en citerait qu'une, le Limbourg, qui ne soit pas maritime. Les autres se distribuent autour des estuaires de la Meuse et de l'Escaut, entre les branches du delta rhénan, sur le littoral du Zuyderzée et de la Frise. Dans une bonne partie de la contrée les canaux et les bras de mer sont le principal moyen de communication.

Sans avoir la même importance qu'au quinzième siècle, les pêcheries de la mer du Nord sont encore exploitées avec activité. Elles occupent 2,500 bateaux montés par environ 10,000 hommes. Chaque année vers la Saint-Jean commence la pêche du hareng près

(1) Recensement du 31 décembre 1885

des côtes de l'Écosse et de l'Angleterre, à laquelle succède, vers la fin de décembre, celle du cabillaud sur le *Doggers bank*.

Divisions naturelles. — Le sol de la Hollande, si peu élevé au-dessus du niveau de la mer que sa préservation a dû être un des principaux soucis des habitants, se présente généralement comme une plaine unie. Plus de la moitié est composée d'alluvions ; c'est en général la région productive par excellence, la plus chargée de population et de grandes villes.

Trois provinces sont entièrement comprises dans la zone d'alluvions : Nord-Hollande (279 habitants par kilomètre carré) ; Sud-Hollande (297 hab. au kil. carré) ; Zélande (110). La plus grande partie de la province d'Utrecht, une partie des provinces de Frise et de Groningue, et, dans la province de Gueldre, le pays appelé *Betau* appartiennent aussi à la même zone.

Partout règne une activité prospère et réglée, de nombreuses barques sillonnent les canaux bordés de chantiers. Outre les villes et les villages que leurs clochers ou leurs tours carrées désignent sur divers points de l'horizon, des maisons disséminées par petits groupes se multiplient le long des routes ou des digues.

L'autre partie, qui est formée par les sables et les graviers du diluvium est loin d'offrir un aspect aussi florissant. Au delà de la ceinture des polders et des prairies s'étendent des terres maigres, sablonneuses, dont la stérilité naturelle est combattue par l'industrie des habitants, mais qui sont encore couvertes de landes sur de grands espaces. Dans la *Campine* du Brabant septentrional, le *Velau* de la Gueldre, dans la province de Drenthe, les paysages désolés ne manquent pas. Le long de la frontière allemande au nord du Rhin, des tourbières, les plus vastes qu'il y ait en Europe, se prolongent entre les deux pays, formant une zone d'isolement, qui n'a pas peu contribué à

séparer les destinées du peuple hollandais de celles
des autres populations de la Basse-Allemagne. D'autres tourbières (*de Peel*) s'étendent à l'ouest de la
Meuse entre le Limbourg et le Brabant hollandais. En
somme, il y a encore près du cinquième de la superficie totale qui reste désert et inculte, et que de
grands travaux de canalisation et d'amendement
pourront seuls transformer, comme ils l'ont déjà fait
en diverses parties du royaume.

Climat et produits. — Le climat de la Hollande
présente les caractères généraux des climats maritimes, quoiqu'à un moindre degré que celui de l'Angleterre. Les vents d'ouest dominent; la quantité de
pluie s'élève jusqu'à la moyenne annuelle assez forte
de 688 millimètres, et atteint son maximum en été.
La mer et les eaux intérieures contribuent à former
d'épais brouillards; le nombre des jours où le ciel
reste tout à fait clair est très rare. Dans cet air chargé
d'humidité l'évaporation est insignifiante, et par sa
faiblesse rend d'autant plus difficile l'œuvre de desséchement auquel les Hollandais sont obligés de se
livrer pour assurer la sécurité de leur sol. Mais, con-
trairement aux climats essentiellement océaniques,
l'hiver a des rigueurs sensibles. L'écart moyen de
température entre le mois le plus froid et le mois le
plus chaud est de près de 17 degrés à Utrecht, plus
fort encore à Groningue (1). Chaque hiver pendant
un mois ou deux les canaux et les rivières gèlent,
parfois même, mais plus rarement, une partie du Zuyderzée. Les femmes se rendent alors au marché à
patins, et la Hollande enveloppée d'un ciel gris et
vaporeux qui semble se confondre avec la terre, prend
cet aspect hivernal qu'ont aimé à représenter ses
peintres.

Ces conditions ont favorisé dans les parties allu-

(1) Hann, *Handbuch der Climatologie*. Stuttgart, 1883.

viales le développement des prairies et de l'élevage. La Hollande produit peu de céréales, beaucoup moins que la Belgique ; mais elle possède un plus grand nombre de bêtes à cornes, dont une partie est exportée vers le marché de Londres. La fabrication du fromage et du beurre et, faut-il ajouter, du beurre artificiel qui remplace le lait des troupeaux par d'autres substances, est une des principales branches de l'économie rurale ; la valeur de l'exportation du beurre atteint environ 80 millions de francs. Ce climat brumeux est favorable à la culture des plantes industrielles, des légumes, des fleurs ; la passion des fleurs est devenue chez le Hollandais un trait de caractère. Nulle part, si ce n'est dans les contrées les plus favorisées de l'Angleterre, la campagne ne présente un aspect plus riche que dans les deux provinces de Nord et Sud-Hollande. Richesse, non d'apparence, mais toute substantielle et solide, qui se manifeste dans le luxe des étables et le confort de l'ameublement intérieur. Une prospérité déjà ancienne, accrue par un esprit d'économie persévérante, a accumulé non seulement dans les villes, mais dans les campagnes, des capitaux considérables.

Delta rhénan. — La plus riche moitié de la Hollande fait partie de ce qu'on pourrait appeler le delta commun du Rhin, de la Meuse et de l'Escaut.

Le Rhin, large de 670 mètres à son entrée en Hollande (1), ne tarde pas à se diviser. La première bifurcation du grand fleuve se trouve aujourd'hui au village de Pannerden, à une lieue de la frontière allemande. La bifurcation avait lieu autrefois plus en amont ; mais comme le bras septentrional menaçait de s'ensabler, un canal, qui ne tarda pas à remplacer l'ancien bras, fut creusé en 1701 au point actuel de dérivation. La branche méridionale ou de gauche est

---

(1) Cuyper, *Atlas van Nederland* (16 cartes), Leeuwarden.

celle qui emporte la plus grande masse des eaux ; mais elle perd le nom de Rhin et prend celui de Waal. La branche septentrionale garde au contraire, au moins pour quelque temps, le nom du fleuve: c'est celle-ci que nous suivrons d'abord.

Elle ne reste indivise que peu de temps. Avant d'arriver à Arnhem, la masse fluviale se partage de nouveau. A droite se détache un bras appelé Yssel, dont la largeur varie entre 100 et 150 mètres, et qui se jette dans le Zuyderzée près de Campen (1). L'Yssel était à l'origine une rivière indépendante, qui fut mise en communication avec le Rhin au moyen d'un canal que fit creuser Drusus, frère de Tibère, afin de conduire directement sa flotte depuis le Rhin jusqu'à la mer du Nord.

A Arnhem (2) le Rhin prend la direction de l'ouest. Autrefois il se jetait dans la mer du nord au dessous de Leyde (*Lugdunum Batavorum*). Une tour et un phare de construction romaine, qu'on pouvait encore apercevoir à marée basse au milieu du siècle dernier, mais qui maintenant ont disparu sous les envahissements de la mer, signalaient son embouchure. Mais des travaux de canalisation, entrepris à ce qu'il semble par les Romains eux-mêmes, eurent pour résultat de rejeter plus au sud la masse principale des eaux. Dès lors le Rhin partagea inégalement ses eaux entre son lit primitif, auquel pourtant son nom est resté, et le chenal nouveau, qui porte le nom de Lek. C'est celui-ci qu'il faut aujourd'hui considérer comme la véritable continuation du fleuve, car il emporte les trois quarts des eaux A Culenborg, point où il est traversé par le chemin de fer d'Amsterdam à Liége, sa largeur est de 196 mètres. C'est lui qui baigne Rotterdam, bien que par un singulier abus de langage il y soit communément dési-

(1) Campen, 16.000 habitants.
(2) Arnhem, 16.000 habitants.

gné sous le nom de Meuse. Après avoir arrosé Vlaardingen et Maasluis, centres d'armements pour la pêche, il aboutit à la mer du Nord par une double embouchure, l'une naturelle, l'autre artificielle qui a été récemment creusée à travers un angle du littoral (*Hœck van Holland*).

Malgré les noms différents qui lui sont successivement assignés, c'est en réalité une seule et même branche fluviale qui se déroule depuis Pannerden jusqu'à Maasluis.

Quant au cours primitif, il n'a pas disparu, mais il est devenu insignifiant. Il se détache du Lek à Wyk by Durstede et porte jusqu'à Utrecht (1) le nom de Rhin courbé (*Kromme Ryn.*) Là il se subdivise ; tandis qu'une branche se dirige, sous le nom de Vecht, vers le Zuyderzée, qu'elle atteint près des fameuses écluses de Muiden, l'autre branche prend le nom de Vieux Rhin (*Oude Ryn*). C'est celle qui passe à Leyde (2). Au commencement de ce siècle elle était tellement affaiblie que ses eaux se perdaient dans les sables, sans pouvoir percer le rideau de dunes. De 1804 à 1807 on lui ménagea une embouchure artificielle à Katwyk. Une triple rangée d'écluses monumentales, construites à grands frais, préviennent tout danger d'ensablement.

La branche méridionale ou Waal emporte les deux tiers des eaux du Rhin. A Nimègue (3), première ville qu'il arrose après la bifurcation, il a une largeur de 300 mètres et une profondeur de plus de cinq. Le Waal coule parallèlement à l'autre branche et cir-

(1) Utrecht, 76.000 hab., ville ancienne qui s'est développée au point de passage du Rhin (*Trajectum*). Commerce et industrie florissants au croisement de plusieurs lignes de chemins de fer. Entouré de forts détachés et situé au centre d'une ligne d'inondation qu'on peut tendre du Lek au Zuyderzée, Utrecht tient les clefs de la Hollande.

(2) Leyde, 41.000 hab., la plus ancienne ville de la Hollande, siège d'une célèbre université, à la fondation de laquelle se rattache une légende patriotique. En 1574 Leyde était assiégée par les Espagnols. « Il serait plus facile, pensaient ceux-ci, à Guillaume d'Orange de décrocher une étoile que de sauver la ville. » Quand on leur proposa de capituler, les assiégés répondirent : « Nous nous mangerons la main gauche et nous combattrons pour la liberté avec la main droite. » La ville fut sauvée. En récompense on lui donna le choix entre une exemption d'impôts pour de longues années et une université. Elle choisit l'université, qui fut fondée en 1575.

(3) Nimègue, 29.000 hab.

conscrit avec elle les riches campagnes connues sous le nom de Betau. Au sud, la Meuse, hollandaise depuis Maëstricht (1), semble venir à la rencontre du Rhin; mais avant d'arriver à Grave, elle s'infléchit vers l'ouest et adopte la même direction que le Waal, dont elle se rapproche et s'éloigne tour à tour. A Fort-St-André les deux rivières ne sont éloignées que d'une lieue, et un canal, qu'on se propose aujourd'hui de combler, les relie. Le vrai confluent se trouve à cinq lieues en aval, en face de la petite ville de Gorinchem. La masse réunie prend alors le nom de Merwede. Elle arrose Dordrecht, et va, sous le nom de Meuse, presque aussi peu mérité dans ce cas que dans le précédent, se jeter dans la mer près de Brielle, dans le golfe même où aboutissait le Lek, avant qu'on ne lui eût ouvert une nouvelle issue.

Les Hollandais agissent avec les eaux comme avec un ennemi dont on cherche à diviser les forces. Pour conjurer le danger qui résulterait du concours de ces masses fluviales, ils ont récemment dérivé vers le *Hollandsch diep* une partie des eaux du Waal au moyen d'une embouchure artificielle *(Nouvelle Merwede)*. Ils vont plus loin aujourd'hui; le service hydrographique, ou *Waterstaat*, s'occupe présentement de supprimer toute communication entre le Wahal et la Meuse, en créant à celle-ci une embouchure indépendante qui aboutira dans le même estuaire du *Hollandsch diep* un peu au sud de la précédente.

Sur chacune de ces deux branches principales du delta rhénan se trouve un port important. A Dordrecht (2) aboutissent par le Waal les trains de bois et les steamers venus de Cologne et de Mannheim; la navigation fluviale y rencontre la navigation maritime. Cette ligne se croise à Dordrecht même avec une autre voie navigable qui, du nord au sud, par le canal

(1) Maestricht, capitale du Limbourg hollandais, 30.000 hab.
(2) Dordrecht, 29.000 hab.

appelé *Noord*, par les estuaires et les chenaux de la Zélande, unit directement Rotterdam et Anvers.

Mais Rotterdam est de beaucoup le plus considérable des deux ports rhénans ; c'est même par l'importance du tonnage le principal des ports néerlandais, et par la population la seconde ville du royaume (1). Plus voisine de la mer que Dordrecht, elle a de plus qu'Amsterdam l'avantage d'être mise en relation par le Lek et indirectement par le Waal avec l'intérieur. Elle fait un grand commerce avec l'Amérique et les Indes néerlandaises, et se place pour le tabac et surtout le café au premier rang des marchés de l'Europe. Elle possède d'importantes raffineries et distilleries. Comme Amsterdam elle est construite en grande partie sur pilotis. Des canaux s'entrecroisent à travers la ville entre des quais garnis d'arbres ; les mâts des bateaux rasent les toits des maisons en briques, toutes reluisantes de propreté.

Ainsi ce n'est pas dans les sables, comme on l'a trop souvent répété, mais par des embouchures plus dignes de lui, le long de villes florissantes et pittoresques, que finit le Rhin. L'erreur provient simplement d'une confusion de noms, dont l'origine s'explique par les changements qui se sont produits depuis l'époque romaine dans le cours du fleuve. En réalité ce sont bien les eaux du Rhin qui baignent Dordrecht et Rotterdam ; et ces deux villes marquent l'extrémité de cette voie commerciale si active, si féconde en villes, qui se prolonge jusqu'au cœur de l'Allemagne du Sud.

Zélande. — Quoique également maîtresse des embouchures de l'Escaut, la Hollande n'a pas réussi à en tirer autant de parti. Ce n'est pas qu'elle n'ait tenté de créer une concurrence à Anvers. Elle a jeté les yeux

(1) Rotterdam, 169.000 habitants.

tantôt sur Terneuzen au débouché du canal de Gand, tantôt sur Flessingue dans l'île de Walcheren à l'extrémité du Hont ou Escaut occidental. Ces efforts ont eu peu de succès ; et Flessingue même, bien que tête de ligne continentale vers l'Angleterre, s'est peu développé (1).

Le curieux archipel d'alluvions et de terres basses qui s'étend entre les bouches de l'Escaut et de la Meuse, est une des parties de leur territoire que les Hollandais ont le plus opiniâtrement disputées à la mer. Lorsque par le chemin de fer d'Anvers à Rotterdam on franchit le pont de 14 arches, et de 1736 mètres de long, si hardiment jeté par-dessus le bras de mer appelé *Hollandsch diep*, on peut apercevoir vers l'est quelques terres basses, quelques lignes d'arbres qui de loin semblent sortir de l'eau. Là se trouvait autrefois une riche plaine couverte d'une nombreuse population et de 70 villages. Tout fut emporté par une irruption de la mer, dans une nuit lugubre dont les annales ont gardé le souvenir, la nuit de Sainte-Élisabeth (19 novembre 1421). Il en reste aujourd'hui une centaine d'îles, débris déchiquetés qui couvrent une étendue de plus de quinze kilomètres carrés, à laquelle on donne le nom de *Biesbosch* (bois de roseaux). Une partie a été convertie en polder, et une population industrieuse, vivant de ses produits, foin, joncs et roseaux, s'y groupe à l'abri des digues.

Depuis six siècles l'île de Sud-Beveland n'a pas cessé d'être disputée, avec des alternatives de succès et de revers, à l'Océan. Le 2 novembre 1532, la rupture d'une digue causa l'engloutissement de la partie orientale et la mort de 3,000 personnes ; mais le terrain perdu ne tarda pas à être reconquis. Menacé à la fois de flanc et de front, l'archipel zélandais n'a d'autre défense naturelle que les rangées de dunes qui couvrent incomplètement l'extrémité occidentale des îles de

(1) Flessingue, 10.000 habitants.

Walcheren et de Schouwen. Il a donc fallu pourvoir artificiellement à la défense du sol par une ceinture de digues. Leur développement autour de la Zélande est d'une centaine de lieues. Nulle part n'est mieux justifié le mot célèbre : « Dieu ayant fait la mer, le Hollandais s'est chargé des côtes. » Le littoral se déroule comme une succession de bastions et de courtines. Ces rangées de pieux, ces levées et ces gazonnements d'un niveau médiocre n'ont rien d'imposant; mais l'œil est surpris par la régularité continue des lignes. L'admiration naît à la pensée que derrière ces digues vit et travaille une population dont la densité, sans qu'il y ait de grande ville, dépasse 110 habitants par kilomètre carré.

La lutte contre la mer. — Presque toute la Hollande est maintenue artificiellement contre les assauts de la mer ; et si la main de l'homme se retirait, il resterait bientôt peu de chose de ces pâturages, de ces polders, de ces innombrables hameaux et villages et de ces villes. Le niveau du sol, dans les provinces occidentales, est au-dessous des hautes marées. Peut-être se trouve-t-il depuis le commencement des temps historiques dans une période d'affaissement graduel ; circonstance qui contribuerait à expliquer la répétition des catastrophes qui se sont surtout succédé du onzième au seizième siècle.

Le fait d'un affaissement récent du littoral semble scientifiquement constaté du moins à Bruges. Les géologues ont reconnu que le terrain sur lequel est bâtie la ville, est une alluvion d'eau douce : preuve qu'avant l'établissement des digues il se trouvait au-dessus de l'atteinte des hautes marées : ce qui ne serait plus le cas aujourd'hui. — Divers indices semblent montrer que le même phénomène se produit sur les côtes de Hollande ; l'un des plus remarquables est la submersion déjà signalée des constructions que les Romains avaient élevées à l'embouchure du Rhin.

Lorsqu'elles sont poussées par les fortes marées et les vents d'ouest, les eaux de la mer se précipitent

avec furie par les brèches que leur ouvrent les embouchures fluviales. Le danger ne menace donc pas
seulement la côte, mais une partie de l'intérieur. Il
est accru par la nature friable de ce terrain d'alluvion, qui manque de consistance, et qui parfois, sous
une apparence de solidité, est miné par les eaux intérieures.

Aussi les Néerlandes ont-elles perdu une part notable
de territoire depuis deux mille ans, et quoique depuis
trois siècles surtout l'homme ait pris à son tour une
offensive vigoureuse, il est loin encore d'avoir reconquis sur la mer l'équivalent de ce qu'elle lui a ravi.
Aux exemples de destruction déjà signalés il faut
ajouter celui du Zuyderzée. Ce golfe à l'entrée duquel
une rangée d'îles continue l'alignement du littoral, et
qui pratique dans l'intérieur du continent une échancrure de 5.000 kilomètres carrés, n'existait pas primitivement. A l'époque romaine il y avait seulement, dans
la partie méridionale de la superficie qu'il occupe, un
lac appelé Flevo. A partir de 1134 et surtout de 1170
des assauts réitérés de la mer mirent en lambeaux la
ligne de dunes ; moins d'un siècle après (1250) la mer
pénétrait jusqu'à Stavoren. Pendant ce temps le lac
Flevo n'avait pas cessé de s'agrandir. Une dernière
irruption, survenue vers la fin du quatorzième siècle,
emporta ce qui restait de terre ferme entre Stavoren
et Medemblik, et le Zuyderzée prit alors sa forme
actuelle.

De longue date les habitants ont entrepris contre
les flots une lutte restée longtemps inégale. On a la
preuve que dès l'an 640 de notre ère des digues avaient
été construites sur certains points menacés. Mais il a
fallu des siècles pour compléter le système de défenses et le rendre complètement efficace. C'est surtout depuis 1579, date de l'indépendance de la Hollande (1), que les progrès furent constants. L'orga-

(I) Union d'Utrecht (23 janvier 1579).

nisation de la défense put alors être conduite d'après un plan d'ensemble. Elle fut confiée à un corps spécial d'ingénieurs d'élite, appelé le *Waterstaat*, institution originale qui compte déjà plusieurs siècles d'existence. Son activité ne se borne pas à l'entretien et à la surveillance des digues ; tâche assez laborieuse pourtant, comme le prouvent les accidents qui de temps à autre se produisent encore de nos jours (1). Passant de la défensive à l'offensive, les Hollandais construisent des endiguements d'un autre genre pour accroître leur domaine. Il s'agit en ce cas soit de dessécher des marais intérieurs, soit de fixer les alluvions que la mer et les fleuves déposent dans les bas-fonds vaseux, et avec ces miettes de sol laborieusement réunies et soigneusement égouttées, d'étendre la nappe verdoyante des polders. C'était autrefois à l'aide de moulins à vent qu'on procédait à l'épuisement des eaux ; les machines à vapeur remplissent aujourd'hui cet office. Elles ont permis de dessécher en sept ans (1848-1853) l'ancien lac de Harlem, et de conquérir à la culture 18.000 hectares d'un sol excellent, dont le niveau est inférieur de plus de quatre mètres à celui de la mer. La vigilance du Waterstaat s'exerce avec un égal succès sur l'aménagement des eaux courantes ; elle s'occupe, comme on l'a vu plus haut, de procurer aux masses fluviales un écoulement distinct et régulier. L'eau, qui passe avec quelque raison pour l'ennemie intime de la Hollande, est combattue systématiquement sous toutes ses formes.

Dans cette lutte les Hollandais ont eu comme allié naturel les dunes qui bordent, mais avec des interruptions, le littoral. Elles se montrent au sud de l'embouchure de l'Escaut, vers Cadzand où elles continuent celle des côtes belge et française. Interrompues en Zélande, elles reparaissent le long de la province

(1) Telles furent les inondations de février 1825, de septembre 1853, de l'hiver de 1880-81.

de Hollande, où elles ont une largeur de 420 mètres.
Le pays est si plat derrière elles, que leurs monticules
font l'effet d'accidents notables, bien que leur hauteur
ne dépasse pas 60 mètres. Elles ont été fixées par
des plantations de roseaux. Les Hollandais, qui les
considèrent avec raison comme des digues naturelles,
ne se contentent pas de les assujettir; sur certains
points, venant au secours de la nature, ils l'ont aidée
à en former de nouvelles.

La construction de ce vaste système de digues qui,
non seulement autour des côtes, mais le long des rivières, des canaux, sur tous les points menacés,
enveloppe la Hollande, est une œuvre d'autant plus
remarquable que les matériaux dont elles se composent, bois et pierres, ont dû être tirés du dehors.
Ce sol d'alluvions manque de pierre, et c'est des
Alpes scandinaves que viennent les blocs de granit
qui entrent, par exemple, dans la construction des
grandes digues du Helder. C'est par le Rhin qu'ont
été amenés les bois qui, convertis en madriers et en
pilotis, soutiennent le sol de limon et de sable mouvant
sur lequel repose Amsterdam, « ville, a dit Érasme,
dont les habitants vivent perchés sur la cime des
arbres, à la manière des corbeaux ».

Le Zuyderzée. — Amsterdam, simple village de
pêcheurs à l'origine, dut sa fortune à la formation
du Zuyderzée, qui la mit en communication avec
la haute mer. Elle s'élève au confluent de la petite
rivière Amstel dans le golfe de l'Y, sur un sol morcelé
par une centaine d'îles, que relient ensemble 290
ponts ou écluses. Son nom signifie *digue de l'Amstel* (1).

A la fin du seizième siècle, elle hérita de la prospérité maritime d'Anvers. En 1660 la Hollande possédait à elle seule la moitié de la marine marchande du
monde, et Amsterdam était le plus grand marché

_____

(1) *Dam*, digue. Exemples : Amsterdam, Rotterdam, Zaandam,
Schiedam, Edam, Monnikendam.

commercial. Elle déclina ensuite avec la Hollande elle-même. Le manque de profondeur du Zuyderzée devint pendant notre siècle un inconvénient de plus en plus sensible, qui la menaçait d'une décadence complète. De 1819 à 1825, pour conjurer ce danger, un canal fut creusé, unissant directement Amsterdam au Helder, avec une profondeur de 6 mètres, sur une longueur de 84 kilomètres. C'est ce qu'on appelle le canal du Nord. On ne réussit qu'à enrayer le mal pour un temps. Il fallut enfin se décider à créer à grands frais, de 1865 à 1876, une communication plus directe avec la mer au moyen d'un nouveau canal qui coupe transversalement la péninsule de Nord-Hollande. Celui-ci n'a que 24 kilomètres de parcours. Presque aussi large que celui de Suez, il permet aux navires calant de 7 mètres à 7 mètres 30 d'atteindre en deux heures et demie le port d'Amsterdam. Une petite ville, nommée Ymuiden, est en train de se former à son débouché dans la mer du Nord (1).

Ainsi Amsterdam déserte commercialement le Zuyderzée, devenu pour elle une impasse. Entamée au sud par les alluvions de l'Yssel, encombrée dans sa partie septentrionale par des bancs de sable, cette mer n'a plus en moyenne qu'une profondeur de trois à quatre mètres, insuffisante pour la grande navigation. Le temps n'est plus où Stavoren et Enkhuysen se distinguaient par leurs armements considérables, où des marins de Hoorn découvraient la pointe méridionale du continent américain et lui donnaient le nom de leur ville natale. On a pu parler sans trop d'exagération des « villes mortes » du Zuyderzée ! Notre siècle assistera probablement au dessèchement de la partie méridionale ; et l'ancien lac Flevo, changé en polder, ajoutera une douzième province au royaume des Pays-Bas.

La capitale politique. — Le siège du gouver-

(1) Amsterdam, 367.000 habitants. — Le Helder, 21.000 habitants.

nement et la résidence de la cour ne sont pas à
Amsterdam, mais à la Haye ou S' Graven Haag (*Parc
des Comtes*), qui, comme son nom l'indique, n'était
à l'origine qu'un rendez-vous de chasse des comtes
de Hollande. C'est aujourd'hui une belle ville de
139.000 habitants, dont les musées le disputent à
ceux d'Amsterdam. A une lieue de là se trouve au
milieu des dunes la station de bains fréquentée de
Scheveningen. Là débarqua, le 30 novembre 1813,
le prince d'Orange, fils du dernier stathouder, et
bientôt après souverain, sous le nom de Guillaume Ier,
du royaume des Pays-Bas créé par le congrès de
Vienne. En effet, après avoir été successivement une
république fédérative, une république soumise à un
stathouder héréditaire, une république Batave, un
royaume napoléonien, une partie de l'empire français,
la Hollande devint en 1815 une monarchie constitu-
tionnelle héréditaire.

La nationalité hollandaise.

Avant que l'histoire en décidât, l'isolement géographique et les nécessités de la lutte pour la protection du sol avaient préparé l'existence d'un peuple
hollandais.

Ce fut une circonstance heureuse pour ce pays que
d'être séparé de l'Allemagne du Nord par une ligne
de landes et de marécages. Son autonomie en profita.
Par leurs origines communes les Hollandais appartiennent au groupe bas-allemand de la famille germanique ; mais ils représentent une combinaison originale d'éléments ethnographiques, un mélange de
populations qui, pour être issues d'un fonds commun,
n'en sont pas moins très diverses. Trois races principales ont contribué à former le peuple hollandais :
les Frisons, les Francs et les Saxons. On les distin-

gue encore, dans les parties du territoire où elles
n'ont pas été mêlées, à des traits de costume, de
mœurs et surtout à leurs occupations spéciales : le
Frison, homme de mer par excellence, dans les îles
et dans la province qui porte son nom ; le paysan
saxon qui dans les provinces de Drenthe, d'Over-
Yssel et de Gueldre où il est surtout groupé, se loge
et vit comme ses pareils du Hanovre ou de Westphalie ; les populations franques qui se montrent à
l'état pur dans la province de Brabant et ressemblent
à leurs frères de Belgique. Ces populations n'ont pas
varié dans leurs résidences respectives ; elles occupent toujours les positions où on les trouve dès le
commencement du moyen âge. Mais dans la Zélande
ainsi que dans les deux provinces de Sud et de Nord-
Hollande, les deux éléments frison et franc se sont
mélangés l'un avec l'autre. Il s'est formé dans cette
région toujours menacée qui s'étend depuis l'embouchure occidentale de l'Escaut jusqu'au Zuyderzée,
une population mixte. C'est elle qui a su atteindre le
degré le plus élevé de développement économique et
politique, et qui a servi en définitive à former le noyau
de la nationalité hollandaise.

Il n'y a guère plus de trois siècles que les Pays-
Bas septentrionaux se sont affranchis de la domination espagnole, pour se réunir en corps de nation ; à
peine un peu plus de deux siècles que leur indépendance a été sanctionnée dans le droit public européen (1). Mais la Hollande libre prit un tel essor
comme puissance maritime, commerciale et coloniale ;
elle sut se maintenir avec tant d'énergie tour à tour
contre l'Espagne, l'Angleterre et la France, qu'elle
alla s'affermissant davantage dans la conscience de
sa nationalité.

Il y a une langue et une littérature hollandaises,

(1) Union d'Utrecht, 1579. — Déclaration d'indépendance de la
Haye, 1581. — Traités de Westphalie, 1648.

langue parlée non seulement en Hollande, mais au
Cap et dans les républiques sud-africaines. Il y a une
école de peintres, presque sans rivale, qui s'est presque exclusivement inspirée des paysages et du ciel
hollandais, des types et des scènes de mœurs locales,
et qui a su créer des chefs-d'œuvre pour décorer des
salles de corporation. Le présent ne saurait être comparé au passé. Cependant la Hollande conserve un
rang honorable dans les arts et les sciences.

Le danger auquel sont exposés les États depuis
longtemps en possession de grandes richesses, est
une sorte de langueur qui les déshabitue de l'effort.
La Hollande n'a pas entièrement échappé à ce mal
des sociétés opulentes. Elle n'a pas montré dans la
concurrence économique de nos jours la verve d'entreprises qui la distingua autrefois. Elle s'est laissé
distancer par ses voisins. Ses ports ont été dépassés
par Anvers et Hambourg. Sa marine marchande est
tombée au huitième rang en Europe pour le tonnage
à voile, au cinquième pour le tonnage à vapeur. Ses
colonies mêmes si florissantes ont vu leurs revenus
décliner ; et elle soutient depuis des années à Sumatra
une pénible lutte sans résultats décisifs. Cependant
elle possède un empire colonial qui, bien que mu-
tilé, n'est inférieur encore qu'à celui de la Grande-
Bretagne. Sa marine militaire, forte de 23 navires
blindés, se place après celles de l'Angleterre, de la
France, de la Russie, de l'Italie et de l'Allemagne. Si
dans la balance actuelle des forces numériques de
l'Europe, le cours de l'histoire a irrévocablement re-
légué la Hollande au rang des États secondaires, le
soin qu'elle prend d'organiser sa défense par les forteresses exécutées à Utrecht et commencées à Amsterdam, indique qu'elle n'est point disposée à abdiquer. La ténacité persévérante dont les Hollandais ont
donné tant de preuves, est de force à réagir contre
les dangers d'une longue richesse.

Le royaume des Pays-bas compte onze provinces :

Sud-Hollande.	Gueldre.
Nord-Hollande.	Drenthe.
Zélande.	Over-Yssel.
Nord-Brabant.	Frise.
Limbourg.	Groningue.
Utrecht.	

Les protestants composent soixante-deux pour cent de la population ; les catholiques, trente-six pour cent ; les juifs, deux pour cent. — Les juifs forment le dixième de la population d'Amsterdam. Les uns sont d'origine allemande, les autres d'origine portugaise. A ces derniers appartenait Spinosa, le célèbre philosophe (né en 1632). L'industrie de la taille des diamants, très importante à Amsterdam, est presque exclusivement entre les mains des juifs. Quatre universités : Leyde, Groningue, Amsterdam, Utrecht. — Ecole polytechnique à Delft.

Armée régulière : 65,000 hommes; plus 37,000 de milice active. Armée des Indes, 31,000 hommes, dont 14,000 Européens. — Dette considérable.

Le commerce du royaume des Pays-Bas atteint la valeur de quatre milliards de francs, dont plus de deux cents millions avec ses colonies. — Colonies : 1° Indes-Orientales (Java et îles voisines, Sumatra, Célèbes, Moluques, partie de Borneo, de Timor et de la Nouvelle-Guinée), avec *Batavia* pour capitale. Les possessions néerlandaises d'Asie et d'Océanie comprennent environ 1,800,000 kilomètres carrés et sont peuplées de 29 millions d'habitants, pour la plupart indigènes. — 2° Indes-Occidentales (Surinam ou Guyane néerlandaise, île de Curaçao). Dans les Indes occidentales la Hollande règne sur 120,000 kilomètres carrés et compte 115,000 sujets.

ROYAUME-UNI

DE

GRANDE-BRETAGNE ET D'IRLANDE

Superficie : 314.628 kilomètres carrés.
Population : 35.241.482 habitants (1).

Le Royaume-Uni (*United Kingdom*) a une superficie
à peu près égale aux trois cinquièmes de la France.
Il occupe le cinquième rang en Europe par le nombre
des habitants ; mais chaque année la distance qui le
sépare encore de la France diminue par le progrès
rapide de sa population, qui a plus que doublé depuis le commencement du siècle. Parmi les puissances européennes, il n'en est aucune qui, tout en
conservant avec une opiniâtre rigueur son caractère
propre, soit aussi répandue au dehors, engagée dans
des contrées aussi diverses. Elle est devenue, en effet,
le noyau d'un empire qui s'étend en Asie, en Amérique, en Afrique et en Océanie, et qui est la plus
vaste agglomération politique que le monde ait
jamais vue. On estime l'étendue totale de l'empire
britannique, métropole, colonies et protectorats, à plus
de 23,000 kilomètres carrés ; chiffre auquel ne parvient
pas même l'immense superficie, d'ailleurs bien moins
peuplée, qu'embrasse la domination des czars. Actuellement il n'y a pas moins de 310 millions d'hommes,
y compris les habitants du Royaume-Uni, qui sont
régis plus ou moins directement par l'autorité britannique ; nombre qui représente plus du cinquième

(1) Recensement de 1881.

de la population présumée du globe (1). Seul l'empire chinois compte peut-être plus de sujets.

L'étude de ce vaste organisme n'entre pas dans notre plan. Nous avons à nous occuper de l'état insulaire qui s'est formé dans l'archipel britannique, plutôt que de l'empire qui s'est greffé sur lui; autant du moins qu'il est possible de séparer deux choses étroitement mêlées l'une à l'autre.

Cet archipel se compose d'une des plus grandes îles du monde, la Grande-Bretagne (2) avec ses annexes de Wight et d'Anglesey, et d'une île voisine, l'Irlande, qui a le tiers de l'étendue de la précédente. Il n'y a pas d'île importante à l'est de la Grande-Bretagne, mais à l'ouest se montrent les Sorlingues, Man, les Hébrides, les Orcades, les Shetland, sorte de satellites qui s'émiettent à leur tour en une infinité d'îlots et d'écueils. Ce monde insulaire s'élève sur un plateau sous-marin qui l'unit au continent et qui à l'ouest de ses rivages s'enfonce rapidement dans les profondeurs de l'Atlantique. La mer du Nord et la Manche, de même que le canal Saint-Georges, la mer d'Irlande et le canal du Nord, sont peu profonds. Entre Douvres et Calais, entre l'Angleterre et la Hollande, il n'y a nulle part un point où, pour se servir d'une comparaison sensible, les tours de Notre-Dame ne dépasseraient encore sensiblement la surface des eaux. Si le niveau sous-marin s'exhaussait seulement de 100 mètres, on pourrait aller à pied sec de France, des Pays-Bas et du Jutland non seulement dans la Grande-Bretagne, mais même en Irlande.

(1) D'après Otto Hübner (*Statistische Tabellen*, 1886) la population du globe serait de 1485 millions d'hommes.
(2) Grande-Bretagne : 230.000 kilomètres carrés (217.000 d'après les calculs du général Strelbitzki). — Irlande : 81.000 km. c.

GRANDE-BRETAGNE

Configuration. — La Grande-Bretagne offre approximativement l'image d'un triangle dont la base est au sud et dont la pointe se dirige vers le nord, ou plutôt le nord-ouest; car le cap Dunnet, son extrémité septentrionale, est sur le même méridien que l'entrée du canal de Bristol. Depuis les rocs de granit et de serpentine qui, sous les noms de Lands End et de cap Lizard affrontent la houle du sud-ouest, jusqu'aux promontoires de grès rouge que rasent les courants du Pentland firth, on mesure environ deux cent quarante lieues : c'est la plus grande longueur de la Grande-Bretagne, presque égale à celle de la France. Sa largeur est bien inférieure : elle présente à la Manche un front de cent vingt-huit lieues, mais elle va se rétrécissant vers le nord, par une série d'amincissements progressifs déterminés, comme dans la péninsule hellénique, par des golfes qui se correspondent sur les deux côtes. De l'estuaire de la Severn à celui de la Tamise on compte une cinquantaine de lieues, une quarantaine entre celui de la Mersey et celui du Humber, pas même trente entre le Solway firth et l'embouchure de la Tyne, une quinzaine entre l'extrémité intérieure du *Firth* de Clyde et celle du *Firth* (1) de Forth. Plus au nord le firth de Lorn et celui de Moray communiquaient presque par une série de lacs, et il a été facile d'achever, au moyen du canal Calédonien, cette communication qui fait du nord de l'Écosse une île.

Plusieurs conséquences résultent de cette configuration. Aucun point dans ce territoire pourtant assez vaste n'est éloigné de la mer de plus de quelques journées de marche. Nulle part on n'a plus de

(1) Le mot *firth* (en latin *fretum*) désigne ces golfes allongés et souvent sinueux qui pénètrent dans l'intérieur des terres.

vingt-cinq lieues à faire pour l'atteindre. De plus, par les échancrures qu'elle découpe et qui imposent un long détour à ceux qui voudraient les tourner, la mer s'offre souvent comme la voie la plus directe même pour les relations intérieures.

Il faut aussi tenir compte de l'extrême longueur de l'île par rapport à sa largeur : elle a contribué à rendre les deux extrémités étrangères l'une à l'autre. La longue séparation historique de l'Angleterre et de l'Ecosse tient plutôt à cette circonstance géographique qu'à des différences de races. Les isthmes qui resserrent la masse de la Grande-Bretagne, diminuent le contact entre les parties extrêmes du territoire et se prêtent à la défense. De bonne heure ils reçurent des fortifications destinées à protéger contre les invasions des peuples du Nord de l'île les provinces soumises à la domination romaine. Ils servirent plus tard de champs de bataille entre Ecossais et Anglais, et l'un de ces étranglements finit par devenir frontière politique entre les deux peuples.

On voit encore entre le Solway firth et l'embouchure de la Clyde les restes d'une muraille flanquée de tours et de forteresses, improprement appelée *mur des Pictes*, et qui fut élevée par l'empereur Hadrien. Lorsque la frontière romaine eut été portée plus au nord, une autre muraille, dont il reste moins de traces, fut construite entre le Forth et la Clyde par Antonin le Pieux. Le même fait s'est produit à l'ouest de la Grande-Bretagne. Entre la baie de Bristol et celle de Chester on suit les traces de la *digue d'Offa*, construction de même genre élevée au huitième siècle par Offa, roi de Mercie, pour séparer les pays anglo-saxons du pays velche.

Nature des côtes. — Le développement des côtes de la Grande-Bretagne surpasse de plus du double celui de la France ; on l'estime environ à 7,900 kilomètres. La côte anglaise du sud présente de grandes analogies avec celle qui lui fait face. A l'ouest, dans les comtés de Cornouaille et de Devon, où dominent le granit et le vieux grès rouge, les rivages découpés ressemblent à ceux des deux autres Finisterres de l'Europe, ceux de Bretagne et de Galice. Les ports naturels abondent; celui de Plymouth est le Brest de l'Angleterre; à Dartmouth est l'école navale. A l'est d'Exeter la côte change de nature : là se montrent les roches calcaires ou crayeuses qui se prolongent, non sans interruption, jusqu'au North-Foreland, à l'entrée du golfe de la Tamise. Elles constituent les escarpements pittoresques de l'île de Wight, les blanches falaises du Beachy head (1), celles de Folkestone et de Douvres. Les croupes herbeuses et sans arbres, qui, vers New haven, cessent brusquement sur la mer et lui opposent leurs tranchées à pic, répondent aux falaises du pays de Caux. Même conformation et même aspect; mais pour l'abondance des ports l'avantage appartient à la côte anglaise. Presque au milieu de la côte de la Manche ou, pour employer l'expression anglaise, du Canal (2), se trouvent les deux ports remarquables de Portsmouth et de Southampton, devant lesquels s'étend, comme un abri, l'île de Wight, et qui servent, le premier à la marine de guerre, le second au commerce.

Entre l'embouchure de la Tamise et le cap Flamborough, promontoire calcaire de 115 mètres qui s'élève à quinze lieues au nord du Humber, la côte est plate et basse. La Hollande semble contempler sa propre image dans la partie de l'Angleterre qui lui fait face : ce sont les mêmes terres basses et noyées, que des endiguements protègent sur les points menacés. La terre et la mer n'y sont séparées que par une ligne indistincte, au-dessus de laquelle les tours ou les clochers servent de points de repère aux marins. Des bancs de sable embarrassent les abords et rendent la navigation dangereuse. Entre les deux grands estuaires de la Tamise et du Humber, il n'y a guère que des ports de pêche, très actifs il est vrai. Yarmouth est

(1) *Head*, tête ou cap.
(2) *English Channel.*

le centre des pêcheries de harengs dans la mer du Nord. Les dangers de cette navigation au milieu des brouillards, des courants et des bas-fonds ont servi d'école aux plus hardis marins de l'Angleterre.

Depuis le cap Flamborough jusqu'à Berwick (frontière d'Écosse), la côte reste élevée et rocheuse ; l'activité se concentre aux embouchures des rivières, la Tees, la Wear, la Tyne, qui servent de débouchés à la région houillère de Northumberland et de Durham. Néanmoins le littoral conserve une allure régulière. C'est seulement en Écosse qu'il se creuse en anfractuosités pénétrant profondément dans l'intérieur. Des trois firths de la côte orientale, celui de Forth, celui du Tay et celui de Moray, le dernier, qui est le plus septentrional, offre les abris les plus sûrs, et Inverness serait devenu un des plus beaux ports de la Grande-Bretagne, si l'arrière-pays était moins écarté et plus fertile.

Il n'y a en Europe que la Norvège qui avec ses *fiords*, ses *sunds*, ses archipels et ses écueils rivalise avec la côte occidentale d'Écosse. C'est bien là que, suivant l'expression de Tacite, la mer s'introduit et circule entre les montagnes et les collines, comme dans son lit naturel (1). La côte déchiquetée, avec ses gneiss, ses granits, et çà et là ses éruptions basaltiques (2), n'offre souvent à la vue qu'un cahos de landes et de roches, et n'abrite que des barques de pêche entre ses replis. Un seul de ces estuaires est fréquenté par le grand commerce : celui de la Clyde, dont le littoral, avec toutes les ramifications qu'il projette, a un développement de plus de 600 kilomètres. Là se trouve aujourd'hui un des principaux foyers commerciaux du globe. Mais en dehors même de ces points privilégiés la vie maritime est activement pratiquée en Écosse. On y compte 53,000 habitants se livrant à la pêche,

(1) Tacite, *Vie d'Agricola*, c. 10.
(2) Grotte dite de Fingal dans l'îlot de Staffa ; précipices basaltiques de la péninsule de Mull.

soit un sur 70; proportion supérieure à celle qu'on
trouve en Angleterre (1).

Les baies qui succèdent au sud à celle de la Clyde
et qui s'ouvrent sur la mer d'Irlande, sont d'un accès
moins facile à cause des masses de sable qui les encombrent. Ces obstacles ont pourtant été vaincus dans
l'estuaire de la Mersey, où s'est développé Liverpool.
Le pays de Galles possède à son extrémité sud-
occidentale un magnifique havre naturel, celui de
Milford, moins fréquenté cependant que les ports
charbonniers qui s'ouvrent sur le canal de Bristol et
l'estuaire de la Severn. De l'entrée du canal à l'extrémité de l'entonnoir formé par l'estuaire, il y a
150 kilomètres. Par cette brèche énorme, ouverte dans
la direction des courants de marée, l'Océan se
porte jusqu'à Gloucester sur la Severn et jusqu'à Bristol sur l'Avon à la rencontre de la navigation fluviale.

L'extraordinaire richesse en ports qui distingue la
Grande-Bretagne est surtout un effet des marées.
C'est grâce à ce phénomène que l'on voit des cours
d'eau médiocres et même insignifiants se transformer
dans leur partie inférieure en véritables bras de mer.
Coulant généralement d'un cours paisible et égal le
long de pentes peu inclinées, les rivières anglaises
charrient peu d'alluvions ; ce qui permet aux marées
de déblayer leurs embouchures et de pénétrer fort
avant dans leur lit. Le flot se fait sentir dans la
Tamise jusqu'au delà de Londres, à 125 kilomètres de
l'embouchure ; il remonte le Humber jusqu'à 80 kilomètres, la Tees jusqu'à 40. Bristol, qui n'est pas à
moins de trois lieues du confluent de l'Avon dans la
Severn, voit encore la marée s'élever de 6 à 10 mètres,
et peut être atteint par les grands navires. Ainsi la zone
ouverte à la navigation maritime n'est pas bornée à

(1) Olsen, *the piscatorial Atlas* (1883). — La proportion est plus
forte encore dans l'île de Man, où l'on compte un pêcheur sur 17 habitants.

la côte proprement dite ; elle s'accroît de toute l'étendue qu'embrasse dans l'intérieur la visite périodique du flot.

Relief du sol. — Ce qui frappe dès le premier abord dans le relief de la Grande-Bretagne, c'est que les parties les plus hautes se trouvent à l'ouest et au nord, les parties basses à l'est et au sud. Une ligne tirée en diagonale d'Exeter, sur la Manche, à York et de là à Newcastle, sur la mer du Nord, marquerait à peu près la limite qui sépare la région des plaines de celle où sont distribués les principaux groupes montagneux. Cette limite correspond aussi aux grandes divisions géologiques de l'île. A l'ouest et au nord les roches anciennes, celles du vieux grès rouge, de la houille, des schistes siluriens ; au sud et à l'est, des terrains appartenant aux formations des périodes secondaire et tertiaire, et s'inclinant en forme de bassin vers la mer du Nord. Les plus longues pentes de l'île se déroulent vers la mer du Nord ; les plus courtes et les plus brusques regardent la côte opposée. Aussi, presque tous les cours d'eau notables de la Grande-Bretagne sont-ils tributaires de la mer du Nord ; en Angleterre, la Tamise, la Grande-Ouse, le Trent, la Tyne ; en Écosse, la Tweed, le Forth, le Tay. La Severn, qui est après la Tamise le plus grand fleuve de l'Angleterre, fait exception ; encore faut-il remarquer qu'elle commence par couler à l'est, avant de céder graduellement à la direction qui l'entraîne en définitive vers le canal de Bristol.

La région des plaines n'est que rarement dépourvue d'ondulations, et les plaines ne font pas défaut non plus dans la région montagneuse. La plaine anglaise, excepté dans l'est, ne manque ni de variété ni d'agrément ; elle rappelle souvent par sa verdure, ses haies vives, ses rivières coulant à plein bord, nos pays bocagers de l'Ouest de la France. De larges croupes crayeuses, dépassant rarement 200 mètres, l'interrompent. Elles forment, sous le nom de *South* et *Northdowns* la séparation entre la Manche et la vallée de la Tamise. On les retrouve, sous d'autres noms, au nord de la Tamise entre Londres et Cambridge. Le tuf crayeux, peu favorable à la croissance des arbres, y est recouvert d'une couche gazonnée. C'est au nord de Cambridge, dans la dépression jadis marécageuse qui se déroule autour des bas-fonds du Wash, que se montrent par excellence les *Pays-Bas* de l'Angleterre, avec les digues, les canaux et les pâturages caractéristiques. La contrée porte encore le nom de *Fen*, ou marais. On la distingue ainsi de ce qu'on peut appeler la plaine orientale; région très fertile, mais monotone d'aspect, qui s'étend entre le Wash et l'embouchure de la Tamise.

Les montagnes de la Grande-Bretagne ne sont pas très élevées. Le géant du Royaume-Uni, le Ben-Nevis (1), qui se dresse en Écosse à l'entrée occidentale du canal Calédonien, n'atteint pas à la taille de nos principaux sommets des Cévennes. Hors de l'Écosse il n'y a qu'un sommet dépassant 1.000 mètres; c'est le Snowdon, à l'angle nord-ouest du pays de Galles. Mais ce qui les caractérise mieux encore que le manque d'élévation, c'est leur dispersion en groupes isolés les uns des autres et cantonnés de préférence aux extrémités occidentales de l'île. Il faut reléguer dans l'arsenal des idées fausses dont l'esprit de système a encombré la géographie, l'hypothèse d'un système unique formant l'ossature de la Grande-Bretagne.

Dans la péninsule de l'extrémité sud-ouest de l'Angleterre, les hauteurs Corniques et le petit massif granitique de Dartmoor (2) forment un groupe parfaitement distinct et isolé par une dépression des chaînes calcaires qui commencent à se montrer à l'est

(1) Ben-Nevis, 1331 mètres. — Snowdon, 1091 mètres.
(2) Dartmoor 632 m.

d'Exeter. Les montagnes du pays de Galles ont une plus grande élévation et couvrent une bien autre étendue : elles aussi sont nettement séparées des hauteurs qui occupent le centre et le nord de l'Angleterre. Les riches et plantureuses plaines du comté de Chester, que leurs troupeaux et leur industrie fromagère ont rendues célèbres, s'interposent entre les montagnes du pays velche et la chaîne dite *Pennine*. Tant par cette plaine que par la trouée qu'ouvre la Severn jusqu'au cœur du Pays de Galles, les « hommes de l'Est » ont pu occuper de bonne heure les avenues de la vieille acropole celtique.

La chaîne Pennine (1) se compose d'une série de rangées étroites et médiocrement hautes, qui commencent à se dessiner au nord du Trent, et se succèdent du sud au nord jusque vers la frontière d'Écosse. Leur continuité est interrompue par des dépressions, dont l'une a été utilisée pour servir de passage au canal qui unit Manchester à Huddersfield et à Leeds. Les montagnes se changent en collines entre les bassins houillers du Yorkshire et du Lancashire (2) ; partout, dans cette région où se concentrent les principaux foyers industriels de l'Angleterre, les chemins de fer ont pu facilement se frayer passage. Au nord de la région industrielle, les chaînes augmentent en élévation. Vers la source de l'Eden, la rivière de Carlisle, elles sont reliées par de légères ondulations vers l'ouest au massif presque isolé du Cumberland. C'est un soulèvement compact et de forme circulaire, sur les flancs duquel s'allongent de petits lacs pittoresques, et dont le point

(1) Pic de Derby (High Peak), 604 mètres. — Crosfell, 892 mètres.
(2) *Shire*, comté. — Les comtés sont les divisions politiques du Royaume-Uni ; il y en a 52 en Angleterre, 33 en Écosse, 32 en Irlande. Très inégaux en étendue, ils représentent pour la plupart d'anciennes divisions historiques. Ils jouissent d'une grande autonomie. Le gouvernement y est représenté par un lieutenant ; mais le premier magistrat du comté est le *shériff*, dont les fonctions sont entièrement gratuites et nécessitent même des dépenses. Le shériff est choisi chaque année par le lord-chancelier sur une liste de trois personnes présentée par les magistrats du comté.

culminant atteint presque les principales hauteurs du
pays de Galles; lointaine Arcadie, reléguée à l'extrémité nord-ouest de l'Angleterre.

La dépression du mur des Pictes, qui traverse la
Grande-Bretagne depuis Carlisle sur la mer d'Irlande
jusqu'à Newcastle sur la mer du Nord, sépare les
montagnes anglaises du groupe méridional des monts
d'Ecosse (*Monts Cheviot*). Ceux-ci s'ouvrent, surtout à
l'est, par de larges et nombreuses vallées, dont l'influence a de tout temps rejeté le long de la mer du
Nord le principal courant de relations entre l'Angleterre et l'Ecosse. L'une de ces vallées, celle de
la Tweed, qui se termine à Berwick, a été la marche-
frontière « *border land* », où se sont plus d'une
fois heurtés les deux peuples longtemps ennemis.
L'Ecosse a pour centre naturel les basses terres
« *lowlands* ». Elles se composent d'une plaine principale qui va d'une mer à l'autre, depuis l'embouchure
du Forth jusqu'à celle de la Clyde, et comprennent en
outre la vallée du Tay et la longue vallée de Strathmore,
dépendance septentrionale des lowlands.

Les *Highlands* ou hautes terres sont le pôle répulsif
de la Grande-Bretagne. Dans leur partie centrale
elles portent le nom de monts Grampians, elles
constituent une barrière massive et continue. Là se
dresse, dominant l'entrée occidentale de la coupure
qui partage en deux les Highlands, le plus haut
sommet de la Grande-Bretagne, le Ben-Nevis, plus
majestueux que ne le ferait supposer sa hauteur
absolue de 1331 mètres, à cause de la rapidité des
pentes et de sa position aux bords mêmes du chenal.
Mais cette longue fente, orientée du sud-ouest au nord-
est, qu'a utilisée le canal Calédonien, est trop étroite,
trop parcimonieusement pourvue de bonnes terres
entre les lacs qui l'occupent et les roches qui l'enserrent, pour avoir pu introduire entre ces masses
compactes la vie et l'activité commerciale. Aussi les

hautes terres écossaises conservent-elles ce qu'il reste
de plus ancien dans l'île, races ou langues, mœurs
et coutumes.

Position de la Grande-Bretagne. — La position de
la Grande-Bretagne a été l'objet suivant les époques,
d'appréciations bien diverses. Les Romains du temps
d'Auguste regardaient les habitants de cette île
comme relégués aux extrémités de la terre, *penitus
toto divisos orbe Britannos!* Peu s'en faut aujourd'hui
qu'au contraire les géographes ne considèrent l'Angleterre comme le point central du globe, et qu'ils ne
voient dans sa position en vedette devant l'ancien
monde et à proximité du nouveau, une des causes
principales de son développement extérieur. Il y a
sans doute de l'exagération dans cette manière de
voir, comme il y en avait dans les expressions de
Virgile. Mais il est vrai de reconnaître que les conséquences de la position de la Grande-Bretagne se sont
développées à mesure que s'étendait l'horizon de
l'humanité. Tant que la Méditerranée resta le centre
du monde, sa position devait paraître excentrique ;
cela changea quand le commerce gagna les mers du
nord, et ce fut l'inverse quand l'Océan devint son
principal foyer.

En sa qualité d'île, elle a reçu plus tard que les
contrées continentales le contre-coup des événements
qui se passaient en Europe : plus tard et autrement
que la Gaule, l'influence romaine et le christianisme,
plus tard et plus graduellement que les contrées
rhénanes, les invasions germaniques. Elle est devenue
une puissance commerciale plus tard que les Hanséates,
et un foyer industriel plus tard que les Flandres. Elle
a pu rester en paix pendant que le continent était en
guerre, attaquer à l'occasion sans grands risques
pour sa défense.

Cependant l'extrême voisinage n'admettait pas pour
elle une destinée isolée. Les promontoires de Kent,

dont par un beau temps les blanches falaises sont
visibles de Boulogne, se rapprochent jusqu'à 35 kilomètres de continent; les deux rivages tendent l'un
vers l'autre et se trouvaient peut-être plus voisins
encore au commencement de l'ère historique. C'est
là que parut César; par là s'avancèrent les premiers
pas de la conquête romaine, comme plus tard de la
conquête saxonne. Tenons compte aussi de la longue
ligne de côtes, allongée encore par les archipels
Orcades et Shetland, que la Grande-Bretagne oppose
à l'Europe continentale. Depuis la Norvège jusqu'à
notre Armorique, tout le mouvement maritime du
continent rencontre vers l'ouest ou vers le nord, à une
distance qui ne dépasse pas cent cinquante lieues,
souvent bien moindre, les havres et les estuaires du
littoral britannique. Dès que l'habitude de naviguer
au large eut commencé à se développer au nord-
ouest de l'Europe, la grande île devint naturellement
le but et le terme de l'expansion maritime des riverains continentaux de la mer du Nord. Des établissements s'amorcèrent aux points favorables des côtes.
Peu à peu tout ce qu'il y avait de races maritimes au
nord-ouest de l'Europe afflua sur l'archipel britannique : domaine vaste et tentant, sur lequel la colonisation se concentra d'autant mieux que l'Océan ne
laissait encore rien deviner au delà. La Grande-Bretagne dut à ces acquisitions successives d'hôtes déjà
formés et endurcis à la mer, un trésor grossissant
d'expérience nautique, qui paraît avoir manqué à ses
habitants primitifs.

Formation du peuple anglais. — Les Celtes bretons
qui occupaient la majeure partie de l'île au commencement de la période historique, n'étaient pas un
peuple de marins. Ils subirent, comme les Celtes
gaulois, la conquête romaine. Mais l'influence de
Rome ne s'exerça pas sur eux avec assez d'intensité

pour supprimer, comme en Gaule, les idiomes indi
gènes et leur substituer le latin. Il ne se forma point
un foyer de civilisation supérieure assez puissant pour
absorber à leur arrivée les envahisseurs germaniques.

Ceux-ci se recrutèrent parmi les tribus bas-alle-
mandes ou scandinaves, qui habitaient depuis les
embouchures du Rhin jusqu'au cap Skagen : ce furent
surtout les Saxons voisins de l'embouchure de l'Elbe,
les Angles qui occupaient une partie du Slesvig, et
les Jutes ou habitants du Jutland. Leurs invasions,
qui se précipitèrent vers le milieu du cinquième
siècle (1), amenèrent dans l'île de Bretagne un changement bien plus radical qu'en Gaule. Sur le continent
les cadres de l'ancienne société avaient résisté ; là au
contraire ils furent détruits. Les anciens maîtres du
sol, refoulés vers les montagnes, ne parvinrent à
maintenir leur langue qu'aux extrémités occidentales
de l'île : dans la péninsule de Cornouaille, où l'idiome
cornique s'est éteint il y a un siècle ; dans le pays de
Galles, où le velche (nom donné par les Anglais à cet
idiome celtique) se maintient encore vigoureusement ;
dans les *Highlands* de l'Ecosse, où subsiste le gaélique,
autre dialecte de même famille ; enfin dans l'île de
Man. Hors de ces contrées le passé breton et romain
ne laissa de traces que dans un certain nombre de
noms de lieux, de villes ou de rivières (2). Les Velches
du pays de Galles sont au nombre de plus d'un million.
Ils se distinguent par leur teint plus brun, leurs visages
plus ovales, de leurs compatriotes anglo-saxons. La plupart appartiennent aux cultes protestants dissidents.

(1) Grande invasion des Saxons, Angles, Jutes et Frisons, en 449
de notre ère. (Bède, *Histoire ecclésiastique*, I, 15.)
(2) On peut citer : *Cantu*, aujourd'hui *Kent*; *Londinium*, London ;
Dubris, Douvres ou Dover; *Lindum colonia*, Lincoln ; *Vectis*,
Wight ; *Tamesa*, Tamise ; *Sabrina*, Severn : *Deva*, Dee. — Le mot
latin *castra* se retrouve dans les désinences de villes en *cester*,
chester, *ceter*, etc. La persistance de ces noms de lieux prouve que
l'extermination des anciens habitants ne fut pas complète. Mais les
villes à étymologie celtique ou romaine sont la minorité ; la plupart
portent des noms d'origine germanique.

Les Bretons refoulés par les envahisseurs germaniques ne restèrent pas tous dans leur île. Un grand nombre émigra, aux sixième et septième siècles, dans la péninsule occidentale de la Gaule. Le courant fut assez fort pour déterminer la fondation d'un État guerrier, celtique de mœurs et de langue, qui tint en échec les Francs et les Normands. C'est à cette immigration que la péninsule auparavant appelée Armorique dut son nom de Bretagne : et il faut faire remonter à l'arrivée de ces insulaires, plutôt qu'à l'époque gauloise, l'origine des dialectes bretons (1) qui se parlent encore dans la partie occidentale de notre province. Le souvenir de cette commune origine n'est pas perdu chez les Celtes du pays de Galles.

Parmi les nouveaux venus les Jutes ne semblent pas avoir été assez nombreux pour se tailler un domaine spécial. Au contraire, les Angles se massèrent dans le nord et l'est de l'Angleterre proprement dite, tandis que les Saxons formaient dans le sud des cantonnements dont le souvenir se perpétue dans les noms actuels des comtés (2). Dès le sixième siècle le vieux nom de Bretagne disparut comme nom politique, et fit place à celui de *Terre des Angles* (England). Ceux-ci étaient les plus nombreux parmi les conquérants ; mais la trace des Saxons ne s'effaça point. Le terme de peuple anglo-saxon très fréquemment employé au neuvième siècle dans les actes publics, exprime la fusion qui s'opéra entre les deux éléments ; c'est encore aujourd'hui le nom caractéristique par lequel aime à se désigner le peuple anglais.

Par l'amalgame des Angles et des Saxons le peuple anglais est déjà formé. Cependant les éléments scandinaves que l'invasion des Jutes avait déjà introduits dans la Grande-Bretagne, furent renforcés au neuvième siècle par les conquêtes des Danois et des Norvégiens, les premiers dans le nord de l'Angleterre, les seconds en Écosse et dans les îles voisines. On

(1) Loth, *l'Émigration bretonne en Armorique.* Paris, 1883.
(2) *Essex*, Saxons de l'est ; *Sussex*, Saxons du sud ; *Middlesex* Saxons du milieu ; *Wessex*, Saxons de l'ouest.

retrouve encore aujourd'hui la trace de l'influence
danoise dans le langage populaire et les types du pays
entre le Humber et la Tweed. « On y compte par milliers
les noms tirés du danois (1). » Nordenskiœld raconte
que les habitants de Thurso à l'extrémité septentrionale de l'Ecosse se vantèrent à lui de leur origine
norvégienne. Jusque dans les comtés de Cumberland
et de Westmoreland, au nord-ouest de l'Angleterre,
s'étendit une traînée d'établissements norvégiens.

Quant aux Normands déjà francisés qui débarquèrent
avec Guillaume le Conquérant sur la côte de Sussex
en 1066, c'est à la France beaucoup plus qu'à la Scandinavie qu'ils se rattachaient par leur langue et leur
civilisation. Leur influence fut décisive sur la formation
de l'État anglais. Mais le fond anglo-saxon finit par
absorber les conquérants. Le règne du français, comme
langue officielle, n'eut qu'un temps ; ce fut le dialecte
des Anglais du centre qui devint langue nationale et
littéraire. Malgré ses nombreux emprunts au vocabulaire français, l'anglais est essentiellement germanique.
La langue est restée cette fois la traduction à peu près
fidèle de l'origine. En effet, on ne saurait sérieusement
contester la physionomie germanique (2) du peuple
qui a pris la direction du développement politique de
l'île.

Mais gardons-nous bien d'affadir, par la recherche
de prétendues ressemblances, la physionomie tranchée du peuple anglais. Bien que par ses racines principales il plonge au sein de ce monde flottant du germanisme primitif d'où sont sorties tant de nations
diverses, ce qui frappe en lui comme dans ses œuvres,
même les moindres, c'est le relief, l'originalité énergique de la personnalité. Ce qu'il veut, il le veut obsti-

(1) Worsaae, *An account of the Danes and Norvegians in England
Scotland and Ireland.* London, 1852. — Entre autres noms dont l'origine scandinave paraît avérée, il faut citer les noms de localités qui
se terminent par la désinence *by.*
(2) Voir Gaidoz, *Revue internationale de l'enseignement,* 15 octobre 1885.

nément, il l'accomplit jusqu'au bout, qu'il s'agisse
d'une guerre ou d'une exploration, d'un sport ou d'une
gageure ; car si l'obstacle le pique, il n'est pas de
ceux que le ridicule intimide. Dans sa conception de
la famille, du droit, de la hiérarchie sociale, de la
religion, l'Anglais s'écarte absolument de la manière
de penser et d'agir des peuples qui seraient le mieux
fondés à se réclamer d'une commune origine. Il tient
d'ailleurs à ce qu'il en soit ainsi, et fait effort pour ne
ressembler à aucun autre. L'imitation du dehors, si
tant est qu'elle soit un défaut, n'a jamais été un défaut
anglais. Il n'éprouve pas davantage le besoin de se
communiquer aux autres. Sa constitution et ses libertés sont à ses yeux des biens dont il doit garder le
privilège : ses plaisirs mêmes, ses jeux ne sont qu'à
lui seul. « Jusque dans sa propre patrie, dit Kant (1),
l'Anglais s'isole ; à l'étranger ils se réunissent pour
n'avoir pas d'autre société que la leur.

Son œil se promène avec complaisa   sur cette
ceinture marine qui entoure son pays et   i en fait
partie intégrante. Grâce à l'isolement re   qu'elle
lui a ménagé, il a pu échapper aux crises qui ont bouleversé le continent ou du moins n'y intervenir que
librement et dans la mesure de ses intérêts. Son développement politique s'est déroulé avec une continuité
unique en Europe. Libre de s'adonner à la mer, il a
fait de sa flotte le pivot de sa grandeur ; mais, fondateur d'une puissance cosmopolite, il a gardé l'esprit
local des insulaires. On a pu juger, par l'opposition
devant laquelle a récemment échoué le projet de tunnel sous le Pas de Calais, de sa répugnance contre
tout ce qui peut sembler une atteinte au privilège
de sa position et une brèche dans sa frontière maritime.

(1) Kant, *Anthropologie.*

Région britannique du Sud-Est.

Conformément aux grandes divisions géologiques de l'île, on voit se dessiner au sud et à l'est une Angleterre différente, non seulement du pays de Galles, mais aussi de l'Angleterre industrielle du centre et du nord. Celle-ci est une création nouvelle, vieille à peine d'un siècle ; son essor date du moment où la houille est devenue le principal agent de l'industrie moderne. Jusqu'au bill de réforme de 1832, les villes considérables qu'elle comptait déjà, étaient à peine représentées au Parlement — quelques-unes pas du tout — parce que, tard venues, elles n'avaient pas encore trouvé place dans les cadres traditionnels de la constitution anglaise. L'autre, au contraire, est la vieille Angleterre historique, celle des souvenirs et des monuments du passé. Tant que l'agriculture et la production de la laine furent les principales sources de la richesse, toute la puissance politique et économique de l'Angleterre se résuma dans cette région où les croupes herbeuses de la craie alternent avec les plaines fertiles. Le fameux sac de laine, sur lequel s'assied aux jours de cérémonie à la Chambre des lords le lord-chancelier, symbolise ce passé.

Caractère historique des villes. — A l'exception du gigantesque Londres et de quelques grands ports de commerce et de guerre, tels que Bristol, Southampton, Hull et Portsmouth, ce n'est pas dans cette région que se trouvent aujourd'hui les villes les plus populeuses et les plus actives. La plupart sont restées stationnaires ou ont décliné. C'est dans cette partie de l'Angleterre qu'on voyait, avant l'hécatombe opérée par l'acte de réforme, ces anachronismes politiques de bourgs dans lesquels le corps électoral, réduit

presqu'à rien, conservait néanmoins son droit, comme
pour tenter l'acheteur (*bourgs pourris*.) Là sont les
deux sièges métropolitains de l'église d'Angleterre,
York et Canterbury, les deux villes universitaires,
Oxford et Cambridge. On y voit Bath, la ville de
bains qui s'est développée autour des sources thermales fréquentées déjà au temps des Romains :
Lincoln, Ely, Winchester, Salisbury (1), etc., vieilles
villes épiscopales endormies au pied de leurs cathé-
drales de style gothique-normand, dont les tours
s'élèvent au milieu des pelouses et des arbres séculaires.

York, l'ancienne *Eboracum*, localité celtique où fut
établie une colonie romaine, s'élève sur l'Ouse, encore
accessible sur ce point à la marée, dans une grande
plaine que bornent à l'est les collines calcaires qui se
terminent sur la mer au cap Flamborough. Elle fut
le quartier général des légions pour leurs opérations
dans le Nord ; Septime Sévère y résida ; Constance
Chlore y fut proclamé César. Plus tard elle devint la
capitale du pays au nord de l'Humber (*Northumberland*), et de florissantes écoles s'y groupèrent
autour du second siège archiépiscopal d'Angleterre.
Le vaste comté qui porte son nom (*Yorkshire*) a une
population qu'on cite en Angleterre pour sa haute
taille, son accent, sa joviale humeur. L'industrie y a
fait naître, dans la partie occidentale, des centres
florissants devant lesquels pâlit l'antique métropole (2).

Canterbury a remplacé aussi une ancienne ville
celtique et romaine. Elle est située dans le comté de
Kent, dont le front présente au continent les ports de
Douvres et de Folkestone (3) animés par un passage

---

(1) Bath, sur l'Avon, 51.000 habitants. — Lincoln, 37.000 hab. —
Ely, 8.000 hab. — Salisbury, 16.000 hab. — Winchester, 16.000 hab.
(2) York, 51.000 habitants.
(3) Canterbury, 22.000 hab. — Douvres, 29.000. — Folkestone,
19.000.

de 300 à 400.000 voyageurs par an. Sa cathédrale gothique abrite le tombeau du Prince Noir et la chapelle où fut assassiné Thomas Becket.

Villes universitaires. — Oxford (1) est comme une relique du quinzième siècle. Elle a, comme tant d'autres villes anglaises, la beauté qui tient aux paisibles rivières coulant à pleins bords au milieu des prés, aux ponts pittoresques, aux avenues vénérables ; mais ce qui la distingue particulièrement, c'est la plus rare réunion d'édifices de style gothique ou Renaissance, malheureusement noircis et effrités par le climat. Ce sont les collèges qui représentent, au nombre de 19, l'université d'Oxford, émule et contemporaine de Cambridge (treizième siècle). Fort différentes en effet des institutions homonymes du continent, ces vieilles universités anglaises ne consistent qu'en une agrégation de collèges remontant à des fondations distinctes, vivant de leur vie propre et, comme l'Église anglicane à laquelle ils sont moralement associés, disposant de domaines considérables (2). Plusieurs sont des établissements somptueux où, comme dans nos grandes abbayes d'autrefois, sont réunies des collections d'un grand prix ; la bibliothèque *bodleienne*, fondée en 1445 et achevée en 1602, est une des premières de l'Europe par le nombre et la valeur des manuscrits.

L'illusion du passé, mais d'un passé toujours bien anglais, vous prend, lorsqu'on voit dans les *halls* gothiques s'assembler, aux heures de repas en commun, les *fellows* avec leur costume à moitié ecclésiastique. Parmi les hôtes de ces collèges, ceux-ci sont les privilégiés qui se partagent les prébendes dont dispose l'établissement, à seule condition d'abandonner leur *fellowship*, s'ils quittent le célibat pour l'état de mariage. Quant aux étudiants, ils jouissent aussi de l'hospitalité des collèges ; ils y logent, ils se livrent dans de vastes parcs aux jeux nationaux chers à tout

(1) Oxford, 31.000 hab.
(2) Les revenus qu'Oxford tire de ses propriétés, montent à 5.500.000 fr. par an ; ceux de Cambridge à 4.900.000. Il n'y a que trois comtés dans lesquels Oxford ne soit pas propriétaire.

bon Anglais ; et plus peut-être que la science, ils cultivent l'éducation aristocratique que la vieille Angleterre réserve aux mieux nés et aux plus riches de ses enfants.

Cambridge (1) ne le cède à Oxford ni par ses revenus ni par la beauté des édifices ; mais le pays est plus triste. Il n'a pas la grâce des collines ondulées que baignent la Tamise et la Cherwell. Il n'y a pas long-temps, les prairies autour de Cambridge se chan-geaient en marais, et les paysans des environs arrivaient, pendant l'hiver, en patinant. Le climat dans ces plaines découvertes de l'Est anglais, est plus rude que dans l'Ouest ; il n'a pas la douceur maritime du Cornouaille et du Devonshire, où l'on voit le myrte et le camélia fleurir en pleine terre. Par-dessus la mer du Nord s'abattent des vents violents et rigoureux qui balayent la plaine. Il n'est pas rare que les rivières gèlent. Les contrastes de température communiquent quelque chose de plus âpre au carac-tère des habitants. Nulle part, à l'époque de la Réforme et de la Révolution anglaise. le puritanisme et la haine des images n'eurent plus d'adeptes. Dans la cathé-drale d'Ely presque toutes les statues ont été muti-lées. Cromwell était un homme de l'Est ; il était né à Huntington, non loin de Cambridge.

Londres. — C'est au milieu de la région histo-rique par excellence que s'élève la capitale du Royaume-Uni.

Lorsque la Tamise arrive à Londres, elle a tra-versé, comme la Seine à Paris, toutes les forma-tions géologiques dont se compose la partie basse de l'Angleterre (2). Née dans les plateaux de calcaire jurassique qui dominent à l'est la plaine de Gloucester, elle coupe entre Oxford et Reading, des collines crayeuses qui se déroulent du sud-ouest au nord-est, pour débou-

(1) Cambridge (*Pont sur la Cam*), 30.000 hab.
(2) Tamise : longueur du cours 351 kilomètres ; navigable depuis Lechlade située à 39 kilomètres de la source.

cher dans le bassin tertiaire de Londres. Elle y baigne le pied des coteaux boisés sur lesquelles est bâti le château de Windsor, en face d'Eton, le célèbre collège fondé en 1440 par Henri VI. Enfin, à l'écluse de Teddington (32 kilomètres en amont de Londres), l'influence de la marée commence à se faire sentir ; et peu à peu s'opère une transformation dans son aspect. Ce qui était une jolie rivière aux allures paisibles, devient un fleuve au flot puissant et jaunâtre. Le Pont de Londres (*London-bridge*) marque le point de départ de la navigation maritime.

Le Pont de Londres, qui était encore au siècle dernier l'unique pont de la ville, est bien l'extrémité intérieure de ce port sans égal qui se continue en réalité pendant huit lieues, jusqu'à Gravesend. En aval commencent la forêt de mâts, les docks, les chantiers ; en amont les ponts, les gares, un flot humain passant et repassant d'une rive à l'autre ; mais de toutes parts, de quel côté de l'horizon qu'on jette les yeux, des maisons à l'infini, noyées dans la brume traditionnelle. Lorsqu'aux heures de l'après-midi la vie bat son plein, il y a dans les pulsations de cet organisme quelque chose de colossal et de régulier, qui fait penser aux mouvements de la mer ou de la forêt.

Le Pont de Londres unit le bourg (rive droite) à la Cité. Entre *Charing-Cross* et le Pont de Londres, la Tamise, coulant de l'ouest à l'est, rase le pied d'une légère éminence sur sa rive gauche, la dernière qui se présente sur ses bords. C'est sur cette élévation que prit naissance le vieil établissement celtique qui forma le germe de Londres. La cathédrale Saint-Paul, qui en occupe le point culminant, s'élève sur un emplacement où l'on a trouvé des restes d'antiquité et où fut construite une église dès l'an 610. Autour d'elle s'étend la Cité, centre historique de Londres, dont l'enceinte a disparu, mais qui forme encore une sorte de ville privilégiée dans la ville

même. Elle s'étend depuis *Temple bar* (porte du
Temple, aujourd'hui démolie), à l'ouest, jusqu'à la
Tour à l'est, véritable Bastille londonienne commencée par Guillaume le Conquérant pour surveiller
sa bonne ville. A Londres bien plus longtemps qu'à
Paris tout le développement de la capitale se résuma
dans ce qu'on appelle la Cité. Elle est restée encore
aujourd'hui le centre des affaires ; là sont groupés la
poste, la douane, la salle des corporations (*Guildhall*)
ou hôtel de ville, les cours de justice, dans lesquelles
on ne retrouverait plus, depuis les transformations
récentes qui en ont changé l'aspect, le sombre quartier de la procédure et de la chicane décrit par
Dickens. Là sont les comptoirs, les agences, le siège
des compagnies, etc. Pendant la journée elle s'emplit
d'un fourmillement énorme, qui dès le soir, les
affaires terminées, fait place à la solitude et au silence.
Il ne reste plus alors que d'assez rares habitants, pour
la plupart préposés à la garde des magasins. Depuis
le commencement du siècle le nombre des habitants
domiciliés dans la Cité n'a pas cessé de décroître :
de 129.000 en 1801, il était tombé à 51.000 en 1881.
Les bateaux et les chemins de fer emportent chaque
soir vers leurs quartiers éloignés ou leurs villas, dans
toutes les directions, les négociants, aussi exacts à
regagner le lendemain ce lieu de rendez-vous qu'empressés à le fuir, dès que l'heure a sonné de remplacer par la vie de famille la vie d'affaires.

Un second centre de formation pour la ville de
Londres fut Westminster, situé, comme son nom
l'indique (*monastère de l'Ouest*), à l'ouest et en amont
par rapport à la Cité (1). Avant la fondation de
l'abbaye, que l'on rapporte à l'an 616, il y avait
là un gué, par lequel passait la plus ancienne
voie connue de la Grande-Bretagne, celle du

(1) *New Ordnance Atlas of London and Suburbs*. Londres,
George Bacon.

sud-est au nord-ouest, de Douvres et Canterbury à
Chester. Détruite par les Danois, l'abbaye ne tarda pas
à être reconstruite (985-1245). Elle devint, comme
Saint-Germain des Prés à Paris, le noyau d'une
agglomération distincte, moins importante toutefois
que celle de la Cité. Entre les deux villes on vit de
bonne heure la noblesse construire des résidences,
créer des jardins. Peu à peu se forma un quartier
nouveau qui servit de lien entre la Cité et Westminster : ce fut le *Strand*, ainsi nommé parce qu'il se
développe à peu de distance du fleuve et parallèlement à son cours. Désormais la physionomie topographique de Londres fut fixée dans un de ses traits
essentiels : elle s'allongea le long du fleuve en
dessinant la convexité de sa courbe.

La ville de l'Ouest, *West-end*, suivant la désignation passée
dans l'usage, semble être restée fidèle à son origine : c'est
encore le quartier des palais, des ministères, des clubs, des
parcs et du luxe. Sous les voûtes de Westminster dorment les
grands hommes de l'Angleterre ; le nouveau palais du Parlement étale sa façade monumentale le long du fleuve, tandis
que, près de là, le palais en partie détruit de Whitehall rappelle les souvenirs de Charles I et de Cromwell.

Aux avantages d'un port naturel, Londres joignait
donc ceux d'une position très favorable au carrefour
des principales routes de l'intérieur. Aussi, dès que
le commerce eut pénétré avec la civilisation romaine
dans l'île, l'attention ne tarda pas à se fixer sur
ce site remarquable. « *Londinium*, dit Tacite,
sans être décoré du nom de colonie, est un entrepôt
et un centre de commerce extrêmement fréquenté (1). »
L'importance politique vint plus tard. D'abord capitale
du royaume anglo-saxon d'Essex, Londres dis-
puta, à partir du règne d'Alfred le Grand (2), le rang
de capitale de l'Angleterre à la ville de Winchester.
Mais celle-ci était loin d'offrir l'avantage d'une posi-

(1) *Annales*, XIV, 33.
(2) Alfred le Grand (871-901).

tion aussi centrale pour l'ensemble des pays situés au sud de la Tweed : peu à peu, comme il était naturel, elle passa au second plan, et sous le règne d'Edouard le Confesseur, fondateur de la nouvelle abbaye de Westminster (1), Londres fut définitivement adoptée comme capitale. Elle se trouva dès lors directement mêlée à tous les grands événements de l'histoire d'Angleterre. Les marchands hanséatiques y entretinrent un de leurs principaux comptoirs. Cependant, aux treizième et quatorzième siècles, Londres était encore loin d'égaler Paris en population et surtout en influence. C'est seulement à la fin du dix-septième siècle qu'elle atteignit par le chiffre des habitants (un demi-million environ) sa rivale d'outre-Manche. Un siècle après, en 1801, Londres était décidément devenue la plus populeuse des villes d'Europe, quoiqu'elle n'atteignît pas encore tout à fait le million (959.000 hab.).

En réalité la grandeur de Londres est un fait tout moderne, on peut presque dire contemporain. Il est en corrélation étroite avec la vapeur et les chemins de fer, avec l'impulsion donnée par ces forces nouvelles à toutes les formes de l'activité humaine, avec la transformation des bases de la vie moderne. Sous l'influence de ces causes, dont les effets s'accusent partout, mais nulle part plus complètement qu'en Angleterre, les villes ont grandi dans des proportions inattendues ; la population urbaine a atteint dans la Grande-Bretagne un chiffre supérieur à la population rurale, le nombre des centres de plus de 100,000 habitants s'y est élevé (sans compter l'Irlande) jusqu'à vingt-quatre. Les mêmes causes agissant sur le continent européen ont porté la population de Paris, de 550,000 au commencement du siècle, à 2.256.000 ; celle de Berlin, de 150.000 à 1.340.000 ; celle de Vienne, de 260.000 à 1.104.000 ; tandis que,

_____
(1) Edouard le Confesseur (1011-1066).

sur l'autre bord de l'Atlantique, New-York passait
d'une population de 60.000 âmes à 1.207.000, et
même 2.300.000 avec ses faubourgs. Cet accroissement sans précédents est donc un phénomène dont
le caractère de généralité n'est pas contestable. Il
porte la marque de fabrique du dix-neuvième siècle.
Mais le type le plus colossal de ces agglomérations
d'hommes est encore et sera sans doute longtemps
celle qui s'est formée sur les bords de la Tamise.
Londres dépasse tout ce qu'ont produit en ce genre
soit l'antiquité romaine, soit même la Chine du
treizième siècle, dont les cités populeuses arrachaient
des expressions d'étonnement au voyageur vénitien
Marco Polo. Ce que Montaigne disait de Paris s'appli-
querait à bien plus forte raison à Londres : « Ce
n'est pas une ville, mais un monde. »

La population de Londres, dans les limites du
district métropolitain (1), s'élève d'après le recensement de 1881 à 3.815.000 habitants. Elle a donc à
peu près quadruplé depuis le commencement du
siècle ; la proportion de l'accroissement a été presque exactement la même que celle de Paris pendant la
même période. Elle compte à elle seule plus d'habitants que la Norvège, que la Grèce, que le Danemark,
que la Suisse. Il y a à Londres, comme on l'a dit,
plus d'Écossais qu'à Édimbourg, plus d'Irlandais qu'à
Dublin, plus de Juifs qu'en Palestine, plus de catholiques qu'à Rome. En tous sens, autour du centre
primitif et historique, s'allongent indéfiniment les
files uniformes de maisons en briques. Quoique
n'ayant pas le double de la population de Paris, Londres couvre près de quatre fois plus d'espace. Elle
s'étend sur 30.488 hectares. Le rayon d'approvisionnement mis à contribution pour la nourriture quotidienne de cette multitude humaine s'étend jusqu'à la

(1) Le « district de police », plus étendu, donnerait environ un
million de plus.

Bretagne, aux Pays-Bas, même à la Norvège. On estime à 6 millions d'hectolitres 800 mille litres la quantité d'eau qui lui est quotidiennement amenée pour ses besoins ; c'est peut-être à cette abondance que Londres doit l'avantage d'être relativement une des plus saines des grandes villes de l'Europe (1).

Quoiqu'elle possède une université et surtout, dans le *British Museum*, les plus remarquables collections d'art antique de l'Europe, quoiqu'elle soit le siège d'une presse qui passe avec celle d'Amérique pour la plus puissamment organisée du monde, Londres est surtout une ville de commerce, le principal marché de l'univers. Peut-être cependant sa prééminence à cet égard était-elle mieux marquée il y a quelques années qu'aujourd'hui. Bien que le mouvement d'affaires n'ait pas décru, tout au contraire, Londres n'est plus au même degré qu'autrefois le centre qui attirait, pour les réexpédier, les denrées et les matières premières des plus lointaines contrées du globe. La part des autres peuples dans le commerce général tend de jour en jour à se faire plus grande ; les places commerçantes du continent, Anvers, Marseille, Hambourg, dans leurs efforts pour s'affranchir d'intermédiaires, réussissent parfois à fixer chez elles le marché d'un produit spécial, le plus souvent au détriment de Londres. Cependant le mouvement du port marque depuis dix ans un accroissement notable et continu. Il a atteint en 1884, entrées et sorties réunies, le chiffre de 18 millions de tonnes de jauge ; ce qui laisse notablement en arrière Liverpool, le deuxième port des îles britanniques. On estimait pour la même année à 65 millions de livres sterling (1.625 millions de francs) la valeur des marchandises importées à et exportées de Londres (2). Chiffres à coup sûr considérables : le

(1) *Statistique internationale des grandes villes.* — L'intensité de la mortalité, qui est de 30,2 décès par 1,000 habitants à Vienne, de 26,6 à Berlin, de 21,2 à Paris, n'est que de 21,7 à Londres.
(2) Ch. Hartley, *les Voies navigables de l'Europe.*

dernier dépasse le total des transactions faites par l'Espagne tout entière dans la même année. Cependant l'activité commerciale et maritime du Royaume-Uni est loin de se concentrer à Londres, au même degré que celle du Danemark à Copenhague, ou celle des Etats-Unis à New-York, ou même celle de l'Allemagne à Hambourg. Le trafic maritime de la métropole ne représente après tout qu'environ 13 pour 100 du trafic maritime du Royaume-Uni.

Londres est le centre de treize grandes lignes de chemins de fer ; la plus importante est celle de la Compagnie *Nord-Ouest*, qui la relie à Liverpool et dont le réseau comprend 2.900 kilomètres. Des communications par canaux existent entre la Tamise, l'Avon de Bristol, la Severn, l'Ouse et le Trent.

Nous venons de parler de la première ville du monde : comme personne politique et administrative, cette ville n'existe pas. Le nom de Londres n'appartient officiellement qu'à la Cité ; celle-ci a sa municipalité, ses aldermen, son lord-maire, personnage décoratif élu pour un an, ses deux députés au Parlement. Au delà il y a l'ensemble qu'on désigne sous le nom de *metropolis*, agglomération de trente bourgs ou paroisses qui s'administrent chacun à leur guise. Un très petit nombre d'institutions, telles que la police, le recrutement, la cour criminelle, leur sont communes ; encore ces différentes juridictions ne s'accordent-elles pas dans leurs limites, de sorte qu'il est très difficile de savoir où commence et finit la métropole. Il a été souvent question d'adopter un système d'administration unique pour cette agglomération urbaine, mais en politique le génie anglais répugne à la simplification ; sa capitale est à son image.

Greenwich, célèbre par son observatoire et son hospice des invalides de la marine ; Woolwich, connu par son école militaire, font partie de la banlieue de Londres. Au débouché de l'estuaire de la Tamise, en face du banc de Nore, qui marque officiellement l'entrée de l'estuaire, aboutit, sur la rive droite, l'embouchure de la Medway; là sont concentrés les arsenaux et chantiers de Chatham (1), le port militaire qui garde l'entrée du fleuve.

Ports de la région historique. — Les grandes villes autres que Londres qu'on peut citer en dehors de la région minière et manufacturière, sont peu nombreuses. Sur la Manche, Brighton n'est qu'un rendez-vous de villégiature et de bains. Portsmouth, le premier port militaire de la Grande-Bretagne, se trouve, comme son nom l'indique, à l'embouchure d'un port, qui, par sa profondeur et ses proportions, est sans rival sur ce littoral. La baie de Spithead, par laquelle on y accède, projette elle-même vers l'intérieur un bras de mer à l'extrémité duquel, entourée de villas, s'étend Southampton, point de départ de nombreuses lignes de paquebots, soit vers l'Orient, soit vers les Indes, qui évitent ainsi le long détour du détroit. Près de l'entrée occidentale de la Manche, la double ville de Devonport et Plymouth (2) constitue le second port militaire que l'Angleterre oppose à notre Cherbourg. Un brise-lames construit à grands frais en eau profonde couvre l'entrée du *sund* qui lui sert de rade.

Bristol fut pendant longtemps, après Londres, le premier port de commerce de l'Angleterre, le principal débouché de l'ouest. Son activité commença à se développer par les relations avec l'Irlande et particulièrement avec Dublin, où les Scandinaves *(Ostmen, ou hommes de l'Est)* avaient fondé une colonie commerçante. De là ses relations s'étendirent jusqu'à la Scandinavie. Longtemps rivale de Chester, elle l'emporta sur elle, lorsqu'au quatorzième siècle s'ouvrit l'ère brillante du commerce avec l'Aquitaine (3). A la fin du siècle suivant, l'histoire ne saurait oublier

(1) Chatham (avec Rochester), 48.000 habitants.
(2) Brighton, 107.000 habitants; Portsmouth, 128.000 habitants; Southampton, 60.000; Plymouth-Devonport, 122.000 habitants.
(3) *Historic towns* (Longmans), 1886.

que ce port fut le point de départ des entreprises
anglaises vers le nouveau monde ; là s'embarquèrent
en 1497 Jean et Sébastien Cabot. Bristol a cédé de
nos jours à Liverpool son ancienne suprématie ;
elle a gardé cependant une certaine activité commerciale, à laquelle s'est joint, grâce au voisinage
d'un petit bassin houiller, un important mouvement industriel. Elle compte 207.000 habitants.
Récemment elle vient d'être mise en communication
directe avec le pays de Galles par un tunnel creusé
sous l'estuaire de la Severn, large à cet endroit de plus
de 5 kilomètres.

Hull, à l'embouchure du Humber, est le principal
siège des relations de l'Angleterre avec le Nord de
l'Europe. Par sa position elle se rapproche de la
grande région industrielle, et doit à ce voisinage
l'essor qu'elle a pris de nos jours. Sa population s'est
élevée de 30.000 au commencement du siècle à
154.000 habitants ; par le mouvement son port est le
cinquième des Iles britanniques ; il arrive même au
troisième rang, après Londres et Liverpool, par la
valeur des marchandises importées et exportées.

Région britannique du Nord-Ouest.

Lorsque, parti de Londres dans la direction du
nord-ouest, on arrive dans les comtés de Warwick et
de Leicester, on est frappé du changement de physionomie qui se fait dans l'aspect du sol et des habitants. Le sol est plus rocheux et plus maigre ; sans
être hérissé de hautes montagnes, il devient plus accidenté, les rivières prennent une allure plus rapide,
les strates schisteuses se montrent à nu. L'industrie
dresse ses hautes cheminées : elle embrume l'horizon
de vapeurs roussâtres, et jonche les chemins de scories
noires. Aux fermes entourées d'arbres, et dont les

fenêtres décorées de fleurs laissent apercevoir l'ameublement confortable de l'intérieur, succèdent les fabriques enfumées. Les villes se rapprochent et parfois se pressent à tel point qu'elles semblent se disputer l'espace. Ce changement commence à se manifester dès qu'on a franchi la bande diagonale du sud-ouest au nord-est qui sépare la région agricole de celle où la nature a amassé, aux premiers âges géologiques, les grands bassins de houille auxquels est attachée la fortune industrielle de la Grande-Bretagne.

Ère de la vapeur. — De bonne heure la houille a été employée en Angleterre comme combustible : au dix-septième siècle le charbon de Newcastle contribuait à l'approvisionnement de Londres, où il était connu sous le nom de charbon de mer, à cause du mode de transport. Mais c'est seulement depuis que la vapeur a été appliquée à la mécanique que la houille a pris son importance industrielle, comme réservoir des forces qui fournissent le moteur à nos machines. Alors a commencé pour l'extraction de ce combustible une période d'activité sans précédent, et les pays qui en étaient abondamment pourvus se sont trouvés en possession d'un avantage précieux pour la concurrence économique et politique entre les peuples civilisés.

Le premier développement de cette transformation remonte au dernier quart du dix-huitième siècle. C'est en 1774 que James Watt, né à Greenock (Écosse), s'établit à Soho, faubourg de Birmingham, pour exploiter la machine à vapeur de son invention. Elle était destinée à débarrasser les mines des eaux qui en entravaient l'exploitation ; problème depuis longtemps posé, et qu'elle résolut en fournissant un moyen prompt et économique d'élever une grande quantité d'eau à une hauteur considérable. Mais l'in-

vention de Watt contenait en germe bien d'autres
applications ; au bout de peu d'années la vapeur devint d'un usage général dans l'industrie métallurgique
et textile ; elle fut employée en 1789 à Manchester
pour mettre en mouvement les métiers à filer et à
tisser le coton.

L'emploi de la vapeur comme moyen de transport
se fit plus attendre. Ce ne fut pas en Angleterre,
mais en France d'abord, puis en Amérique, qu'eurent
lieu les premiers essais de bateaux à vapeur (1). Le
premier steamer qui ait traversé l'Atlantique, la
Savannah, partit en 1819 de New-York et mit vingt-
cinq jours à ce voyage. On éprouve quelque surprise
à constater qu'après ces débuts, suivis bientôt d'autres essais, il s'écoula dix-huit ans jusqu'à l'établissement de lignes régulières de navigation à
vapeur. En 1837 la Compagnie *Péninsulaire Orientale* fut créée pour le service entre la Tamise et les
Indes ; et l'année suivante la Compagnie *Cunard* inaugura les relations régulières entre Liverpool et les
États-Unis.

On peut regarder enfin cette double date comme
celle de l'ouverture de la période où s'accomplit la
plus grande révolution que le monde ait vue dans les
moyens de transport. L'ère des tâtonnements finit
alors aussi pour les chemins de fer, et sur terre
comme sur mer la vapeur prit possession de l'empire
du monde. Après un premier essai entre les villes
de Stockton et de Darlington (1825), la locomotive de
George Stephenson fit victorieusement ses preuves
en 1830 sur la ligne ferrée construite sous sa direction

(1) Essais du marquis de Jouffroy sur le Doubs (1776). — Bateau
construit par l'Américain Fulton sur la Seine (1803), sur l'Hudson (1807). — Service à vapeur sur la Clyde entre Glasgow et Greenock (1812), sur la Tamise entre Londres et Gravesend (1814). —
Dès 1818 la plupart des fleuves de la Grande-Bretagne étaient sillonnés par de petits bateaux à vapeur, et déjà s'étaient accomplis quelques traversées plus importantes, par exemple de Glasgow à Belfast,
de Glasgow à Londres.

et celle de son fils entre Liverpool et Manchester. L'expérience cette fois fut décisive ; dans l'espace de quelques années furent établies des voies ferrées entre Liverpool et Birmingham, Manchester et Leeds, Leeds et Bradford, Derby et Newcastle. Le réseau commença ainsi par la région industrielle de l'Angleterre, et gagna de proche en proche. L'Allemagne et les Etats-Unis ne restaient pas en arrière, et la France entreprit en 1842 la construction de ses grandes lignes.

L'initiative de cette évolution appartint, sinon entièrement, du moins principalement à l'Angleterre, et en particulier à la région minière. C'est dans les mines à charbon des comtés du Nord, où de bonne heure on commença, pour la facilité du transport ou l'épuisement des eaux, à se servir de rails et de machines à vapeur, que sont, on peut le dire, les origines du monde moderne. La formation de l'outillage qui, de perfectionnements en perfectionnements, s'approprie à tant d'applications diverses, naquit de nécessités locales fort humbles. Pour transporter des matières telles que la houille et le fer, on fut amené à imaginer des moyens de traction en rapport avec leur poids et leur volume. L'esprit précis et mathématique des Anglais fut entraîné par la nature des obstacles à vaincre dans la voie des inventions mécaniques. Une Angleterre nouvelle sortit en définitive des entrailles du sol.

Importance géographique de la houille. — La Grande-Bretagne n'est peut-être pas dans le monde la contrée qui recèle le plus de houille ; les Etats-Unis et la Chine tiennent en réserve des trésors plus considérables ; mais à coup sûr elle ne trouve pas de rivale en Europe. Ses mines de charbon se répartissent en quatre principaux groupes : 1° celui d'Ecosse, entre le golfe de la Clyde et le golfe du Forth ; 2° celui du nord de l'Angleterre, comprenant le bassin du Northumberland à l'est et le bassin moins important du Cumberland à l'ouest ; 3° celui du Centre, dans lequel il faut distinguer trois bassins distincts, dans le Yorkshire, le Staffordshire et le Lancashire ; 4° celui du sud du pays de Galles.

La production totale de ces différents bassins était d'environ 10 millions de tonnes au commencement du siècle : elle s'est élevée en 1885 à 163 millions de tonnes ; chiffre qui balance à lui seul la production combinée des Etats-Unis et de l'Allemagne, les deux contrées qui suivent de loin l'Angleterre.

Etats-Unis.......	90	millions de tonnes.
Allemagne.......	73	— —
France..........	20	— —
Autriche-Hongrie.	19	— —
Belgique........	18	— —

Une armée de plus de 500 mille mineurs est employée en Angleterre à l'extraction du « diamant noir ». Une partie de cette production sert à approvisionner les pays que la nature a condamnés, comme le nôtre, à rester à cet égard tributaires de l'étranger. Le charbon anglais fait échec en Allemagne même à celui de l'Allemagne. Il se répand dans la Méditerranée et parvient jusqu'aux Indes. Mais la consommation locale en absorbe de beaucoup la majeure part ; les besoins de l'industrie réclament à eux seuls environ 40 millions de tonnes par an. Ainsi l'Angleterre produit, transporte et consomme la houille.

La supériorité de la Grande-Bretagne éclate aussi, quoique avec moins de force, dans la production du fer. Les États-Unis la menacent, il est vrai, d'une concurrence de plus en plus pressante ; leur production s'élève en moyenne à 4 millions et demi de tonnes. Mais celle de la Grande-Bretagne dépasse 8. La principale cause qui a élevé à cette hauteur son industrie métallurgique du fer, est l'abondance avec laquelle le minerai est répandu sur son territoire. On l'y trouve sur un grand nombre de points, mais principalement dans les comtés de Stafford, d'York et de Cumberland, dans le pays de Galles et en Écosse. Le plus souvent il est situé à proximité des gisements carbonifères, de sorte que la coïncidence du combustible et du minerai a puissamment contribué à concentrer sur les points favorisés, non seulement l'industrie métallurgique, mais les autres branches du travail industriel.

C'est ainsi que la houille a pris place, de nos jours, au premier rang des causes géographiques qui déterminent la position des villes et le groupement des populations. Les contrées où elle se trouve en abondance, ont en elle un élément d'activité qui peut à la rigueur compenser le défaut d'autres avantages naturels. Celles au contraire qui sont mal partagées sous ce rapport, rencontrent un obstacle grave dans le développement de leurs ressources économiques. Les industries se groupent naturellement sur les lieux où se trouve la houille, afin d'éviter les frais de transport : elles y fixent les capitaux, y multiplient les moyens de communication et y préparent le développement, parfois prodigieux, des villes. Pour l'étude de la région de l'Angleterre qui nous occupe, la répartition des bassins houillers mérite donc d'être regardée comme le fait dominant, le principe de classification sur lequel doit se régler la description géographique.

Bassin du Staffordshire. — Le bassin qui s'étend au sud du Trent, dans le Staffordshire et les comtés limitrophes, est dominé par Birmingham, le grand atelier où se travaillent le fer et l'acier et d'où ils sortent sous forme de machines, d'armes, de clous, de fils, de boulons, d'aiguilles à coudre, de plumes métalliques, etc. Rien que pour cette dernière denrée

il y avait, en 1881, à Birmingham quatorze fabriques·
produisant par an 750 millions de plumes d'acier·
Tandis que les autres cités industrielles de l'Angleterre s'adonnent à une branche particulière d'industrie, dont elles se font plus ou moins une spécialité, Birmingham est une exception par l'extrême
variété des objets qu'il fabrique : les glaces, les jouets
d'enfants, les instruments d'horlogerie et d'optique
figurent aussi dans sa fabrication. La ville, un des
foyers du radicalisme anglais, compte aujourd'hui
401.000 habitants ; mais en outre dans sa banlieue,
une série de villes industrielles, presque contiguës,
dont plusieurs ont plus de 50.000 habitants, se succèdent vers le nord-ouest jusqu'à Wolverhampton.
La houille se montre à fleur de sol ; les mines et les
usines se pressent à tel point qu'il ne reste plus de
place pour la culture. Wolverhampton est célèbre
par ses fonderies, ses ateliers de serrurerie, sa quincaillerie (1). Là se termine cette bande de pays peu
attrayant, *Black Country* ou contrée noire par excellence, où il n'y a ni verdure ni eau courante, rien
que des canaux noirâtres, mais où la houille et le fer
ont aggloméré dans un rayon de cinq lieues un
des centres de population les plus considérables de
l'Europe.

Dans un tableau vrai au fond, quoiqu'un peu chargé en couleur, l'historien Macaulay (2) dépeint « l'état de barbarie, » dans
lequel resta jusqu'au dix-huitième siècle la région où se trouvent aujourd'hui toutes ces fourmilières industrielles. Il oppose
triomphalement le présent à l'époque où, d'après un recensement fait en 1696, Manchester était une petite ville mal bâtie de
6.000 habitants, où Leeds en comptait 7.000 et Liverpool 4.000 à
peine, où Sheffield, habité par quelques forgerons, méritait à
peine le titre de bourgade. La contrée où s'est développée Birmingham n'était pas dans un état plus brillant. Il y avait là un
petit bourg de 4.000 habitants autour duquel s'étendaient des
landes, qui servaient de terrain de chasse pour le renard. Encore au commencement de ce siècle, Birmingham ne comptait
que 70.000 habitants.

(1) Walsall, 59.000 hab. — Bromwich, 56.000 ; — Wednesbur
Dudley, 46.000 ; Bi ston, Wolverhampton, 76.0 0.
(2) *Histoire d'Angleterre depuis Charles II*, chap. III.

Autour de ce centre, mais toujours sur le même bassin ou du moins à proximité, gravitent, comme autant de satellites, des villes qui cultivent diverses spécialités d'industrie : Kidderminster, celle des tapis ; Coventry, celle des rubans ; Leicester, le caoutchouc et la boutonnerie ; surtout Nottingham (1), sur le Trent, où l'on travaille la soie et le coton. Sur le Trent également, mais près de la source, s'étend le «district des poteries ». C'est là que grâce à la houille et aux qualités d'une argile particulière, qui n'est pourtant pas le kaolin ou terre à porcelaine (2), une des plus puissantes industries anglaises, celle de la céramique, a fixé son siège. Dans un espace de six lieues carrées les fabriques s'agglomèrent par groupes qui, de progrès en progrès, ont fini par se rapprocher tellement les uns des autres, qu'ils ne forment plus qu'une seule et énorme agglomération. L'ensemble de cette localité compte 153.000 habitants et porte, en tant que district électoral, le nom de Stoke-upon-Trent, qui ne désigne en réalité qu'un des groupes dont elle se compose.

On voit ainsi se manifester un phénomène dont on pourrait citer plus d'un exemple dans les régions industrielles soit d'Angleterre, soit d'ailleurs : à la ville telle qu'elle se montre en général, dans les vieux pays historiques, comme un tout bien défini, pourvue d'une personnalité bien distincte, se substitue cet être plus vague qu'on ne saurait désigner que sous les noms d'agglomération, de centre de population ou termes semblables.

Bassin du Lancashire. — Le bassin du Lancashire est le centre de l'industrie du coton, la prin-

---

(1) Nottingham, 187.000 hab. ; Leicester, 122.000 ; Coventry, 42.000 ; Kidderminster, 26.000. — Nottingham est la ville d'Angleterre dont l'accroissement a été le plus rapide dans les quinze dernières années.
(2) Le kaolin y est apporté du Cornouaille et du Devonshire.

cipale des industries textiles de l'Angleterre. Celle-ci possède à elle seule les deux tiers des broches de filature de coton (1) qui sont en mouvement dans toute l'Europe. Elle exporte, pour une valeur de plus de douze cents millions de francs, des coton-nades dans le monde entier.

Plus des deux tiers des fabriques qui existent dans le Royaume-Uni sont concentrées dans le Lancashire. Le comté, un peu moins étendu que notre département du Nord, a près de 3 millions et demi d'habitants, soit plus de 650 par kilomètre carré : c'est une grande usine, dont Manchester est la métropole industrielle, sinon la métropole politique. Là, en effet, comme dans beaucoup d'autres comtés d'Angleterre, le titre de capitale est resté à une ancienne petite cité (2) depuis longtemps dépassée par de brillantes parvenues. Manchester a cependant aussi une origine ancienne : les rues étroites de ses vieux quartiers ont un air de vétusté qui contraste avec l'opulence des faubourgs qui constituent la vraie ville actuelle. Mais son déve-loppement date de l'application de la vapeur à la fila-ture : de 30.000 habitants en 1786, elle passa brusquement à 94.000 en 1801. Elle en a aujour-d'hui 342.000 et avec Salford, qui lui est con-tigu, 518.000. Les *lords du coton* sont une puissance qui dit souvent son mot dans les affaires de la Grande-Bretagne. Ils ont embelli leur ville de monuments somptueux, créé des musées, des sociétés scientifi-ques : ils se préoccupent aujourd'hui d'en faire un port. Par leur initiative et à leurs frais ont été entre-prises les études d'un canal de grande navigation entre Manchester et la mer ; l'opposition de Liver-pool et des Compagnies de chemins de fer avait arrêté longtemps l'exécution du projet : il vient d'être ap-prouvé par le Parlement.

(1) Grande-Bretagne, 12 millions de broches ; États-Unis, 14; France, 5.

(2) Lancastre, 20.000 habitants.

Liverpool reçoit le coton que Manchester travaille. L'estuaire de la Mersey, au nord duquel elle est assise, est le seul port naturel qui offre sur la côte anglaise de la mer d'Irlande un abri sûr et une profondeur suffisante. La marée y pénètre avec une vitesse de 8 à 9 kilomètres à l'heure, et atteint une hauteur de plus de 10 mètres aux équinoxes. Grâce à ces circonstances, Liverpool a supplanté le port de Chester (1), moins favorablement situé sur la Dee, dont l'estuaire s'ensable. Cependant, au dix-septième siècle, il n'y avait là qu'une « crapaudière », qui fut prise en 1644 par les troupes royalistes du prince Robert. L'importance de la ville ne commença qu'avec le siècle suivant ; elle fut fondée sur la traite des nègres. Pendant près d'un siècle, les marchands de Liverpool se livrèrent à un trafic effréné du « bois d'ébène », ainsi qu'à la contrebande avec les colonies espagnoles, et c'est par centaines de mille que leurs bâtiments négriers peuplèrent les Antilles d'esclaves. Lorsque, vers 1787, commença la croisade contre la traite, cette révolution n'affecta que fort peu les armateurs de Liverpool, auxquels l'introduction, à cette époque même, de la culture du cotonnier aux États-Unis allait ouvrir de nouvelles sources de prospérité.

Telle fut l'origine des capitaux qui ont servi à creuser ces bassins, à élever ces docks, à organiser cette installation qui n'a de rivale que depuis peu, à Anvers, et qui est la véritable beauté de Liverpool. Les célèbres docks, pour la construction desquels l'État n'a eu rien à donner, s'étendent le long des deux rives de la Mersey sur un développement total de plus de 40 kilomètres ; ils couvrent une surface de 200 hectares et sont en état de recevoir 25.000 navires par an. Liverpool est le premier marché du monde

_____

(1) Chester, une des plus vieilles et des plus pittoresques villes d'Angleterre, avec ses rues bordées de galeries et de trottoirs à la hauteur d'un étage : 37.000 habitants.

pour le coton ; le Havre ne le suit que de très loin.
Le mouvement de la navigation s'y élève en moyenne
dans ces dernières années, à quinze millions et demi
de tonnes ; c'est, après Londres et New-York, un des
trois ports les plus fréquentés du globe. Sensiblement
inférieur à Londres pour l'importation, Liverpool lui
a disputé jusqu'à ces dernières années la première
place pour l'exportation. Aucun port n'a plus contribué peut-être à ouvrir de toutes parts des débouchés à l'industrie britannique, à répandre ses produits, à introduire jusque sur les plages les plus
reculées la cotonnade de Manchester et la coutellerie
de Sheffield. Les maisons de Liverpool possèdent de
nombreux comptoirs sur la côte occidentale d'Afrique,
des compagnies de navigation desservant la côte
américaine du Pacifique. Leurs relations ont ce caractère d'ubiquité qui distingue le commerce britannique. Cependant, une partie du trafic direct avec
l'Amérique et le Canada montre aujourd'hui une tendance à se porter vers Londres.

Liverpool comptait, en 1881, 552.000 habitants ; chiffre auquel
il faut ajouter la population de Birkenhead, qui lui fait face sur
la rive gauche de la Mersey et qui compte elle-même 84.000 habitants. Le bassin du Lancashire possède, en outre, quatre autres
villes dépassant 100.000 habitants : Oldham, Bolton, Blackburn
et Preston.

Bassin du Yorkshire. — Un canal creusé de 1770
à 1816 à la faveur de la dépression naturelle qui
sépare les deux parties de l'arête centrale de la
Grande-Bretagne, fait communiquer le district industriel de Lancastre avec celui d'York. Dans la partie
occidentale de ce dernier comté, région connue sous
le nom de *West-riding*, se trouve le bassin houiller
au-dessus duquel se concentre une population de
plus de 2 millions d'âmes, à raison de 303 habitants
par kilomètre carré. On y remarque trois villes industrielles de premier ordre : Leeds, Bradford et Sheffield.

Leeds, sur l'Aire, au point de concentration de huit lignes de chemins de fer, est la métropole de l'industrie de la laine, la deuxième en importance des ndustries textiles de l'Angleterre. La ville compte 309.000 habitants, 353.000 avec la banlieue. Bradford, à deux lieues à peine de Leeds, en compte 183.000. Toute cette région ne forme à vrai dire qu'une grande manufacture de draps où, indépendamment des fabriques, se groupe toute une population de tisserands travaillant dans leurs maisons et possédant parfois un morceau de terre. Il règne relativement plus d'aisance parmi la population ouvrière de Leeds que parmi celle de la région cotonnière, qui a été plus d'une fois éprouvée par de redoutables crises.

Au sud de Leeds, Barnsley représente l'industrie du lin. Enfin, dans la partie méridionale du bassin houiller, au milieu d'un pays aride et nu, Sheffield, ville à l'aspect sombre, se livre à la fabrication de ces couteaux, limes, ciseaux, etc., qui sont connus dans le monde entier (1).

Bassins du Nord. — Le « grand bassin houiller du Nord, » qui s'étend dans les comtés de Northumberland et de Durham, est le plus important des Iles britanniques. Sa production égale à elle seule celle de la France et de la Belgique réunies. Aux avantages qui dérivent de la bonne qualité du charbon et de la régularité des couches, s'ajoute celui de la position géographique. La région carbonifère confine immédiatement à la mer par sa lisière orientale, à tel point que certains puits de mines sont poussés jusqu'au-dessous du sol marin. Grâce au voisinage de la mer, l'exportation s'est développée dans des proportions énormes. Dans l'espace de 50 kilomètres compris entre l'estuaire de la Tees au sud et celui de la Tyne au nord, se con-

(1) Sheffield, 285.000 hab. ; Barnsley, 30.000 hab.

centre une accumulation de trafic extraordinaire ;
les ports succèdent aux ports, et autour d'eux le rivage flamboie, la nuit, d'usines à fer.

La marée se fait sentir dans la Tees jusqu'à cinq
lieues en amont de Stockton, ville industrielle accessible à d'assez forts navires, port moins fréquenté
toutefois que Hartlepool, à l'entrée septentrionale de
la baie. En 1840 il n'y avait pas une maison sur
l'emplacement qu'occupe Hartlepool ; le trafic monte
aujourd'hui à deux millions de tonnes. Sunderland,
à l'embouchure de la Wear, est un des grands ports
de l'Angleterre et du monde (plus de cinq millions de
tonnes). Mais tout est dépassé par le mouvement qui
s'agite sur le petit fleuve Tyne, à partir du point où il
est transformé par la marée. A l'embouchure même
les deux ports de North et South-Shield, à une lieue
en amont ceux de Newcastle sur la rive gauche et de
Gateshead sur la rive droite, ne forment en réalité
qu'un seul port et qu'un même centre de population.
Le tonnage (environ douze millions) n'est dépassé
qu'à Londres et à Liverpool ; quant à l'ensemble de la
population on doit l'estimer à 420.000, dont 154.000
pour la seule ville de Newcastle. En même temps que
métropole du charbon, Newcastle est ville industrielle,
surtout pour la fabrication de machines et de produits
chimiques.

Les Romains avaient établi là une tête de pont et un *castrum*
dominant l'extrémité orientale du « Mur des Pictes ». Dix siècles
plus tard, le fils de Guillaume le Conquérant y éleva une nouvelle forteresse, dont la ville tira son nom. Mais jusqu'à ce que
s'ouvrit l'ère de la houille, Newcastle ne fit que végéter. Le
charbon devint l'âme du pays. Au-dessus de la ville enfumée,
de la rivière souillée, mais sillonnée de navires, se dresse jusqu'à 39 mètres de haut et sur une longueur de 1200 mètres le
viaduc de Robert Stephenson. Un autre pont, presque aussi hardi,
traverse la Wear à Sunderland. Ce sont les monuments que
l'Angleterre industrielle oppose aux tours normandes d'York
et de Canterbury.

(1) Stockton, 52.000 hab. — Hartlepool, 47.000 hab. — Sunderland
116.000 hab.

L'autre bassin houiller du Nord a pour centre Whitehaven. Il alimente une puissante industrie du fer. Entre ce bassin et celui du Lancashire, à l'entrée de la baie de Morecambe, s'est élevée récemment la plus jeune des villes industrielles de l'Angleterre, Barrow in Furness, une des métropoles actuelles du fer (1).

Bassin du pays de Galles. — Le bassin du pays de Galles, le dernier dont il reste à parler avant d'aborder l'Écosse, partage avec celui de Newcastle l'exportation de la houille. Il s'étend sur les bords du Canal de Bristol, au pied de la région montagneuse qui remplit la plus grande partie des comtés de Glamorgan et de Monmouth. Il a pour principal débouché Cardiff, port qui par le chiffre du tonnage arrive immédiatement après Newcastle et se place ainsi au quatrième rang des ports britanniques. C'est une des villes dont le développement a été le plus rapide dans ces dernières années.

Swansea, quoique très active elle-même, n'atteint pas le mouvement de sa voisine. Mais c'est chez elle que s'est concentré le travail de l'étain et du cuivre, métaux que fournissent en abondance, de temps immémorial, les comtés voisins de Devon et de Cornouaille (2). Ils lui arrivent aussi du Chili et de toutes les parties du monde, par un exemple des plus remarquables de l'attraction qu'exerce sur la matière première l'organisation d'un foyer industriel où les capitaux et l'outillage s'unissent aux facilités de transport. Le coton vient des bords du Mississipi, de l'Inde ou de l'Égypte, pour être travaillé à Manchester. La laine vient de l'Australie, de la Plata et du Cap, pour être élaborée dans les ateliers de Leeds et Bradford. Un grand nombre

_____

(1) Whitehaven, 20.000 habitants. — Barrow, 47.000 hab.
(2) Cardiff, 83.000 habitants. — Swansea, 66.000 hab. — Merthyr Tydfil, dans l'intérieur, est une réunion de hauts fourneaux comme il y en a peu dans le monde : 49.000 habitants.

d'industries diverses se greffent sur l'industrie principale. En vertu d'une sorte de solidarité, les industries se groupent ensemble. Ainsi se forment, toujours à proximité de la houille, les régions industrielles, grands ateliers où sont représentées toutes les branches du travail.

Marine marchande. — Le développement remarquable de la marine marchande de la Grande-Bretagne a marché de pair avec son développement industriel. En effet, l'exportation de l'Angleterre représente, non seulement une grande valeur, mais aussi un poids et un volume considérables. Les vingt-trois millions de tonnes de houille, les quatre millions de tonnes de fer, qu'elle exporte chaque année dans le monde entier, assurent à sa marine marchande un fret énorme d'exportation. Cette circonstance, s'ajoutant aux conditions favorables du littoral, explique pourquoi les progrès du matériel de transport naval ont suivi en Angleterre, plus exactement que dans d'autres pays, les progrès de l'industrie.

L'énorme mouvement qui remplit les ports britanniques s'effectue en très grande majorité sous pavillon anglais. Dans l'espace de quinze ans, de 1868 à 1883, le tonnage de la marine marchande à voile de la Grande-Bretagne a diminué, mais le tonnage à vapeur a augmenté de 2.806.000 unités, chiffre qui représente un accroissement énorme et, on peut dire, sans précédents de puissance de transport. En somme, la marine marchande du Royaume-Uni est au moins égale à celle de toutes les autres marines marchandes réunies. Elle possède même une avance, qui va, il est vrai, chaque année diminuant, dans la transformation qui substitue partout la vapeur à la voile. Le tonnage des steamers anglais représente encore plus de 60 pour 100 du tonnage à vapeur dans le monde entier.

La marine de commerce de la Grande-Bretagne

s'occupe à répandre ses produits et à approvisionner de matières premières ses manufactures. Cela pourtant n'est point encore l'objet le plus considérable de son trafic. Depuis que le progrès des manufactures a concentré la majorité, soit environ les deux tiers de la population dans les villes, les conséquence des réformes de Robert Peel se sont développées avec une rapidité qui eût peut-être étonné leur auteur, et c'est de l'étranger que le peuple anglais tire la plus grande part de sa nourriture. On calculait récemment que sur trente-six millions d'Anglais, dix-neuf en moyenne vivent de blé étranger (1). Si l'on ajoute aux grains et aux farines les autres denrées alimentaires, telles que bétail, beurre, œufs, fruits, etc., que l'Angleterre tire également du dehors, on arrive à une semme totale qui représente environ 44 pour 100 de la valeur entière de l'importation britannique. Ainsi, près de la moitié de ce que l'Angleterre achète au dehors est destiné à subvenir à la consommation de ses trente-cinq millions d'habitants. Cette nécessité, sans cesse croissante, entretient un trafic énorme, sur lequel le pavillon britannique prélève la plus grande part. La marine marchande du Royaume-Uni, engagée partout avec activité dans le commerce de grains, lui doit une grande partie de son activité. Avec le fer et la houille, il faut compter aujourd'hui le blé au nombre des principaux éléments de transport dont elle dispose.

Influence politique. — Cette population de mécaniciens, des rangs de laquelle sont sortis les Stephenson, et parmi laquelle s'est développé le mouvement des *trade-unions*, forme l'élite de la démocratie industrielle qui s'organise en Angleterre. Ce n'est pas seulement le pays qui présente un autre aspect que dans les traditionnels foyers du torysme et de l'anglicanisme. L'esprit non plus n'est pas le

(1) Neumann Spallart, *Deutsche Rundschau*, 1885.

même : toujours insulaire cependant, car cette démocratie anglaise s'annonce déjà sous un aspect tout différent aussi bien de celle de l'Irlande que de celle du continent. Sa participation directe aux affaires publiques est assurée par l'extension considérable du droit de suffrage. C'est ici le cas de rappeler qu'en un demi-siècle une transformation profonde s'est opérée, sans secousses, dans les institutions de l'Angleterre. Lorsque la loi de 1832 porta la main sur les privilèges du vieux droit électoral, il n'y avait pas un demi-million d'électeurs dans le Royaume-Uni. Le nombre désormais fort accru atteignait plus de onze cent mille à la veille de l'Acte de réforme de 1867, qui le porta au double. Mais depuis cette époque une loi bien plus radicale que les précédentes est venue ajouter d'un trait de plume deux millions d'électeurs nouveaux : c'est celle que le ministère Gladstone fit adopter en décembre 1884. Sous l'influence de l'opinion libérale surtout puissante dans le nord de l'Angleterre, en Écosse et dans le pays de Galles, il semble que la vieille Angleterre tende à se rapprocher du système de gouvernement pleinement réalisé dans ses colonies d'Australie et en Amérique.

ÉCOSSE

Superficie : 78.895 kilomètres carrés.
Population : 3.735.573 habitants.

Entre l'Angleterre et l'Écosse s'étend au nord du golfe de Solway une région montagneuse, dont la partie orientale porte le nom de monts Cheviot. Cette région comprend les sources de la Tweed et de la Clyde. Quoiqu'elle n'atteigne pas une élévation considérable (les plus hauts sommets dépassent à peine 800 mètres), elle constitue entre les deux pays un obstacle qui a protégé le développement indépendant de la nationalité écossaise. L'obstacle toutefois s'abaisse vers l'est. La dépression qui se trouve entre l'extrémité orientale des monts Cheviot et la mer du Nord a servi de passage à la langue, à l'influence et plus d'une fois aux armées de l'Angleterre. La ville de Dunbar, qui rappelle la victoire remportée en 1650 par Cromwell sur les Écossais, ferme en arrière de la Tweed le vestibule naturel de l'Écosse.

Pendant tout le moyen-âge ce pays vécut de sa vie propre. Il fut souvent en lutte avec l'Angleterre et en rapports d'alliance avec la France. Le rapprochement politique des deux parties de la Grande-Bretagne n'eut lieu qu'à la mort de la reine Élisabeth, suivie de l'avènement de la dynastie écossaise des Stuarts sur le trône d'Angleterre (1603). Ce rapprochement respecta les droits indépendants de l'Écosse et son autonomie parlementaire. Jusqu'en 1706 il y eut un parlement écossais à Édimbourg. Ce fut seulement en 1707 qu'il se confondit avec celui de Londres, et que l'Union put être regardée comme accomplie. Alors seulement l'Écosse, cessant d'être considérée comme pays étranger, fut admise au bénéfice du commerce avec les colonies d'Angleterre. Jusqu'alors, en vertu de l'Acte de navigation, aucune marchandise venant des plantations américaines ne pouvait être introduite dans son territoire avant d'avoir été débarquée en Angleterre et d'avoir payé des droits d'entrée ; et même dans ce cas cette marchandise ne pouvait être transportée par navire écossais. La suppression de ces entraves fut l'origine de la prospérité de Glasgow et du développement commercial de l'Écosse.

Les basses terres. — Au nord des monts Cheviot, le *Firth* de la Clyde à l'ouest et celui du Forth à l'est se rapprochent au point de ne laisser entre eux qu'un intervalle de 48 kilomètres. En même temps que les côtes se rapprochent, le sol s'abaisse. La Clyde venue du sud se détourne, après avoir franchi les cascades de Lanark, vers le nord-ouest et se change au-dessous de Glasgow en un estuaire maritime. Le Forth, né dans la contrée pittoresque qui sépare les lacs Lomond et Catrine, traverse au-dessous de Stirling un dernier passage de montagnes et débouche en serpentant dans la plaine, pour y disparaître bientôt dans le Firth auquel il donne son nom. Entre les deux estuaires il n'y a qu'un seuil bas, franchi par un canal dont le bief est à l'altitude de 47 mètres 58 centimètres. Dans cette plaine de la Clyde et du Forth, où l'on trouve le fer, le plomb et la houille, s'accumule aujourd'hui plus de la moitié de la population de l'Écosse.

Toutefois elle n'embrasse pas la totalité de ce qu'on appelle la région des basses terres (*Lowlands*). Elle communique en effet, au nord-est, par le défilé de Stirling, avec une longue vallée orientée dans la direction normale des principaux soulèvements de l'Écosse, du sud-ouest au nord-est, jusqu'à Montrose et Aberdeen. On appelle cette vallée, longue de 140 kilomètres et large de 10 à 28, le *Strathmore*, ce qui signifie la grande voie. Le Tay, qui prend sa source au cœur de la région lacustre des monts Grampians, et qui s'échappe à Dunkeld, par une suite de gorges verdoyantes, de la région montagneuse, traverse en s'infléchissant vers le sud la plaine de Strathmore. Lorsqu'il arrive à Perth, il a l'aspect d'un beau fleuve, pas trop indigne des expressions enthousiastes de Walter Scott. Bientôt commence pour lui aussi l'estuaire, fréquenté comme celui du Forth et de la Clyde par la navigation maritime.

Nationalité écossaise. — C'est dans ce système de plaines fertiles et liées ensemble, quoique for-

mant autant de compartiments distincts dont l'accès
était facile à défendre, sillonnées par de beaux fleuves
et découpées par des baies profondes, que s'est
déroulée l'histoire de l'Écosse. Elles n'occupent pas
même un quart de la superficie totale, mais elles
représentent presque toute la partie cultivable.
Tandis que la vie de clan se maintenait dans les
hautes terres, là se développait une vie nationale.
Presque tous les souvenirs historiques et nationaux
se concentrent dans cette partie. Entre les embouchures du Forth et du Tay se trouve la petite
ville universitaire de Saint-Andrews, qui fut, avec
Glasgow, l'un des deux sièges métropolitains de
l'ancienne Écosse. Près de Perth sont les ruines
de l'abbaye de Scone, qui renfermait jadis la pierre
légendaire où étaient couronnés les rois. La vieille
forteresse de Stirling, d'où la vue domine un vaste
horizon, commandait le passage du Forth, tenait les
clefs de Perth et du Nord. Entre Stirling et Édimbourg les champs de bataille de Bannockburn et de
Falkirk rappellent les luttes soutenues contre les
Anglais par les héros nationaux, Wallace et Robert
Bruce. Tous ces souvenirs sont vivants : car ils répondent à des sentiments toujours profondément
enracinés, et ils ont trouvé un interprète dans le
célèbre romancier auquel la reconnaissance de ses
compatriotes a prodigué plus de statues que n'en a
jamais obtenues un conquérant. L'Écosse du passé
comme celle du présent est contenue presque tout
entière dans la région des basses terres (1).

De bonne heure, dans cette contrée des Lowlands,
un idiome voisin de la langue des Anglo-Saxons, et
qui a fait place aujourd'hui à l'anglais, se substitua
aux vieux idiomes celtiques. Mais le peuple écossais
est resté différent de l'anglais. Il joint à l'esprit pra-

(1) Perth, 29.000 habitants. — Stirling, 16.000 habitants. — Saint-
Andrews, 6.500 habitants.

tique des Anglais des habitudes de sobriété et d'économie, inspirées sans doute par l'insuffisance du sol, qui excitent souvent les railleries de ses voisins. A l'étroit dans son territoire, il a cherché de bonne heure des ressources dans l'industrie et l'émigration ; plus encore que l'Anglais, il se montre aujourd'hui voyageur et cosmopolite. Après l'Irlande et la Norvège, l'Écosse est le pays d'Europe qui fournit relativement le plus grand nombre d'émigrants, souche de colons habiles. Belfast, dans le nord de l'Irlande, est une création écossaise ; l'élément écossais prend une place importante au Canada. Il a donné aux explorations géographiques des hommes d'une rare trempe, Mungo-Park et Livingstone. Sa supériorité sur l'Anglais brille dans l'instruction et la science. L'université d'Édimbourg comptait en 1885 plus de 3,400 étudiants. Comme les Scandinaves, dont il se rapproche par l'origine, l'Écossais montre un penchant, non exempt de formalisme, pour les questions religieuses. Les sectes sont nombreuses. Son *Église établie*, dite presbytérienne, ne rallie guère plus du septième de la population ; le reste se partage entre l'Église dite libre et diverses communions dissidentes. Démocrate en religion, il est libéral en politique. Quoiqu'il n'y ait plus de royaume d'Écosse, il y a toujours un peuple écossais.

Il n'est pas rare qu'un État place sa capitale, non pas au centre, mais à proximité des frontières, au point menacé vers lequel se porte la tension d'efforts. Tel fut le cas pour Édimbourg, qui, mieux placée que Perth pour surveiller la frontière anglaise, devint à partir du onzième siècle la capitale ordinaire du royaume. A deux lieues de l'extrémité des Pentland hills, dans une plaine où se dressent isolément, comme autant de forts et d'observatoires naturels, des masses de rochers basaltiques, la noble ville regarde à ses pieds les flots du Firth éloignés seulement d'une demi-lieue. L'un de ces rochers, haut de 251 mètres, qui doit à sa forme singulière le nom de Siège d'Arthur, domine immédiatement le palais d'Holyrood et la vieille ville. Une misérable population s'y entasse en d'étroites ruelles, que les nobles avaient autrefois ménagées autour de leurs maisons pour pouvoir en barricader les abords. Les vieux quartiers communiquent avec les quartiers nouveaux et élégants au moyen de viaducs lancés au-dessus d'un ravin profond, que pressent étroitement de hautes maisons à plusieurs étages, et qui achève de donner à Édimbourg une physionomie unique entre toutes les villes de la Grande-Bretagne. « L'Athènes » du Nord est, après Londres, le principal centre des publications littéraires et scientifiques du Royaume-Uni. Elle a son Pirée dans le port de Leith, qu'une sorte de longue rue de 4.400 mètres unit à la métropole, et qui entretient surtout un commerce de grains important avec la Baltique (1).

Région industrielle. — Glasgow est la métropole commerciale de l'Écosse, et par sa population la seconde ville du Royaume-Uni (2). Elle réunit à la fois les avantages de Liverpool et de Manchester. La Clyde, large de 150 mètres, y est déjà assez profonde pour recevoir des navires de fort tonnage, et les principales exploitations du bassin houiller de l'Écosse sont situées dans le voisinage.

Sa prospérité commença, au dix-huitième siècle, par le commerce avec les plantations de la Virginie ; mais de nos jours les « lords du tabac » ont cédé la première place aux « lords du coton », qui s'effacent depuis quelque temps à leur tour devant les « lords du fer. » Les ateliers de Glasgow fabriquent des machines à vapeur pour le monde entier. Depuis le com-

(1) Edimbourg, 236.000 habitants. — Leith, 61.000 habitants.
(2) Glasgow, 674.000 habitants.

mencement du siècle l'importance de ce centre industriel a presque décuplé. Nulle autre ville n'offre en
effet au même degré les facilités de transport que
réclame l'industrie, puisqu'aux huit lignes de chemins
de fer qui convergent à Glasgow s'ajoute l'avantage
d'un port de premier ordre.

Une série de villes manufacturières se groupe autour de
Glasgow sur le bassin de la Clyde : Airdrie au centre des
mines et des fonderies de fer, Paisley célèbre par ses tissus,
Greenock par ses raffineries de sucre, Dumbarton par ses navires
en fer (1).

En dehors du bassin de la Clyde, tout le mouvement commercial et industriel de l'Écosse se concentre sur la côte orientale. Dundee, à l'embouchure du Tay, travaille le jute, plante
textile qui vient du Bengale et qui sert à la fabrication des
voiles et des cordages. Elle arme pour la pêche de la morue et
de la baleine. Aberdeen, à l'embouchure de la Dee, est une ville
manufacturière et un port actif (2).

Les hautes terres. — Au nord de la région industrielle de Glasgow, où la population se presse à raison
de 400 habitants par kilomètre carré, commence un
pays tout différent : l'Écosse montagneuse, pittoresque mais à peu près solitaire. La population est
moins nombreuse dans les comtés des Highlands
(Argyll, Inverness, Ross, Sutherland) que dans nos
plus pauvres départements des Cévennes et des Alpes.
Elle descend, dans Sutherland, jusqu'à 5 habitants
par kilomètre carré. Le sol, presque partout impropre
à la culture, est entre les mains d'un petit nombre
de propriétaires. Les ducs d'Argyll, de Sutherland, etc.,
ont des domaines dont l'étendue égale ou dépasse
celle d'un de nos arrondissements. Dans les maigres
pâturages, percés de rocs et gâtés par les tourbières,
qui couvrent les plateaux, vit une race de bœufs dont
la taille semble aller diminuant vers le nord, mais qui

(1) Greenock, 67.000 habitants. — Paisley, 56.000 habitants. — Dumbarton, 14.000 habitants. — Airdrie, 16.000 habitants.
(2) Dundee, 140.000 habitants. — Aberdeen (*Aber*, en dialecte celtique, veut dire embouchure), 105.000 habitants.

acquiert cependant des qualités estimées lorsqu'elle a passé quelque temps dans les prairies plus riches des basses terres. Aux flancs des rochers, se confondant presque avec elles, s'accrochent des huttes en pierre sans ciment, aux toits formés de paille ou d'un gazonnement sur lequel il n'est pas rare que les moutons s'aventurent. L'intérieur manque souvent de fenêtres ; pas d'autre plancher que le sol battu ; on y trouve parfois encore le lit établi dans une niche de la muraille. C'est là que, perdue au fond de ses *glens*, étroites vallées restées longtemps en dehors de tout commerce extérieur, vit une population, d'ailleurs saine et vigoureuse, qui se nourrit surtout de lait et de bouillie d'avoine, et qui conserve encore en partie, avec son vieux langage, le costume traditionnel dont les couleurs éclatantes servaient à distinguer les différents clans.

Ces Gaels des hautes terres, au nombre d'environ 300.000, sont lés descendants des *Scots* ou Écossais primitifs, c'est-à-dire du peuple celtique dont le nom, par une destinée assez singulière, a fini par s'appliquer aux populations germaniques des basses terres et par désigner l'ensemble de la contrée au nord de la Tweed. La vie urbaine est naturellement peu développée dans cette contrée : Inverness, la ville principale, ne compte pas 18.000 habitants, bien qu'elle soit située à l'embouchure de ce canal Calédonien qui va d'une mer à l'autre et qui garde, entre les divers lacs qu'il relie, une profondeur de 5 m. 50.

L'archipel des Hébrides, qui borde à l'ouest le littoral déchiqueté de la Haute-Ecosse, en est la continuation, tant par la nature que par les habitants. Là aussi les saillies de gneiss et de schistes cristallins hérissent la surface d'un sol ingrat, non sans atteindre d'assez grandes hauteurs ; là aussi, et même plus que partout ailleurs dans la rangée extérieure des Hébrides, les lacs, ou *lochs*, se multiplient au point que

d'un lieu élevé on les compterait parfois par centaines.
Entre les îles de la rangée extérieure et les grandes
îles côtières, des éruptions de basalte se sont fait jour.
C'est ainsi qu'à deux lieues à l'ouest de l'île de Mull,
en partie bordée elle-même de roches basaltiques,
se trouve l'îlot de Staffa, célèbre par la grotte dite de
Fingal, où la mer se précipite entre des rangées de
prismes basaltiques de 6 à 12 mètres de hauteur.

A peu de distance l'îlot granitique d'Iona, l'île sainte, rappelle
quelques-uns des plus anciens souvenirs de ce monde celtique
du Nord. C'est là qu'aborda en 563 le moine irlandais Colomban
et qu'il fonda un monastère qui devint le point de départ de la
conversion chrétienne des peuples de l'Écosse. Dans le cimetière qui entoure la vieille église bâtie en granit, se pressent
les dalles tumulaires sous lesquelles dorment, dit-on, quarante
rois ou seigneurs écossais, irlandais ou scandinaves.

Tandis que le dialecte gaélique s'est maintenu dans
la plus grande partie des Highlands ainsi que dans les
Hébrides, il a fait place à l'anglais dans la partie du
comté de Caithness qui forme l'angle nord-est de
l'Écosse, et dans les archipels septentrionaux des
Orcades et des Shetland (1). Cependant l'origine de
ces populations péninsulaires et insulaires de l'extrémité des îles britanniques est plutôt scandinave
qu'anglo-saxonne. Ce sont, comme l'indiquent non
seulement l'histoire, mais les noms de lieux qui ont
entièrement gardé la physionomie scandinave (2),
les descendants des fugitifs norvégiens, *vikings* ou
autres, dont les incursions répétées, du huitième au
douzième siècle, finirent par fonder dans ces « îles du
Sud » une domination maritime. Tombés plus tard
sous l'autorité des rois d'Écosse et réduits à l'état de
tenanciers, les descendants appauvris de ces héroïques
aventuriers ont conservé les aptitudes maritimes de
leurs ancêtres. Ce sont de hardis marins, qui se mon-

(1) *Revue celtique*, t. II, p. 180.
(2) Citons, parmi les radicaux caractéristiques : A (pour *ey*), île ;
holm, îlot ; *skerries*, écueils ; *wick*, *voe*, baies, etc.

trent plus familiarisés que leurs compatriotes celtes avec les dangers de cette mer hérissée d'écueils, entre-coupée de détroits et traversée par des courants terri-bles. Ils vivent, au nombre d'une trentaine de mille, dispersés dans les principales villes des deux archi-pels, s'occupant surtout de pêche et d'élevage. Les Orcades, médiocrement élevées, moins rocheuses, admettent encore un peu d'agriculture. Mais la nature se présente, dans les Shetland, sous un aspect plus grandiose et plus sauvage ; dans l'île principale (*Main-land*) quelques sommets dépassent 400 mètres. Au mi-lieu de ce chaos d'écueils et de falaises déchiquetées où le granit, le micaschiste, le gneiss, la serpentine n'ont pu résister à la violence de la mer soulevée par les vents d'ouest, quelques vallées, sans arbres, il est vrai, mais pleines d'herbes et de fleurs, reposent seules le regard et offrent un abri aux moutons et surtout aux « poneys » renommés qui, grâce à la douceur toute maritime du climat, y paissent nuit et jour en liberté.

IRLANDE

Superficie : 84,252 kilomètres carrés.
Population : 5.474.836 habitants.

Trop voisine de l'Angleterre pour lui échapper, trop grande pour être absorbée par elle, l'Irlande est victime de sa position géographique. Au nord-est la côte n'est éloignée que de 20 kilomètres des promon-toires extrêmes de l'Ecosse ; entre Dublin et Holyhead la traversée de la mer d'Irlande n'est que d'une cen-taine de kilomètres ; il y en a 70 à peine entre l'extré-mité sud-est de l'Irlande et le pays de Galles à travers le canal Saint-George. Au nord, à l'est et au sud-est l'Irlande est serrée de près par le voisinage de la Grande-Bretagne. Partout ailleurs, au contraire, elle n'a devant elle que de vastes étendues océaniques. La côte la moins éloignée qui se rencontre au sud, est celle de l'extrémité nord-ouest de l'Espagne, d'où peut-être lui sont venus autrefois quelques essaims de population : la distance est de près de 900 kilomètres. A l'ouest les seules terres qui se déroulent derrière l'horizon de l'Océan sont celles d'Amérique. Sans doute aujourd'hui les relations entre l'Irlande et les États-Unis sont devenues très fréquentes, elles entretiennent entre les deux rivages un va-et-vient continuel. Cependant une distance de plus de 3.000 kilomètres constitue toujours un obstacle, si atténué qu'il puisse être par nos modernes moyens de transport. Ainsi dans le développement de ses destinées l'Irlande a été dominée sans contrepoids par le voisinage exclusif de la grande île qui lui fait face.

Aspect général. — Quoiqu'elle repose sur le même plateau sous-marin, l'Irlande diffère par plusieurs caractères essentiels de sa voisine. Les formations secondaire et tertiaire y font presque complètement défaut. Malgré l'étendue occupée par les calcaires carbonifères, l'Irlande ne possède que quelques bassins de houille disséminés et sans importance. Vue de la mer, l'Irlande fait l'effet d'un pays de montagnes : car à l'exception de certaines parties du littoral appartenant à la région centrale de l'île, des hauteurs bordent généralement la côte. Cependant l'Irlande doit être considérée dans son ensemble comme un pays de plaine. L'intérieur s'étend comme une vaste nappe d'ondulations verdoyantes, entrecoupée çà et là par quelque monticule isolé, mais dont le niveau est très généralement inférieur à 100 mètres. De toutes parts de grands espaces ouverts s'offrent au regard ; peu d'arbres, si ce n'est ceux qui ont poussé au hasard dans les haies irrégulières qui enclosent les pâturages ; peu de maisons ; peu de champs cultivés ;

mais partout l'éternelle verdure avivée par les rafales
humides de l'ouest, et une sorte de douceur secrète
se mêlant à une impression de solitude et d'abandon. Dans les jolis aspects que présente assez souvent
la campagne anglaise, c'est le détail qui distrait et
séduit l'œil ; l'impression résulte ici de l'ensemble.

Les groupes montagneux distribués autour du littoral s'élèvent rarement au-dessus de 8 à 900 mètres (1).
Au nord-ouest, soit dans l'Ulster (comtés de Derry et
de Donegal), soit dans le Connaught (comtés de Mayo
et de Galway), se dressent des roches cristallines et
paléozoïques, qui ressemblent par leur formation à
celles des Highlands de l'Écosse. Elles suivent généralement la direction du sud-ouest au nord-est, qui
est la direction normale des soulèvements de l'Écosse.
Au nord-est, également dans l'Ulster, s'étend un plateau basaltique, qui couvre la plus grande partie du
comté d'Antrim, et qui tombe vers la mer tantôt par
de brusques escarpements calcaires, tantôt par une
série de terrasses formées par les piliers hexagonaux
du basalte. La célèbre « Chaussée des Géants » offre
en ce genre un exemple devenu classique. Sur la côte
orientale, le granit constitue les principales sommités
des monts Mourne au sud de Belfast, des monts de
Wicklow au sud de Dublin. Au sud-ouest de l'Irlande,
le promontoire découpé qui affronte le premier assaut
des bourrasques de l'Atlantique est constitué, comme
celui de la Cornouaille britannique, par les roches du
vieux grès rouge. Leur contexture solide forme saillie
entre les masses moins résistantes aux dépens desquelles l'Océan a creusé les baies de Bantry, de
Kenmare et de Dingle. Ces baies solitaires et sauvages
pénètrent profondément dans le pays de Kerry, le
plus pittoresque peut-être en même temps qu'un des

(1) Le Carantuo hill (1.011 mètres) et quelques autres sommets dans
le comté de Kerry, le Lugnaquilla (926 mètres) dans le Wicklow,
sont les plus hauts sommets de l'île.

plus pauvres de l'Irlande. De nombreux touristes,
surtout américains ou anglais, y sont attirés en tout
temps par le gracieux paysage qui entoure les trois
lacs de Killarney. Mais ce qui donne à la contrée un
incontestable cachet de grandeur, c'est la lutte entre
l'Océan et ces promontoires extrêmes, sur lesquels les
rafales, accompagnées de phénomènes électriques,
s'abattent avec une violence inouïe. L'eau suinte partout dans les maigres pâtures qui garnissent les in-
terstices des éboulis, les cascades blanchissent à
travers le chaos des roches, tandis que dans les replis abrités de la côte une végétation tout imprégnée de
vapeurs et de brumes, composée de lauriers, d'yeuses,
de sorbiers, de fuchsias, déploie sa verdure et ses
fleurs.

L'hydrographie de l'Irlande a une physionomie
particulière. A la différence de l'Angleterre, qui envoie presque toutes ses eaux à la mer du Nord, les
fleuves y rayonnent dans tous les sens. Vers l'Atlantique se dirige le Shannon, le plus grand et le plus
beau fleuve des îles britanniques. Navigable à peu de
distance de sa source, il traverse lentement du nord
au sud la plaine centrale, où il relie plusieurs lacs.
Après avoir coupé une faible barrière montagneuse,
il tourne à l'ouest et débouche à Limerick dans un
estuaire en forme de fiord, où la marée remonte jusqu'à plus de vingt-cinq lieues. L'Erne, tour à tour lac
et rivière, se jette dans la baie de Donegal. Vers le
canal du Nord, le Bann sert d'émissaire au lough
Neagh, un des plus grands lacs d'Europe après ceux
de la Russie. Sur la mer d'Irlande, le Liffey forme le
port de Dublin ; tandis qu'au sud le Barrow, second
fleuve de l'Irlande, s'unit avec la Suir dans le magnifique estuaire de Waterford. L'eau, sous les formes
variées de nappes lacustres ou d'eaux courantes,
couvre 3 pour 100 de la surface de l'île. Tandis que
dans le Cumberland et en Écosse les lacs appartien-

nent à la région montagneuse, en Irlande ils appartiennent surtout à la plaine. La plaine imprime son caractère à la physionomie du réseau fluvial et lacustre. Les rivières roulent leurs eaux pures à pleins bords, et le plus souvent sans vallée distincte. Leur lit, envahi par les herbes, où les vaches entrent par troupeaux, se confond avec les prairies, et l'on ne sait parfois où commence la prairie et où finit la rivière. Il a été facile de relier ces fleuves divergents, qu'aucun obstacle ne sépare : le Grand Canal unit Dublin au Shannon et au Barrow, le canal de l'Ulster met en communication le système lacustre de l'Erne avec le lough Neagh. L'intérieur de l'Irlande est donc avantageusement pourvu de voies naturelles. Quant au littoral, c'est un des plus profondément découpés qu'on connaisse, surtout à l'ouest et au sud. L'île posséderait, sans compter les ports ou rades de second ordre, quatorze ports que pourraient utiliser les plus grands navires.

D'autres pays soupirent après la pluie, l'Irlande soupire après la sécheresse. Elle achète l'éclat de sa verdure et son titre d'*île-émeraude* par 250 jours de pluie sur la côte occidentale et 237 à Dublin. Sous le rapport de la température et des pluies, la différence entre la partie occidentale et la partie orientale est bien moindre en Irlande qu'en Angleterre. Sans doute le climat maritime est plus prononcé dans l'ouest ; à Limerick la gelée est presque inconnue, à Valentia le thermomètre reste au dessus de 10 degrés cent. pendant sept mois de l'année (1); mais même dans l'est le thermomètre de janvier ne descend pas en moyenne au dessous de + 4 degrés. Il est vrai qu'en été, faute de chaleur, les céréales, surtout le blé, ont peine à mûrir. La récolte est en retard de près de six semaines sur les pays du continent européen situés à la

(1) Voy. Wocikof, *die Climate der Erde*, c. 25.

même latitude. En somme, l'Irlande a un climat plus égal, bien plus océanique que la Grande-Bretagne. Les pâturages y occupent plus de la moitié de la superficie totale. Les plaines d'Angleterre sont surtout agricoles, celles d'Irlande presque entièrement pastorales. Partout, dans les bas-fonds, se montrent des tourbières, précieux magasin de combustible dans un pays où le bois manque, mais dont une plus sage économie agricole saurait restreindre l'étendue. Dans le comté de Mayo, extrémité occidentale du Connaught, le quart du territoire est en tourbières. Mais la moitié environ de l'île est « une terre grasse à sous-sol calcaire, ce qui se peut concevoir de mieux (1). »

Influences historiques. — A tout prendre, l'Irlande possède assez de ressources et d'avantages géographiques de toute espèce pour être une contrée prospère. Elle l'a été en effet : car il est impossible de ne pas associer l'idée d'un certain degré de prospérité matérielle à la civilisation relativement brillante qui s'y développa du cinquième au neuvième siècle de notre ère. Longtemps exempte des révolutions qui bouleversaient l'Europe, cette île resta pendant cette période un foyer de vie intellectuelle et un centre de missions qui rayonna jusqu'aux Alpes. « Les ermitages des moines, fixés dans les déserts qu'ils cultivaient de leurs propres mains, furent autant de centres, autour desquels vinrent se grouper une foule de villages dont la réunion forma par la suite des bourgades et des villes. Là ils élevèrent des écoles qui devinrent successivement des collèges plus ou moins nombreux, dont le plus célèbre fut l'Académie d'Armagh, où plus de 7.000 étudiants accouraient de toutes parts, et d'où sortirent les hommes les plus éclairés

---

(1) L. de Lavergne. *Essai sur l'économie rurale de l'Angleterre, de l'Écosse et de l'Irlande.*

de leur temps, les Alfred, les Béda, les Alcuin (1). »
De nombreuses ruines rappellent ce passé déjà lointain.

Les anciennes circonscriptions territoriales de l'Irlande, dont
l'origine remonte jusqu'à cette époque, se sont conservées
dans l'usage, et quoique subdivisées elles-mêmes en comtés
analogues à ceux d'Angleterre, forment encore les divisions
fondamentales de l'île. Ce sont les quatre provinces d'*Ulster*
au nord, *Leinster* à l'est, *Munster* au sud, *Connaught* à l'ouest.

Si l'Irlande avait pu développer ce germe de civilisation originale, elle aurait donné un exemple unique, qu'une île seule pouvait réaliser, celui d'une
société fondée sur le celtisme. Mais, dès les premières années du neuvième siècle, les « hommes de
l'Est » c'est-à-dire les Scandinaves commencèrent à
affluer et à fonder des établissements sur les côtes.
Parmi les villes maritimes de l'Irlande actuelle, beaucoup doivent aux Scandinaves leur fondation : *Strang-
ford, Carlingford, Wexford, Waterford* rappellent par
leur nom cette origine. Les Norvégiens s'établirent
également à Dublin, Cork, Limerick ; et, comme partout, leur présence imprima une impulsion à l'activité maritime. Mais dans l'intérieur de ce pays ouvert
et aisément pénétrable, leurs incursions répétées introduisirent un principe d'anarchie qui fut fatal à la
société irlandaise. Elle se trouva sans force pour
résister aux attaques bien autrement dangereuses
des Anglais, qui parurent à leur tour en 1172.
La conquête anglaise prit dès le début un caractère
de violence et d'exclusion auquel le temps ne fit qu'a-
jouter de nouveaux aliments. Pendant quatre siècles
les Anglais, tout en se proclamant les maîtres souverains de l'île entière, n'occupèrent réellement qu'un
territoire situé sur la côte orientale et entouré de
palissades (*the Pale*), dont les limites avançaient ou
reculaient suivant la fortune de la guerre. Ils s'impo-

(1) Letronne. *Recherches sur le livre de Dicuil*, p. 34. — Armagh,
aujourd'hui 10.000 habitants, un des quatre archevêchés catholiques.
Les trois autres sont à Dublin, Cashel et Tuam.

sèrent par force ou par ruse aux chefs de clans qui,
transformant en propriétés individuelles les domaines
qu'ils détenaient à titre viager et électif, dépouillèrent
avec l'aide des vainqueurs leurs compatriotes, en
attendant qu'ils fussent dépouillés eux-mêmes au
profit des seigneurs anglais. En 1542 Henri VIII substitua le titre de *roi* à celui de *seigneur* d'Irlande, et
ce changement fut le signal d'un vigoureux effort
pour implanter à fond la domination anglaise. Mais
au lieu de se rapprocher, les deux peuples marchaient
en sens inverse. Tandis que l'Angleterre embrassait
la réforme, l'Irlande restait fidèle à la foi catholique.
La lutte prit alors un caractère nouveau d'acharne-
ment ; massacres et confiscations furent les conséquences systématiques et répétées des révoltes irlandaises ; à chaque nouvelle prise d'armes succéda
une implantation de propriétaires et colons anglais,
et l'on parut suivre à la lettre un conseil qui, dans
son cynisme, caractérisait assez exactement le régime:
entretenir dans l'intérêt des conquérants la rébellion,
qui est la véritable poule aux œufs d'or. Cromwell
entra en Irlande comme Josué chez les Chananéens.
Des milliers d'Irlandais furent massacrés, d'autres
embarqués comme esclaves pour les Indes occidentales, des milliers d'autres internés au nord-ouest,
dans les roches et les marais du Connaught, avec
interdiction sous peine de mort d'en franchir les
limites. Les terres laissées ainsi vacantes furent tirées
au sort entre les soldats de Cromwell. La révolution
de 1688, dans laquelle les Irlandais prirent parti pour
Jacques II, ajouta de nouveaux ferments de haine. La
fraction protestante, désignée désormais sous le nom
d'*Orangiste*, et restée malgré tant de violence à l'état
de faible minorité si ce n'est dans la province septentrionale de l'Ulster (1), fut seule investie d'un titre
légal d'existence et représenta seule l'Irlande dans le

(1) Ulster (1881) : sur 1.740.000 habitants, 832.000 catholiques.

parlement soi-disant irlandais qui siégea à Dublin jusqu'en 1801. L'Église anglicane resta jusqu'en 1869 la seule église officiellement reconnue, profitant seule des impôts prélevés sur une population presque entièrement catholique. Les descendants des anciens maîtres demeurèrent ou rentrèrent à l'état de fermiers sur les terres qu'ils avaient possédées autrefois, tandis que le *landlord* ou propriétaire étranger, peu disposé à s'expatrier dans un pays hostile, dépensait en Angleterre ou ailleurs la rente arrachée à ses tenanciers.

Toutes ces misères, dont les racines sont trop profondes pour céder facilement devant quelques efforts de réparation et de justice (1), ont imprimé leur sceau à l'aspect de la campagne et des populations; elles ont pénétré jusque dans l'âme de cette nation si cruellement éprouvée.

Condition des terres. — Exploitée au profit de maîtres étrangers, fournissant sans rien recevoir, l'Irlande s'est appauvrie. Il lui manque le fonds de capitaux nécessaire pour soutenir ou faire naître l'esprit d'entreprise et pour créer un développement industriel. La seule industrie qui fasse bonne figure est celle du lin; mais elle est concentrée à Belfast et dans les environs, c'est-à-dire dans une région où l'élément écossais et presbytérien s'est amassé en force (2) et où il balance, numériquement, et surtout par l'influence, la population d'origine irlandaise. Dans son immense majorité celle-ci ne cherche ses moyens de subsistance que dans l'agriculture. Mais ce moyen même est précaire, à cause du mauvais régime de la propriété, conséquence directe de la poli-

(1) *Irish Landact*, 1870.
(2) Presque tous les presbytériens établis en Irlande (il y en a 470.000) se trouvent dans l'Ulster. Ils dominent de beaucoup dans la population de Belfast. Cependant le mérite d'avoir développé l'industrie du lin revient surtout, à l'origine, aux huguenots français qui s'établirent à Lisburn à la fin du dix-septième siècle.

tique suivie pendant plusieurs siècles. Dans aucune des
trois contrées qui composent le Royaume-Uni le
nombre des propriétaires n'est relativement aussi petit qu'en Irlande. La petite propriété manque presque entièrement, et la condition à laquelle se trouve
réduite la plus grande partie de la population est
celle d'un prolétariat rural cultivant, pour le compte
d'un propriétaire le plus souvent étranger et absent,
une terre qui ne lui appartient pas, misérablement
entassé dans des cabanes dont il peut être expul-
sé, si la perte d'une récolte de pommes de terre,
une épizootie sur les porcs ou tel autre accident le
met dans l'impossibilité de payer la rente. En effet,
la plupart des fermages n'embrassent qu'une étendue
très restreinte, à peine suffisante, sous ce climat plus
propre à l'élevage qu'à l'agriculture, pour tenir au
jour le jour une famille à l'abri du besoin. L'Irlandais
se marie de bonne heure, il a beaucoup d'enfants, et,
fidèle sous ce rapport, à ce qu'il semble, aux traditions instinctives de la race celtique, il répugne à
faire une part inégale de ses biens entre ses enfants.
C'est ainsi que les fermages vont se morcelant, et que
se produit le singulier et triste contraste entre la
grandeur des domaines et la petitesse des lopins de
terre alloués aux fermiers pour vivre. Partout où ces
conditions règnent, la campagne a cet aspect d'abandon que nous avons signalé. Il est permis de croire
que la nature n'y est pour rien ; car ni les jardins
soignés, ni les allées ombreuses, ni les fermes riantes
ne manquent dans la partie septentrionale de l'Ulster,
que détient à l'état de véritable colonie une population d'Écossais propriétaires.

Émigration. — La population de l'Irlande qui
dépassait encore 5 millions d'habitants en 1881, est
probablement tombée aujourd'hui au-dessous de ce
chiffre. Depuis quarante ans elle n'a pas cessé de dé-

croître ; on jugera avec quelle rapidité, si l'on note qu'en 1841 le recensement accusait une population de 8,175,000 âmes! Cette décroissance continue est due à l'émigration. De tout temps l'Irlandais, surtout celui des comtés de l'Ouest, a été contraint de chercher au dehors les ressources que son propre pays lui refuse. On voit chaque année, en juillet et août, des troupes de paysans du Connaught s'embarquer dans les ports de l'Est pour aller faire la moisson en Angleterre et en Écosse ; ils reviennent, deux mois après, avec un pécule dans leur pays. Ce genre d'émigration à courte durée et avec prompt retour est celui qui convient à l'extrême attachement que l'Irlandais éprouve pour le sol natal. C'est en quelque sorte un phénomène normal. Pour qu'il en fût autrement, pour que des millions d'Irlandais se décidassent à s'expatrier, il a fallu des crises comme la famine de 1846 et un état chronique de malaise et de dénuement. Cette émigration se dirige en partie vers les grandes villes de l'Angleterre ; il y a près de 60,000 Irlandais distribués entre les principaux centres industriels. Mais le plus grand flot s'écoule vers l'Australie et surtout vers l'Amérique. De 1853 à 1885 deux millions et demi d'Irlandais ont ainsi cherché fortune au delà des mers. On en compte près de deux millions aux États-Unis. Ce sont les plus forts et les plus vaillants qui s'éloignent. Quand la fortune leur a été favorable, ce qui n'est pas rare, ils reviennent dans leur pays, non pour s'y fixer, mais pour le revoir. Car l'éloignement n'éteint pas chez eux l'amour du sol, et c'est au contraire d'Amérique que la cause nationale de l'Irlande tire surtout des subsides. Pour elle le plus humble comme le plus riche envoie son offrande.

Si énorme que soit l'émigration, on ne saurait y voir un présage de fin pour le peuple dont elle éclaircit les rangs. Il semble plutôt qu'elle tende à

établir un rapport plus normal entre la population et
les ressources du sol. Actuellement la densité de la
population de l'Irlande est encore de 61 habitants par
kilomètre carré ; chiffre qui ne laisse pas d'être considérable pour un pays d'élevage, où les grandes
villes sont rares. Dans ce nombre les catholiques
figurent pour plus des trois quarts ; on en comptait
3.981.000 en 1881. Plus faible est la proportion de
ceux qui ont conservé l'usage des vieux dialectes
celtiques. Ceux-ci ne se trouvent que dans l'Ouest et
le Sud, la plupart joignent la connaissance de l'anglais à celle de leur idiome natal, et l'on a récemment
évalué leur nombre à 867.574 (1).

Nationalité irlandaise. — Mais, à la différence
de ce qui se passe dans certains pays de l'Europe
continentale, ce n'est pas sur le terrain linguistique
qui se portent les revendications irlandaises. D'ho-
norables efforts ont été tentés et le sont encore
pour « préserver et cultiver » la langue celtique de
l'Irlande (2). Mais ces tentatives ont un caractère
scientifique et non politique. C'est en anglais et
parfois dans un anglais pur de tout accent que
les Irlandais accusent l'Angleterre. La différence
de religion constitue, on ne saurait le nier, une plus
forte barrière que celle de langue entre les fractions
de la population irlandaise. L'idée de subir l'influence de la majorité catholique révolte certainement plus d'un préjugé parmi la minorité presbytérienne du nord de l'île. Il n'en est pas moins vrai
que les protestants ont fourni à la cause irlandaise
quelques-uns de ses plus ardents champions.

L'Irlandais est une nation plutôt qu'une race.
Comme il arrive dans tout pays fortement individua-
lisé, surtout dans les îles, l'influence du milieu a fini

---

(1) *Revue celtique*, tome IV, p. 277.
(2) Il faut citer l'*Union gaélique (for the preservation of the irish
language)*, fondée il y a quelques années à Dublin.

par prévaloir — sauf dans une partie du Nord — sur la différence d'origine ; elle a fait des Irlandais aussi bien avec les Celtes mélangés de Scandinaves et de Saxons qui se trouvent dans l'Est qu'avec les Celtes plus ou moins purs qui se sont conservés à l'Ouest et au Sud. Ce n'est pas seulement dans l'Ouest, parmi les populations au teint mat, aux cheveux châtains ou bruns, mais aux yeux souvent clairs, dont le type dénote une origine celtique, que le sentiment irlandais est vivace. Il ne se manifeste pas avec moins de force dans le Centre, malgré l'infusion de sang anglais due aux colons d'Élisabeth et de Cromwell ; il est tout aussi vivant parmi ces populations athlétiques de l'Est et du Nord, une des plus fortes races militaires qui existe, dont le sang a coulé à flots depuis deux siècles sur presque tous les champs de bataille de l'Europe, des Indes et d'Amérique.

Au-dessus de ces différences régionales et des nuances locales moins sensibles pour l'œil d'un étranger mais qui se révèlent par les dictons populaires, on discerne un ensemble de qualités et d'habitudes qui appartiennent en propre au peuple irlandais, et qui le rendent à certains égards l'antipode de l'Anglais. Il y a dans tout Irlandais l'étoffe d'un avocat et d'un artiste ; la parole lui plaît pour elle-même ; dans la conversation, où d'ailleurs il excelle, il se montre plutôt disposé à aller au-devant de la pensée de son interlocuteur que préoccupé de formuler avec une exacte rigueur sa pensée propre. Réunis, l'entrain les gagne, et la plaisanterie court sans s'arrêter de bouche en bouche. Il y a quelque chose de méridional dans les habitudes, comme dans le climat ; à voir les groupes stationnant au coin des rues, on se croirait dans quelque ville du Sud de l'Europe. Ordinairement doux et d'humeur facile, ils sont susceptibles de s'exalter et de subir les entraînements d'un naturel impressionnable à l'excès. Leur intelligence et leur facilité pour

l'instruction sont remarquables. Au milieu de la
misère la plus extrême, l'imagination irlandaise ne
chôme pas; il n'est pas de hutte, si dénuée qu'elle soit
de meubles ou des objets nécessaires à la vie, où ne
pénètre, sous forme de gravure, le souvenir des événements ou des hommes qui se sont associés à la
cause nationale; les airs et les mélodies d'Irlande sont
connus partout.

Villes. — A la différence de l'Angleterre et de
l'Ecosse, l'Irlande a peu de grandes villes. Elle n'en
compte que trois dont la population dépasse 50.000
habitants : Dublin, Belfast et Cork.

Dublin, situé sur la côte orientale à cinq heures de
Holyhead et à douze heures de Londres, est le siège de
l'administration irlandaise, du lord-lieutenant général et du lord-chancelier, ainsi que de l'Université
(Trinity-Collège). Il ne saurait passer, malgré ses
brasseries, pour une ville manufacturière ; mais son
port, récemment amélioré, entretient un commerce
actif de transit avec l'Angleterre. Belfast a quadruplé
sa population depuis quarante ans. Outre l'industrie
du lin, il exerce celle des spiritueux, des constructions navales ; son port est accessible aux plus grands
navires. Cork s'élève sur les deux bords de la Lee, à
l'extrémité intérieure d'une sorte de fiord encadré par
de verdoyantes collines. Il a pour avant-port la belle
rade de Queenstown, où touchent les paquebots qui
font le service entre New-York et Liverpool ; c'est un
des points de départ de l'émigration irlandaise. Cork
est un des principaux marchés du beurre. Tout le
beurre fabriqué dans les fermes du Sud de l'Irlande
y est envoyé pour être expédié.

Viennent ensuite Limerick, sur le Shannon (1), et
Londonderry, à l'embouchure du Foyle.

(1) Dublin, 250.000 habitants. — Belfast, 208.000 habitants. — Cork,
80.000 habitants. — Limerick, 40.000 habitants. — Londonderry, 20.000
habitants.

LIEN ENTRE L'ANGLETERRE
ET SES COLONIES

Depuis que l'Angleterre a renoncé à fonder sa domination sur le continent qui lui fait face, et qu'elle a consommé l'unité politique de l'archipel britannique (1), sa composition territoriale n'a subi en Europe que de très légers changements. Elle a maintenu son autorité sur les îles du Canal (*Channel islands*), Jersey, Guernesey, Sercq et Aurigny, anciennes dépendances du duché de Normandie, que la géographie et l'ethnographie rattacheraient à la France, mais qui conservent du moins sous la domination anglaise leur autonomie politique et l'usage de leur langue (2).

Le seul point du continent européen sur lequel elle ait planté son pavillon, est le roc de Gibraltar, péninsule d'une lieue de long et d'un quart de lieue de large qu'une langue de sable rattache à la côte d'Andalousie. Ce rocher, qui s'élève jusqu'à 425 mètres, n'est qu'une vaste forteresse percée de casemates au pied de laquelle, sur les bords de la baie d'Algésiras, les profits d'un grand établissement militaire et ceux de la contrebande entretiennent une ville hétérogène de Juifs, de Maltais, d'Espagnols et d'Anglais (3). Gibraltar ne tient pas précisément les clefs du détroit, dont

(1) Reprise de la Guyenne par les Français (1153) ; reprise de Calais (1558) ; actes d'union avec l'Écosse (1707), avec l'Irlande (1800).
(2) Les îles normandes ont une superficie de 196 kilomètres carrés et une population de 88.000 habitants. — Saint-Hélier (Jersey), 30.000 hab.
(3) Gibraltar, 18.000 habitants, sans la garnison, qui est d'environ 5.000 hommes. — Les Anglais s'en emparèrent en 1704.

la largeur en ce point n'est pas moindre de 23 kilomètres. Mais la possession d'un poste stratégique et d'une rade profonde et abritée au débouché de l'Océan dans la Méditerranée assure à la flotte anglaise une base d'opérations dans le bassin occidental de cette mer.

Au point de vue commercial et militaire, Malte a encore plus d'importance que Gibraltar. Le petit archipel de Malte, Gozzo et Comino, n'a que 322 kilomètres carrés d'un terrain rocailleux que seule l'industrie d'une population démesurément multipliée a su rendre productif. Mais le port de la Valette, sa capitale, est un des plus beaux et des plus inexpugnables du monde. Situé à 96 kilomètres du cap Passero en Sicile et à 270 de la côte de Tunisie, il surveille la voie la plus directe entre Gibraltar et Port-Saïd. L'Angleterre en a fait un port franc sur lequel veille une nombreuse garnison et où elle a installé un vaste dépôt de ravitaillement pour sa marine militaire et marchande. Le mouvement de transit s'élève jusqu'à sept à huit millions de tonnes. Les navires y relâchent, non seulement pour s'y ravitailler, mais pour y prendre des ordres et se diriger vers les marchés que leur signalent les avis de Londres ou de Liverpool (1).

Il faut ajouter, pour compléter la liste des possessions européennes de la Grande-Bretagne, le petit roc de grès de Helgoland qui se dresse dans la mer du Nord à douze lieues de l'embouchure de l'Elbe. Les Anglais s'en étaient emparés pendant le blocus continental pour y installer un centre de contrebande: ils conservent cet îlot insignifiant qu'à défaut de l'Allemagne l'Océan finira par leur arracher, car ses flots ne cessent de le démolir morceau par morceau.

(1) Malte, 157.000 habitants, sans la garnison, qui est d'environ 6.000 hommes. — La Valette, capitale, a 80.000 habitants. — Malte est entre les mains de l'Angleterre depuis 1800.

L'Angleterre hors d'Europe. — Mais hors d'Europe les possessions de l'Angleterre ont pris depuis le commencement de ce siècle un développement prodigieux. Cette extension coloniale sans précédents a été contemporaine du développement économique, non moins remarquable, de la Grande-Bretagne ; et il est légitime de reconnaître une connexité entre les deux faits.

Les comptoirs qu'une compagnie de négociants avait fondés dans le courant du dix-septième siècle sur quelques points de la côte de l'Inde, s'étaient déjà transformés, au commencement de celui-ci, en une domination importante par l'étendue, mais sans cohésion : elle est devenue de nos jours un empire compact, qui embrasse une superficie supérieure au tiers de l'Europe et dans lequel une poignée d'Anglais gouverne 258 millions d'indigènes.

L'établissement pénitentiaire installé en 1788 sur la côte de la Nouvelle-Galles du Sud n'était qu'un premier jalon sur la terre australienne. Mais, surtout depuis 1851, découverte des mines d'or, une colonisation pleine de sève et d'énergie a envahi l'Australie, la Tasmanie, la Nouvelle-Zélande, les îles Fidji ; le moment approche où elle aura transplanté en Océanie 3 millions et demi d'habitants de langue anglaise.

Le Sud de l'Afrique, où la Grande-Bretagne ne possédait pas un pouce de terrain avant le commencement de ce siècle, lui appartient presque en entier, et constitue une domination supérieure en étendue à celle de notre Algérie.

Dans l'Amérique du Nord l'Angleterre possédait au commencement du siècle le même territoire qu'aujourd'hui, mais la plus grande partie en était détenue comme terrain de chasse par la Compagnie de la baie d'Hudson. Maintenant au contraire la colonisation européenne pénètre avec les chemins de fer d'un bout à l'autre du continent. L'immigration s'y développe avec ampleur, surtout depuis dix ans.

Les quatre régions que nous venons de citer sont, pour ainsi dire, les principaux piliers de l'édifice colonial britannique dans les diverses parties du monde. Mais à ces grands domaines s'ajoutent un nombre considérable de possessions dont quelques-unes sont encore très importantes par leurs ressources propres, comme par exemple Ceylan, Maurice, la Jamaïque, la Guyane. D'autres sont moins des colonies proprement dites que des postes, parfois très florissants eux-mêmes, tels que Malte, Aden et Hongkong, mais destinés surtout à relier les contrées éloignées les unes des autres qui entrent dans la composition de l'Empire britannique (1). Il faut nous contenter ici de les grouper dans un tableau d'ensemble.

En l'examinant on pourra s'assurer que la puissance coloniale de l'Angleterre a un caractère d'universalité que ne présente aucune autre domination de ce genre. Par ses dépendances extérieures la Russie est une puissance asiatique ; la France est une puissance africaine, qui s'efforce depuis peu de devenir aussi asiatique. La sphère d'activité coloniale de la Hollande est à peu près confinée dans l'archipel de la Sonde. Celle de la Grande-Bretagne s'étend sur tous les continents et sur toutes les mers. A l'avantage que lui donnent l'étendue et la population de ses colonies elle joint celui de leur ubiquité. Il n'est pas de parties du globe où le commerce britannique ne dispose d'établissements qui servent de centres de rayonnement à son influence.

(1) Le nom d'Empire britannique est celui par lequel les Anglais, ou du moins certains d'entre eux aiment à désigner l'ensemble de leurs colonies. Toutefois c'est seulement à l'Inde que s'applique le titre impérial conféré à la reine Victoria le 1er janvier 1877.

Tableau des Colonies anglaises.

EUROPE........
{ Helgoland.
{ Gibraltar.
{ Malte.

ASIE.........
{ Chypre.
{ Aden.
{ Périm.
{ Iles Kuria-Muria.
{ *Inde et Birmanie* : — 4 millions de kilomètres carrés ; — 258 millions d'habitants.
{ Ceylan.
{ Etablissements des détroits.
{ Iles Keeling.
{ Labouan et nord de Bornéo.
{ Hongkong.

AFRIQUE.....
{ Gambie.
{ Sierra-Leone.
{ Côte-d'Or.
{ Lagos.
{ Ile de l'Ascension.
{ Ile de Sainte-Hélène.
{ *Colonie du Cap et annexes* : — 650.000 kilomètres carrés ; — 1.300.000 habitants.
{ Natal.
{ Ile Maurice.

OCÉANIE.....
{ *Australie et Tasmanie* : — 7.700.000 kilomètres carrés ; — 2.700.000 habitants.
{ Nouvelle-Zélande.
{ Ile Norfolk.
{ Sud-Est de la Nouvelle-Guinée.
{ Iles Fidji.

AMÉRIQUE.....
{ *Dominion du Canada* : — 8.800.000 kilomètres carrés. — 4.300.000 habitants.
{ Terre-Neuve.
{ Bermudes.
{ Iles Bahamas.
{ Honduras britannique.
{ Iles au Vent.
{ Iles sous le Vent.
{ Trinité.
{ Guyane anglaise.
{ Iles Falkland.

Entre ces colonies et la métropole il n'y a pas seulement un lien politique, d'ailleurs plus ou moins lâche suivant les conditions particulières à chacune d'elles ; il existe aussi une étroite solidarité économique. C'est sur ce point qu'il nous semble utile d'insister.

Parmi les pays que l'Angleterre couvre de son pavillon, les uns sont des pays neufs, comme l'Amérique du Nord et l'Australie ; d'autres, comme l'Inde, sont à la fois très vieux et très neufs ; vieux au point de vue de l'histoire, neufs si l'on considère le faible degré de développement de leurs ressources naturelles. Il manque également aux uns et aux autres ce qu'aucune nation au monde ne possède en aussi grande quantité que l'Angleterre : les capitaux. L'abondance des capitaux que le commerce et l'industrie ont accumulés depuis deux siècles en Angleterre, trouve en partie son emploi dans les colonies.

Si depuis 1854 l'Inde, qui n'avait alors que 34 kilomètres de chemins de fer, a pu construire un réseau ferré qui a aujourd'hui un développement de 20.000 kilomètres, c'est avec l'argent prêté par la métropole. La somme de 3 milliards de francs, qui représente environ l'argent dépensé par les Compagnies garanties pour la construction des chemins de fer indiens, est presque entièrement souscrite en Angleterre. Une notable portion de la fortune privée de la Grande-Bretagne se trouve ainsi engagée dans cette entreprise. L'Inde paye les intérêts des capitaux qui lui sont fournis. La métropole s'est constituée créancière à son égard, et sa colonie a pour elle la valeur d'un gage.

Il en est de même à l'égard du Canada, de l'Australie, de la Nouvelle-Zélande. La dette énorme des colonies australiennes représente un tribut considérable versé chaque année sous forme d'intérêts aux actionnaires de la métropole.

Nous ne dirons pas que tous ces capitaux aient été consacrés à des œuvres pacifiques. Cependant le développement des chemins de fer, des travaux publics, des établissements de crédit en Australie et en Amérique aussi bien que dans l'Inde, raconte l'emploi qui leur a été généralement attribué. Entre les mains de colons entreprenants et énergiques ils ont vivifié les sources de production.

Si l'on compare, en effet, le commerce extérieur de l'Inde au moment où l'on commença à y construire des chemins de fer et au moment présent, on voit qu'il a quadruplé : en 1853 il montait à 960 millions de francs, en 1885 à 3 milliards 875 millions. En six ans, de 1879 à 1884, le commerce du Dominion Canadien a augmenté dans la proportion de 26 pour 100 (1). Le chiffre du commerce des colonies australiennes égale ou surpasse celui de plusieurs grands États d'Europe ; résultat qui tient du prodige, si l'on réfléchit qu'il se répartit sur une population européenne qui ne dépasse encore guère celle de la Suisse !

Les trois quarts environ de cet énorme trafic sont à destination de l'Angleterre ou des autres colonies anglaises. Pour ce puissant foyer de production qui s'est formé dans la Grande-Bretagne, la possession de ces contrées de vaste étendue, de climats variés, de sol en partie vierge, est une garantie que la matière ne fera pas défaut à son travail, que les débouchés ne manqueront pas à ses produits, et que le pain sera assuré à ses habitants. L'Australie lui envoie en masse ses laines, ses cuirs, ses viandes ; le Canada, son blé. L'Inde n'est plus, comme au moyen âge, le pays légendaire des denrées rares et précieuses, des pierreries, des épices ; c'est le pays du coton, du blé, du jute pour les contrées ma-

---

(1) *Progress and condition of India 1885.* (Almanach de Gotha 1887.)

nufacturières d'Europe, de l'opium pour les Chinois.
Après les États-Unis d'Amérique c'est elle qui fournit
au Lancashire la plus grande quantité de coton brut
pour ses manufactures, et la pièce de coton qui sert
à vêtir le pauvre Hindou lui revient tissée de Manchester. Les cultures que les maîtres de l'Inde ont
favorisées ou introduites dans leur vaste domaine,
sont celles que réclame la consommation de la métropole.

Grâce à sa puissance financière, à l'organisation
perfectionnée de son système de banque, au développement de sa marine marchande, le marché métropolitain s'impose, sans qu'il soit besoin de recourir à
des moyens factices, à toutes les colonies britanniques.
Aussi peut-on dire que sur toute l'étendue qui relève
politiquement de la couronne d'Angleterre, chaque
nouvelle voie ferrée qui se construit représente
quelques milliers de tonnes de plus pour ses navires,
et apporte son surcroît d'activité aux marchés de la
Grande-Bretagne. Londres, Liverpool, Glasgow, ont
ainsi dans toutes les parties du globe des entrepôts
de marchandises et des succursales de banque qui
s'appellent Bombay, Calcutta, Hongkong, Singapore,
Sydney, Melbourne, Montréal ou le Cap. Le centre
de ce réseau d'affaires qui embrasse le monde entier,
est la Cité de Londres ; là, sans bruit et chaque jour,
le crédit manie et transporte des capitaux énormes
avec l'aisance de ces machines d'une puissance colossale que la pression du doigt met en jeu.

Le commerce anglais. — C'est dans la préci-
sion de ses mouvements, dans la sûreté de ses
informations autant que dans l'ampleur de ses
opérations et l'énormité de ses chiffres qu'est le grandiose du commerce britannique. Les colonies ne l'ab-
sorbent pas, mais le servent en lui fournissant des
points d'appui et des moyens d'action. Ainsi la pos-

session de l'Inde peut être regardée comme la clef de voûte du commerce que fait l'Angleterre avec l'Arabie, le golfe Persique, l'Afrique orientale et même en partie avec la Chine. La principale Compagnie de navigation qui entretient des relations dans l'Océan indien, la *British India Steam*, a ses ports d'attache dans l'Inde. L'Angleterre trouve dans les classes commerçantes de ses sujets indigènes, chez ses Banyans, chez ses Parsis, des agents tout formés pour servir d'intermédiaires à ses produits. La houille qui s'exploite en Australie contribuera peut-être à élargir ses débouchés dans l'Asie orientale ; en tout cas elle facilite déjà l'exploitation des chemins de fer de l'Inde.

Sans cesse à l'affût de marchés nouveaux pour y vider ce qui s'accumule sans relâche à Manchester, Leeds, Birmingham, Sheffield ou Glasgow, la Grande-Bretagne considère la création des colonies comme le plus sûr moyen de s'assurer l'usage de ces marchés d'une façon stable et soustraite aux hasards de perturbations politiques. On sait qu'en général ce n'est pas par des expéditions militaires que commencent les colonies britanniques ; ce sont des traitants et des missionnaires, parfois l'un et l'autre dans la même personne, des sociétés de commerce et de propagande qui ouvrent la voie. C'est ainsi qu'il y a peu d'années elle a pris pied à Bornéo. Les mêmes procédés lui servent actuellement pour nous disputer le terrain à Madagascar. Nous les avions déjà rencontrés identiques aux îles Marquises et Taïti. Elle a peine à ne pas considérer comme usurpation toute entreprise coloniale d'autrui. Ce qu'elle déploie dans cette concurrence d'âpreté jalouse, nous l'avons maintes fois éprouvé dans le cours de notre histoire. Là se montre encore dans sa verdeur le génie de la race.

La valeur du commerce extérieur de la Grande-Bretagne peut être évaluée, d'après la moyenne des dernières années, à 16 milliards et demi de francs.

Malgré la prépondérance du commerce anglais sur la plupart des marchés européens et son caractère d'universalité dans les autres parties du monde, le quart environ de cette somme appartient au commerce de la métropole avec ses propres colonies.

Les huit pays avec lesquels l'Angleterre entretient le plus grand commerce, doivent être rangés dans l'ordre suivant :

1º États-Unis.
2º *Inde.*
3º France.
4º *Australie.*
5º Allemagne.
6º Pays-Bas.
7º Belgique.
8º *Dominion du Canada.*

Ainsi dans la clientèle commerciale de la Grande-Bretagne les premiers rangs sont disputés entre ses trois principales colonies et ses voisins immédiats d'Europe. Le pays qui vient en tête est lui-même une ancienne colonie, détachée de la métropole, mais qui en conserve la langue et qui attire chaque année les trois quarts environ de l'émigration britannique (1).

Symptômes et changements. — Il faut remarquer que les conditions dans lesquelles se trouve aujourd'hui l'Angleterre pour subvenir au maintien de son empire colonial, ne ressemblent pas tout à fait à celles qui l'ont tant servie pour l'édifier. Pendant les soixante premières années de ce siècle, elle a exercé haut la main la suprématie commerciale. Ses entrepôts centralisaient les principaux articles de commerce et imposaient leur intermédiaire aux manufactures du continent. Le marché de Londres n'avait pas de rival pour la laine, la soie,

(1) Chiffre de l'émigration britannique totale en 1887 : 281,796. Après les États-Unis, ce sont l'Australie et le Dominion du Canada qui reçoivent le plus d'émigrants de la Grande-Bretagne.

les cuirs, le thé, le café, le sucre, pas plus que celui de Liverpool pour le coton, ou que celui de Glasgow pour les fers. La Banque d'Angleterre et la Bourse de Londres exerçaient une influence prépondérante sur toutes les places financières d'Europe.

Or, dans ce dernier quart de siècle, la supériorité britannique diminue lentement, mais avec une continuité qui marque la gravité du phénomène. L'Angleterre prélève toujours la part du lion dans le commerce général du monde ; mais tandis que la proportion de son commerce extérieur dans l'ensemble des transactions était de 27 pour 100 en 1830, elle n'est plus que de 24 pour 100 en 1870, de 19 à 20 pour 100 en 1882. Les soies du Levant arrivent à Marseille sans subir l'intermédiaire du marché anglais ; il en est de même au Havre pour le café, à Anvers pour les laines, à Brême pour le pétrole, et en général dans tous ces ports pour beaucoup d'articles destinés à la consommation continentale. D'ardents compétiteurs sont à l'œuvre pour disputer à l'exportation anglaise les marchés du Levant, de l'Extrême-Orient, de l'Océanie, de l'Amérique centrale. L'Allemagne surtout lui inspire des alarmes dont on trouve l'écho dans les rapports consulaires.

L'abondance de la houille à bon marché avait été le nerf de la puissance industrielle de la Grande-Bretagne, le principal aliment de sa marine marchande. Il y a trente ans, ses mines fournissaient plus de la moitié de l'extraction totale du globe. Il n'en est plus de même aujourd'hui ; l'Allemagne et surtout les États-Unis développent chaque jour une puissance de production qui, réunie, atteint déjà celle de l'Angleterre. Que sera-ce lorsque les États-Unis auront mis en valeur les immenses ressources que la nature leur a départies, tandis que la vieille Angleterre verra les siennes s'épuiser ou du moins devenir d'une exploitation plus difficile et plus coûteuse ?

Maîtresse des mers, l'Angleterre ne semblait avoir

rien à craindre et pour la défense de ses colonies et
pour la protection de cette immense marine marchande qui pourvoit à la subsistance de ses habitants.
L'écart entre sa puissance navale militaire et celle
des États du continent a notablement diminué. Elle
n'a rencontré longtemps d'autre rivalité que celle de
la France : aujourd'hui l'Allemagne, l'Italie, la Russie
s'attachent à créer d'importantes flottes de guerre.

D'ailleurs par l'accroissement logique, mais démesuré, de ses possessions indiennes, l'Angleterre s'est
transformée en une grande puissance asiatique,
exposée à subir le contre-coup des révolutions qui
peuvent agiter ce continent. L'annexion du Penjab,
en 1849, a contribué surtout à lui créer une situation
fertile en responsabilités. Par ses cinquante millions
de sujets musulmans, groupe numérique qui n'a son
égal dans aucun autre État, elle se trouve engagée dans
les affaires d'une société religieuse pleine de ferments
hostiles. Puis, tandis qu'elle pénétrait vers l'intérieur de l'Asie, une autre puissance partie de l'extrémité opposée de l'Europe s'avançait aussi par le
chemin des steppes vers l'intérieur du même continent ; et voici que par l'effet d'un double et grandiose
développement historique le principal État continental
et le principal État maritime de l'Europe rapprochent
leurs avant-postes entre l'Indus et l'Oxus. La Russie
occupe la partie septentrionale du plateau de Pamir,
dont les débouchés méridionaux sont aux mains des
feudataires de l'Angleterre. La Russie relie par une
voie ferrée ses positions de l'Asie centrale et pousse sa
frontière jusqu'à vingt-trois lieues de Hérat (1), tandis
que l'Angleterre rattache le poste avancé de Quettah
au réseau des chemins de fer de l'Indus et n'attend
qu'une occasion pour pousser les rails jusqu'à Candahar. Or, il n'y a plus que cent trente lieues de pays

(1) En mai 1888, le chemin de fer russe de l'Asie centrale vient
d'atteindre Samarcande.

relativement facile entre Candahar et Hérat, les deux pièces capitales de l'échiquier stratégique qui s'organise.

Pour faire face aux responsabilités militaires de son immense empire, la Grande-Bretagne a une flotte qui se compose actuellement de 69 navires blindés et une armée régulière qui, avec la réserve, mais sans la milice et les volontaires, monte environ à 277.000 hommes. Sur ce nombre 26.000 soldats sont dispersés dans les différentes garnisons qu'elle entretient à Malte, Gibraltar, Chypre, au Cap, à Ceylan, à Singapore, à Hongkong, aux Bermudes, à Halifax et aux Antilles. Il faut également prélever sur cet effectif 62.000 hommes destinés à encadrer 127.000 soldats indigènes qui composent avec eux l'armée de l'Inde. Il reste donc pour la défense du Royaume-Uni une armée régulière bien peu considérable, si on la compare aux armées que les grands États militaires du continent peuvent mettre en ligne.

Ce n'est pas l'Angleterre qui a changé ; son organisation militaire n'est pas inférieure à ce qu'elle était au temps où son influence passait pour prépondérante ; son énergie industrielle et commerciale ne trahit pas de langueur. L'esprit d'initiative n'a pas fléchi. Quel peuple a mieux su résister jusqu'à présent à la prospérité ? Mais autour d'elle les conditions se modifient lentement dans un sens de moins en moins favorable au maintien de la position exceptionnelle qu'elle avait atteinte et dont la création de ce vaste empire colonial est comme le signe extérieur.

Les exemples du passé montrent que les grandes dominations coloniales ont eu rarement une longue durée. Aux yeux d'un petit nombre de politiques anglais, la dissolution du lien qui unit la métropole à ses colonies serait une de ces éventualités qu'il faut envisager sans crainte, la métropole n'ayant rien à perdre en vigueur réelle par la séparation de

dépendances extérieures qui lui imposent avec des
frais considérables un périlleux éparpillement de
forces. On ne voit pas en effet que l'émancipation des
États-Unis ait eu pour conséquence un affaiblisse-
ment de l'Angleterre. Mais l'exemple n'est peut-être
pas d'une application tout à fait exacte à l'époque
présente. Les intérêts de l'Angleterre sont bien autrement engagés dans les colonies qu'au siècle dernier.
L'Angleterre n'est plus un État capable au besoin de
se suffire à lui-même, de nourrir et d'occuper ses
habitants. C'est un organisme puissant, mais terri-
blement compliqué, dans lequel la possession de
vastes colonies est un des principaux ressorts ; il n'est
pas sûr qu'une atteinte portée à ce ressort n'attein-
drait pas l'organisme même.

LA PÉNINSULE IBÉRIQUE

Position. — Par son inclinaison marquée vers
l'ouest, la péninsule ibérique s'écarte du continent
européen et semble le fuir. Elle ne s'y rattache que
par une sorte d'isthme ou de pont terrestre qui la
relie à la France sur une longueur de 448 kilomètres,
mais que barre, sauf aux deux extrémités, l'épaisse
et haute muraille des Pyrénées. Elle n'est séparée de
l'Afrique que par un détroit de quatre à cinq lieues.
Du cap Trafalgar jusqu'au delà de la pointe de Gibraltar
les deux rivages sont en vue, ils semblent parfois s'en-
chevêtrer l'un dans l'autre. Du haut du roc de Gibraltar on aperçoit distinctement les murs et les maisons
de Ceuta. Ensuite les rivages s'écartent; mais jusqu'au cap de Palos, c'est-à-dire pendant 565 kilomètres,
la côte d'Espagne court parallèlement à celle d'Afrique
sans s'en éloigner de plus de cinquante lieues (1). Il
y a 170 kilomètres entre le cap de Gata sur la côte
andalouse et le cap Milonia à l'extrémité occidentale
de l'Algérie, 200 kilomètres entre Carthagène et Oran.
Entre ces deux ports un paquebot fait la traversée
en huit heures, et par un bon vent une balancelle
n'en met pas plus d'une vingtaine. La péninsule est
ainsi en rapports naturels avec l'Afrique au moins

(1) Du mont Filhaoucen, près de Nemours (Algérie), il est possible de communiquer par des feux avec les sommets de la Sierra
Nevada d'Andalousie. C'est ce qui a permis, en septembre 1879,
d'établir la jonction des triangles géodésiques entre l'Espagne et
l'Algérie.

autant qu'avec l'Europe. Historiquement elle a été le
champ de bataille où se sont mêlées l'Europe et
l'Afrique.

Elle a un plus long développement de côtes sur
l'Océan que sur la Méditerranée, 1.675 kilomètres d'un

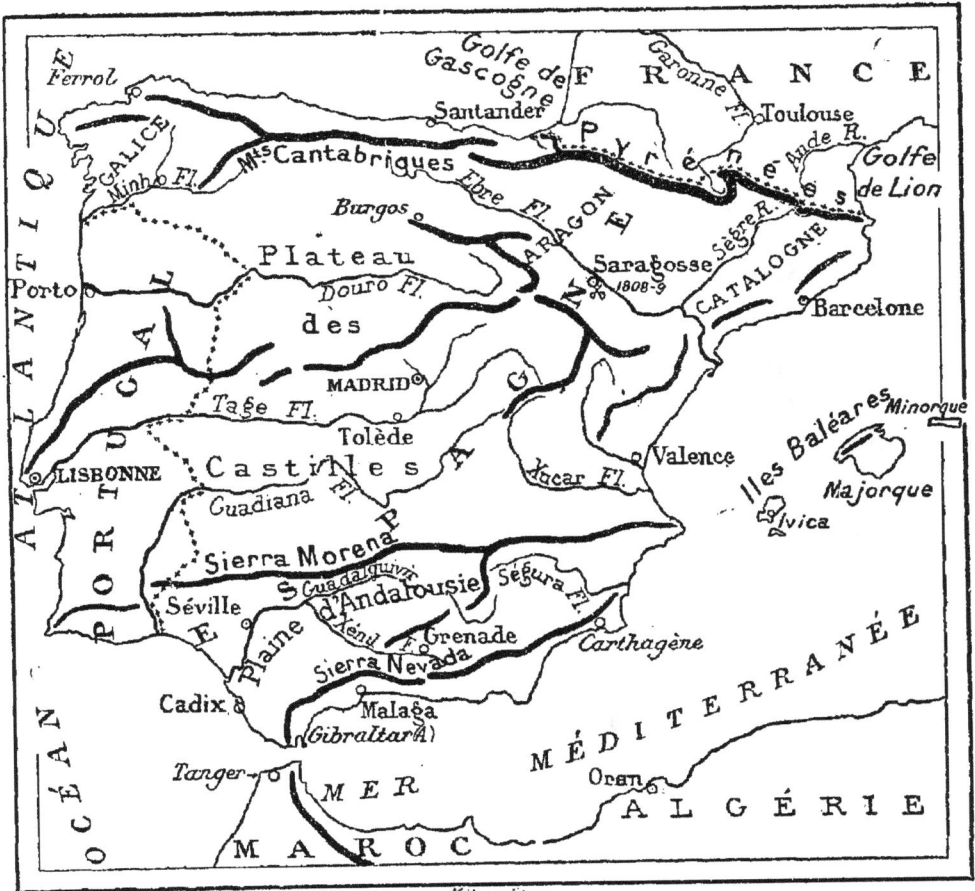

côté, 1.150 de l'autre, en négligeant les détails. Mais
c'est seulement sur la Méditerranée que son littoral
s'enrichit de dépendances insulaires. Du haut du
Mongo, une des cimes du cap Nao, dans la province
d'Alicante, on aperçoit à l'œil nu l'archipel des
Pityuses, à 92 kilomètres, et même celui des Baléares,

Ce dernier archipel se trouve à 177 kilomètres de la côte espagnole, à 400 kilomètres de Marseille et à 300 d'Alger.

L'Océan, au contraire, ne lui oppose que peu de rivages à proximité. On comprend que les anciens aient considéré l'Ibérie comme l'extrémité du monde habitable. La côte septentrionale regarde, il est vrai, l'Armorique et les îles Britanniques. Au sud-ouest, mais à 1.250 kilomètres de distance, on rencontre les îles Canaries; mais à l'ouest s'étendent des espaces presque illimités. Il faut faire 300 lieues pour rencontrer l'archipel perdu des Açores, qui n'est pas encore lui-même au tiers de la distance des côtes d'Amérique.

Configuration. — Dans toute l'étendue de ce développement côtier, si les irrégularités de détail ne manquent pas, aucune partie ne se détache sensiblement du corps, aucune échancrure ne s'enfonce assez profondément pour altérer la régularité de la forme générale. Cette forme est celle d'une masse trapézoïdale, dont la surface serait presque égale à celle de la France, de la Suisse et de la Belgique réunies (590.000 kilomètres carrés). Entre les divers côtés de cette figure presque géométrique les distances restent partout considérables ; on compte 820 kilomètres à vol d'oiseau entre la côte des Asturies et le détroit de Gibraltar, plus de 900 entre le littoral de la Catalogne et celui de la Galice.

Plateaux. — Péninsule par la configuration, l'Ibérie mériterait par la structure et le climat d'être appelée un continent en petit. Elle est constituée par un soulèvement compact, qui affecte en général la forme de plateau.

On trouve en elle un type de contrée qui se rencontre rarement en Europe, mais souvent dans d'autres parties du monde, et dont l'Algérie et l'Asie Mineure

fourniraient les exemples les plus voisins. Le plateau
central, région qui par son étendue (1) doit être regardée
comme le noyau de la péninsule, est presque entièrement
environné de montagnes. Il est flanqué au nord par les
chaînes Cantabriques, au sud par les soulèvements
de la Sierra Morena ; il s'étage à l'ouest, vers la Galice et le Portugal, en terrasses montagneuses que le
Douro, le Tage et le Guadiana doivent traverser pour
se rendre à l'Atlantique. Il se redresse au nord-est
et à l'est en un large bourrelet couronné d'épais
massifs qui se succèdent depuis l'origine de la dépression de l'Ebre jusqu'aux côtes de Murcie et
d'Alicante. La hauteur moyenne du plateau est de
830 mètres dans la partie septentrionale, de 800 dans
la partie méridionale ; celle de la circonvallation dépasse souvent 2.000 mètres et reste rarement au
dessous de 1.000.

Une forme de relief qui se répète souvent et qui
imprime un caractère exotique à la physionomie du
sol, est celle que les Espagnols désignent sous le
nom de *parameras*. On désigne ainsi de hauts plateaux
tantôt enfermés entre les ramifications d'un même
système de chaînes, tantôt remplissant l'intervalle
entre les différents groupes.

« Ces parameras sont des plateaux intérieurs, la plupart fort
élevés au-dessus du niveau des mers, sortes de landes où
quelques cistes, des légumineuses, des graminées rigides avec
des lavandes et du romarin remplacent nos bruyères. Elles
s'étendent entre quelques points des différents systèmes montagneux ou vers leur faîte. Les plus remarquables de ces solitudes sont celles des provinces d'Avila et de Soria, vastes
steppes dépouillées d'arbres, arides, d'une teinte noirâtre et
brunâtre, monotones, silencieuses, froides, battues des vents.
L'espace entre l'Ebre supérieur et les sources de la Pisuerga,
divers sommets des Pyrénées, les monts Ibériques, Lusitani-
ques et ceux de Gredos, en contiennent encore beaucoup, sur
lesquels on se croirait transporté dans les déserts de la Tar-
tarie centrale (2). »

(1) Superficie du plateau ibérique, 231.000 kilomètres carrés environ.
(2) Bory Saint-Vincent, *Aperçu sur la géographie physique de
l'Espagne*, dans Laborde, *Itinéraire descriptif de l'Espagne* (Paris, 1827) — Comp. M. Willkomm, *Die Pyrenaïsche Halbinsel*.
Leipzig, 1886.

Le plateau central est divisé en deux étages par une puissante arête montagneuse, qui se déroule dans la direction de l'est-nord-est vers l'ouest-sud-ouest et qui constitue un des traits orographiques les mieux marqués de la péninsule. Elle mériterait d'être désignée par un nom générique : à défaut d'un nom que l'usage ait consacré, on y distingue les sierras de Guadarrama et de Gredos qui séparent la Vieille de la Nouvelle-Castille, la sierra de Gata entre le Léon et et l'Estremadoure, et celle d'Estrella qui s'étend dans le Portugal. Le granit domine dans la constitution de ces chaînes, qui atteignent jusqu'à 2.404 mètres dans la sierra de Guadarrama, jusqu'à 2.668 dans celle de Gredos. Mais à cause de la différence de niveau entre les deux parties du plateau qu'elles séparent, elles présentent un aspect tout autre, suivant qu'on les aborde du nord et du sud. Vues du nord, les chaînes du Guadarrama semblent assez médiocres ; elles produisent au contraire un effet imposant, lorsqu'on les aperçoit de Madrid, dentelant l'horizon de leurs pics aigus encore couverts au printemps d'un épais manteau de neige.

D'autres chaînes moins importantes sillonnent le plateau au sud de Tolède. Mais, malgré ces accidents de terrain, ce qui détermine la physionomie générale de cette région intérieure, ce sont des dépôts de sables, graviers, marnes et argiles, débris d'anciens bassins lacustres de la période tertiaire, parfois imprégnés de substances salines. Ils couvrent çà et là de grandes étendues. Ils se présentent sous la forme de nappes unies qui, suivant leur composition, offrent une grande fertilité (*tierras de campos*), ou paraissent vouées à une stérilité sans remède. Dans la Vieille-Castille au sud de Valladolid, on trouve des steppes salines entrecoupées de quelques collines de gypse. Mais les plus étendues comme les plus dénuées d'accidents occupent la partie méridionale de la Nouvelle-

Castille : ce sont les plates solitudes de la Manche, qu'a popularisées le roman de Cervantès et que hantera éternellement la silhouette de Don Quichotte. Le chemin de fer de Madrid à Carthagène traverse pendant de longues heures ces terrains de pâture, hérissés de chardons, poudreux et sans arbres, dans lesquelles on rencontre çà et là des mares salines, dont les bords, au fort de l'été, reluisent d'efflorescences, comme dans les *chotts* ou *sebkhas* d'Algérie.

Fleuves de plateaux. — Le double plateau s'incline lentement de l'est vers l'ouest, et communique cette direction aux trois fleuves qui lui appartiennent presque en entier, le Douro, le Tage et le Guadiana.

Le Douro, assez riche en eau, y coule étroitement encaissé entre des rives rocheuses. Le Tage, qui est le plus long, mais non le plus important des fleuves de la péninsule, s'y traîne péniblement entre des îles de sable ombragées de tamaris, ou s'engouffre dans des gorges granitiques qu'il remplit tout entières. Le Guadiana, au sortir du Campo de Montiel, plateau situé au nord-est de la sierra Morena, disparaît dans une plaine marécageuse, pour reparaître huit lieues plus bas, sous forme de grandes sources, « *les yeux du Guadiana* »; puis il continue jusqu'à Badajoz à couler parallèlement au Tage, avec des *maigres* qui le laissent parfois guéable en été. Il est alors rejeté au sud; son lit se resserre entre les contreforts occidentaux de la sierra Morena, qu'il traverse par des gorges sauvages, semées de cataractes.

C'est aussi par une série d'escarpements et de rapides que le Tage et le Douro débouchent hors du plateau dans les plaines du Portugal, où se déroule leur cours inférieur. Condamnés par la structure du plateau à percer la barrière montagneuse qui les flanque à l'ouest, ils précipitent leur allure de telle sorte que les communications naturelles sont interceptées entre le moyen et le bas fleuve, et que les différentes parties du cours fluvial restent étrangères l'une à l'autre. Dans la riche bordure de plaine où s'achèvent le Douro et le Tage, leur lit se déroule plus librement, leurs rives s'animent et se peuplent, la navigation commence à se développer; mais sans profit pour la région intérieure, qui reste à part et presque sans liaison avec les embouchures.

Les deux autres grands fleuves de la péninsule n'appartiennent aux plateaux que par leur origine. Très inférieur en longueur aux précédents, le Guadalquivir (*Ouadi-al-Kebir* ou grand fleuve), les dépasse de beaucoup en importance. La source du cours d'eau qui porte ce nom se trouve par 1.369 mètres de haut dans la sierra de Cazorla, une des chaînes de jonction de la sierra Morena et de la Cordillère bétique; mais le Guadarmeno, bras principal qui devrait être considéré comme le fleuve, naît au nord de la sierra Morena sur le plateau même.

Après un cours de trente lieues dans les montagnes, le Guadalquivir entre, vers Menjibar, dans une plaine qui se continue sans interruption jusqu'à l'Océan. Il y roule pendant plus de cent lieues ses eaux terreuses. A l'est les cimes presque alpestres de la sierra Nevada, qui mérite son nom, même en été, lui envoient le Jénil; et la marée remonte jusqu'à Séville, à 123 kilomètres dans l'intérieur. Le fleuve, après avoir formé deux grandes îles marécageuses, s'achève majestueusement par une embouchure large d'une lieue.

Le principal fleuve méditerranéen de la Péninsule, l'Ebre, naît à l'extrémité opposée du plateau, dans les hautes et froides terrasses de Reinosa. Mais au lieu de suivre, comme la Pisuerga dont il n'est éloigné que de cinq lieues, la direction de l'Atlantique, il s'échappe, en traversant une série de chaînes, du plateau de la Vieille-Castille et prend sa route vers le

sud-est. Il va suivre le sillon de 700 kilomètres
qui sépare, comme une ride entre deux soulèvements, les terrasses castillanes des contreforts sub-
pyrénéens d'Aragon et de Catalogne.

Mais la dépression de l'Ebre participe par sa nature
fermée au caractère général de la péninsule. Elle se
compose de deux bassins étagés, celui de Tudela et celui
de Saragosse, qu'une chaîne côtière barre entièrement
vers la mer. Le second et le plus vaste de ces bassins
est une ancienne mer intérieure, dont le sol tantôt
raviné par des *barrancas*, tantôt accidenté par des
bancs de gypse, communique aux cours d'eau qui le
sillonnent (*salados*) le sel dont il est imprégné. Tout
ce qui n'est pas arrosé par les eaux du fleuve, ou artificiellement fertilisé par les canaux qui en dérivent,
présente l'aspect de steppe. C'est une des plus grandes
et des plus désolées de la péninsule, sans arbres, sans
habitations, horrible de nudité dans les parties où se
sont concentrés les ingrédients salins du sol.

Après avoir percé la chaîne côtière, l'Ebre débouche dans la riche *huerta* de Tortose, qu'il fertilise en
décrivant de nombreux détours, et qui communique
directement avec la mer par un canal de deux lieues
de long creusé en amont du Delta.

On remarquera que la ligne de partage des eaux
entre l'Océan et la Méditerranée ne suit nullement
les crêtes élevées qui servent de rebords au plateau
central. La plupart des fleuves de la péninsule ont
leurs sources et une partie au moins de leur cours
supérieur sur le plateau même. Entre les tributaires
de l'Océan et ceux de la Méditerranée il n'y a souvent
qu'un léger renflement de terrain, qui suffit néanmoins pour déterminer la divergence des eaux. Tel
est le cas, ainsi qu'on l'a vu, entre la Pisuerga,
affluent du Douro, et l'Ebre; il en est de même entre
le Guadiana et le Jucar. Ce dernier fleuve, dont la
source est voisine de celle du Tage, suit d'abord la di-

rection du sud et coule à travers les plaines unies de la Manche parallèlement au Zancara, affluent supérieur du Guadiana, dont il est à peine éloigné de quelques lieues. Mais tout à coup abandonnant, sans y être déterminé par aucun obstacle apparent, la direction naturelle qui le conduirait à l'Atlantique, il tourne à l'est; il s'engage à travers un dédale de roches, et perce obstacles sur obstacles pour aboutir à la Méditerranée.

Le Guadalaviar, qui naît comme le Jucar et le Tage au pied de la *Muela* (1) de San-Juan; le Segura, dont le cours supérieur s'écoule dans les hautes steppes connues sous le nom de *Despoblados* de Murcie; le Guadalhorce, qui a creusé de superbes gorges pour se jeter dans la mer à Malaga: tous ces fleuves présentent la même particularité. Les chaînes de montagnes, au lieu de former ceinture, forment barrière, mais des barrières que le fleuve traverse.

Plaines périphériques. — Presque tout est subordonné dans la masse péninsulaire à ce noyau de hautes terres, bastionnées par des montagnes ou des parameras, séparées par des gorges des régions circonvoisines. Les plaines qui servent de piédestal au plateau occupent une étendue relativement assez faible, et sont isolées les unes des autres. La plaine d'Andalousie est séparée de celle du Portugal par les montagnes de l'Algarve, prolongement occidental de la sierra Morena. Elle est séparée encore davantage par les massifs de Grenade des plaines côtières qui sont elles-mêmes réparties isolément sur les bords de la Méditerranée.

Là commencent les *végas* d'Andalousie, et les *huertas* de Murcie et de Valence. Ces noms qui veulent dire jardins, caractérisent à merveille ces oasis d'irriga-

(1) *Muela*, nom qui désigne une de ces montagnes isolées, abruptes sur les flancs et aplaties au sommet, qui ont la forme d'une dent molaire.

tion et de culture qui se succèdent au pied des montagnes le long de la zone méditerranéenne. Grâce à un système admirablement combiné de canaux et de rigoles, les cultures se pressent et même se superposent ; les légumes et les primeurs mûrissent à l'abri des grenadiers, abricotiers, figuiers et citronniers ; les récoltes se succèdent sans relâche et pas un pouce du sol n'est inactif. C'est ainsi qu'à la sortie des montagnes le Guadalaviar fertilise les 8400 hectares de la huerta de Valence. De vastes rizières, malheureusement malsaines, s'étendent sur le cours inférieur du Jucar. Au sud du cap de Nao la végétation prend un aspect tout à fait africain. Dans les huertas d'Elche, d'Orihuela et de Murcie, on voit se dresser au-dessus du tapis végétal qui couvre le sol et des bosquets de fruitiers qui tamisent les rayons du soleil, les panaches des dattiers. Ce sont les eaux du Segura qui produisent ces merveilles. Mais leurs bienfaits sont parfois chèrement payés. Lorsque des pluies abondantes s'abattent sur les rebords élevés du plateau, un torrent furieux se précipite par les étroites gorges qui lui servent d'issues, et tombe à pic sur la plaine (1).

Une vie remarquable s'est développée à diverses époques dans chacune de ces plaines, comme en autant de foyers distincts. Mais elle n'a pu ni embrasser la périphérie entière, ni remonter de la circonférence au centre.

Climat. — L'intérieur de la Péninsule a un climat continental fortement accentué, conséquence de sa structure. « Trois mois d'enfer et neuf mois d'hiver » ! ce proverbe castillan en dit assez sur le régime des hauts plateaux. Toutes les parties du plateau central et même le bassin de l'Ebre sont soumis à de brusques contrastes de température entre le jour et la nuit, à

(1) Inondations de 1826, 1877, 1884.

des hivers rigoureux et des étés brûlants, à peine
séparés vers octobre ou avril par quelques semaines
de répit dans la verdure et la fraîcheur. Au printemps
et en automne tombent des pluies souvent torrentielles,
mais pendant le reste de l'année le ciel est le plus
souvent sans nuage, et l'air d'une extraordinaire
sécheresse. Les plaines de la Nouvelle-Castille et de
l'Estremadoure sont, en juillet et août, des déserts où
tout disparaît sous la poussière. Parfois dans les
après-midi brûlantes, par 40 ou 45 degrés centigrades,
une sorte de brume poudreuse appelée *calina* envahit
le ciel sans nuages, change son azur en un gris de
plomb et voile tous les objets éloignés. A Madrid (655
mètres de haut) la gelée fait ordinairement son apparition dès les premiers jours de novembre, parfois en
octobre, et se maintient pendant de longues séries de
jours ; et cependant la latitude de cette ville est plus
méridionale que celle de Naples, et les chaleurs de
40 degrés centigrades n'y sont pas rares en été !

L'âpre nature de la Péninsule s'adoucit seulement le
long de la périphérie. Peu de climats sont aussi doux
et agréables que celui de la côte septentrionale :
jamais d'excès dans le froid ni le chaud, un ciel qui
n'a pas la pureté immaculée du ciel méditerranéen,
mais où le soleil et les nuages produisent de merveilleux effets de lumière, une atmosphère constamment
imprégnée d'humidité, grâce à laquelle les vallées
des Asturies et de la Galice conservent leurs prairies
verdoyantes toute l'année. La côte occidentale jouit
d'un ciel plus pur, d'un climat plus chaud mais encore
plus égal, qui ressemble dans le sud à celui de Madère.
Les hivers restent remarquablement tièdes dans la
plaine andalouse et sur le littoral de la Méditerranée
jusqu'au nord d'Alicante ; mais l'ardeur des étés n'est
plus atténuée par l'influence océanique et prend
quelque chose d'africain. La Catalogne a un climat
qui rappelle celui du Languedoc et de la Provence :

étés chauds et secs, suivis d'automnes souvent plu-
vieux et d'hivers dont les rigueurs sont déjà sensibles.

Populations.

Il y a dans cette péninsule un défaut de liaison
naturelle, qui a influé sur les destinées et sur le
caractère des populations. Elle a été atteinte cependant, et de très bonne heure, par les courants généraux de commerce et d'invasions qui ont contribué à
mêler les races de la Méditerranée et de l'Europe. Dès
une époque reculée la colonisation phénicienne, ren-
forcée plus tard par celle de Carthage, commença à
introduire des éléments orientaux parmi la population
du Sud. Vers le sixième siècle avant notre ère, des
invasions celtiques, pénétrant par les passages occidentaux des Pyrénées, se répandirent dans l'Ouest et
dans le Centre, assez nombreuses pour constituer des
groupes politiques durables et pour imprimer leurs
traces dans les noms de lieux (1). Lentement, mais
sûrement la conquête romaine gagna toutes les parties
de la péninsule, y implanta la langue qui devait remplacer, sauf dans quelques districts montagneux du
Nord, les anciens dialectes ibériques. La péninsule
n'échappa même pas aux invasions germaniques ; les
Suèves, Alains et Vandales y entrèrent par la même
porte d'invasion qu'autrefois les Celtes. Après eux, les
Goths fondèrent un vaste empire chrétien qui s'étendit d'abord des deux côtés des Pyrénées, jusqu'à ce

(1) La nomenclature géographique de l'Espagne, telle qu'on la
trouve dans Ptolémée, est fortement imprégnée d'éléments celtiques.
Ces éléments ont en grande partie disparu dans la nomenclature
moderne. On en retrouve pourtant dans les noms de villes, tels
que Bragance (*Brigantium*), et surtout dans les noms de rivières : Deva, dans le Guipuzcoa; Douro (*Dorio* dans Ptolémée). --
Parmi les noms d'origine punique qui ont persisté, on peut citer,
outre Carthagène, la ville maritime d'Adra, qui est l'ancienne
Abdère.

que les progrès de la domination franque le restreignissent à la péninsule, qu'il embrassa presque en entier. Tolède fut la résidence des rois, le siège de nombreux conciles. Les descendants des envahisseurs germaniques se fondirent dans la masse de la population romanisée. Mais cet établissement avait à peine duré deux siècles, que déjà les Arabes, passant le détroit de Gibraltar, l'anéantissaient pour toujours à la bataille de Jérès de la Frontera (711). Il fallut huit siècles pour enlever morceau par morceau la péninsule à la domination musulmane. A l'origine de cette croisade, les régions voisines des Pyrénées, devenues le centre de ralliement des débris de la société chrétienne, servirent de marches-frontières contre l'islam ; circonstance qui, là comme en d'autres pays, favorisa la concentration politique et prépara la formation d'États.

Dans un pays moins naturellement morcelé, une si longue série d'événements communs aurait amené entre les divers groupes de population une fusion bien plus avancée que celle qu'on observe dans la péninsule. Non seulement celle-ci est divisée politiquement en deux États différents par la langue et par les intérêts, mais l'antipathie des populations creuse un fossé entre les deux royaumes. Dans les villages du Portugal, dit un voyageur, il faut quelque temps avant que le paysan se convainque que l'étranger auquel il a affaire n'est point un Espagnol, contre lequel, surtout aux frontières, il éprouve une haine insurmontable.

En Espagne même les rivalités provinciales répondent à des différences profondes de mœurs et d'esprit. Vis-à-vis de l'étranger, du *Gavache*, l'Espagnol se sent Espagnol et tient haut la tête. Entre compatriotes il est Castillan, Andalou, Catalan, Basque ou Aragonais. Le Castillan avec ses belles qualités de noblesse et de dignité personnelle, mais son apathie devant les réalités pratiques, sympathise peu avec le Catalan, spéculateur audacieux mais positif, acharné à l'effort et au gain. Pour celui-ci l'idiome sonore des Castillans, devenu sous la plume de grands écrivains l'espagnol classique, est une langue étrangère ; celle qu'il emploie avec une préférence jalouse dans la conversation, et même dans les écrits, est cette langue catalane dont les accents un peu rauques frappent l'oreille, dès qu'on a franchi les Corbières et qu'on entre dans notre Roussillon. Le Catalan, au ton bruyant et à la face épanouie, se plaît aux fêtes, mais répugne à la sombre dévotion aragonaise. Comme l'Aragonais, le Basque est ardent catholique ; mais quelles différences entre les pays et entre les hommes ! En Aragon, une population grave, au teint mat et brun, concentrée dans des villages dont les maisons couleur de terre ne contribuent pas à égayer la physionomie du pays ; les Basques au visage coloré, dispersés en d'innombrables *caserios* ou fermes isolées, amis des réunions et des danses, gais jusqu'à l'emportement et la pétulance, et fort capables de transgresser, par une exception assez rare en Espagne, les règles de la sobriété.

Jusqu'à la fin de la première insurrection carliste (1833-1840), ils avaient conservé intacts leur *fueros* ou privilèges, justice et administration autonomes, exemption des impôts royaux et du service militaire. Ce qui leur en restait encore a disparu presque entièrement avec la défaite de la seconde insurrection (1876), et leur vieille langue, dont ils sont fiers, perd chaque jour du terrain devant le castillan, seul admis dans l'école et dans les actes publics.

Moins vifs que les Basques et même un peu lourds d'esprit et de corps, les Gallegos ou habitants de la Galice rappellent les hommes de notre plateau central. Ce sont de robustes et pacifiques travailleurs, qu'on trouve comme portefaix ou domestiques dans les grandes villes de la péninsule, amassant un pécule qu'ils rapportent de temps en temps à leurs familles.

Ils parlent un dialecte plus voisin de celui des Portugais du Nord, auxquels ils ressemblent beaucoup, que du castillan. Volontiers émigrants, c'est surtout au Brésil qu'ils se rendent.

Il y a plus de mélange dans les populations du Sud que dans celles du Nord. Si le Castillan de vieille roche vante avec quelque droit la pureté de son sang chrétien, on n'en peut dire autant des populations de Murcie et même de Valence, surtout de l'Andalousie et de l'Algarve. Les éléments mauresques, greffés probablement sur des restes plus anciens d'immigrations orientales, ont laissé une empreinte ineffaçable dans la race, ainsi que dans les noms de lieux (1). Plusieurs particularités du type andalou, notamment la coupe du visage et la courbe prononcée du nez, semblent être empruntées à des races orientales ; les traits sont surtout fort caractérisés chez les femmes, si bien, dit un écrivain allemand (2), « qu'en Allemagne on les prendrait sans hésitation pour des Juives ». Au moral encore plus qu'au physique l'exubérant Andalou diffère des Espagnols du Nord.

Il n'est pas de pays d'Europe qui n'offre plus ou moins de différences provinciales ou locales. Mais nulle part, du moins dans l'Europe occidentale, elles ne se présentent avec plus de crudité qu'en Espagne. Les grands courants de la vie moderne n'ont pas réussi à les dissiper. Le régionalisme est encore incrusté dans l'âme des populations de la péninsule. Mais ces populations sont encore plus séparées du reste de l'Europe qu'elles ne sont isolées entre elles. C'est ce qui fait que malgré toutes ces différences, il y a un fond commun, une médaille très fortement frappée qu'on peut appeler le caractère espagnol.

(1) *Guad*, cours d'eau ; — *Algarve*, pays de l'Ouest ; — *Andaloz* (Andalousie), même sens ; — *Garnath*, Grenade ; — *Almaden*, mines ; — *Gibl al Tarik* (montagne de Tarik), Gibraltar ; — *Alcantara*, le pont ; — *Alhama*, les eaux thermales, etc.
(2) Wilkomm, *Pyrenäische Halbinsel*, 3e livraison, p. 177.

Le trait le plus saillant pour l'étranger est l'attachement opiniâtre que l'Espagnol professe pour ses
coutumes propres (1). Il n'apprend rien et ne veut rien
apprendre du dehors. Fier de lui-même, il n'éprouve
ou du moins ne manifeste aucune curiosité envers
l'étranger, qu'il traite avec une courtoisie mêlée d'in-
différence. C'est un grand seigneur ruiné qui maintient ses prétentions et reste fixé dans son attitude.

(1) Le caractère espagnol a de tout temps eu le don d'attirer la
curiosité des observateurs. Voir au seizième siècle les *Relations
des ambassadeurs vénitiens;* au dix-septième, la *Relation du
voyage d'Espagne,* de Mme d'Aulnoye (La Haye 1692). — Comp
Kant, *Anthropologie;* — Laborde, *Itinéraire,* t. V; et ce que di
sent des anciens Ibères Strabon (III, 4, 17), Justin (44, 6, 2).

ROYAUME D'ESPAGNE

Superficie : 504.516 kilomètres carrés.
Population : 17.268.597 habitants (1).

Les provinces du Nord-Ouest.

La côte septentrionale de la péninsule est bordée par un système de montagnes qui conserve l'orientation générale des Pyrénées, mais. qui se présente néanmoins comme un système distinct. On peut désigner par le nom de monts Cantabriques. Il commence à se dessiner nettement à l'ouest de la tranchée profonde que forme la vallée de la Besaya et que suit le chemin de fer de Valladolid à Santander. A l'est de cette coupure régnait un amoncellement confus de chaînes peu élevées, percées de nombreux passages. A l'ouest au contraire la barrière se ramasse et se relève. La bande côtière se sépare nettement de la région intérieure.

Un puissant soulèvement de calcaire jurassique, surmontant les vastes dépôts de houille du bassin d'Oviedo, se dresse dans les Peñas de Europa jusqu'à des altitudes de 2.500 mètres et plus. Il est continué par une haute chaîne qui se déroule parallèlement à la côte, à une distance de quinze à vingt lieues, et qui forme barrière entre la province de Léon et

(1) Recensement de 1884 (avec les Canaries, mais sans les colonies).

celle des Asturies. La barrière reste généralement simple jusqu'auprès des sources de la Sil, affluent du Minho. A partir de ce point la chaîne s'épanouit ; elle envoie en tous sens des ramifications nombreuses entre lesquelles le Minho naît et s'ouvre passage. Les montagnes vont s'abaissant par étages vers l'ouest et le sud, de sorte que la contrée qu'elles encadrent présente au point de vue du relief l'aspect d'une terrasse escarpée, tandis que par sa configuration extérieure elle forme la butte angulaire que la masse ibérique oppose à l'Océan.

La contrée située entre l'extrémité occidentale des Pyrénées et le commencement des monts Cantabriques est occupée par ce qu'on appelle les provinces basques. Celle qui est encadrée entre les monts Cantabriques et l'Océan, porte les noms d'Asturie et de Galice (1).

Berceau de la nationalité espagnole. — Les Romains avaient trouvé dans ces cantons montagneux, au moment de leur conquête, un peuple des *Gallœci* à l'ouest et un peuple des *Astures* à l'est : ces noms ont traversé les âges avec les populations qui les portaient. La conquête arabe ne put prendre pied dans la Galice ; elle n'entama pas même les Asturies. Là se reconstituèrent les débris laissés par la monarchie visigothe. L'aventure de Pélage réfugié avec quelques compagnons fidèles dans une grotte que l'on montre encore dans les montagnes asturiennes, peut passer pour le point de départ de l'histoire d'Espagne. Le mouvement de réaction parti des Asturies ne s'arrêta plus que huit cents après, à Grenade.

Un germe politique s'introduisit parmi ces popu-

(1) Nous prenons pour guide les anciennes divisions de l'Espagne et non les provinces nouvelles, créées en 1833, au nombre de quarante-neuf, qui ne sont d'ailleurs que les subdivisions des précédentes. Les vieilles provinces historiques subsistent dans l'usage, ainsi que dans l'organisation militaire, où elles répondent aux *capitaineries-générales.*

lations saines et vigoureuses, mais d'esprit essentiellement cantonal, avec les éléments de civilisation romano-gothique qui purent échapper dans cet asile au contact de la civilisation musulmane. Il y a souvent dans les contrées montagneuses des forces en réserve qui n'ont besoin que d'un ferment pour entrer en activité et développer des conséquences politiques. Les commencements de la Perse dans l'antiquité et celui de la Suisse parmi les peuples modernes offrent une ressemblance avec cette genèse du peuple espagnol dans les districts montagneux du Nord. Celui qui voudrait remonter aux sources de la langue et du caractère castillans, renouer la chaîne qui unit l'Espagnol moderne à l'Ibère qu'ont décrit les anciens, devrait étudier le peuple et les dialectes actuels des Asturies.

Développement commercial. — Il ne faut pas exagérer toutefois l'isolement de la Galice et des Asturies. Les chaînes même fort élevées qui séparent les Asturies de Léon, ne forment pas une barrière comparable aux Pyrénées. La hauteur des cols n'y dépasse pas 1.450 mètres. Le chemin de fer de Léon à Oviédo les traverse au port de Pajarès par 1.283 mètres d'altitude. Quant à la Galice, contrée dans son ensemble plus ouverte, elle est reliée par le chemin de fer de Léon à la Corogne et à Pontevedra avec le reste de la péninsule.

L'intérieur des deux provinces est une des régions les plus pittoresques de l'Espagne. L'âpreté naturelle du pays est adoucie par l'influence du climat océanique, et une culture industrieuse a su tirer parti des fonds de vallées, des collines et des pentes mêmes des montagnes pour y entretenir des prairies, des vergers, des champs d'orge, de lin, de maïs. Les châtaigniers et les noyers ombragent les vallées et les versants des coteaux ; le lierre

ou la vigne sauvage orne les nombreux *caserios.*
Mais ce qui distingue surtout cette région avec son
prolongement dans les provinces basques, c'est sa
richesse en métaux. A Langreo, à l'est d'Oviedo, on
exploite le principal bassin houiller de l'Espagne (1).
Par les baies, par les *rias*, anfractuosités qui rappellent nos estuaires bretons, l'Océan sollicite l'activité
et va au-devant des produits de l'intérieur. Ce n'est
qu'en Bretagne, en Irlande ou en Norvège qu'on trouverait un littoral aussi riche en ports naturels que
celui de la Galice. Une mer presque toujours cour-
roucée assaille sans relâche ces rocs du Finisterre
espagnol, et les vents d'ouest les enveloppent de
brumes. Mais des deux côtés de ces fiers promontoires
s'ouvrent des rades admirables : au nord-est celles de
la Corogne et du Ferrol, au sud celles de Pontevedra
et de Vigo. Grâce à ces diverses ressources, la Galice,
ainsi que les Asturies, sont habitées par une population nombreuse. La densité est partout fort supérieure
à celle du reste du royaume ; elle atteint même, dans
le district de Pontevedra, la proportion extraordinaire de 103 habitants par kilomètre carré.

Jadis l'ancienne capitale de la Galice, Santiago de
Compostela, jouissait dans toute la chrétienté d'une
renommée presque sans rivale comme lieu de pèle-
rinage. Le commerce y garde encore une certaine
importance. Mais la principale ville de la Galice est
aujourd'hui le port de la Corogne, chef-lieu de capi-
tainerie-générale et place commerçante située en face
du Ferrol, qui est lui-même un des trois ports militaires de l'Espagne. La Corogne est une étape fréquentée par les paquebots du Nord de l'Europe qui se
rendent aux Antilles et par les Messageries maritimes
dans leur trajet de Bordeaux à Buenos-Ayres. Les pa-

(1) Au premier siècle de notre ère les Romains exploitaient en
Galice le fer, l'étain, le plomb et même l'or (Pline, Justin). Deux
des principales villes de la province portent des noms d'origine
latine : Lugo (*Lucus*), Orense (*Aquæ Originis*).

quebots anglais de Southampton à l'Amérique du Sud
relâchent dans la baie de Vigo. Au centre des Asturies
s'élève la vieille Oviedo, qui peut passer pour la plus
ancienne capitale de l'Espagne. Mais elle est dépassée
en activité par le port de Gijon, qu'un chemin de
fer de 34 kilomètres relie au bassin houiller de Langreo.

Le développement urbain se transporte visiblement
vers la côte. Il ne manquait à ce littoral méridional
du golfe de Gascogne que des communications faciles
avec l'intérieur pour développer ses avantages naturels : car il a pour animer ses ports le fret d'exportation que lui assurent les mines. Depuis qu'un
chemin de fer, franchissant à Reinosa (1) la dépression qui sépare les chaînes asturiennes des chaînes
basques, relie le plateau de la Vieille-Castille au port
de Santander, cette ville a pris un essor remarquable.
Ce n'est pas seulement un port de transit, mais d'exportation pour les grains de la Castille et les minerais
de fer de son propre district, d'importation pour le
tabac, le sucre, le cacao des Antilles et de l'Amérique
centrale, ainsi qu'un centre d'industrie. Le mouvement a dépassé en 1885 1,200,000 tonneaux, chiffre
au moins égal à celui de nos principaux ports de second ordre (2).

Bilbao. — Cependant le principal centre commercial
de la côte paraît devoir se fixer à Bilbao, capitale d'une
des provinces dont nous n'avons pas encore parlé, la
Biscaye. Située sur la rive droite du Nervion, au point
où ce fleuve côtier s'élargit en forme de *ria* ou d'estuaire, cette ville s'est développée avec une rapidité

(1) Col de Reinosa, 816 mètres.
(2) Santiago, 24.000 habitants; — la Corogne, 34.000 hab.; — le
Ferrol, 23.000 hab.; — Oviédo, 35.000 hab.; — Gijon, 31.000 hab.;
— Santander, 42.000 hab. — La province de Santander, officiellement
rattachée à la Vieille-Castille, se rattache plus naturellement sous
tous les rapports à la région asturienne. Pour les chiffres du commerce, voir le *Bulletin consulaire*, 1887.

surprenante depuis la dernière guerre carliste. De
récents travaux d'amélioration permettent aux grands
navires de mouiller à quai. Entre Bilbao et la mer, les
sombres croupes du Sommorostro, qui recèlent un
des meilleurs minerais de fer connus, sont percées de
mines, sillonnées de chemins de fer industriels about-
tissant à la rive gauche de l'estuaire. Avec ses débar-
cadères, ses môles, ses magasins et ses usines, celle-
ci ressemble à une ruche immense qu'anime encore
le va-et-vient des navires sur le fleuve, tandis que de
pittoresques villas s'échelonnent sur la rive opposée.
Ce sont les capitaux étrangers qui font les frais de ce
mouvement ; les mines sont aux mains des Anglais,
des Français et des Allemands ; le pavillon espagnol
est faiblement représenté au milieu des navires
anglais, hollandais, français, belges, allemands ou
américains. Nos vaisseaux de Dunkerque s'y approvisionnent de minerai de fer à destination des établissements d'Anzin et de Denain. Ceux de Rouen et du
Havre y chargent les vins de Navarre et de la Rioja,
que les chemins de fer amènent aujourd'hui à la côte.
Le mouvement de la navigation dans le port de Bilbao
s'est élevé en 1885 à 2.252.000 tonnes ; il se place au
second rang, après Barcelone. Grâce à l'impulsion
venue du dehors, des habitudes d'aisance et d'activité
s'introduisent de plus en plus parmi la population
indigène et sont visibles dans l'aspect de la ville (1).

Le pays Basque.

Entre les montagnes qui s'élèvent à l'ouest de
Bilbao, et les pics d'Anie et d'Orhy (2), avec lesquels
se termine la série des grandes cimes pyrénéennes,

(1) Bilbao, 35.000 habitants.
(2) Pic d'Anie, 2,501 mètres ; — pic d'Orhy, 2.018 m.

s'étend une région très compliquée sous tous les rapports ; vraie contrée de transition entre les plaines de la France, les plateaux de l'Espagne, le système orographique des Pyrénées et celui des chaînes asturiennes.

Le trait principal est une chaîne médiocrement élevée, qui continue la direction des Pyrénées et qui sépare les eaux entre les affluents de l'Ebre et les fleuves côtiers de l'Atlantique. Au sud, cette chaîne s'adosse aux plateaux sur lesquels sont bâties Vitoria et Pampelune ; tandis qu'au nord s'amasse un enchevêtrement confus de vallées, de gorges et de montagnes. Si le versant méridional manque de pittoresque, au nord, au contraire, la variété du paysage est un sujet de perpétuelle surprise ; les bois, les cours d'eau, les cultures composent un spectacle souriant et gai, et la végétation, même sans l'aide de l'homme, donne partout des preuves d'une admirable vigueur.

De ce côté la section de la frontière entre l'Espagne et la France ne correspond à aucun obstacle physique ; la limite court arbitrairement à travers les vallées et les montagnes. La grande barrière qui sépare les deux contrées pendant plus de cent lieues, se termine cédant enfin passage à toute la circulation qu'elle a longtemps contenue. Comme la chaîne principale qui se déroule en arrière est elle-même échancrée par de nombreuses dépressions, la circulation peut pénétrer par cette porte jusque dans l'intérieur même de la péninsule. Les cols de Vélate, d'Aspiroz, d'Idiazabal (1), ouvrent passage à des chemins de fer ou à des routes. La route de Bayonne à Pampelune suit le premier ; le chemin de fer de Paris à Madrid est frayé à travers le dernier.

Ce pays est essentiellement un pays de passage ; il l'est de nos jours pour le principal courant

_____

(1) Col de Vélate, 868 mètres ; — col d'Aspiroz, 567 mètres ; — col d'Idiazabal, 657 mètres.

de voyageurs qui se rendent en Espagne, comme
il l'était au moyen âge pour les pèlerins qu'attirait la
renommée de Saint-Jacques-de-Compostelle. Il a vu
passer les invasions des Celtes, des Goths, des Francs
de Charlemagne.

Tous les peuples ont traversé cette contrée ; aucun
ne s'y est fixé, du moins assez fortement pour
transformer la langue et l'état social des populations
anciennes. La langue (1) ou plutôt les dialectes basques y sont encore parlés dans une région qui empiète
même sur le territoire français, car on sait que la plus
grande partie des arrondissements de Bayonne et de
Mauléon leur appartient.

Cependant le domaine actuel de la langue basque
est loin de correspondre en Espagne aux trois provinces dites basques *(Vascongadas)*. Si les deux provinces côtières, celles de Guipuzcoa et de Biscaye, lui
appartiennent presque entièrement, la troisième, celle
d'Alava qui les borne au sud, ne fait qu'y toucher.
Mais au contraire la province de Navarre, qui s'étend
à l'est des provinces Basques jusqu'au pic d'Anie, se
rattache encore pour toute sa moitié septentrionale
au domaine linguistique des *Euscaldunac*, nom que se
se donnent à eux-mêmes les Basques.

Il est remarquable et presque contradictoire d'avoir à constater la persistance de ces anciens dialectes indigènes dans une
contrée relativement ouverte, qui fut de tout temps une des
plus fréquentées de la péninsule. Malgré sa position, il y a des
preuves qu'elle ne fut pas fortement occupée par les Romains.
Tandis que les vestiges de l'occupation romaine abondent dans
des régions aussi reculées que l'Estremadoure, ils font presque
défaut dans les provinces Basques. On y a trouvé très peu d'inscriptions latines et, à l'exception de Pampelune, pas une seule
ville que l'on puisse identifier avec certitude.

Au point de vue politique les trois provinces Basques gardaient, avant l'abolition de leurs *fueros* ou
privilèges, une empreinte singulière d'archaïsme.

(1) Voir *Préliminaires*, p. 39.

Elles n'avaient jamais été constituées, comme les autres provinces d'Espagne, en États et en petits royaumes ; mais chacune d'elles représentait un certain nombre de groupes librement confédérés, de fraternités *(hermandades)*, dans lesquelles le véritable noyau politique était la paroisse ou la vallée. Lorsque les rois de Léon et de Castille devinrent leurs protecteurs, ce ne fut pas comme rois, mais comme seigneurs, titre qui resta officiel jusqu'à la mort de Ferdinand VII. L'esprit local resta cantonné dans cet ensemble de droits et de coutumes, variant de village à village, qu'on appelait *fueros*. On vit ainsi subsister longtemps, aux portes de deux grands États, une population sans nationalité précise, mais animée d'une forte vie municipale. Peuple d'imagination singulière et aventureuse, qui ne sait échapper aux cadres étroits de la vie locale qu'en se lançant dans l'universel et l'absolu ; il a eu pour grands hommes des marins et des missionnaires, Sebastien del Cano et saint François Xavier, et surtout le fondateur de la plus puissante organisation internationale qui fût jamais, Ignace de Loyola.

Notre siècle, peu favorable au maintien des autonomies locales, a détruit ce qui restait de celle-ci. La langue basque est en train de disparaître, et sous l'influence des chemins de fer, du service militaire, des villes, une lente transformation s'opère dans l'esprit même des habitants. Les villes florissantes qui se développent le long des côtes, Bilbao, Saint-Sébastien, respirent et répandent autour d'elles un esprit nouveau. Tolosa, ancienne capitale du Guipuzcoa, et Vitoria, capitale de l'Alava, sont situées l'une et l'autre sur la grande ligne de Paris à Madrid ; la dernière possède déjà des industries assez florissantes (1).

Navarre. — La Navarre a perdu aussi ses privilèges

(1) Saint-Sébastien, 21.000 habitants ; — Tolosa, 8.000 habitants ; — Vitoria, 24.000 habitants.

depuis la première guerre carliste. Mais cette province, qui s'étend au sud jusqu'à l'Ebre, a une autre origine que les provinces Basques ; elle procède d'un des royaumes formés du démembrement de la Marche Carlovingienne d'Espagne. Sa capitale, Pampelune, est une vieille ville à laquelle sa position au débouché oriental des principaux passages depuis le col des Aldudes jusqu'à celui d'Idiazabal, assure une grande importance stratégique et commerciale (1). Ses foires de juillet sont très fréquentées ; sa citadelle a subi de nombreux sièges.

Plateau central.

Avec le royaume de Léon, on entre sur le plateau, et l'on voit se déployer les espaces découverts où commencèrent à se développer les destinées du peuple espagnol.

Léon. — Le royaume de Léon fut le premier grand État chrétien fondé dans la péninsule, celui qui, par son union avec la Castille, forma la base de la future monarchie espagnole. Il occupe un territoire généralement fertile à l'extrémité nord-ouest du plateau. Un souvenir patriotique autant que religieux s'attache à la vieille cathédrale de Léon, qui contient les tombeaux de ses anciens rois.

Cette cité, d'origine romaine, comme l'indique son nom (2), reprend de l'importance comme grand marché de laines et de moutons mérinos, depuis qu'elle est devenue le point de croisement des chemins de fer vers la Galice et les Asturies. Pareil retour de fortune attend peut-être aussi la cité non moins ancienne

(1) Pampelune, 26.000 hab.
(2) Léon vient de *Legio* ; elle servait de cantonnement à la *septième légion* ; 11.500 hab. — Salamanque, 18.000 hab.

de Salamanque, qui vient de sortir de son isolement, grâce à la construction de la ligne ferrée qui la met sur la voie directe de Paris à Lisbonne. Il y a long-temps que son université, une des plus anciennes de l'Europe, mais certainement la plus arriérée, ne lui vaut plus guère honneur ni profit.

Vieille-Castille.— Les plateaux de Léon se perdent insensiblement à l'est dans ceux de la Vieille-Castille Le Douro naît dans la Vieille-Castille, aux *parameras* de Soria, il baigne, peu après sa naissance le pied du plateau battu des vents où s'élève, à 1.048 mè-tres de haut, la vieille petite ville de ce nom, voisine des ruines de Numance. Il traverse la pro-vince de l'est à l'ouest, sans arroser de ville impor-tante. Malgré un canal (*Canal de Castille*) qui le met en communication, par l'intermédiaire de la Pisuerga, avec les fertiles terres à blé de Palencia, il rend peu de services au commerce. Le pays doit davantage au chemin de fer qui le sillonne dans toute sa longueur du nord au sud, et qui est une des plus anciennes et des plus importantes voies ferrées de l'Espagne : celle de la frontière française à Madrid.

C'est à Miranda, point de croisement des lignes de Bilbao et de Saragosse, que le chemin de fer franchit l'Ebre, déjà éloigné de plus de vingt lieues de sa source, mais souvent presque à sec en été. Il s'élève, après avoir traversé entre des rocs calcaires à pic les gorges de Pancorbo, sur le haut et froid plateau où est bâti Burgos à 851 mètres au-dessus de la mer. De la grandeur passée de cette ville, qui fut la première capitale des rois de Castille et autour de laquelle plane le souvenir du Cid, né dans le voisinage, il reste du moins un témoignage debout dans sa cathé-drale gothique, une des plus belles qui existent (1). Le plateau s'incline légèrement vers le sud, jusqu'à

(1) Burgos, 30.000 hab. ; — Valladolid, 52.000 hab.

Valladolid, la cité centrale et la plus active de la province, qui n'est plus qu'à 679 mètres.

Si la Castille primitive et féodale revit à Burgos, c'est la Castille monarchique qu'on retrouve à Valladolid, longtemps capitale de la monarchie espagnole. Là naquit Philippe II et mourut Christophe Colomb. Son université passe pour la seconde du royaume ; dans la petite ville de Simancas, située à deux lieues, sont conservés les papiers d'État des couronnes de Léon et de Castille. A Médina del Campo se détachent deux lignes, l'une vers Zamora, l'autre vers Salamanque et Lisbonne. Bientôt se montrent les sierras de Guadarrama et de Gredos, qui séparent la Vieille de la Nouvelle-Castille. Le chemin de fer, après avoir atteint Avila, gravit de tunnel en tunnel, en s'élevant jusqu'à 1.360 mètres, point le plus haut qu'atteigne un chemin de fer européen, la *paramera* qui occupe la lacune entre les deux hautes chaînes. Puis il descend par des rampes rapides sur Madrid.

Nouvelle-Castille. — Lorsqu'en 1085 le roi Alphonse IV conquit le royaume maure de Tolède, il donna le nom de Nouvelle-Castille au territoire dont il venait d'agrandir la Castille proprement dite. C'est aux châteaux élevés ou restaurés sur tous les points favorables afin d'opposer autant de barrières aux invasions de la cavalerie arabe, que la partie septentrionale du plateau ibérique avait emprunté son nom : du jour où la partie méridionale devint à son tour marche-frontière, elle devint aussi pays de castilles. On voit encore se dresser çà et là ces vieilles forteresses sur les sommets des tertres nus qui hérissent la surface du plateau.

La barrière montagneuse entre la Vieille et la Nouvelle-Castille est traversée aux approches de Madrid par plusieurs routes carrossables à l'est et à l'ouest du chemin de fer : à l'ouest par celle d'Avila à Talavera, à l'est par celle de Ségovie à Madrid, et plus loin par celle de Somosierra, dont le passage fut forcé par Napoléon en 1808.

C'est en Castille surtout que s'est développée la croisade espagnole. Cette contrée a été pendant plusieurs siècles l'arène où ont lutté les deux religions ; et l'empreinte de ce passé héroïque et guerrier ne s'est pas seulement marquée dans son nom, peut-être aussi dans le caractère des hommes : elle est restée visible dans la distribution de la population et l'aspect des villes. L'insécurité a habitué les populations à se concentrer dans les villes et les villages. Les habitations dispersées sont aussi rares en Castille qu'elles sont nombreuses dans la Galice et les montagnes du pays Basque. Peu de grandes villes : à l'exception de Madrid, on ne trouve pas un seul centre de 100.000 habitants sur la surface, pourtant supérieure au tiers de l'Espagne, qu'occupent les quatre provinces du plateau ; et même à l'exception de Valladolid, on n'en trouve pas un qui atteigne 50.000.

Cités castillanes. — Mais les petites villes sont relativement très nombreuses. La plupart ne s'appellent pas des villes, mais portent le titre de cités (*ciudad*), en souvenir d'anciens privilèges conférés pour quelque action d'éclat. Ce sont de fières cités, presque toutes bâties dans une position naturellement forte et conservant encore leurs enceintes crénelées, percées de portes et flanquées de tours (1). Tout y respire le passé, un passé auprès duquel le présent tient peu de place. Le petit nombre des habitants y fait contraste avec la grandeur et le nombre des églises, des couvents, des monuments religieux ou militaires. On pourrait citer au hasard. A Zamora (Léon), cité de 13.000 habitants, 23 églises et 16 couvents et un vieux château royal ; à Tolède, dont la population est des-

(1) Citons par exemple : Zamora (Léon), 13.000 hab. ; — Léon, Salamanque, Burgos, Palencia (Vieille-Castille), 14.000 hab. ; — Avila, 9.000 hab. ; — Ségovie, 11.000 hab. ; — Soria, Alcala de Hénarès (Nouvelle-Castille), 9.000 hab. ; — Tolède, 21.000 hab. ; — Ciudad Real, 10.000 hab. ; — Trujillo (Estremadoure), 8.000 hab. etc.

cendue à 21.000, pas moins de 26 églises et de 37 couvents ! Dans les rues étroites et tortueuses de Tolède, de Ségovie, d'Avila, pour nommer les plus archaïques, se dressent encore les maisons-forteresses de la chevalerie castillane, dont les écussons sont sculptés aux façades. Avila surtout, pauvre ville de 9.000 habitants à 1.062 mètres de hauteur, fait l'effet, avec sa cathédrale fortifiée, son enceinte de murailles et de tours, ses sombres maisons féodales en granit, d'une relique du moyen âge. La plupart de ces villes oubliées par le temps rappellent de lointains souvenirs, remontant parfois jusqu'à l'antiquité romaine.

Les capitales espagnoles. — Ce double plateau des Castilles est le centre de gravité historique de l'Espagne. Là s'est formée et développée la langue nationale (1). Nombreuses sont les villes qui ont eu leur jour comme capitales. Si Tolède fut le centre politique et religieux de la monarchie visigothe, Léon, Burgos, Valladolid, marquent les étapes de la monarchie castillane.

C'est pourtant une ville sans passé qui est devenue, depuis Charles-Quint et définitivement sous Philippe II, la capitale de la moderne monarchie espagnole. Madrid est situé par 655 mètres d'altitude, sur des mamelons de sable et de gypse que longe à l'ouest et au sud le Manzanarès, triste et pauvre rivière qui porte ses eaux au Jarama et par celui-ci au Tage. Une campagne dénuée d'arbres et presque déserte s'étend autour de la ville ; rien encore aujourd'hui n'annonce l'approche d'une grande métropole. On s'explique néanmoins les motifs qui déterminèrent le choix des souverains du seizième siècle. Aussi central que Tolède, Madrid offrait l'avantage d'être une sorte de terrain neutre où ne se trouvaient ni d'aristocra-

(1) Alcala de Hénarès, petite *cité* à l'est de Madrid, est la patrie de Cervantès. Les habitants de Tolède passent pour parler le plus pur castillan.

tie ni de bourgeoisie locales capables de pouvoir porter ombrage au pouvoir monarchique. Ville sans tradition et sans esprit local, elle était plus naturellement désignée par cela même pour servir de capitale
à un pays dont l'unité était encore si imparfaite. S'il y
avait quelque chance de créer un centre d'attraction
capable de faire sentir son influence aussi bien sur
l'Andalousie, la Galice et l'Aragon que sur la Castille,
ce ne pouvait être que dans une cité nouvelle s'ouvrant libéralement à tous.

Le développement de Madrid a marché de pair avec
celui de la centralisation espagnole. Sous ce rapport
l'avènement de Philippe V, le premier souverain
Bourbon, inaugura une phase de progrès rapides ;
vers le milieu du siècle dernier la population atteignait
150.000 habitants. Le réseau des routes, à la construction desquelles Philippe V et ses successeurs
s'employèrent avec zèle, prit Madrid pour centre et
contribua beaucoup à assurer sa suprématie sur les
autres villes. Les chemins de fer ont fait plus encore. De
Madrid partent aujourd'hui les cinq lignes maîtresses
qui rayonnent l'une vers le nord et la frontière française,
les autres vers Barcelone, Alicante, Cadix et Lisbonne.
Cependant jusqu'en 1859 une des conditions essen-
tielles au progrès d'une grande ville manquait encore
à Madrid : à cette époque l'achèvement du canal
Isabelle lui assura, en quantité plus que suffisante, la
provision d'eau nécessaire à la santé des habitants.
Long de 70 kilomètres, ce canal pénètre jusqu'au
cœur de la sierra Guadarrama, où il capte les eaux
de la rivière Lozoya pour les conduire au moyen de
travaux d'art considérables à destination de la capitale. La population de Madrid a plus que doublé
depuis cette époque ; elle dépasse aujourd'hui un
demi-million.

Par l'aspect monumental de ses avenues, de ses
promenades, de ses principales places, Madrid a bien

l'air d'une capitale ; non, il est vrai, d'une de ces capitales comme Paris ou Londres, dans lesquelles s'exprime tout le développement historique d'un pays. Dans le long passé de l'Espagne, Madrid ne représente que la dernière phase, celle de la monarchie bureaucratique des trois derniers siècles.

Ce n'est pas seulement comme centre des pouvoirs publics, mais comme foyer d'opinion que Madrid exerce son influence ; la plupart des grands journaux politiques y ont le siège de leur publication. Presque toutes les académies et les grandes écoles y sont également fixées. S'il y a en Espagne une opinion générale sur la politique et la littérature, c'est à Madrid qu'elle a son organe. Nulle part la peinture espagnole, si vivante encore aujourd'hui, ne se montre avec plus d'éclat que dans l'incomparable musée où les Vélasquez et les Murillo brillent à côté des grands maîtres d'Italie et des Pays-Bas. Par ses collections de tout genre, musée archéologique, bibliothèque nationale, Madrid occupe un des premiers rangs parmi les grandes métropoles européennes (1). Il n'en est pas tout à fait de même dans le domaine du commerce et de l'industrie. Malgré des progrès notables, surtout dans les industries de luxe, malgré sa Banque d'Espagne et sa Bourse de commerce, Madrid n'a pas l'importance économique que sa population semblerait promettre, et trouve même en Espagne des villes qui lui sont supérieures.

Ce n'est pas seulement dans la capitale, mais aussi dans les résidences royales qui l'avoisinent, que s'est marquée l'empreinte de la moderne royauté espagnole. A douze lieues au nord-ouest de Madrid, dans un site sévère de la sierra Guadarrama, s'élève le palais de l'*Escorial*, à la fois cloître, palais et tombeau, élevé en commémoration de la bataille de Saint-Quentin par Philippe II, dont le souvenir semble revivre dans chaque pierre du sombre édifice. — Sur l'autre versant du

(1) Académie Espagnole, fondée en 1713 ; Académie d'histoire, des sciences, des beaux-arts ; Université centrale, transportée en 1836 d'Alcala de Hénarès à Madrid ; Ecoles des beaux-arts, des mines, etc.

Guadarrama, dans les limites de la Vieille-Castille, la *Granja* est le Versailles élevé par le petit-fils de Louis XIV, Philippe V. — Le parc et le château d'*Aranjuez* s'étendent sur la rive gauche du Tage, à douze lieues au sud de Madrid, et forment au milieu des steppes de la Nouvelle-Castille une oasis de verdure et de fraîcheur que tous les rois depuis Philippe II jusqu'à Charles IV se sont plu à embellir.

Presque toute la vie de cette région se concentre à Madrid. Sur son rocher de granit que le Tage enveloppe de trois côtés, Tolède n'est plus qu'un entassement de ruelles étroites et de sombres maisons, que dominent la cathédrale, siège du primat ecclésiastique d'Espagne, et l'Alcazar converti aujourd'hui en École militaire. A une lieue plus loin, sur les bords du fleuve, se trouve la « fabrique royale d'armes blanches », établissement officiel qui représente le dernier débris des industries dont s'enorgueillissait cette ville peuplée, dit-on, 200.000 habitants au quatorzième siècle.

Quelques symptômes d'a　 té se montrent à Ciudad Real, principale vill　 e la Manche, au point de jonction des lignes d'Estremadoure et d'Andalousie. Sur cette dernière ligne la ville de Valdepeñas donne son nom à des vins célèbres dans toute l'Espagne (1). Aux approches de la sierra Morena, se trouvent, dans les schistes argileux du terrain de transition, les puissants dépôts de mercure qui font la renommée de la petite ville d'Almaden de Azogue (2). C'était déjà, au temps de la domination romaine, un centre minier célèbre sous le nom de Sisapo. L'exploitation se poursuit aujourd'hui à Almaden même et dans la petite ville voisine d'Almadenejos, et occupe de trois à quatre mille ouvriers. Les mines sont la propriété de l'État ; autrefois louées

---

(1) Ciudad Real, 10.000 habitants ; — Valdepeñas, 11.000 hab.
(2) Almaden de Azogue, 7.500 habitants. Le mot *azogue* est celui dont les Arabes et à leur exemple les Espagnols désig ent le mercure. — Voir Leplay, *Observations sur l'Estremadoure, et essai d'une carte géologique de cette contrée.* (*Annales des mines*, 3ᵉ série, tome VI). — Sur Sisapo, Pline, *Hist. naturelle*, XXXIII, 40.

par Charles-Quint aux célèbres banquiers d'Augsbourg, les Fugger, elles sont aujourd'hui aliénées de nouveau en garantie d'un emprunt entre les mains des Rothschild de Londres. Avec les mines de mercure de Californie, ce sont les plus productives du monde.

Estremadoure espagnole. — La province espagnole d'Estremadoure, ancien démembrement de la Nouvelle-Castille, à laquelle elle servait de marche-frontière contre les royaumes arabes du sud, est une des parties les moins peuplées de la péninsule : à peine 17 habitants par kilomètre carré. Plus montagneux que la Nouvelle-Castille, privé de communications faciles avec le reste de la péninsule, car ni le Tage ni le Guadiana ne sont navigables dans cette partie de leur parcours, ce pays ne commence à sortir de son isolement que depuis qu'il a été ouvert par la construction de voies ferrées vers le Portugal et vers l'Andalousie. Les plateaux couverts d'une herbe fine et aromatique servent de pâturages d'hiver à des troupeaux de moutons, qui dès la fin d'avril s'acheminent vers les hautes régions des sources du Tage ou du Douro. L'agriculture ne suffit pas à nourrir le petit nombre d'habitants, et l'élevage des porcs, dans les bois clairsemés de chênes et de châtaigniers qui couvrent une grande partie de la surface, forme la ressource principale de la population.

Ce même pays cependant paraît avoir été florissant à l'époque des Arabes et surtout des Romains. Ceux-ci en avaient fait une sorte de grande colonie militaire, destinée à protéger leur riche province de Bétique (Andalousie actuelle) contre les populations mal soumises du Nord-Ouest de la péninsule. Ce sont eux qui implantèrent la vie urbaine dans un pays qui ne connaissait auparavant que la vie disséminée par hameaux et par bourgades. Les constructions qu'ils

ont laissées sur le sol, étonnent par un caractère de
grandeur qui tranche singulièrement avec la décadence actuelle. A Mérida *(Emerita Augusta)*, ville de
6.000 habitants, les murs romains embrassent une
étendue immense ; on voit un vaste amphithéâtre, un
aqueduc, un arc de triomphe, plusieurs temples, et
un pont de cinquante arches franchissant le Guadiana.
Un autre pont monumental, construit par l'empereur
Trajan, et surmonté d'un arc de triomphe, a donné
son nom à la petite ville d'Alcantara sur le Tage.
Une grande voie militaire, dont on suit encore la
trace, unissait Mérida à Léon par-dessus les montagnes du nord de l'Estremadoure, qu'aucune ligne de
chemin de fer ne traverse encore.

Des deux villes actuellement les plus importantes
de l'Estremadoure, l'une au moins est d'origine
romaine. Caceres, au centre de la province, a succédé à un camp et à une colonie militaire. Badajoz (1) est plus probablement arabe par l'origine
comme par le nom. Elle s'élève sur une chaîne de
collines calcaires qui coupe transversalement le cours
du Guadiana, à 5 kilomètres de la frontière portugaise. Le fleuve a pratiqué dans cette barrière une
étroite brèche, commandée à gauche par les fortifications de la ville même et à droite par le fort de Saint-
Cristoval. Badajoz est la principale place forte de
l'Espagne contre le Portugal, qui lui oppose de son
côté la place d'Elvas à peu de distance. Elle a vu
deux sièges célèbres, l'un en 1811, que Beresford fut
contraint de lever devant la résistance des Français ;
l'autre en 1812 ; la ville, cette fois, dut se rendre à
Wellington, qui, comme plus tard à Saint-Sébastien,
la livra au pillage.

(1) Caceres, 15.000 hab. ; — Badajoz, 30.000 hab.

Le Midi espagnol.

On a dit que l'Afrique commençait aux Pyrénées. Si l'on s'était contenté d'avancer qu'elle commence à la sierra Morena, l'expression contiendrait une plus grande part de vérité. On peut tout au moins affirmer qu'au delà du système de soulèvement qui traverse la péninsule tout entière de l'ouest-sud-ouest à l'est-nord-est et dont la partie centrale s'appelle sierra Morena, commence une région à part, qui représente le midi par rapport aux autres contrées de la péninsule.

En réalité cette barrière se prolonge en effet au delà du système proprement dit de la sierra Morena. Elle se relie, à l'est, par les plateaux de Murcie aux promontoires élevés qui se terminent au cap Nao en face de l'archipel des Pityuses. A l'ouest elle se continue au delà de la brèche du Guadiana par les chaînes dont l'extrémité se projette en pointe au célèbre cap Saint-Vincent. Dans cette partie occidentale de son développement elle limite au nord une petite contrée appelée l'Algarve, qui est encore plus nettement séparée du reste du Portugal que ne l'est l'Andalousie du reste de l'Espagne.

Sierra Morena. — La sierra Morena, qui seule doit nous occuper en ce moment, se compose de soulèvements schisteux, généralement orientés dans le même sens. La structure par chaînes définies s'y rencontre assez rarement, si ce n'est dans la section voisine des frontières du Portugal. Là se dressent plusieurs chaînes parallèles, parmi lesquelles on distingue la sierra de Aracena. La hauteur des sommets reste généralement en deçà de 1.600 mètres. La Morena se présente le plus souvent sous forme de mamelons bombés qui se groupent sans ordre apparent à des niveaux presque uniformes. Une teinte sombre, dont elle a tiré son nom de *montagne Noire*, enveloppe la plupart des massifs de la sierra. Elle est due moins à des forêts proprement dites qu'à des buissons hauts de 2 à 3 mètres qui en recouvrent les flancs, et dans lesquels le feuillage des arbousiers, des cistes, des genêts, des bruyères arborescentes, des myrtes, donne la note dominante.

La sierra Morena ne correspond pas toujours exactement à la ligne de partage entre les eaux du Guadalquivir et celles du Guadiana. Un grand nombre d'affluents du Guadalquivir prennent leurs sources sur le revers septentrional de la sierra et la traversent par d'étroites coupures. L'une de ces brèches est célèbre sous le nom de col de *Despeña perros* (mot à mot *Précipite-chiens*.) Elle livre passage, à travers des roches granitiques singulièrement tailladées, à la grande route de Castille en Andalousie, longée aujourd'hui à peu de distance par le chemin de fer de Madrid à Cadix. C'est une des portes historiques près desquelles s'est décidé plus d'une fois le sort de l'Espagne. Les Maures l'avaient traversée au huitième siècle pour se répandre en Castille ; en 1212 le roi Alphonse VIII la traversa à son tour pour déboucher à *Las Navas de Tolosa* (1), et y remporter la victoire qui brisa pour toujours la force d'expansion de l'Islam dans la péninsule. La petite ville de Baïlen, plus loin vers le sud-est, rappelle la funeste capitulation de Dupont (19 juillet 1808).

Le passage de Despeña perros doit surtout son importance à ce qu'il donne presque immédiatement accès vers les plates campagnes de la Manche. Mais, à l'ouest, la sierra Morena est traversée par deux autres lignes de chemin de fer, l'une partant de Cordoue, l'autre se détachant au nord de Séville de la grande ligne d'Andalousie. On voit encore entre Conquista et Almadovar, vers le centre de la chaîne, les restes d'une voie romaine qui servit pendant longtemps au transport des lingots du nouveau monde entre Séville et Madrid, et qui porte encore le nom de *Camino de la Plata* (chemin de l'argent).

(1) *Las navas*, c'est-à-dire les *rases campagnes*.

Zone métallurgique. — Comme toutes les chaînes méridionales de la péninsule, la sierra Morena est riche en métaux. Ses entrailles ont été fouillées depuis une haute antiquité, et les richesses souterraines qu'exploitèrent, avant les Arabes et les Romains, les Phéniciens et les Ibères, contribuèrent à former l'auréole légendaire qui entoura le sud de l'Espagne aux origines de l'histoire. Le pays de *Tartesse*, autant qu'on peut appliquer ce nom à la contrée qu'encadrent la sierra Morena et la Cordillère bétique, est encore une contrée pleine de ressources pour les métallurgistes. C'est grâce à elle que l'Espagne est actuellement le pays de l'Europe qui produit la plus grande quantité de plomb, presque autant que les États-Unis d'Amérique.

Si l'on suit en effet, le long de la sierra Morena seulement, la série de gisements qui sont l'objet d'une exploitation importante, il faut signaler, en partant de l'est, ceux de Linarès, dans la province de Jaen, non loin de Baïlen (1). On y compte jusqu'à 800 puits de mine en activité, d'où l'on extrait du plomb. Comme aux fameuses mines de mercure d'Almaden, dont il a déjà été question, il y avait là dans l'antiquité un grand établissement métallurgique. Parmi les nombreuses mines d'argent que les anciens exploitaient à l'ouest et au nord-ouest de Cordoue, la plupart sont abandonnées aujourd'hui. Cependant on exploite encore les minerais argentifères de Cerco de la Plata, près de Hornachuelos (2). A défaut de métaux précieux, le fer, le cuivre et la houille entretiennent un mouvement industriel autour des petites villes d'Espiel et de Belmez, sur le chemin de fer de Cordoue à Mérida. Un autre bassin houiller est exploité à Puertollano, à l'est d'Almaden. Enfin, dans la partie occidentale de la sierra Morena, se trouvent les célèbres

(1) Linarès, voisine de l'ancienne ville de Castulo, 11.000 hab.
(2) Hornachuelos, sur le chemin de fer de Cordoue à Séville.

mines de cuivre du Rio Tinto (province de Huelva).
Elles sont situées près des sources de cette rivière, qui
leur doit sa couleur et son nom. Là aussi les anciens
avaient précédé nos ingénieurs ; quoiqu'exploitées depuis des siècles, les mines du Rio Tinto sont encore
les plus riches d'Europe et ne le cèdent qu'à celles du
Chili et des États-Unis.

Changement de nature. — Cette puissante arête
métallurgique forme une limite de nature et de climat. Le long de la côte orientale le contraste est
amorti par l'influence de la Méditerranée. Cependant
même sur le littoral il y a une différence sensible
entre les cultures des *huertas* du golfe de Valence et
celles qui se succèdent au sud du cap de la Nao.
Grâce à l'abri ménagé par l'écran des montagnes et à
l'orientation de plus en plus méridionale de la côte,
des cultures qu'on ne s'attendrait pas à rencontrer
en Europe et qui manquent même sur la côte opposée
d'Afrique, font leur apparition. Le dattier porte des
fruits dans les célèbres *végas* d'Orihuela et d'Elche ;
la canne à sucre elle-même est cultivée à l'est de Malaga dans les jardins d'Almuneçar et de Motril.
Mais c'est surtout entre le plateau central et la dépression du Guadalquivir que le changement s'accuse
avec netteté. Lorsqu'après avoir traversé les champs
arides de la Manche et de la Nouvelle-Castille on débouche sur les pentes méridionales de la sierra Morena, la nature prend une autre physionomie, et cette
métamorphose ne cesse de s'accentuer, à mesure
qu'on descend, par l'apparition de nouvelles formes
végétales. Les touffes tenaces du palmier-nain commencent, ainsi qu'en Algérie, à envahir les champs.
Les routes sont bordées par l'aloès ou agave d'Amérique qui dresse ses hampes ou étale les bouquets
poudreux de ses dards bleuâtres. Le cactus ou figuier
de Barbarie rampe sur les roches ou forme des haies

impénétrables, comme autour des villages de Kabylie.
Aux formes de végétation familières dans toute l'Europe méridionale, cyprès, lauriers-roses, pins-parasols, etc., se mêlent, du moins dans les parties basses
de la région, celles des caroubiers, des câpriers, des
bambous, des bananiers, des eucalyptus. L'irrigation
exerce une influence souveraine; partout où l'eau
peut atteindre, soit qu'elle ait été mise en réserve
par des digues de retenue (1), soit qu'elle ait été dérivée d'un cours d'eau voisin à l'aide de rigoles, le
sol semble frappé d'une baguette magique. Sa fécondité subitement réveillée s'exprime par un fouillis de
végétation, dans lequel se pressent arbres et légumes,
fleurs et fruits, où le gai feuillage des grenadiers et
des pêchers brille sur les teintes plus sombres du citronnier et de l'oranger. Rien dans le reste de l'Europe ne donnerait une idée de certains jardins d'ornement créés à Séville, à Malaga ou à Gibraltar; curieux assemblages de végétation où les plantes de
l'Asie ou de l'Amérique tropicale, de l'Afrique et de
l'Australie se donnent rendez-vous avec celles d'Europe.

Il est vrai qu'en dehors des points sur lesquels la
nature concentre sa force vitale, l'aridité règne souvent. Ces riches oasis n'ont en général pour encadrement que des roches décharnées, comme celles qui
forment l'horizon autour de Malaga, d'Almeria, de
Murcie et de Grenade. Des plateaux revêtus seulement de touffes de sparte et d'alfa se déroulent aux
confins des provinces de Murcie et de Grenade. Même
dans la dépression du Guadalquivir, entre Séville et
Cordoue, s'étendent de vastes plaines inondées d'une
éclatante lumière, mais sans arbres, sans maisons et
que leur nudité semble agrandir encore.

Cette région aux puissants contrastes représente en

(1) Ces barrages, analogues à ceux qu'on a construits en Algérie et
à ceux qui existent de temps immémorial dans certaines parties de
l'Inde, s'appellent en Espagne *pantani*.

Europe quelque chose de spécial, que nous appellerons le Midi espagnol. Les formes tourmentées de son relief ajoutent, ainsi que nous le verrons, à sa variété. Historiquement et politiquement elle correspond à une vaste contrée qui reste connue dans son ensemble sous le nom d'Andalousie (1), mais qui se divise elle-même en un certain nombre de cantons naturels. Elle comprend en outre la moitié méridionale de l'ancien royaume de Murcie, ainsi que la province d'Alicante, que la nature rattacherait à la précédente, mais que l'histoire et la langue unissent au royaume de Valence et aux pays de l'ancienne couronne d'Aragon.

Ces divisions politiques reproduisent à peu près exactement les anciens royaumes nés du démembrement du califat de Cordoue et dont le morcellement naturel du sol avait favorisé la formation.

Murcie. — La province de Murcie est un royaume arabe qui fut conquis en 1241 par les armes du roi de Castille. Il est arrosé par le Segura qui, à sa sortie des montagnes, fertilise la riche huerta au milieu de laquelle s'étend la capitale (2). Dans les pays dont les cultures vivent de l'irrigation, il est naturel qu'une ville se forme au point où les cours d'eau débouchent en plaine. La position de Murcie et celle de Lorca, sa voisine, ressemble pour cette raison à la position de plusieurs villes grandissantes dont il serait aisé de citer les noms dans notre province d'Oran.

Murcie est une ville arabe par son origine ; Carthagène, au contraire, le débouché maritime de la province et le premier port militaire de l'Espagne, est une fondation carthaginoise de l'an 228 avant notre ère. A l'ouest du cap Palos, ce port spacieux et pro-

(1) L'Andalousie, aujourd'hui divisée en huit provinces : Almeria, Jaen, Malaga, Grenade, Cadix, Huelva, Séville et Cordoue, compte 87.169 kilom. carrés et 3.371.000 hab.
(2) Murcie, 92.000 hab., y compris la banlieue populeuse de la huerta (11.000 hectares); — Lorca, 20.000 hab.

fond presque entouré par des hauteurs rocheuses, offre
une admirable position maritime. Il justifie le choix
de Carthage et l'aphorisme attribué à l'amiral Doria :
*les meilleurs ports de la Méditerranée sont juin, juillet
et Carthagène.* La ville, naturellement très forte, est
en outre si bien défendue qu'il n'a pas fallu moins
de six mois en 1873 pour l'arracher à l'insurrection qui s'en était emparée par surprise. Aux environs les mines de plomb argentifère activement
exploitées par les Carthaginois et après eux par les
Romains, donnent encore un revenu considérable,
non seulement en plomb, mais même en argent. On
compte plus d'un millier de puits de mines autour du
village Unione, qui forme le centre du district industriel, et une population de 18 à 20 mille ouvriers. Certains puits sont encore vulgairement désignés sous le
nom de « puits d'Annibal ». N'est-il pas curieux d'a-
voir à constater l'activité actuelle des mines qui servirent à payer les frais des guerres puniques (1) ?

Andalousie. — L'Andalousie se divise naturellement en une partie haute et une partie basse. La
Basse-Andalousie comprend la dépression du Guadalquivir et le littoral Océanique. Les habitants eux-
mêmes désignent sous le nom de Haute-Andalousie
la région montagneuse qui sert d'encadrement à la
plaine.

Cordillère bétique. — Parallèlement à la Méditerranée se déroule un système de chaînes côtières,
auquel nous appliquerons le nom de Cordillère bétique. Il commence à l'ouest de la ville de Lorca, vers
les confins de Murcie et de la province andalouse
d'Almeria. Il se compose d'une série de sierras, séparées les unes des autres par de profondes cassures
transversales, mais qui se succèdent suivant un
alignement a peu près régulier jusqu'au détroit de

(1) Carthagène, 76.000 hab.

Gibraltar. Elles sont orientées dans le sens de la dépression du Guadalquivir ; entre cette ligne d'affaissement et les profonds abîmes de la Méditerranée, des efforts répétés de plissement et de compression latérale ont fait surgir, aux périodes secondaire et tertiaire, ces crêtes qui font face à l'Atlas africain. Les différentes parties de ce système grandiose de soulèvements portent des noms locaux qui leur ont été assignés par les populations. En l'absence d'un nom générique qui soit fourni par l'usage pour en désigner l'ensemble, il paraît juste d'emprunter à la géologie celui de Cordillère bétique (2).

Là se dressent les plus hauts sommets de la péninsule. Parallèlement à la côte comprise entre Motril et Almeria, par-dessus une première chaîne côtière, s'élève le massif de la sierra Nevada, gigantesque escarpement presque entièrement isolé entre des vallées longitudinales et transversales. « La base ne dépasse pas 80 kilomètres de longueur de l'est à l'ouest, sur 40 kilomètres de largeur du nord au sud. De là, elle se dresse d'un seul jet jusqu'à une hauteur de plus de 3.000 mètres. Elle se distingue ainsi de toutes les autres chaînes de montagnes de l'Europe par sa forme massive et la pente considérable de ses flancs. Elle s'en distingue plus encore par sa structure géologique qui est d'une uniformité sans égale, c'est un véritable monolithe de schiste (1). » Les sommets dépassent en hauteur les principales cimes pyrénéennes. Sur les flancs supérieurs du Picacho de Veleta se trouve un petit glacier, le plus méridional qu'il y ait en Europe.

Les puissantes dislocations de l'écorce terrestre qui ont bouleversé le relief de cette contrée, n'ont pas dit

(1) Barrois et Offret, dans les *Comptes rendus de l'Académie des sciences*, 1885, tome I, page 1060.
(2) Cerro de Mulahacen, 3.551 mètres ; — Pichaco de Veleta, 3.470 mètres. — Le pic de Néthou, dans le massif pyrénéen de la Maladetta n'a que 3.401 mètres.

leur dernier mot. Les tremblements de terre qui se
firent sentir à la fin de décembre 1884, attestent
l'état d'équilibre instable du sol. Ils ravagèrent surtout
la section de la Cordillère comprise entre la sierra
Nevada à l'est et la sierra de Ronda à l'ouest ; on
compta plus de deux mille morts ou blessés.

L'action volcanique semble aujourd'hui éteinte dans
cette région, mais elle a laissé sa trace dans les tra-
chytes du cap de Gata, près de l'extrémité orientale
du système. Il est jalonné dans toute son étendue par
des masses de roches éruptives, ophites, diorites,
amphibolites, serpentines, qui affleurent au milieu
des schistes et des calcaires. Les calcaires cristallisés
à leur contact sont passés à l'état de marbres. Il y a
dans la sierra Nevada, par exemple, de magnifiques
marbres tachetés, dont les carrières, abandonnées
maintenant, ont servi au seizième siècle à décorer la
Chartreuse de Grenade. Par les profondes fissures du
sol se font jour de nombreuses sources thermales ou
minérales, auxquelles il ne manque que des voies de
communication pour devenir célèbres (1). Dans les
crevasses des montagnes se sont insinués des filons
métalliques, que les difficultés de l'exploitation rendent pour la plupart inutiles. Cependant le plomb est
extrait des montagnes voisines de la côte à Almeria,
à Dalias et à Marbella (2).

Comme dans les Alpes, le travail des eaux contribue
aussi à marquer toute cette nature d'un caractère
particulier de grandeur. De profondes coupures
ouvertes par les eaux entaillent les roches éblouissan-
tes de blancheur de la sierra Almijara. Il n'y a pas
dans les plus célèbres *Klamm* du Tirol et de la Haute-
Autriche d'érosions plus étonnantes que celles que le

---

(1) On peut citer les sources de Graëna et Baza au nord de la province de Grenade, celles d'Alhama au pied de la sierra de ce nom,
d'Alhama la Seca près d'Alméria ; de Sierra Elvira près de Grenade,
et surtout celle de Lanjaron au pied de la sierra Névada.
(2) Alméria, 10.000 hab.; — Dalias, 9.000 hab.; — Marbella, 5.000 hab.

Guadalhorce a pratiquées dans le calcaire pour parvenir à la mer près de Malaga. Sur le versant de la Cordillère qui regarde l'intérieur les ramifications montagneuses encadrent des bassins dans lesquels se sont accumulés d'énormes entassements de dépôts diluviaux. Celui de Guadix, au nord de la sierra Nevada, est découpé par des vallées en forme de cañons. Le bassin de Grenade est rempli par d'immenses masses de cailloux roulés, agglutinés en conglomérats que les eaux ravinent et dont elles ont formé les buttes de l'Alhambra, au pied desquelles s'étend la ville.

Dans cette région presque alpestre par la hauteur, mais subtropicale par la latitude, s'échelonnent les plus grandes variétés de végétation et de climat. La côte, abritée et exposée au sud, est pour le reste de l'Andalousie ce qu'est celle de la Rivière pour l'Italie du Nord ; il suffit de rappeler que, plus africaine en quelque sorte que la partie de l'Afrique qui lui fait face, elle amène à maturité la datte et la canne à sucre. Tous les climats de l'Europe tempérée se succèdent depuis la véga de Grenade (700 mètres) jusqu'aux vallées des Alpujarras (1.200 mètres) et aux sommets qui les surmontent.

Influence sur les populations. — Les variétés de sol et de climat mettent dans les conditions d'existence des habitants un stimulant qui manque rarement son effet. On sait à quel haut degré de culture étaient arrivées les populations actives et industrieuses de la Haute-Andalousie, quand la conquête espagnole ou plutôt les mesures qui la suivirent vinrent en arrêter le développement. Les confiscations et les expulsions en masse détruisirent l'ingénieux et fragile appareil de la civilisation moresque. Elles n'ont pas réussi cependant à faire aussi complètement table rase que dans la plaine. La grande propriété, qui a transformé

en une sorte de Campagne romaine une partie de la
plaine andalouse, n'a pu prendre pied dans ces régions
accidentées. Les procédés de culture que les Maures
avaient su élever à un rare degré de perfection, continuent à être pratiqués, quoique sur une moindre
échelle. Les paysans de la Haute-Andalousie passent
pour être plus actifs et plus laborieux que ceux de la
plaine.

Ces hautes montagnes de l'extrémité sud de la
péninsule semblaient destinées par la nature à servir
de dernier boulevard à la puissance arabe, comme
celles du nord avaient jadis servi d'asile au christianisme vaincu. Elles réussirent en effet à prolonger,
sinon à sauver l'existence du dernier royaume arabe
d'Espagne, celui de Grenade, qui embrassait le territoire actuel des trois provinces de Malaga, Grenade
et Almeria. Il y a quelques mois la ville de Malaga
célébrait le quatre-centième anniversaire de la conquête chrétienne. Ce qui survécut seulement à cet
inévitable dénouement de la croisade espagnole, ce
furent des débris semblables aux Vaudois des Alpes
ou à ces épaves de peuples que les révolutions
de l'histoire ont rejetées dans les montagnes du
Caucase et des Himalayas. Sur les contreforts
méridionaux de la sierra Nevada s'étagent de hautes
vallées taillées dans les calcaires et les schistes et
séparées par de sauvages défilés du reste du monde.
On n'y accède que par des lits de torrents, des *ramblas*
escarpés et encombrés de cailloux roulés. Cette
région est ce qu'on appelle les Alpujarras ; elle sert
d'asile aux Moriscos, population industrieuse, mais
défiante, qui parle un arabe corrompu inintelligible
à ses voisins.

Parmi les populations de la Haute-Andalousie autres que les
Moriscos, de nombreuses particularités de dialectes, certaines
coutumes locales décèlent une provenance arabe. Il y a aussi
certainement du sang arabe chez ces tribus nomades ou séden-
taires de *gitanos*, qui forment un élément considérable des

populations de l'Andalousie. L'Espagnol est désigné par eux sous le nom générique de Castillan. Leurs traits rappellent souvent ceux qu'on rencontre chez certaines tribus arabes, notamment chez les Naïls du Sud algérien.

Malaga. — Le mur de la Cordillère bétique ne laisse du côté de la mer qu'une lisière resserrée, mais animée et pittoresque. De nombreuses villes s'y succèdent : Almeria, port actif ; Adra, ancienne colonie phénicienne qui a conservé son nom d'Abdère, Motril, Velez-Malaga, Malaga, Marbella, Estepona, etc. (1). Malheureusement les communications manquent avec l'intérieur. De toutes ces villes, Malaga est la seule qui dispose d'une voie ferrée qui la relie au réseau espagnol. Ce fut aussi un vieil établissement phénicien. Le roc de Gibralfaro, dont les calcaires schisteux se dressent à l'est du port, permit au commerce de se fortifier sur ce point. Au nord de la ville de hautes montagnes encore couronnées de vieilles tours de guet, forment abri. Le port, à quelques heures de la côte d'Afrique, était naguère le plus important de l'Espagne après celui de Barcelone. Il a diminué dans ces dernières années par suite du phylloxera et des retards apportés aux travaux d'amélioration de la rade. Cependant les fruits, les huiles, les vins et surtout les *pasas* (raisins secs) donnent lieu à une exportation encore considérable. L'Allemagne y importe de grandes quantités de ses alcools (2).

Jaen et Grenade. — Vers l'intérieur la Cordillère s'abaisse par étages successifs. Elle présente du côté de la plaine d'Andalousie un riche développement de formes intermédiaires, qui ont fourni des cadres à de petits États autonomes réduits maintenant à la condition de provinces. C'est ainsi que l'ancien

(1) Adra, 11.000 hab.; — Motril, 11.000 hab.; — Velez-Malaga, 21.000 hab.; — Estepona, 10.000 hab.

(2) Malaga, 111.000 hab., la cinquième ville d'Espagne par sa population. Elle possède un faubourg industriel avec des fonderies de plomb et des manufactures de toiles.

royaume arabe de Jaen se constitua dans le haut
bassin du Guadalquivir. Le noyau du royaume de
Grenade fut le haut bassin du Jénil.

Tandis que le royaume de Grenade, plus retiré et
mieux défendu par la nature, résista jusqu'en 1492
aux empiètements de la domination espagnole, celui
de Jaen, situé au débouché des défilés de la sierra
Morena, le long de la route naturelle qui, depuis les
Romains, relie le plateau central à la plaine du Guadalquivir, tomba dès 1246 au pouvoir des rois de
Castille. Sa capitale, bien déchue, est bâtie en amphithéâtre, par 549 mètres de hauteur, au pied d'un roc
que couronne une vieille forteresse mauresque (1).

Au pied de la sierra Nevada, dans un cirque de
montagnes qui l'environne entièrement, la ville de
Grenade, bâtie par les Arabes à 700 mètres au-dessus
du niveau de la mer, domine la splendide vega, dont
le sol noir s'étend vers l'ouest, le long du Jénil
qui le fertilise. Cette rivière qui, malgré les irrigations, roule encore environ 2 mètres cubes d'eau à
l'étiage, reçoit dans la ville même le Darro, dont le
ravin rase à pic la butte de poudingues qui porte le
palais-forteresse de l'Alhambra. La position de Grenade, défavorable au point de vue commercial, s'explique admirablement comme ville de refuge. Dans
un site écarté et facile à défendre, elle put échapper
longtemps aux catastrophes qui atteignirent les autres
cités musulmanes du sud de l'Espagne. Cordoue,
Séville, Jaen même brillèrent avant Grenade, mais
tombèrent avant elle ; et à mesure qu'elles succom-
baient, celle-ci hérita d'une partie de leurs populations. C'est ainsi que cette brillante civilisation arabe
de l'Espagne se concentra, pour briller d'un dernier
éclat, à Grenade. Aux treizième et quatorzième siècles,

(1) Jaen, 24.000 hab. — Il faut citer aussi deux villes voisines l'une de
l'autre, dont les noms semblent rappeler le nom ancien du fleuve et
de la contrée : Ubeda, 16.000 habitants ; Baeza, 13.000 hab.

époque de la construction de l'Alhambra, celle-ci compta plus de 300.000 habitants, composés en grande partie des émigrants de Cordoue et de Séville. En réalité ce n'est pas le triomphe de l'Islam rêvé en ce lieu par un grand peintre, que raconte le brillant palais des rois de Grenade; il parle de sa décadence et de ses suprêmes luttes. Jamais la ville ne fut plus florissante que quand l'Islam reculait partout autour d'elle. Lorsqu'enfin, après une guerre de onze ans, elle dut capituler devant les rois catholiques et que les destinées du mahométisme espagnol furent scellées pour toujours, Grenade tomba avec lui. Le palais que Charles-Quint voulut construire au milieu de l'Alhambra, reste lui-même inachevé et en ruine, image de la décadence qui attendait Grenade sous ses nouveaux maîtres. Elle conserve pourtant, grâce à la fertilité de sa campagne, une population de 71.000 habitants. Mais elle n'est reliée au reste de l'Espagne que par un embranchement qui rejoint le chemin de fer de Malaga à Cordoue (1).

Plaine d'Andalousie. — Le Midi espagnol a pour centre naturel la plaine d'Andalousie. D'Andujar à Séville le cours du Guadalquivir suit une direction parallèle aux grands soulèvements de la côte et dessine ainsi l'axe d'une dépression longitudinale par laquelle l'Océan, à ce que supposent les géologues, s'est avancé jadis à la rencontre de la Méditerranée. Cette dépression est très basse; le niveau du fleuve tombe à Andujar au-dessous de 200 mètres; il n'est que de 104 mètres à Cordoue, et de 45 au confluent du Jénil, malgré la distance considérable qui le sépare encore de son embouchure. Jusqu'à Séville le sol de la plaine est formé par des dépôts tertiaires fortement imprégnés çà et là de substances salines. Au-dessous de Séville la nature

(1) Bobadilla, point de jonction.

du sol change, ainsi que la direction du fleuve. Alors
s'étend un golfe d'alluvions récentes, formant une
nappe unie au milieu de, laquelle le fleuve se traîne
en serpentant. Dans son ensemble la plaine d'Andalousie n'a pas une étendue considérable ; on peut
l'évaluer à 15,000 kilomètres carrés environ.

Influences historiques. — Malgré ses dimensions
médiocres cette plaine, unique en son genre dans
la péninsule, concentre une foule de rapports.
Le développement des côtes, la direction des cours
d'eau, les ressources de tout genre en font un
rendez-vous naturel. Là seulement les populations
purent de bonne heure se mêler. Il s'y forma, par
la fusion des éléments indigènes avec les éléments
étrangers introduits par le commerce maritime,
un foyer de civilisation qui paraissait antique aux
anciens eux-mêmes (1). Tour à tour y ont fleuri
les Turdétans, peuple ibérique qui avait, disait-on,
des lois et des poèmes remontant à plusieurs milliers
d'années ; les Phéniciens, les Romains et les Arabes.
La trace de ces couches successives de population se
montre dans les noms de lieux. Une grande partie du
vocabulaire géographique est arabe ; mais au delà
surnagent un certain nombre de noms purement
romains et phéniciens (2). Chose remarquable :
tandis que les fleuves, les montagnes, les sources
thermales, les mines se présentent en général sous
des noms arabes, la plupart des villes ont conservé
les noms, probablement d'origine ibérique, sous lesquels elles étaient connues à l'époque romaine.

On peut en inférer que l'élément urbain s'est per-
pétué mieux que l'élément rural à travers les révolu-

(1) Strabon, livre III, chapitres 1 et 2.
(2) Noms d'origine romaine : Constantina, Loja (Laus), Antequera
(Anticaria), Chipiona (Cæpionis turris) à l'embouchure du Guadalquivir. — Aux noms phéniciens d'Adra, de Malaga, on peut ajouter
celui de Cadix (Gadir).

tions qui ont bouleversé cette contrée. On sait
combien la civilisation urbaine y fut brillante au
temps de l'empire romain, Cordoue fut alors la patrie
de Lucain et des deux Sénèque. Italica, ville romaine
voisine de Séville, donna le jour à Trajan, à Hadrien,
au poète Silius, à l'empereur Théodose. C'est là sans
doute que furent les racines de cet art et de cette
science dites arabes qui jetèrent à leur tour un si vif
éclat, du huitième au onzième siècle. Ce pays, de populations très mélangées et de vieille civilisation urbaine,
a donné à l'Espagne moderne ses plus grands noms
artistiques. Murillo et Velasquez sont de Séville.

Décadence. — La plaine d'Andalousie possède toujours les avantages naturels qui firent son ancienne
prospérité : une surface unie, favorable au tracé des
routes et aux travaux d'irrigation, un sol profond et
généralement fertile de sables et d'argiles, un fleuve
navigable débouchant sur une côte renommée pour ses
pêcheries à proximité de ports excellents, des pâturages propres à nourrir de belles races de moutons, de
bœufs et de chevaux. Cependant l'œil y rencontre de
vastes espaces en friche ; de véritables steppes s'étendent à l'est et à l'ouest du cours inférieur du Jénil,
et la densité de la population n'est pas supérieure en
moyenne à 25 habitants par kilomètre carré, elle
n'atteint pas même la densité moyenne du royaume !
Telles ont été les conséquences des spoliations qui
suivirent la conquête espagnole. De vastes domaines
seigneuriaux prirent alors possession de la contrée (1).
Le système d'irrigation périt en partie, et l'élevage
prit un développement exagéré. C'est d'Andalousie
que viennent les meilleurs taureaux de course, qui
servent au divertissement favori des Espagnols. Les
mauvaises conditions économiques qui résultent du régime des *latifundia*, se sont traduites de nos jours par

(1) Spruner, *Atlas historique*, n° 17, carte.

des agitations socialistes qui ont eu leur point d'appui dans la population des campagnes.

Entre la ville d'Andujar, qui marque le commencement du cours moyen du Guadalquivir, et le confluent du Jénil, qui en marque la fin, Cordoue occupe une position centrale. Le fleuve, après avoir traversé près de Montoro ses derniers rapides, baigne sur sa rive gauche la vaste plaine de la *Campina*, et sur sa rive droite des mamelons garnis, comme au temps de Strabon, d'innombrables bois d'oliviers rangés en files régulières. Il garde encore une pente sensible, quoique pas assez forte pour entraver la navigation, insignifiante aujourd'hui, mais qui fut active au temps des Arabes. Cordoue s'étend sur la rive droite. De 735 à 1031, c'est-à-dire pendant toute la durée du califat auquel elle donna son nom, Cordoue fut une capitale du monde musulman et certainement le plus brillant foyer de sciences qu'il y eût alors en Europe. Elle resta encore riche et populeuse jusqu'au moment de la conquête espagnole (1236). Elle n'est plus maintenant que l'ombre d'elle-même, une sorte de grand marché rural pour les produits de la contrée (1). Mais on peut juger de sa splendeur passée d'après sa mosquée, véritable forêt de marbre.

Sèville. — Sèville doit à ses relations maritimes d'avoir mieux maintenu son rang. Après le confluent du Jénil, qui vient d'arroser l'antique cité d'Ecija, le fleuve se ralentit et décrit de grands méandres. Puis, par un coude brusque, il tourne au sud-sud-ouest ; et bientôt commence à se faire sentir l'action de la marée. C'est là qu'est bâtie Séville, capitale de l'Andalousie et quatrième ville d'Espagne par la population (2). Depuis que le lit du fleuve a été approfondi et qu'un

(1) Andujar, 13.000 hab. ; — Cordoue, 49.000 hab.
(2) Séville, 132.000 hab. ; — Ecija, 25.000 hab.

réseau de voies ferrées s'est développé autour de Séville, les jours de prospérité semblent être revenus. Si les galions du Mexique ne viennent plus comme autrefois déposer leurs lingots précieux dans la *Tour d'or* qui s'élève au bord du fleuve, on voit du moins, le long des quais garnis de rails et de halles en fer, les produits du pays, grains, liège, plomb, etc., s'embarquer directement pour les ports du nord de l'Europe. Des usines s'élèvent, surtout dans le faubourg de Triana sur la rive droite du fleuve. Séville est une des villes les plus séduisantes de l'Europe. La gaieté de sa population, l'élégance de ses *patios* ou cours intérieures qu'une grille ouvragée sépare de la rue, lui donnent un charme qu'ennoblissent les prestiges de l'art et des souvenirs historiques. Il est peu de coins en Europe, si ce n'est dans quelques villes d'Italie, où se concentrent de plus mémorables souvenirs et qui parlent plus vivement à l'esprit que cette *Plaza del Triunfo* où s'élèvent la cathédrale, surmontée de la Giralda, l'Alcazar et le palais des archives, vaste dépôt où sont classées, provinces par provinces, toutes les pièces relatives au gouvernement du nouveau monde.

Le Guadalquivir achève son cours au milieu des vastes solitudes de *las marismas*. Sa rive gauche s'anime seulement une dernière fois, lorsque, sur le point de déboucher dans l'Océan, il rase le pied des riantes collines de San-Lucar de Barrameda. Un chemin de fer de 19 kilomètres relie San-Lucar et le petit port de Bonanza à la ville de Jérès, centre de production des vins bien connus (1).

Position maritime de l'Andalousie. — L'Andalousie touche à deux mers ; mais par l'inclinaison générale du sol et l'importance des cours d'eau,

(1) Jérès de la Frontera, ainsi nommée parce qu'après la conquête du royaume de Séville par les Espagnols elle se trouva près des frontières du royaume arabe de Grenade, 50.000 hab.

elle regarde, comme le Maroc, l'Océan bien plus que
la Méditerranée. Ce n'est pas seulement le système
fluvial du Guadalquivir qui porte ses produits vers
l'Atlantique ; le Guadalete et le Rio de Huelva qui
s'y rendent aussi, surpassent en volume tous les
cours d'eau qu'elle dirige vers la Méditerranée. Rien
de plus différent que l'aspect du littoral andalou sur
la Méditerranée et sur l'Océan. Aux dentelures multi-
pliées du rivage méditerranéen succède à partir de
Cadix une courbe régulièrement dessinée, dans la concavité de laquelle se sont accumulées d'énormes dunes,
arenas gordas. Mais par l'effet des marées, déjà très
fortes à Cadix, les échancrures pratiquées par les bouches fluviales se transforment en estuaires et ouvrent
autant de portes à l'activité maritime. Aussi de très
bonne heure le développement maritime de cette
région se porta de préférence vers la côte océanique.
Algésiras même, malgré sa rade belle et profonde et
sa position à l'entrée orientale du détroit, n'a qu'une
importance minime (1). Depuis trois mille ans le commerce a élu domicile dans la baie commode et sûre
à laquelle Cadix a donné son nom.

La position maritime de Cadix au débouché de
l'Océan, à 12 lieues du cap Trafalgar, est une de celles
qui ne pouvaient manquer d'attirer l'attention d'un
peuple navigateur : elle fut occupée par les Phéniciens
environ onze cents ans avant notre ère. La ville est bàtie
sur un plateau rocheux, qui n'est rattaché au continent que par une très étroite langue de sable.
Presque isolée de la terre, elle plane, pour ainsi dire,
sur la mer. Autrefois du haut des tours ou *miradores*
qui surmontent ses maisons aux toits plats, les négociants pouvaient épier au loin l'arrivée de leurs
navires. Le port proprement dit n'est accessible
qu'aux bateaux de pêche, d'ailleurs fort nombreux ;
mais dans la rade se croisent les navires de guerre et

---

(1) Algésiras, 14.500 hab.

les paquebots de passage ou en partance vers les Amériques (1). Sur le littoral qui fait face se déroule une succession de villes animées : Puerto de Santa-Maria, la Carraca avec son arsenal, San-Fernando avec son observatoire nautique et son école de marine (2). Puis au delà vers l'intérieur s'étend un pays marécageux, coupé de canaux, qui semble séparer ce florissant ensemble du reste du monde. De toutes parts scintillent d'énormes amas de sel ; denrée qui constitue avec les vins la principale exportation de Cadix. Cette Venise d'Andalousie servit de dernier asile en 1808 à l'indépendance espagnole.

Cadix est surtout important aujourd'hui comme port de transit et place de guerre. Des services réguliers et directs l'unissent à la Havane et aux Philippines, et son port sert d'escale à de nombreux paquebots anglais, français et italiens. Mais l'activité maritime de toute cette côte océanique de l'Andalousie a décru avec la puissance même de l'Espagne. Il se fait encore un mouvement assez important de cabotage et de pêche sur les bords du bel estuaire de Huelva. Ce port naturel, formé par le confluent du rio Odiel et du rio Tinto, reçoit les minerais de cuivre qui sont exploités près de la source de cette dernière rivière et qu'un chemin de fer lui amène. Les petites villes de Huelva (3), Moguer, Palos, ont une population de marins entreprenants. Le temps où Christophe Colomb mettait à la voile à Palos, où Magellan partait de San-Lucar de Barrameda, où Cadix servait d'emporium au commerce de l'Amérique, semble aujourd'hui bien lointain. Cependant la position géographique, la nature et les ressources des côtes, les aptitudes traditionnelles de la population nous aident à comprendre

---

(1) Transatlantiques français de Saint-Nazaire à Cuba; paquebots italiens de Gênes à Montevideo, etc.
(2) Cadix, 65.000 hab.; — Puerto de Santa-Maria, 20.000 hab.; — San Fernando, 18.000 hab.
(3) Huelva, 13.000 hab.

ce passé. L'extrême midi de la péninsule ibérique, situé au seuil de deux mers très différentes, était apte à initier les navigateurs du vieux monde aux découvertes océaniques. Déjà dans l'antiquité c'étaient les marins phéniciens établis à Gadès qui s'étaient aventurés les premiers dans les mers du nord de l'Europe et le long de la côte occidentale d'Afrique.

L'Espagne et l'Afrique.

L'Andalousie et le Maghreb africain se ressemblent et s'attirent. Entre ces deux contrées dont les rives se regardent, il y a des relations manifestes de structure, de climat, de végétation. Sur l'un et l'autre bord l'homme rencontre les mêmes conditions naturelles d'existence ; là comme ici c'est à l'aide des mêmes soins, des mêmes procédés d'irrigation qu'il peut lutter contre l'aridité du sol ; il se retrouve en un mot chez lui.

L'histoire nous fait assister à un perpétuel mouvement d'action et de réaction, qui a tantôt poussé l'Afrique vers l'Espagne, tantôt l'Espagne vers l'Afrique. Cela s'était vu déjà au temps de la domination de Carthage. À peine en l'an 711, le conquérant arabe Musa s'était-il rendu maître de Ceuta, qu'il écrivit au Calife : « La côte opposée d'Andalousie n'est distante que de trois milles. Le chef des croyants n'a qu'à donner ses ordres, et les conquérants de l'Afrique passeront dans ce pays pour y porter la connaissance du vrai Dieu et les lois du Coran. » On sait qu'il en fut ainsi et que pour plus de cinq siècles le sud de l'Espagne resta uni à l'Afrique musulmane.

Lorsqu'à leur tour les Portugais et les Espagnols eurent chassé l'Islam de la péninsule, l'élan de la conquête les porta au delà du détroit. Dès 1415 les premiers s'emparèrent de Ceuta, et cette occupation fut leur premier pas dans la voie de conquêtes et de découvertes qui les conduisit jusqu'à l'Océan indien. De leur côté, sous l'impulsion du cardinal Ximenès, les Espagnols se jetèrent sur le nord de l'Afrique; ils prirent Bougie, Alger, Oran et purent rêver un instant la fondation d'un empire africain. Cette ambition échoua, mais l'empreinte espagnole est restée sur plusieurs points de la côte. On voit à Bougie la vieille citadelle décorée aux armes de Charles-Quint, mais que ses troupes ne surent pas défendre. A Oran et Mers-el-Kébir, d'où les Espagnols ne se sont retirés qu'en 1792, leur trace est encore plus marquée; d'orgueilleuses inscriptions en langue espagnole couvrent les vieilles fortifications où sont installés nos soldats.

Ce peuple imaginatif roule dans sa tête les souvenirs d'un passé que sa décadence présente lui rend encore plus cher. D'ailleurs, depuis l'établissement des Français en Algérie, un fort courant d'émigration entraîne vers notre colonie un grand nombre d'Espagnols. Ce courant ne se recrute pas précisément dans la Basse-Andalousie, trop dépeuplée elle-même, mais plutôt sur la côte de la Méditerranée. Chaque année des centaines de paysans de Murcie et de Valence vont chercher du travail en Algérie, les uns pour y faire la moisson, les autres pour s'y fixer. Le recensement de 1881 estimait à 109.000 le nombre d'Espagnols établis dans notre colonie; dans la province d'Oran ils forment la moitié au moins de la population civile. Plusieurs sont arrivés à une condition prospère soit par le travail agricole soit par le commerce. Les négociants espagnols tiennent une grande place à Oran.

Ainsi l'Espagne n'a pas cessé d'être en quelque sorte présente sur le littoral africain; mais elle s'y voit subordonnée. Ce qu'elle possède en propre sur la côte septentrionale du Maroc est peu de chose ; il ne lui reste que d'assez misérables épaves de ses essais avortés de domination : d'abord Ceuta, qui passa en 1640 des mains du Portugal à celles de l'Espagne, puis quelques péninsules ou îlots disséminés sur la côte inhospitalière du Rif marocain, qui servent seulement de lieux de déportation. L'influence espagnole ne dépasse pas le rayon que commandent les canons de la forteresse. Aucun commerce ne s'y fait avec l'intérieur (1).

Le contraste entre cette situation et le rôle auquel il se croit convié tant par son passé que par les succès de ses émigrants en Algérie, tourmente l'amour-propre du peuple espagnol. Les déceptions causées par l'issue de la guerre stérile, quoique victorieuse, qu'il soutint au Maroc d'octobre 1859 à mars 1860, ont contribué encore à irriter le point sensible. On pourrait dire que les ambitions de l'Espagne sur le Maroc sont surtout une question de sentiment ; car les relations commerciales qu'elle entretient avec ce pays ont peu d'importance. Elles sont inférieures à celles de l'Angleterre et de la France, et même à celles que sont récemment parvenues à y nouer l'Allemagne et la Belgique. Mais ce sentiment s'explique par l'affinité des deux contrées et par la mission historique que s'attribue le peuple espagnol.

L'archipel des Canaries. — En attendant que l'Espagne puisse entamer le Maroc, elle l'assiège. Au large de l'embouchure du Ouadi Dra, limite méridionale du Maroc, à 110 kilomètres environ du cap Juby, se dresse, comme un prolongement maritime de l'Atlas, le groupe des îles Canaries (sept

(1) Ces établissements portent le nom de Présides ; ils se composent de Peñon de Velez, Alhucema, Melilla et des îles Chafarines (celles-ci ne sont occupées par l'Espagne que depuis 1844). — Quant à Ceuta (9.700 habitants), elle est rattachée administrativement à la province de Cadix.

grandes îles et cinq petites). Les deux plus orientales, Lanzarote et Fuerteventura, à 1.250 kilomètres
de Cadix, sont encore sahariennes de végétation
et d'aspect. Celles de l'ouest, plus complètement
baignés par l'atmosphère océanique, ont un climat
délicieux ; elles produisent le vin, le coton, le sucre,
la cochenille, l'orseille. Telles sont Palma, Gomera,
l'île de Fer, la plus occidentale (1), Gran Canaria et
surtout Ténériffe, la plus grande. Les feux volcaniques ont trouvé une issue par la profonde fissure qui
a fracturé l'écorce terrestre à la rencontre des premiers soulèvements de l'Atlas et des grandes profondeurs océaniques. Dans l'île de Ténériffe se dresse à
3.716 mètres de haut la pyramide toujours fumante
de Teyde. Toutes les zones de végétation s'étagent
sur ses flancs. A ses pieds est bâtie la capitale du gouvernement des Canaries, Santa-Cruz de Ténériffe (2).

Les Canaries sont les avant-postes européens de
l'Espagne. Lorsqu'après les Génois, les Normands et
les Flamands, les Espagnols renouèrent connaissance
avec les îles Fortunées des anciens, ils les trouvèrent habitées par une population d'origine berbère, appelée
Guanches. C'était un peuple doux et civilisé ; il pratiquait l'embaumement des morts, comme les anciens
Égyptiens ; mais il avait perdu toute relation avec le continent d'où il était venu. « Dieu nous a placés dans ces
îles, disaient-ils, puis il nous y a laissés et oubliés. »
Les Guanches périrent comme peuple. Les habitants
actuels des Canaries sont de souche européenne, ou
des métis issus de mariages entre les femmes guanches et les aventuriers venus des divers pays d'Europe. Aussi la possession de cet archipel fournit-elle

(1) Le méridien de l'île-de-Fer, longtemps adopté comme premier
méridien à cause de sa position à l'ouest de l'ancien monde, correspond au 20° de longitude O. de Paris.
(2) Santa-Cruz de Ténériffe, 1.700 habitants. — La superficie de l'archipel entier est de 7.273 kil. carrés, et l. population de 301.000 habitants. Il est considéré, non comme territoire colonial, mais comme
province du royaume d'Espagne.

un point d'appui pour des entreprises sur la côte
continentale. Les bancs poissonneux qui s'étendent
le long du littoral saharien sont exclusivement exploités par des pêcheurs des Canaries.

Sous prétexte de les protéger, l'Espagne vient de
déclarer son protectorat sur toute la côte depuis le cap
Boyador jusqu'au cap Blanc (1). Le poste central est
établi à Rio de Ouro, sous l'administration d'un lieutenant qui relève du gouverneur des Canaries. Trois fac-
toreries ont été fondées, et en juillet 1885 une exploration espagnole s'est avancée jusqu'à l'Adrar à 425 kilomètres de la côte.

A l'exemple des autres puissances européennes,
l'Espagne a donc mis la main sur une section de la
côte d'Afrique, celle qui va de nos établissements de
Sénégambie au Maroc. Elle a tenu à prendre sa part
du blocus, plus fictif parfois que réel, que l'Europe
vient dans ces dernières années de tendre autour de
ce continent. L'Espagne est sur cette côte l'héritière
du Portugal, qui lui-même y avait été précédé par les
Catalans et les Dieppois, et ceux-ci bien auparavant
par les Phéniciens de Gadès et de Carthage.

Pays de la couronne d'Aragon.

Jusqu'à la mort de Ferdinand le Catholique (1516)
les pays de la couronne d'Aragon restèrent séparés de
ceux de la couronne de Castille. Le groupe politique
qui s'était constitué autour de l'Aragon proprement
dit et de la Catalogne, unie depuis 1162 à l'Aragon,
formait, avant son absorption dans l'ensemble de la

---

(1) Décret du 6 avril 1887. — Le protectorat espagnol ne peut
s'étendre sur la baie du Lévrier, baie qui s'avance de 44 kilom. au
nord entre la pointe du cap Blanc et la côte du Sahara, et qui paraît
être une dépendance des établissements français du Sénégal. (Voir
la note de H. Duveyrier dans les *Comptes rendus de la Société de
Géographie*, page 517, 1885.)

monarchie espagnole, un État peu centralisé, mais vigoureux, dont la sphère d'activité n'avait rien de commun avec celle de l'Espagne castillane. Un instant il avait paru destiné à dominer dans le Languedoc. Quand la bataille de Muret eut brisé de ce côté les ambitions aragonaises, ce royaume entra dans une voie d'acquisitions qui finirent par le rendre prépondérant dans le bassin occidental de la Méditerranée. C'est alors qu'à l'Aragon et à la Catalogne se joignirent le royaume de Valence et les Baléares. Puis s'ajoutèrent d'autres annexions : celles de la Sardaigne, de la Sicile et de Naples elle-même (1). Le royaume d'Aragon devint pour quelque temps une puissance maritime capable de servir de base à l'hégémonie qu'exerça Charles-Quint sur la Méditerranée et le nord de l'Afrique.

L'union avec la Castille fit dévier ce brillant développement historique. Il était naturel qu'il laissât des regrets, et la décadence dans laquelle fut entraîné le pays avec le reste de la monarchie espagnole contribua à les aviver. Nous voyons en effet en maintes circonstances, notamment dans la guerre de Succession, reparaître le dualisme de l'Aragon et de la Castille. La suppression des libertés aragonaises, qui suivit l'avènement des Bourbons, laissa au cœur de ces fières populations un profond ressentiment. Quoique les guerres d'indépendance du commencement du siècle aient certainement contribué pour une forte part à réunir les Espagnols en un corps de nation, il serait aisé de retrouver encore les traces de ce vieux dualisme dans les manifestations contemporaines de la vie politique de la péninsule.

Le nom d'Aragon désigne une contrée à peu près égale en superficie au douzième de la péninsule, entourée de toutes parts de terrasses et de montagnes

---

(1) Sicile (1292) ; — Sardaigne (1309) ; — Naples (1442).

qui s'inclinent vers la dépression du cours moyen de
l'Ebre. Au sud seulement la province de Téruel
empiète en dehors de ce bassin et comprend le cours
supérieur du Guadalaviar. L'Ebre donne quelque unité
à cette contrée accidentée. Presque toutes les vallées
aboutissent à l'artère centrale que forme le fleuve.
Il arrose et fertilise de ses eaux un véritable bassin
intérieur, dont le niveau autour de Saragosse s'abaisse
au-dessous de 200 mètres. Ce bassin, rendez-vous
naturel des produits et des hommes, mérite le nom de
Bas-Aragon. La contrée s'étage au sud comme au
nord ; cependant c'est pour la partie septentrionale,
comprise entre les Pyrénées et les dernières terrasses
sub-pyrénéennes, que l'usage a réservé le nom de
Haut-Aragon.

Berceau de l'Aragon. — C'est dans la section la
plus haute et la plus impénétrable du système pyrénéen, entre le pic d'Anie et le massif de la Maladetta,
que naissent les rivières du Haut-Aragon. L'Aragon,
qui a donné son nom au pays, vient du port de
Canfranc ; le Gallego prend sa source au Vignemale,
près des bains célèbres de Panticosa ; le Cinca, qui
est le principal, vient du Mont-Perdu ; la Noguera-
Ribagorzana est fille de la Maladetta, comme la
Garonne sur le versant opposé. D'abord emprisonnées
dans les replis des massifs pyrénéens, ces rivières
ne s'en échappent que pour rencontrer la barrière
parallèle des hautes sierras aragonaises, qu'elles
commencent par longer avant de les percer pour
parvenir à l'Ebre. Cet obstacle a produit ainsi un
remarquable système de vallées longitudinales, dont
les sillons dessinent distinctement l'intervalle entre
les deux soulèvements.

La principale et la mieux développée de ces vallées
est celle où débouche, au sortir de Canfranc, la
rivière Aragon. C'est aussi à l'origine de cette vallée

longitudinale que se trouve la vieille et pittoresque
ville de Jaca, la capitale de l'Aragon primitif. Le
mouvement de concentration politique provoqué
par la résistance aux Arabes, après avoir flotté de
vallée en vallée, ne parvint à prendre forme d'État
qu'en s'appuyant sur cette vallée maîtresse, qui seule
pouvait fournir un centre d'organisation et de conquête. Jaca ne garde un reste d'importance qu'à cause
de sa proximité du passage le plus facile (1) entre
l'Aragon et la France. On construit en ce moment un
chemin de fer qui reliera Jaca et même Canfranc
à la ville d'Huesca et au réseau espagnol, et dont le
prolongement est appelé à rejoindre un jour par-
dessus les Pyrénées le réseau français (2).

Après les plateaux dépeuplés qui succèdent aux
sauvages mais pittoresques vallées du Haut-Aragon,
le bassin de Saragosse, dans son encadrement
de roches grises et pelées, ressemble à une oasis.

Le nom de Saragosse ou Zaragoza laisse distinctement
reconnaître celui de *Cæsar Augusta*, sous lequel la ville fut
fondée par l'empereur Auguste. Elle étend le long de la rive
droite de l'Elbe ses vieilles maisons en briques, sa cathédrale
et la célèbre église où étincelle dans sa chape d'or et de pierreries,
se détachant sur le fond sombre de la chapelle, l'image de
Notre-Dame del Pilar. La position de Saragosse entre l'Ebre et
le canal Impérial qui lui est parallèle au sud, rappelle celle de
Toulouse entre la Garonne et le canal du Midi. Le canal Impérial, commencé par Charles-Quint et terminé seulement en
1790, suit pendant vingt-cinq lieues la rive droite de l'Ebre,
auquel il emprunte ses eaux, et transforme en jardin irrigué
la banlieue de Saragosse.

Ce point central de la vallée de l'Ebre est le nœud
de quatre lignes de chemins de fer. Celle de Madrid
s'élève, par Calatayud (3) et la vallée du Jalon, le long
des pentes du plateau central, dont elle franchit le
rebord près de Medinaceli par 1.119 mètres d'altitude. Malgré ces causes d'activité et le mouvement

(1) Le Somport (1.610 mètres) reste praticable presque toute l'année.
(2) Jaca, 5.000 habitants ; — Huesca, 11.000 hab.
(3) Calatayud, 12.200 hab.

d'une population de près de 85.000 habitants, l'aspect de l'ancienne capitale de l'Aragon laisse une impression de tristesse. Le fleuve, saigné par les canaux, se traîne, sans batellerie, entre les bancs de sable ; les rues sont restées étroites et tortueuses, comme au temps du fameux siège de 1809 ; et les grands paysans aragonais, qu'on aperçoit sanglés dans leur ceinture serrée autour des hanches, ont une démarche grave et lente comme les chariots à bœufs qu'ils conduisent.

Catalogne. — Autant l'Aragon paraît désert, autant la Catalogne est dans son ensemble animée et populeuse. Par son aspect d'activité, la densité de la population, le type des habitants, le nombre et l'importance des villes, la Catalogne fait contraste avec le reste de l'Espagne. Cependant la province de Lérida, qui se développe le long de la Sègre depuis son entrée en Espagne jusqu'à son confluent dans l'Ebre, est encore assez faiblement peuplée. De hautes montagnes en couvrent la partie septentrionale. La vallée de la Sègre appartient en entier au bassin intérieur du cours moyen de l'Ebre, et jusqu'à l'est de Lérida s'étendent de véritables avant-postes des steppes aragonaises, les *Llanos de Urgel*. Lérida elle-même au pied de sa colline fièrement surmontée par sa citadelle, est une ville industrieuse qui domine une riche campagne irriguée (1).

C'est surtout dans les trois provinces maritimes de Gérone, Barcelone et Tarragone que l'activité catalane se montre sous ses formes les plus diverses. Beaucoup de contrées de l'Espagne sont plus fertiles. En effet, la plus grande partie de la surface consiste en un enchevêtrement très compliqué de montagnes calcaires, parmi lesquelles se distinguent à leurs dentelures presque innombrables les roches déchique-

Lérida, 20.000 hab.

tées du Montserrat. Mais les Pyrénées, qui dressent
au nord leurs hautes cimes depuis la Maladetta jusqu'au pic de Costabonne, fournissent un débit relativement considérable aux cours d'eau catalans qui
y naissent : la Sègre, le Llobrégat et le Ter. L'irrigation en a largement tiré profit. A l'exception des
belles campagnes de l'Ampurdan (1), du delta de
l'Ebre et de quelques autres deltas moins importants,
les grandes plaines côtières sont rares. La forme de
petit bassin fermé est celle qui se répète le plus souvent. C'est là que se trouvent les centres de population de l'intérieur ; Gérone, Vich, Olot, Manresa,
Sabadell ont grandi dans ces bassins qu'une irrigation habilement dirigée transforme en nids de verdure. Mais le cultivateur catalan s'attaque aussi à la
roche ; « il fait du pain avec la pierre ». Partout où
cela était possible, il a aménagé les pentes de ses
montagnes en terrasses qui retiennent la terre végétale et permettent d'étager les cultures. La Catalogne
est une de ces contrées où les inégalités du relief et
les diversités d'orientation engendrent une variété de
climats qui est essentiellement propre à mettre en
jeu les qualités d'une population active et intelligente. Depuis les sapins de la région pyrénéenne
jusqu'aux grenadiers, aux orangers, aux aloès de
la région littorale, elle réunit les produits du centre
et du midi de l'Europe.

Ces produits ne suffiraient pas cependant pour
entretenir une population dont la densité dépasse
70 habitants par kilomètre carré dans l'ensemble
des trois provinces maritimes : l'appoint de l'industrie
était nécessaire. Rien de plus remarquable que la
facilité avec laquelle cette population se plie aux
travaux industriels. Une fabrique s'établit dans un
village agricole : les ouvriers naissent d'eux-mêmes,

(1) Ampurdan, où campagne d'Ampurias, ville qui a succédé à
l'antique *Emporiæ* du golfe de Rosas.

et il suffit, dit-on, de quelque temps pour que des
paysans qui n'avaient jamais manié que la bêche. se
mettent en état de conduire une machine. Les industries qui se sont surtout développées sont celles du
coton et de la laine, ainsi qu'il était naturel dans le
voisinage d'une grande place maritime, capable de
fournir les capitaux et les matières premières.

Vie maritime de la Catalogne. — La côte peu découpée qui s'étend des Pyrénées à l'embouchure de
l'Ebre, n'a pas cette abondance de ports naturels qui
distingue la Galice et les provinces basques. Elle semblerait peu favorable au développement d'une vie
maritime, sans deux circonstances dont l'activité des
habitants a su tirer parti. L'une est son orientation
générale du sud-ouest au nord-est, qui l'abrite du redouté mistral. Il en résulte qu'indépendamment des
ports, il y a une foule de mouillages dans les baies, anses
et plages de la côte (1). Les bords de la Méditerranée
offrent rarement un spectacle plus animé que celui
qui se déroule entre Barcelone et l'embouchure
du Ter. Les villes et les villages se succèdent aussi
serrés que le long de la Rivière de Gênes. Souvent
l'agglomération est double, de telle sorte qu'au-dessus
du port de cabotage et de pêche s'élève en amphithéâtre une autre localité de même nom, vouée à
l'agriculture et à l'industrie (2) ; car la variété d'occupations est, ici comme partout, le trait distinctif de la
vie catalane. Les localités maritimes étendent leurs
rangées de maisons et de cabanes le long du rivage,
parfois à des intervalles si rapprochés qu'à l'est de
Barcelone les faubourgs de l'une ont à peine pris fin
que déjà commencent les premières maisons de la
petite ville voisine.

(1) Legras, *Considérations sur la Méditerranée* (Dépôt de la
marine, n° 417).
(2) Exemples : Arenys de mar et Arenys de munt ; Vilasar de mar
et Vilasar de dalt, etc.

L'autre circonstance géographique qui a poussé de bonne heure les Catalans vers la mer, est le voisinage de l'archipel des Baléares. Il n'y a guère plus de quarante lieues entre la côte de Catalogne et celle de Majorque ; but naturel dont la distance est abrégée encore par les vents du nord, qui règnent pendant les deux tiers de l'année. Les Baléares furent en quelque sorte pour les Catalans ce que furent pour les Grecs, les Vénitiens, les Toscans, les Danois, les archipels situés dans le voisinage de ces peuples. Elles sollicitèrent leur esprit d'entreprise. Dès que la situation politique de la Catalogne eut été affermie par son union avec l'Aragon, on la vit s'établir par conquête et par colonisation dans ces îles qui lui offraient les ports naturels dont elle manquait elle-même (1). Ainsi se forma dans ces parages du bassin occidental de la Méditerranée un foyer commercial qui brilla aux treizième et quatorzième siècles d'un éclat qu'on pourrait comparer à celui de Venise, s'il n'y manquait les magnificences de l'art. Du moins les cartes ou portulans qu'il nous ont légués (2) rendent témoignage de l'étendue des relations qu'entretenaient les négociants de Palma ou de Barcelone.

Barcelone. — La ville de Barcelone est aujourd'hui la seule héritière de ce passé. Elle s'étend dans une plaine encadrée par des coteaux couverts de vignes, au pied du roc escarpé de Montjuich, qui protège son port contre les vents d'ouest. Ce port est artificiel ; il est fermé à l'extérieur par deux môles, en arrière desquels un troisième, de construction toute récente,

---

(1) Union de l'Aragon et de la Catalogne, 1.162. — Conquête de Majorque, 1238.
(2) Notre Bibliothèque nationale possède un certain nombre de ces portulans catalans. Le plus ancien a été composé par un certain Dulceri en 1339 (voir la communication de M. Marcel dans les *Comptes rendus de la Société de Géographie*, 1887, page 28). On connaît surtout la célèbre carte dite Catalane, rédigée en 1375, qui est un des documents les plus importants pour l'histoire des découvertes géographiques.

sépare l'avant-port du port intérieur. La largeur des quais, garnis de rails, bordés de halles en fer et de grues hydrauliques en nombre plus que suffisant, car elles sont généralement oisives, donne un aspect tout moderne à cette installation maritime. Toutefois le port est mal abrité du côté du sud, et les ensablements produits aux abords par les rivières du Llobregat et du Besos constituent un danger, que de continuels dragages ont de la peine à combattre. Barcelone n'en est pas moins la première place commerciale de l'Espagne, un grand marché dans toute l'étendue du terme. Elle sert de siège à la principale compagnie de navigation de l'Espagne, celle des Transatlantiques, qui entretient des services réguliers d'une part avec Cuba et les Antilles, de l'autre avec les Philippines. La grande cité catalane a su se mettre en possession du rôle d'intermédiaire entre les colonies espagnoles et la métropole. En échange des cafés, tabacs, sucres qu'elle en reçoit, elle leur expédie les produits de ses manufactures, sans parler des produits étrangers que les tarifs ultra-protecteurs qui régissent le commerce espagnol avec les colonies, forcent à venir prendre chez elle l'estampille qui leur en ouvre l'accès. Le développement industriel de Barcelone est donc lié à sa prospérité commerciale. Outre les draps et cotonnades, dont elle partage la fabrication avec une foule de petits centres industriels disséminés dans les quatre provinces (1), elle a créé dans ses faubourgs et sa banlieue de florissantes raffineries de sucre et de pétrole. Elle fait aussi un commerce important avec des vins qui n'ont pas tous mûri sur ses coteaux, si l'on en juge d'après les tonneaux d'alcool d'origine prussienne qui encombrent ses quais.

Servie par un système de voies ferrées qui s'épa-

(1) Mataro, 17.000 hab.; — Manresa, 16.000 hab.; — Sabadell, 18.000 hab. (province de Tarragone).

nouit en éventail dans toute la Catalogne, Barcelone concentre le commerce de la contrée. Elle est par sa population de 250,000 habitants la deuxième ville du royaume et peut passer pour une des plus belles de la Méditerranée. Depuis qu'elle a abattu la vieille enceinte dans laquelle elle était enfermée, la ville aux rues étroites et tortueuses s'étale à l'aise dans son vaste cadre de collines, elle sème de ses bâtisses nouvelles un espace démesuré et assurément disproportionné à sa taille ; mais dans l'orgueil que lui inspire sa ville, le Catalan n'a rien à envier au Marseillais.

Le caractère catalan. — Le Catalan a hautement conscience du rôle à part qui lui revient dans les affaires économiques du royaume. Il aime à opposer le spectacle de son activité matérielle à l'inertie des autres provinces, son génie pratique à l'idéalisme, ou plus simplement au Don-Quichottisme castillan (1). Quoique fortement imbu d'esprit local et même d'esprit de clocher, il sait rompre avec ses habitudes, quand il s'agit de profits certains à réaliser au dehors : ce n'est pas seulement dans la péninsule, mais dans les colonies, que le Catalan a la haute main dans le commerce, la banque et l'industrie. L'imagination ne se tourne pas chez lui vers l'art et l'éloquence, mais vers l'action et les affaires. L'histoire ne le montre guère autrement que le présent. La vie du savant le plus original que la Catalogne ait produit, Raymond Lulle, est celle d'un illuminé pratique, ou en tout cas d'un homme d'action beaucoup plus que d'un penseur. Tandis que la Castille s'absorbe dans son éternelle croisade, la politique catalane est exclusivement dirigée vers le commerce. Elle reste obstinément locale. Même lorsque la découverte du nouveau monde fait fermenter

(1) Voir Almirall, *Lo Catalanisme*. Barcelone, 1885 (en catalan).

toutes les imaginations depuis les rivages des Asturies
jusqu'au détroit de Gibraltar, les chroniqueurs catalans continuent à enregistrer minutieusement les
moindres échauffourées de rues ou les arrivages du
port, sans se préoccuper autrement de la recherche
de l'Eldorado ou de la source de Jouvence. C'est ainsi
que la Catalogne de nos jours fournit à l'Espagne
beaucoup plus de négociants et de banquiers que
d'hommes politiques. Les questions de politique
générale la laissent indifférente. Mais au contraire
son particularisme inné, dans lequel entre une forte
part d'antipathie instinctive contre la politique
madrilène, est prêt à se réveiller à toute occasion.
Déjà elle a réussi à restituer le caractère de langue
littéraire à son idiome qui, entièrement négligé jusqu'au premier quart de ce siècle, était en voie de
dégénérer en simple patois. Elle ne borne point là
ses aspirations ; elle verrait sans regret devenir plus
lâche le lien qui l'unit au reste de la monarchie espagnole, oubliant qu'elle doit à cette union même le
champ d'exploitation privilégié dont elle profite.

Ce qu'est aujourd'hui Barcelone, Tarragone le fut autrefois.
Lorsque la domination romaine eut développé les ressources
et le commerce de l'Espagne, Tarragone grandit rapidement et
devint une des principales villes de l'Empire. Elle fut la métropole d'une des trois provinces entre lesquelles Auguste divisa
la péninsule. Il ne lui est resté de cette grandeur que son titre
de siège archiépiscopal pour la Catalogne. Elle n'a plus que
25,000 habitants ; mais les inscriptions, les restes de murs et
d'édifices, surtout un aqueduc célèbre, attestent sa splendeur
passée. L'ancien port, entièrement comblé par les alluvions, a
été remplacé de nos jours par un port artificiel, dont le mouvement s'est accru dans ces dernières années.

Valence et Alicante. — Historiquement le royaume
ou gouvernement militaire de Valence se rattache au
groupe aragonais catalan, puisque c'est par les armes
de Jaime 1er d'Aragon qu'il fut enlevé (1) aux Maures.

(1) Conquête de la ville de Castellon, 1233 ; — de la ville de Valence,
1237.

Le dialecte valencien est plus voisin du catalan que de l'espagnol; il se rattache, comme celui des Baléares, au domaine linguistique de la langue d'oc, qui comprend les idiomes locaux du sud de la France. Néanmoins, malgré les mélanges qui ont été le résultat de l'union politique et les rapports commerciaux avec la Catalogne, le pays et la population diffèrent sensiblement au nord et au sud de l'embouchure de l'Ebre. Valence est en quelque sorte à la Catalogne ce qu'est l'Andalousie par rapport à la Castille. Par le genre d'exploitation du sol, par le costume et les allures des habitants, l'ancien royaume de Valence, « ce paradis habité par des diables », conserve le caractère que lui ont imprimé plus de cinq cents ans de domination arabe. Le golfe, qui commence au sud du delta de l'Ebre et dont la faible concavité se déroule jusqu'au cap de la Nao, est bordé par une côte basse et sablonneuse, qui offre peu de facilités à la vie maritime. C'est aux produits du sol que les villes du littoral doivent leur prospérité : Vinaroz, Benicarlo et Murviedro (1) ont des vignobles renommés, auxquels les chemins de fer ouvrent un débouché avantageux vers la France. Les cultures d'orangers prospèrent dans la plaine de Castellon, à l'aide des procédés d'irrigation introduits par les Maures. C'est surtout dans la *huerta* de Valence que la science de l'arrosage est poussée à la perfection. Les eaux du Guadalaviar sont distribuées d'après un système de canaux et de rigoles dont l'usage est strictement réglé par le *tribunal de aguas*, sur une étendue de 8,400 hectares. Plus de cinquante villages d'horticulteurs se groupent dans la banlieue de Valence. La ville, encore enfermée dans son enceinte de tours et de murs à créneaux, a gardé les rues tortueuses des anciennes cités moresques. Elle communique par une allée ou *alameda* longue de trois quarts de

(1) Vinaroz, 10,000 habitants ; — Benicarlo, 7,000 hab; — Murviedro (*vieux murs*) est bâti sur le site de l'antique Sagonte : 7,000 hab.

lieue avec son port artificiel de Villanueva del Grao.
Mais c'est moins comme ville maritime que comme
marché agricole, siège d'industrie de soieries et résidence de riches familles aristocratiques, que Valence
maintient sa prospérité ; car elle est la troisième ville
d'Espagne par sa population (1).

D'après les divisions naturelles de la géographie,
physique, le royaume de Valence devrait se terminer
aux promontoires escarpés qui projettent en mer les
caps San-Antonio et de la Nao.

Cette puissante saillie de la côte détermine, en effet,
un changement, qui a déjà été décrit, dans la physionomie du pays et le climat. Cependant la province d'A-
licante est depuis longtemps une annexe du royaume
de Valence ; elle fait partie de l'héritage aragonais et
non de celui de Castille. Le dialecte se rapproche du
valencien. Il a été question plus haut d'Elche et d'Orihuela, ces premiers et singuliers spécimens d'oasis
sahariennes en territoire européen. Nous nous bor-
nerons donc à signaler les remarquables progrès de la
ville d'Alicante (2). Ces progrès sont dus en partie aux
travaux accomplis pour l'amélioration du port, mais
surtout à la construction de chemins de fer. Alicante
est tête de ligne d'une des principales voies ferrées
de l'Espagne, celle de Saragosse-Madrid-Alicante. Elle
est en outre reliée depuis peu à Murcie par un embranchement qui la met en rapport avec les riches
végas échelonnées sur son parcours.

Baléares. — L'archipel des Pityuses et des Baléares
forme un petit monde à part : sultanat arabe, puis
royaume chrétien incorporé seulement en 1343 à la
couronne d'Aragon. A cette époque les pilotes de Majorque se distinguaient parmi les plus habiles de la
Méditerranée ; maintenant encore la vie maritime y est

(1) Castellon de la Plana, 23,000 hab.; — Valence, 114,000 hab.
(2) Alicante, 35,000 hab.

assez active. Après Barcelone et Bilbao il n'y a pas de
port en Espagne qui possède plus de voiliers que
Palma. Les voiliers des Baléares abondent à Barcelone
et à Marseille, les balancelles de Majorque transportent
chaque année à La Nouvelle ou à Cette les oranges
du Val de Soller, et des bateaux à vapeur majorcains
relient régulièrement Palma aux principaux ports de
la côte d'Espagne. Situées à mi-chemin entre le golfe
du Lion et l'Afrique, les îles de Majorque et de Minorque, qui constituent les Baléares proprement
dites (1), offrent de précieux ports de refuge contre
les vents du nord, parfois si violents, qui règnent
pendant les deux tiers de l'année au-dessus de l'archipel. La haute chaîne de calcaire jurassique qui
borde la côte septentrionale de Majorque, forme un
écran naturel derrière lequel s'abrite le port de
Palma. L'île de Minorque possède dans Port-Mahon
une des plus belles rades de la Méditerranée ; les
Anglais, qui s'en étaient emparés par surprise en
1708, ne s'en dessaisirent qu'à regret en 1783.

Pour avoir une idée de ce qu'était encore Palma il
y a trois siècles, il faut voir sa *Lonja* ou halle aux
marchands, un de ces monuments dans lesquels les
cités commerçantes d'autrefois mettaient leur orgueil,
et qui est un des plus curieux édifices de ce genre.
Dans les vieux hôtels de ses familles aristocratiques,
dans les nombreux établissements publics ou privés
qu'elle entretient, on reconnaît encore l'ancienne
capitale.

Minorque n'a jamais subi sans jalousie la suprématie de sa plus grande voisine. Pour le Mahonnais
ou habitant de Minorque il n'est pas d'autre patrie
que sa petite île. Jaloux de ses voisins insulaires, il
ne consent pas volontiers à être traité d'Espagnol.
L'émigration amène aujourd'hui dans notre Algérie

(1) Majorque, 3,391 kilom. carrés et 229,000 hab. (67 par kilom. carré).
— Minorque, 730 kilom. carrés et 31.500 hab. (43 par kilom. carré).

un grand nombre de ces *Mahonnais*, qui par leur douceur, leur honnêteté, leurs qualités laborieuses, forment un des meilleurs éléments de la colonie.

Résumé de l'état actuel.

Lorsqu'on a repassé dans son esprit toutes les diversités régionales dont l'agglomération constitue le
royaume d'Espagne, ce n'est pas sans surprise qu'on
voit l'uniformité que présente l'organisation politique.
Chacune des 49 provinces actuelles a son gouverneur
nommé par le roi et assisté par une députation provinciale élue par les représentants des communes.
Chaque commune a son conseil (*Ayuntamiento*) présidé
par un *alcade*. Le pouvoir législatif est exercé par le
roi et les *Cortès* (Sénat et Chambre des députés):
Sénat composé par moitié de membres nommés par
le souverain et de membres élus; députés choisis
pour cinq ans par tout Espagnol payant au moins
25 francs d'impôt. L'administration de la justice est
organisée d'après le système français : tribunaux de
première instance, cours d'appel, *tribunal de justice* ou
cour de cassation. — L'histoire contemporaine de l'Espagne montre qu'en réalité le particularisme ne perd
pas ses droits. Il y a centralisation plutôt qu'unité.

L'Espagnol, surtout celui du Nord, a souvent fait
preuve de réelles qualités militaires. L'armée, qui
est actuellement bien équipée, compte environ
450,000 hommes sur le pied de guerre. Une singularité fâcheuse de l'armée espagnole est le grand nombre de généraux ; on en comptait récemment jusqu'à
539 ! (1) — De grands efforts ont été faits dans ces
dernières années pour relever la marine militaire.

(1) Il y en a environ 300 dans l'armée française, dont l'effectif numérique est presque triple de l'armée espagnole.

La flotte compte aujourd'hui 7 navires cuirassés, dont le plus beau, la *Numancia*, sort des ateliers de la Seyne. L'armée navale est d'environ 14,000 hommes.

Un grand poids pèse sur la situation économique de l'Espagne : c'est une dette dont le chiffre n'est dépassé que par celles de la France et de l'Angleterre, et qui monte au delà de 6 milliards de francs. Néanmoins les chemins de fer commencent à faire sentir leur influence sur la richesse publique. La nature du sol opposait des difficultés particulières à leur construction : l'Espagne n'en possède encore que 10,000 kilomètres, chiffre faible en lui-même, et dont l'insuffisance est encore accrue par l'absence de bonnes routes pouvant servir d'affluents, par la lenteur de l'exploitation et la cherté des tarifs. Malgré tant de désavantages, les effets d'une meilleure circulation des produits n'ont pas tardé à se faire sentir. Pour ne parler que des vins, l'Espagne s'est mise en état d'en exporter par an 5 à 6 millions d'hectolitres en France.

Il a été fait de grands travaux pour l'amélioration d'un certain nombre de ports, et en général leur activité est en progrès très sensible, surtout depuis dix ans. Il est vrai que le pavillon étranger a profité de cet accroissement dans une proportion beaucoup plus forte que le pavillon espagnol. La marine marchande de l'Espagne traverse péniblement la crise de transformation dans laquelle sont plus ou moins engagées toutes les nations maritimes. D'une part on constate une diminution continue de la marine à voile, et comme conséquence de la ruine des anciens chantiers de construction, un trouble qui se fait sentir dans les habitudes des populations des côtes. D'autre part, il est vrai, on trouve une augmentation du tonnage à vapeur. Dans la comparaison des marines à vapeur, l'Espagne semble tenir aujourd'hui un rang élevé, puisqu'elle vient au cinquième rang, après l'Angleterre, la France, l'Allemagne et les États-Unis. Toutefois la valeur de ce chiffre est un peu illusoire : elle est infirmée par ce fait que près d'un quart de ce tonnage n'est espagnol que de nom (1) ; en bien des cas le pavillon n'est qu'un passeport permettant aux étrangers d'éviter les droits dont est frappé pour eux le commerce des colonies espagnoles.

Malgré quelques oscillations, le commerce extérieur est en progrès, surtout à l'importation. Il s'est élevé en moyenne dans ces dernières années à la valeur d'un milliard de francs et demi ; c'est dire que le commerce de l'Espagne ne dépasse pas en somme celui que fait la Suisse. La France et l'Angleterre sont les pays avec lesquels il y a le plus de relations ; puis vient Cuba. En effet, dans le commerce général de l'Espagne, le commerce avec les colonies entre dans la proportion de 9 et demi pour 100 ; proportion très considérable, encore inférieure, on le comprend, à celle qu'on constate entre la Grande-Bretagne et ses immenses dépendances, mais qui n'est atteinte même de loin par aucune autre puissance coloniale d'Europe. Une grande partie du commerce extérieur de l'Espagne repose sur les colonies, les Philippines et surtout Cuba. Il est donc du plus grand intérêt pour elle de les conserver. Elle a mis dix ans, de 1868 à 1878, à venir à bout de l'insurrection de Cuba.

L'Espagne fut dans l'antiquité un grand pays métallurgique. Elle peut le redevenir encore : car outre le fer et le cuivre, elle possède en abondance la houille. Déjà sur bien des points les capitaux étrangers se sont employés avec succès à l'exploitation de ses ressources. Cependant elle est loin encore de tirer parti de toutes celles que la nature a enfouies dans son sein. Ainsi les riches mines de charbon de la Catalogne n'ont qu'une production insignifiante.

(1) Ricart-Giralt, *Nuestra marina mercant.*, page 33 (Barcelone 1887).

C'est surtout du problème des moyens de transport que dépend l'avenir industriel de la péninsule. Nulle part leur insuffisance ne s'est fait plus sentir, tant au point de vue économique que politique ; nulle part peut-être il n'est permis d'attendre davantage de leur développement. Si l'Espagne réussit un jour à établir des communications aisées entre ses parties, elle aura réellement triomphé de sa grande fatalité géographique.

ROYAUME DE PORTUGAL

Superficie : 92,075 kilomètres carrés.
Population : 4,708,178 habitants (1).

Composition territoriale. — On aurait tort de considérer le Portugal comme une région naturelle, au même titre que la Castille, l'Andalousie et même l'Aragon. Les parties dont se compose ce petit royaume sont en réalité très diverses. Les âpres montagnes qui remplissent la province de Traz-os-montes et une portion de celle de Beira, représentent une nature tout autre que les verdoyantes et populeuses vallées de la province du Minho. Dans l'Estremadoure et l'Alemtejo s'ouvrent d'assez grandes plaines, généralement mal cultivées, terrains de pâture à l'aspect de steppes. Dans le Minho la densité de la population atteint 139 habitants par kilomètre carré ; dans l'Alemtejo elle est seulement de 15. Toute différente du reste du royaume est à son tour la petite province qui en forme l'extrémité méridionale : l'Algarve au climat africain, qu'isole une muraille de chaînes continues, dernier prolongement de la sierra Morena, et qu'aucun chemin de fer ne relie encore aux autres provinces. Par ses produits et les occupations de ses habitants elle forme un canton à part.

Situation maritime. — S'il y a quelque chose de commun dans cette bande de territoires assez hétérogènes, c'est la position maritime. La frontière

(1) Chiffres de 1881 (avec Madère et les Açores, mais sans les colonies).

orientale se déroule parallèlement à la côte, et s'en éloigne rarement de plus de cinquante lieues. Le Portugal est un pays d'embouchures fluviales. Par son extrémité septentrionale le royaume atteint le cours inférieur du Minho, et celui du Guadiana par son extrémité méridionale ; il possède en entier la seule partie qu'on pourrait rendre navigable des deux principaux fleuves du plateau castillan, le Douro et le Tage. Situé à l'extrémité occidentale du continent, il a un développement de côtes de 733 kilomètres.

Mais ce littoral est loin de présenter les mêmes avantages maritimes que celui de la Galice. Aux découpures profondes dessinant de vastes ports naturels succède, au sud de l'embouchure du Minho, une côte qui se déroule, pendant plus de quarante lieues, plate et rectiligne. L'estuaire du Douro est l'unique porte qui s'y ouvre à la navigation. Au cap Mondego la côte commence à redevenir rocheuse. Les derniers éperons de la grande arête centrale qui traverse la péninsule, se rapprochent du littoral et font saillie au cap da Roca, promontoire extrême de l'Europe. C'est un roc granitique qui se dresse presque à pic à 127 mètres au-dessus de l'Océan. Cette extrémité de l'Europe est un des plus beaux coins de la terre. Dominant l'Océan, le merveilleux château de Cintra s'élance au milieu de la verdure, tandis qu'au sud s'ouvre l'embouchure du Tage, vestibule de la baie de Lisbonne, qui soutient la comparaison avec celle de Naples.

A la magie de la nature s'unit l'intérêt des souvenirs historiques. La baie de Lisbonne, s'enfonçant de plus de six lieues vers l'intérieur, isole à l'est cette proéminence du littoral que l'Océan cerne également à l'ouest et au sud. De là résulte une sorte de péninsule, dans laquelle une armée d'ailleurs maîtresse de la mer n'a qu'à se défendre du côté du nord. On sait le parti que sut tirer Wellington, en 1810, de cette disposition de terrain. Retranché derrière les lignes de Torres-Vedras, il s'y maintint pendant cinq mois contre Masséna, jusqu'au jour où il put à son tour prendre l'offensive.

Au sud de l'embouchure du Tage la baie de Sétubal, dont les marais salants, déjà célèbres dans l'antiquité, donnent encore lieu à un grand commerce, trace une dernière échancrure dans le littoral. Il reprend ensuite son allure monotone, qu'il garde pendant quarante lieues sans presque dévier de la direction de la méridienne. Brusquement, au cap Saint-Vincent, la direction change et tourne à l'est. Ce promontoire fameux est un roc de calcaire jurassique, surmonté d'un phare et d'un couvent en ruine ; il se dresse à pic vers la terre et s'élève à 80 mètres. Les anciens, qui croyaient y voir la borne du monde habité, l'appelaient le promontoire Sacré. Ce nom s'est conservé dans celui de la petite ville de Sagres, aujourd'hui simple village, dont l'origine remonte au choix que fit de cette position l'infant Dom Henri pour y établir sa résidence à partir de 1416. C'est là que le prince navigateur préparait les expéditions maritimes le long de la côte occidentale d'Afrique. Le littoral de l'Algarve, qui se déroule ensuite jusqu'à l'embouchure du Guadiana, offre de nombreuses petites rades abritées, animées par une population de marins qui se livrent à la pêche du thon et de la sardine. C'est à peu près la seule partie du littoral portugais qui soit heureusement disposée pour la vie maritime. Abritée par les montagnes, elle est baignée par une des mers les plus poissonneuses de l'Europe. De véritables flottilles de bateaux en partent chaque année, du mois de mai au mois d'août, pour faire la pêche sur la côte occidentale du Maroc.

Les Portugais ne sont pas cependant aujourd'hui un peuple navigateur, car leur marine marchande est inférieure à toutes les autres marines européennes, à l'exception de la Turquie et de la Roumanie (1). Ils ne l'étaient guère davantage au commencement du quin-

(1) Marine marchande du Portugal en 1885 : 104,348 tonnes, dont 82,049 pour les navires à voile et 22,299 pour les navires à vapeur.

zième siècle. Ils le devinrent alors, à travers beaucoup de tâtonnements, par une suite d'efforts soutenus avec une remarquable énergie. Mais ce n'étaient pas eux qui avaient les premiers sondé les mystères de l'Océan, et tiré de leur obscurité les îles qui en interrompent les solitudes vers l'ouest. Les Dieppois, les Italiens et même les Catalans (1) les avaient précédés dans la voie des grands voyages. Longtemps avant que les Portugais eussent appris à se hasarder loin des côtes, les archipels de Madère et des Açores avaient paru nettement sur les cartes, et c'est par des noms italiens, probablement génois, que les désignent les portulans du quatorzième siècle.

Développement historique. — Le royaume du Portugal est le résultat d'un développement historique qui offre de grandes analogies avec celui du grand royaume voisin. Le noyau est la région côtière comprise entre le Minho et le Douro. C'est à cette petite contrée que s'appliqua d'abord exclusivement le nom de Portugal, après qu'elle eût été enlevée aux Maures, vers le milieu du onzième siècle. En 1107 le roi de Castille Alphonse VI en investit le capétien Henri de Bourgogne en récompense des services rendus et à charge de continuer la conquête. Les anciennes cités de Braga et de Guimaraez (2), situées dans cette contrée, furent les centres d'organisation d'où la chevalerie chrétienne, française en partie d'origine, poussa au douzième siècle ses avant-postes du Douro au Tage et du Tage au Guadiana. La *reconquista* marcha donc du nord au sud, comme celle de l'Espagne, mais tout à fait en dehors d'elle.

(1) Dans la carte catalane de 1375 est consigné le fait que, le 10 août 1346, un navire partit, sous la conduite de Jaume Ferrer de Majorque, à la recherche de la Rivière de l'or sur la côte occidentale d'Afrique.
(2) Braga, siège de l'archevêque-primat du Portugal, 20,000 hab.; — Guimaraez, 8,000 hab.

Les noms des provinces historiques (1) retracent le développement territorial du royaume. Derrière les montagnes qui bordent à l'est le Portugal primitif se trouve la province d'au delà des monts, *Traz oz Montes*. Au sud ce fut en s'avançant le long de la côte (*Beira*) que les armes chrétiennes atteignirent les plaines du Tage inférieur, qui restèrent pendant quelque temps l'extrême limite pour le royaume maritime fondé sur les bords du Douro. De là le nom d'*Estremadoure*, qui, chez la province portugaise comme chez la province espagnole son homonyme, marque un point d'arrêt dans la conquête. A l'Estremadoure succède l'*Alemtejo*, ou contrée située au delà du Tage. Quant à la province reculée de l'*Algarve*, elle a conservé le nom arabe sous lequel elle avait été constituée en royaume du temps de la domination musulmane. Elle s'ajoute au royaume comme annexe, plutôt qu'elle ne fait corps avec lui ; et ce n'est pas sans raison que dans la formule officielle de ses titres le souverain est désigné comme roi de Portugal et des Algarves.

Les capitales ont suivi du nord au sud la marche de la conquête. A l'origine c'est Guimaraëz qui sert de résidence aux comtes, puis rois de Portugal. Puis, vers la fin du douzième siècle, la ville de Coïmbre (2) devient la capitale préférée ; et ce n'est qu'à l'avènement de Jean 1er (1835) que les rois de Portugal adoptent définitivement Lisbonne.

Populations. — Malgré une longue communauté d'histoire, l'assimilation est loin d'être complète entre les populations de sang principalement ibère, celte ou arabe qui entrent dans la composition du royaume. Il n'existe pas en Portugal, a-t-on pu dire, de type national

(1) Les six provinces historiques sont divisées depuis 1835 en 17 districts, seuls en usage comme centres administratifs.
(2) Coïmbre, sur le Mondego, 13,000 hab., la ville universitaire du Portugal.

précis (1). En tout cas les contrastes provinciaux y sont
aussi accentués qu'en Espagne. La vie urbaine, ce
puissant instrument de mélange, a toujours été faible.
Après Lisbonne et Porto on ne trouve pas de ville au-
dessus de 20,000 habitants. Il est des contrées reculées, comme l'Alemtejo, qui passent pour fort inhos-
pitalières. Dans ces anciennes frontières du monde
chrétien, sur lesquelles la désolation des longues
guerres a laissé sa marque, il semble qu'une sorte de
méfiance sauvage ait passé dans le caractère des habitants. Au contraire il y a dans la péninsule entière peu
de populations aussi aimables que celles de la province de Minho, berceau historique du Portugal. Ici,
rien d'africain ni dans la nature ni dans les habitants. La fraîcheur de la verdure et l'abondance des
eaux ferait penser à la Bretagne et à l'Irlande, si la
hauteur inusitée des rhododendrons, des magnolias,
des camélias et la présence même de l'oranger dans
les vallées très abritées ne trahissaient pas le sud.
Partout se montrent des signes d'activité et de travail. Malgré l'extrême densité de la population qui
force une partie des habitants à chercher fortune
au dehors, l'aisance est plus répandue que dans
les autres provinces portugaises. La coupe et les
traits des visages rappellent ceux que l'on est habitué
à rencontrer dans les parties de l'Europe occidentale
où les races celtiques semblent s'être maintenues avec
le moins de mélange. Il n'est pas douteux que les
populations celtiques que l'antiquité nous montre en
possession du nord-ouest de la péninsule, ne forment
encore le fond des habitants de ce canton septentrional portugais. La domination arabe y fut trop
courte pour prendre racine. Elle n'a laissé de traces
ni dans la nomenclature géographique ni dans la
langue. Les sons gutturaux qui trahissent son
influence dans la langue castillane, ne se trouvent

(1) Minutoli, *Portugal*, page 51.

pas dans le portugais. Ce qui distingue ce dernier idiome non seulement de l'espagnol mais des autres langues romanes à l'exception du français, c'est l'existence de diphtongues nasales. On a cherché l'origine de cette singularité dans les influences françaises qui se firent jour auprès de la dynastie capétienne de Portugal : il est plus naturel d'y voir un indice de cette origine celtique, que tout confirme d'ailleurs pour la contrée où s'est formée la langue portugaise.

Villes. — C'est aux embouchures des deux principaux fleuves que sont situées les deux grandes villes du Portugal. Porto s'élève sur un rocher de granit qui domine la rive droite du Douro à 6 kilomètres de l'embouchure (1). La vallée au fond de laquelle coule le fleuve est franchie par un pont en fer, œuvre française des plus hardies qu'ait exécutées l'industrie moderne. Comme le Douro est encore assez encaissé à cet endroit, son courant en temps de crues prend une violence qui le rend dangereux pour les navires. De plus il transporte jusqu'à la mer son fardeau d'alluvions presque intact, qui forme en se déposant devant l'embouchure une barre très gênante. Malgré ces inconvénients, la ville conserve une notable activité, industrielle au moins autant que commerciale. C'est sur les collines qui bordent le fleuve à vingt lieues en amont, que sont surtout récoltés les vins qu'elle expédie en Angleterre. Porto exerce sur la politique du royaume l'influence que donnent les capitaux et l'habitude des affaires ; elle est avec Lisbonne le principal organe de l'opinion publique.

Position de Lisbonne. — S'il était permis de supposer, en dépit de l'histoire et en dehors de toute probabilité future, que le Portugal et l'Espagne, ayant accompli leur union, régnassent de concert sur les colonies qui constituaient autrefois leur domaine le

(1) Porto ou O porto (le port), 106,000 hab.

long de la périphérie tropicale et australe du globe, il y aurait dans la péninsule une capitale digne de ce magnifique empire. Ce ne serait ni Madrid trop reculé et trop intérieur, ni Barcelone trop tournée vers la Méditerranée, ni même Cadix ou Séville : Lisbonne seule offrirait un centre naturel pour cette domination cosmopolite. Là serait la capitale du pays de l'Ouest, de l'Hespérie de l'ancien monde, si ce nom pouvait signifier autre chose aujourd'hui qu'une réminiscence archéologique.

Entre les masses rocheuses du cap da Roca et du cap Espichel s'ouvre un étroit goulet qui donne accès à une baie encadrée de collines, qui a environ trois lieues de large sur cinq de long. En amont de cette baie, alternativement balayée par le flux et le reflux, le Tage se jette après avoir formé un delta. En aval et sur la rive droite, au point même où commence le chenal de communication avec la mer, est bâtie Lisbonne.

Une rade aussi vaste et aussi naturellement protégée eût partout attiré l'attention des navigateurs ; sur une côte aussi inhospitalière que la côte occidentale du Portugal, elle s'imposait à eux. C'est ainsi que cette position privilégiée vit s'élever, sous le nom d'*Olisipo*, origine du nom actuel, une des villes les plus anciennes de la péninsule.

Ce n'est toutefois qu'avec le temps que Lisbonne put pleinement développer les avantages de sa position géographique. Jusqu'aux découvertes du quinzième siècle elle n'avait été qu'une étape entre la Méditerranée et les mers du nord de l'Europe ; mais lorsque le sud de l'Afrique eut été doublé et qu'on eut reconnu les bords opposés de la vallée Atlantique, il se trouva que Lisbonne occupait aussi une position privilégiée par rapport aux grandes routes du monde. Les découvertes de Vasco de Gama et d'Alvarez Cabral furent pour elle le signal d'une prospérité qui atteignit au commencement du seizième siècle son point culminant.

Il y avait à cette prospérité deux causes : l'une qui ne pouvait être que passagère, parce qu'elle tenait à une combinaison d'événements historiques ; l'autre qui devait durer ou du moins revivre parce qu'elle reposait sur des rapports naturels. Lisbonne cessa d'être le grand marché d'épices pour l'Europe entière, quand la puissance coloniale du Portugal fut tombée sous les coups des Hollandais. Mais à mesure que les relations se sont développées entre le nord de l'Europe et les parties australes d'Afrique et d'Amérique, ce port magnifique, placé à l'extrémité sud-ouest de notre continent, est devenu le point de relâche presque obligatoire des lignes de navigation qui se dirigent vers ces contrées. De Bordeaux, de Southampton, de Brème, de Hambourg, les paquebots qui se rendent à Buenos-Ayres et à Montevideo touchent à Lisbonne (1). Elle reçoit régulièrement la visite des bateaux de la *Pacific Steam navigation* qui vont de Liverpool à Valparaiso, de la *Colonial mail line* qui de Dartmouth se rendent au Cap. Les relations nouvellement ouvertes avec le Congo apportent aussi leur tribut d'activité. Une compagnie subventionnée par le gouvernement portugais s'apprête à exécuter en treize jours la traversée de Lisbonne à Loanda : c'est à peu près le temps qu'exige le voyage de Lisbonne à Pernambouc, port le plus oriental du Brésil.

La métropole du Tage est une porte ouverte vers ce monde de l'Amérique du Sud, si fécond et si riche,

(1) Les principales compagnies dont les bateaux touchent à Lisbonne dans leurs voyages vers l'Amérique du Sud sont : les *Messageries maritimes* (entre Bordeaux et Buenos-Ayres) ; les *Chargeurs réunis* (Havre au Brésil); la *Royal mail steam navigation C°*, (Southampton à Buenos-Ayres) ; le *Nord Deutsche Lloyd* (Brème à Buenos-Ayres); la C° de *Hambourg au Brésil*. — Voyez la *chart of the World* de H. Berghaus, où s'exprime d'une façon saisissante cette concentration des lignes de communication à Lisbonne.

où de nouveaux peuples se forment sous nos yeux, et qui devient de plus en plus une sorte de sœur cadette de l'Europe méridionale. Le spectacle du port de Lisbonne offre comme un avant-goût de celui que présentent les villes qui lui font face sur l'autre bord de l'Atlantique. Nulle part en Europe on ne voit autant de nègres, de mulâtres, de métis de toute espèce. Le Brésilien au teint brun s'y croise avec l'habitant de Madère, que son costume entièrement blanc rend reconnaissable. Les pavillons de tous les pays flottent dans la rade, dont le mouvement suit depuis quinze ans une progression ascendante. Il s'est élevé à plus de 3 millions de tonneaux en 1883. Toutefois la plupart des navires étrangers ne font que passer et se contentent de prendre de l'eau et du charbon. Le mouvement commercial n'est pas en rapport avec le mouvement de transit, quoique le marché de Lisbonne tende à prendre quelque importance pour les produits africains, tels que le café, l'huile de palme, l'orseille, la gomme, etc. (1).

Colonies portugaises. — Longtemps endormi dans la jouissance des revenus qu'il tirait de ses colonies, et oubliant de tirer parti de ses propres ressources, le Portugal tomba dans une triste situation économique par la perte de ses plus riches établissements (2). C'est alors qu'il fut réduit à la condition de tributaire de l'industrie anglaise. La Grande-Bretagne exerça longtemps une suprématie exclusive sur le marché portugais, au détriment des finances et des intérêts vitaux du pays. De grands efforts tentés pour secouer cette tutelle depuis un quart de siècle ont abouti enfin à de sérieux résultats : les éléments d'une industrie manufacturière nationale se sont formés à Porto et à Lisbonne.

(1) Lisbonne, 213,000 hab.
(2) Le Brésil, qui lui était resté fidèle après la perte de la plupart de ses possessions indiennes, et où la famille royale de Bragance avait trouvé asile au moment de l'invasion française en 1807, se sépara de la métropole et se constitua en un empire à part en décembre 1822.

Cependant ce sont toujours des produits manufacturés que le Portugal continue à recevoir principalement du dehors, tandis qu'il n'exporte que des produits naturels, du bétail, des fruits et surtout du vin. L'importation dépasse de beaucoup l'exportation, et les vins entrent à eux seuls pour plus de moitié dans le total de cette dernière. L'Angleterre tient toujours la tête parmi les puissances avec lesquelles le Portugal fait du commerce ; la France et le Brésil ne la suivent que de fort loin. Il est visible toutefois que la part proportionnelle de l'Angleterre diminue d'année en année, moins il est vrai en notre faveur qu'au profit de la Belgique et de l'Allemagne, les deux pays dont l'essor commercial est bien décidément le trait caractéristique de cette dernière période.

De l'empire colonial fondé par les Portugais à la fin du quinzième siècle il ne reste que des débris. Les archipels de Madère et des Açores ne comptent pas au nombre des colonies ; sous le nom d'*îles adjacentes* ils sont rattachés à la partie européenne de la monarchie. Pourtant Madère est à près de 1,000 kilomètres de Lisbonne, et Terceira, la capitale des Açores, à plus de 1,500 kilomètres ! (1)

Les possessions d'*outre-mer* ou colonies proprement dites forment deux groupes, l'un en Asie et en Océanie, l'autre en Afrique. Au premier groupe appartiennent Goa, l'île de Diu et le fort de Damao dans l'Inde, la position contestée de Macao sur la côte méridionale de Chine, la moitié orientale de Timor dans l'archipel de la Sonde. Les possessions africaines qui constituent le

(1) Le groupe alors inhabité de Madère et Porto-Santo fut reconnu d'abord par les Génois, puis en 1419 par les Portugais. Ils donnèrent à l'île principale le nom de *Madera* (bois) à cause des forêts dont elle était couverte. Ces forêts disparurent, mais à leur place la vigne importée de Chypre réussit à merveille sur ce sol volcanique. La maladie a porté un coup sensible à cette culture. Mais il reste à Madère son climat et sa fertilité. Plus de 132,000 habitants se pressent sur un espace de 815 kilom. carrés : Capitale, Funchal (21,000 hab.). Le commerce est surtout dans des mains anglaises. — Le groupe des Açores mesure 2,338 kilom. carrés et compte 270,000 hab., dont beaucoup émigrent au Brésil.

second groupe, comprennent les îles du Cap Vert, quelques comptoirs sur les côtes de Sénégambie et de Guinée, les îles de Saint-Thomé et du Prince, enfin les deux grandes masses de territoires qui relèvent du gouvernement d'Angola sur la côte occidentale, de Mozambique sur la côte orientale. En étendue les colonies portugaises ne sont dépassées que par celles de la France et de l'Angleterre ; mais ce reste de grandeur est pure apparence. La vitalité manque. La métropole ne possède ni une force politique ni une force économique en rapport avec les territoires qu'elle détient. Dans l'ensemble du commerce portugais la part afférente au commerce avec les colonies est presque insignifiante ; elle dépasse à peine 2 pour 100 du chiffre total.

Avenir des races de la péninsule Ibérique.

Ce qui représente bien mieux la grandeur passée de ce petit peuple, c'est l'extension de sa langue. Elle règne sur l'immense Brésil. Sur la côte de Guinée les métis portugais ou brésiliens se multiplient avec une étonnante rapidité et ont partout répandu leur idiome. L'immigration portugaise au Brésil est très considérable. Elle produit des relations actives entre l'ancienne métropole et l'empire qui lui doit son origine. Beaucoup d'émigrants reviennent, après avoir fait fortune, dans la mère patrie ; c'est à ces « Américains » enrichis qu'appartiennent la plupart des villas qui contribuent à donner un air d'aisance aux campagnes du Nord.

Le Portugal n'est qu'un petit État en Europe ; l'Espagne même ne compte plus au nombre de ce qu'on appelle les grandes puissances. Mais dans le monde la langue et les mœurs de ces deux peuples tiennent

une large place. Après l'anglais et le russe, l'espagnol
est la langue que parlent le plus grand nombre
d'hommes. Il y a des villes de langue espagnole qui
dès à présent égalent et qui sans doute ne tarderont
pas à dépasser les plus considérables de l'Espagne :
Buenos-Ayres, Mexico, Santiago du Chili, Montevideo, Valparaiso. La plus grande ville de langue
portugaise n'est plus Lisbonne, mais Rio de Janeiro.
L'empreinte espagnole ou portugaise s'étend sur toute
la partie du continent américain qui va des plateaux
du Texas au cap Horn. Non seulement la langue,
mais beaucoup de traits dans la manière de vivre, la
forme des maisons, le style des édifices, rappellent la
péninsule.

L'histoire, il est vrai, a tranché le lien politique
entre la métropole et ses anciennes dépendances.
L'arbre s'étant affaibli, les rejetons ont poussé librement, et d'autant mieux qu'ils n'étaient plus gê-
nés par son ombre. L'Espagne n'a même pas pu,
comme l'Angleterre, conserver du moins le premier
rôle commercial dans les colonies qui s'étaient déta-
chées d'elle ; c'est avec la Grande-Bretagne, la France,
l'Allemagne ou les États-Unis, bien plus qu'avec l'ancienne métropole, que l'Amérique espagnole entretient des relations d'affaires. Malgré tout, il reste
une marque d'origine que l'afflux d'éléments étrangers dans les républiques de la Plata et du Chili ne
parviendra pas à effacer entièrement, et qui pourrait
devenir une source d'avantages commerciaux pour
l'Espagne, si jamais elle reconstituait sa puissance
économique. Si, en effet, les Italiens et les Allemands
au Brésil, les Italiens et les Français vers la république Argentine fournissent de forts contingents
d'immigration, il y a aussi dans la péninsule des
races qui prennent une part active à ce mouvement
et sur lesquelles continue d'agir l'attraction américaine. Les Portugais et les Gallegos se rendent en

foule au Brésil. Les Catalans et surtout les Basques fréquentent les États de la Plata et le Chili. On peut évaluer à 350,000 environ le nombre de nationaux que l'Espagne et le Portugal possèdent actuellement dans l'Amérique du Sud. Il est donc probable que le fond ibérique, fortifié par l'afflux d'éléments nouveaux de même origine, absorbera les éléments étrangers, et qu'il continuera à marquer de son empreinte les peuples grandissants qui se forment dans les parties tempérées du Sud de l'Amérique. La péninsule, en tout cas, a plus à gagner qu'à perdre dans cette émigration qui lui enlève des hommes, mais qui les lui rend en partie, et qui les lui rend alors plus riches, plus actifs, l'esprit plus aiguisé et plus libre.

ROYAUME D'ITALIE

Superficie : 286,588 kilomètres carrés,
Population : 29,699,785 habitants (1).

L'Italie est la contrée qui s'étend depuis les Alpes
jusqu'au détroit de Sicile. Elle se compose d'une partie
continentale, qui est la plaine du Pô, et d'une partie
péninsulaire. Quoique assez différentes sous tous les
rapports, ces deux parties ne sauraient être séparées.
Les Apennins, qui s'interposent entre elles, ne forment
pas un obstacle assez puissant et assez continu pour
servir de barrière. La plaine du nord complète la
péninsule en grande partie montagneuse ; elle lui
donne, près du centre même de l'Europe, une base
continentale par laquelle elle se mêle activement à la
vie commune.

La péninsule italienne a sa continuation en Sicile.
Les gneiss et micaschistes des chaînes Péloritaines
continuent les roches de la Calabre. Ainsi la plus
grande et la plus belle des îles de la Méditerranée est
un appendice naturel des terres italiennes (2). Elle
sert de point de concentration à l'influence italienne
au cœur du bassin méditerranéen.

D'autres îles, moins importantes, gravitent autour
de la péninsule. Mais il serait peu juste de regarder
le couple insulaire de Sardaigne et de Corse comme

---

(1) Recensement du 31 décembre 1885 ; probablement 30 millions aujourd'hui.

(2) La superficie de la Sicile, qui a souvent été l'objet d'estimations
erronées, monte, d'après l'Institut géographique militaire italien, à
25,740 kilomètres carrés, y compris les petites îles voisines. Elle est
donc décidément supérieure à celle de la Sardaigne (24,077 k. c.)

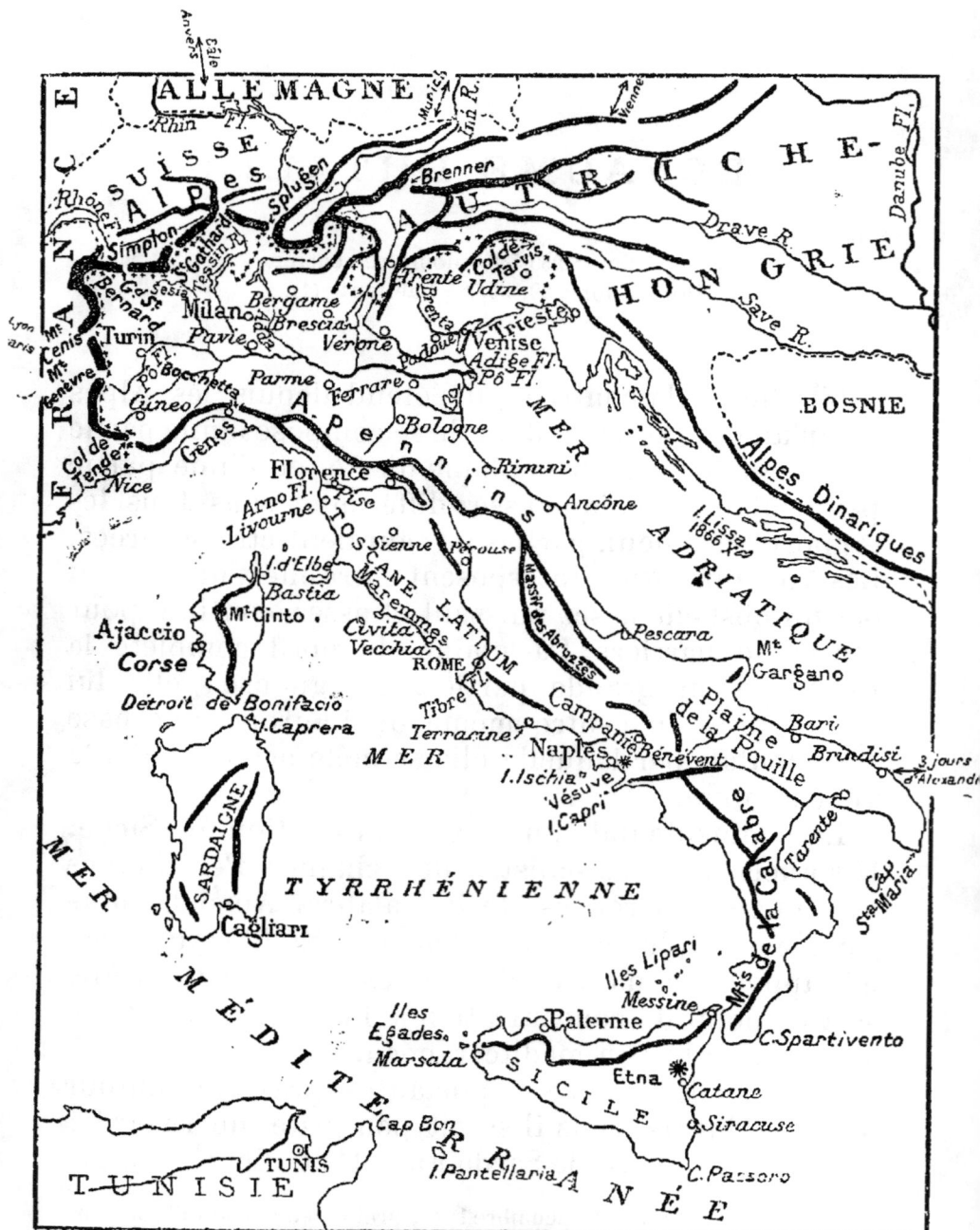

ALLEMAGNE

FRANCE

SUISSE

Alpes

AUTRICHE-

HONGRIE

BOSNIE

Alpes Dinariques

Rhin Fl.

Cge 3E3

Munich

Inn R.

Vienne

Brenner

Drave R.

Danube Fl.

Rhône

Simplon

St-Gothard

Splügen

Tessin Fl.

Save R.

Lyon Paris

Mt Cenis

Mt Genèvre

Gd St Bernard

Sesia Fl.

Col de Tarvis

Trente

Udine

Turin

Milan

Bergame

Brescia

Pavie

Vérone

Brenta

Padoue

Venise

Trieste

Adige Fl.

Pô Fl.

Po Fl.

Bocchetta

Cûneo

Parme

Ferrare

Gênes

Col de Tende

Nice

Apennins

Bologne

Rimini

Ancône

MER ADRIATIQUE

I. Lissa
1866 X

Florence

Arno Fl.

Livourne

Pise

TOSCANE

Sienne

Pérouse

Massif des Abruzzes

Pescara

Mt Gargano

I. d'Elbe

Bastia

Mt Cinto

Maremmes

LATIUM

Ajaccio

Corse

Civita Vecchia

ROME

Campanie

Plaine de la Pouille

Bari

Brundisi

3 jours d'Alexandr

Détroit de Bonifacio

I. Caprera

Tibre Fl.

Terracine

Naples

I. Ischia

Vésuve

I. Capri

Bénévent

MER

SARDAIGNE

MER TYRRHÉNIENNE

Mts de la Calabre

Tarente

Cap Sta Maria

Cagliari

Iles Lipari

Messine

MER MÉDITERRANÉE

Iles Egades

Marsala

Palerme

SICILE

Etna

Catane

C. Spartivento

Cap Bon

I. Pantellaria

TUNIS

TUNISIE

Siracuse

C. Passero

Kilomètres:
0   100   200   300   400   500

une dépendance naturelle de l'Italie. C'est un monde à part, distinct par sa constitution géologique. Si les côtes les plus voisines de la Corse sont celles de l'Italie, les côtes les plus voisines de la Sardaigne sont celles d'Afrique (1).

Aux origines de l'histoire, le nom d'Italie désignait seulement la petite contrée qui constitue l'extrémité méridionale de la péninsule. Peu à peu il gagna de l'extension vers le nord. Cependant, à la fin de la république romaine, il ne s'appliquait encore qu'à la péninsule proprement dite, c'est-à-dire à la région comprise au sud du golfe de Spezia et de Rimini. Au delà commençait le pays ligure et gaulois. Celui-ci ne fut entièrement latinisé que sous Auguste. C'est alors que l'on embrassa officiellement dans le même nom d'Italie la région cernée au nord par les Alpes et enveloppée par la mer. Mais on n'avait pas attendu jusqu'à ce moment pour reconnaître son unité géographique. Déjà Polybe envisageait l'Italie dans son ensemble et comparait, assez inexactement d'ailleurs, sa figure à celle d'un triangle dont la pointe serait dirigée vers la Sicile et dont la base serait formée par les Alpes.

Les limites du nouveau royaume correspondent à peu près à celles de la région géographique. Les Alpes l'enveloppent, au nord, d'un demi-cercle montagneux depuis Vintimille, du côté de la France, jusque vers Palma Nova, du côté de l'Autriche. Cependant le territoire italien n'atteint pas partout la ligne de faîte ; la Suisse, État neutre, et l'Autriche empiètent toutes deux, l'une par le canton du Tessin, l'autre par le Tirol, sur le versant méridional. La longueur de la frontière terrestre est estimée à 1900 kilomètres.

Bien plus longues sont les frontières maritimes. Le littoral italien, y compris les îles, présenterait, d'après de récents calculs, un développement plus de trois fois supérieur à celui de la frontière terrestre, 6341 kilomètres (2). C'est plus de côtes que n'en possède la France, pourtant bien supérieure en étendue.

Position. — L'Italie, à la vérité, n'est pas baignée par d'autres flots que ceux de la Méditerranée. Mais

(1) « Africa parens Sardiniæ », dit Cicéron.
(2) *Annuario statistico italiano*, 1886.

dans cette mer, qui a été et qui est encore un foyer
d'activité considérable, sa position est centrale. Le
méridien qui divise la Méditerranée en deux parties
égales, coupe la Sicile et le sud de l'Italie. Il faut
ajouter que la péninsule par son inclinaison bien
marquée du nord-ouest au sud-est, se conforme à la
direction même de la mer Méditerranée. Elle ne s'in-
terpose pas seulement entre le bassin oriental et le
bassin occidental de cette mer; elle y pénètre, elle
fait pour ainsi dire, saillie dans l'un comme dans
l'autre. Il ne faut que trois jours de Brindisi à Port-
Saïd; il en faut à peu près autant pour se rendre de
Gênes à l'extrémité opposée de la Méditerranée. La
péninsule semble donc destinée par son orientation
autant que par sa position à servir de médiatrice entre
les parties les plus éloignées du monde méditerranéen.
C'est un pont jeté vers le levant.

Au sud, l'Italie se bifurque. Par la Sicile elle se
rapproche de la côte d'Afrique, qui de son côté va
au devant d'elle. Il n'y a que 140 kilomètres entre le
cap Granitola au sud-ouest de la Sicile et le cap Bon;
encore l'île de Pantellaria est-elle située comme un
jalon au milieu de ce passage central de la Méditerranée. On ne peut donc guère passer d'un bassin
dans l'autre sans rencontrer de terre italienne. Déjà
maîtresse du détroit de Sicile, l'Italie tient position
sur le canal siculo-africain, l'autre porte de la
Méditerranée orientale.

Configuration. — Si les avantages de la position
maritime de l'Italie ont été depuis longtemps signalés,
sa configuration a donné lieu à des critiques(1). Aucun
État européen ne souffre d'un tel manque de proportion entre la longueur et la largeur. En longueur
l'Italie dépasse sensiblement la France; elle s'étend

---

(1) Sur le premier point, voir Strabon; livre VI, 4, 1. — Sur
le second, voir Ritter, *Europa, Vorlesungen,* p. 309); et l'opinion
de Napoléon.

sur plus de dix degrés de latitude. Le massif alpestre
de l'Ortler, qui est à peu près le point le plus septentrional, correspond en latitude au centre de la France,
tandis que le cap Passero et le sud-est de la Sicile
correspondent à l'Algérie. On compte 1113 kilomètres
le long de la voie ferrée qui traverse l'Italie en diagonale du lac de Côme au port d'Otrante. Au contraire,
la largeur n'atteint pas 500 kilomètres entre le col du
Mont Cenis et l'embouchure du Pô; elle varie, dans la
partie péninsulaire, entre 140 et 200 kilomètres.

Cette configuration a pendant longtemps rendu les
rapports rares entre le sud et le nord; les populations
s'y sont facilement habituées à vivre à part les unes des
autres et ont contracté dans la différence des mœurs
des instincts de particularisme que l'unité n'a pas
encore effacés. Ces différences vont s'atténuant dans le
royaume au moins à la surface. Mais quand les deux
éléments sont laissés à eux-mêmes, ils retournent à la
séparation. C'est ce qu'on observe à l'étranger et
surtout en Amérique, vers laquelle se portent deux
courants d'émigration distincts, l'un du nord et l'autre
du sud. Les deux courants ne se mêlent guère et
donnent lieu à deux populations distinctes.

ITALIE DU NORD

L'Italie du nord consiste principalement en une
plaine comprise entre les Alpes, les Apennins et la
mer Adriatique.

Plaine du Pô. — Très allongée dans la direction de
l'ouest à l'est, le long du 45° de latitude dont ne
s'éloigne guère le cours du Pô, cette plaine est beaucoup moins étendue du nord au sud. Entre Suze et
Venise on compte environ 468 kilomètres, soit plus
de quatre fois la distance moyenne que conservent

entre eux les Apennins et les Alpes. Cependant, à
l'est d'une ligne qu'on pourrait tirer de Bologne à
Vicence, les deux systèmes montagneux s'écartent
l'un de l'autre. Les Apennins restent fidèles à leur
direction rectiligne vers le sud-est; les Alpes, après
avoir achevé l'immense arc de cercle qu'elles décrivent
depuis le col de Cadibone jusqu'à Vérone, s'éloignent
dans la direction du Frioul. La plaine s'épanouit alors
sensiblement le long de l'Adriatique et présente une
étendue de côtes d'au moins 270 kilomètres entre
Rimini et la frontière autrichienne. Il y a donc à l'extrémité orientale de la plaine une bande de terres
basses traversée par de petits fleuves côtiers ; mais
dans son ensemble elle apparaît sous la forme très
simple d'un sillon unique par lequel les pentes con-
vergentes des Apennins et des Alpes dirigent leurs
eaux vers la mer.

L'observation du sol ne laisse aucun doute sur son
origine : cette plaine est une ancienne dépression
comblée par les dépôts des fleuves et nivelée par leurs
inondations. Au sud, jusqu'à la rive droite du Pô
s'étendent des sédiments principalement composés
d'argile et de calcaire : ils ont été déposés par les
cours d'eau venus des Apennins. Au nord du fleuve
les dépôts sont de nature cristalline et constituent un
sol où dominent les sables, les cailloux et les graviers :
ils appartiennent par leur origine aux Alpes. Le cours
du fleuve sépare nettement les deux formations. Dans
cette accumulation de dépôts qui recouvre jusqu'à
une profondeur insondée l'ancien lit marin, les Alpes
ont fourni la plus grande masse. La puissance supérieure de leurs atterrissements a rejeté près des
Apennins la ligne de dépression que dessine le cours
du fleuve; entre Turin et Casal cette ligne rase même,
en s'infléchissant, le pied des coteaux tertiaires du
Montferrat, premiers avant-coureurs des chaînes
Apennines.

Subordination des vallées. — La plaine n'occupe
guère en réalité plus du tiers de l'Italie du nord.
Mais le centre de gravité historique et politique est
dans la plaine. A l'exception du Montferrat, les Apennins ne projettent au nord que de courtes vallées
rectilignes. Sur le versant italien des Alpes occidentales le système de vallées manque d'ampleur. C'est
seulement avec la Doire Baltée que commencent les
grandes vallées alpestres du sud : vallée d'Aoste, val
Leventina, Valteline, val Camonica, vallée de l'Adige,
val Sugana, vallées de la Piave et du Tagliamento.
Quelques-unes de ces dépendances alpestres ont
échappé à l'Italie. Le val Leventina est resté attaché
à la Confédération suisse. Peu s'en est fallu que la
Valteline ne restât aussi aux Grisons ; c'est ce qui serait
arrivé, si Bonaparte ne l'en avait détachée en 1797
pour l'incorporer à la république cisalpine ; elle suivit
depuis cette époque le sort de la Lombardie. Dans
la vallée de l'Adige, ce couloir de peuples, l'influence
germanique a refoulé la langue et la civilisation italiennes.

En général les vallées italiennes des Alpes n'ont pas
prêté leurs cadres à une puissante vie cantonale. On
peut y signaler des communautés intéressantes. On
voit encore aux abords du mont Viso, dans les hautes
vallées du Pelice et du Chisone, les descendants de
ces Vaudois dont le nom évoque le souvenir d'une
longue série de persécutions et qui, parqués dans
leurs montagnes, n'ont obtenu qu'en 1848 la jouissance du droit commun. On peut étudier dans la Valteline et le haut Bergamasque des usages locaux
d'origine très ancienne : il y a des communes dans
lesquelles la propriété privée n'existe pas, et où
l'usage des bois, des pâturages et des eaux est réservé
aux patriciens, c'est-à-dire aux seuls habitants originaires du pays même (1). Mais il ne s'est pas formé

(1) *Relazione sulle condizioni dell' agricoltura*, Rome, 1876.

d'autonomie politique, si ce n'est dans le Tessin. L'attraction de la plaine est trop forte. Chaque année, pendant la mauvaise saison, les montagnes sont désertées par la population valide. C'est dans la plaine que se rapprochent et se rencontrent les habitants du versant intérieur des Alpes, d'autant mieux que de ce côté les vallées convergent vers un centre commun, au lieu d'éparpiller leurs relations en tous sens.

Climat. — Les Alpes n'ont peut-être épargné à l'Italie aucune invasion ; mais elles forment vers le nord une barrière au delà de laquelle le climat, l'habitation, la nourriture, les occupations et la conception de la vie ne sont pas les mêmes. C'est avec enchantement qu'au pied même de leurs pentes méridionales, à Bellaggio, à Côme, ou sur les bords du lac de Garde, on voit se déployer une végétation à moitié subtropicale. On croit avoir franchi en quelques heures plusieurs degrés de latitude. Mais l'illusion est de courte durée. Il faut distinguer le climat de la plaine de celui de la lisière favorisée à laquelle les montagnes prêtent leur abri. Dès qu'on quitte les bords des lacs de Côme et de Garde, l'olivier disparaît ; on ne le retrouvera que le long de la rivière de Gênes, ou vers l'Adriatique sur les collines de Pesaro et d'Urbin. Il en est de même du figuier, de l'amandier et des plantes qui craignent les hivers rigoureux.

C'est que la plaine du Pô n'est nullement un Eden. Deux causes dominent dans son climat : le voisinage de hautes montagnes couvertes de neige et de glace pendant toute l'année, et sa configuration qui en fait un bassin aux trois quarts fermé. De là une nuance de climat continental, qui se montre dès qu'on a quitté les derniers versants exposés au sud. A Bellaggio, sur les bords du lac de Côme (199 mètres d'altitude), la température moyenne de janvier n'était que de 3° 8 : elle est à Milan (147 mètres) de 0° 7.

Mais tandis qu'en juillet le thermomètre ne monte
en moyenne qu'à 23° 1 à Bellaggio, la moyenne
à Milan est de 24° 6. Ainsi de notables écarts distinguent les saisons dans le centre de la Lombardie ;
ils ne s'atténuent qu'à Venise au contact de l'Adriatique. L'hiver de l'Italie du nord n'est pas, comme
dans la partie péninsulaire, la saison pluvieuse par
excellence ; le régime des vents du nord y domine
avec le froid sec et le ciel clair. On peut craindre jusqu'à la fin de mai des gelées. En été les grêles et les
orages ne sont pas rares. Mais les rayons du soleil ne
tardent pas à devenir très ardents. S'il fait en hiver
plus froid à Milan qu'à Paris, en été il y fait aussi
chaud qu'à Cagliari ou qu'à Rome. Si les conditions
de température excluent certaines plantes délicates,
elles admettent non seulement les cultures de mûriers,
de vignes, de maïs, mais même celle du riz, comme
dans la vallée du Gange. La Lombardie cependant
conserve en été une partie de sa verdure, mais les
plaines du Véronais et du Vicentin, moins irriguées,
disparaissent souvent dans des nuages de poussière.

Les hivers rigoureux de la plaine italienne du Nord
rendent la vie moins facile, mais ils exercent une influence fortifiante. La misère y est plus dure que dans
le sud, beaucoup de paysans en Lombardie vivent
pendant cinq ou six mois dans des étables humides,
où ils contractent des scrofules, auxquelles échappent les paysans non moins misérables du Napolitain,
grâce à la vie en plein air que leur permet une température plus douce. Malgré ce fléau et celui plus
grave encore de la *pellagra*, la mortalité ne dépasse
guère en Lombardie et en Emilie la moyenne du
royaume, et elle est sensiblement inférieure en Piémont et en Vénétie. L'action tonique du froid
augmente la résistance de l'organisme, et le rend
plus fort contre la malaria, entretenue par les buées

malsaines des rizières (1). Servant de contrepoids aux ardeurs toute méridionales des étés, elle maintient le tempérament dans un état d'équilibre favorable à l'entretien de l'activité.

Hydrographie de la plaine du Pô (2).

L'eau et le soleil, vivifiant la plaine du Pô, lui ont valu un renom presque légendaire de fertilité. Toutefois ce n'est pas un de ces pays où la prodigalité généreuse de la nature n'ait laissé à l'homme que le soin de recueillir. On peut presque dire que cette région est dans son genre une œuvre d'art aussi remarquable que les plaines de la Hollande.

La nature l'a dotée d'une force énorme, mais qui pouvait être aussi dangereuse qu'elle est devenue bienfaisante, dans les masses d'eau qui s'y concentrent. Le Pô n'est, par la longueur de son cours et l'étendue de son bassin, qu'un fleuve de second ordre, mais par le volume de ses eaux c'est un des premiers d'Europe. Il naît, par 2042 mètres d'altitude, dans un plateau marécageux que domine la cime du Viso, et entre en plaine presque immédiatement, au bout de 34 kilomètres de cours. A ce moment il est encore assez faible pour qu'en été son lit épuisé par les irrigations reste parfois à sec. Mais il ne tarde pas à recevoir le premier de ces grands affluents alpestres qui de dix lieues en dix lieues en moyenne ne cessent de lui arriver jusqu'à la fin de son cours. Contentons-nous de nommer, dans ce « cortège » de fleuves : la Doire Baltée, fille du Mont Blanc ; la Sésia, fille du Mont Rose ;

(1) *Annali di Statistica*, série 2, vol. **VI.** (Sormani, *Geografia nosologica*). — Dans les garnisons du nord de l'Italie les cas de malaria sont mortels dans une proportion de 1,7 sur 1000 seulement ; dans celles du centre la proportion est de 5,2 ; dans celles du sud, de 2,9.

(2) Longueur du Pô : 672 kilomètres. Étendue de son bassin : 69,832 km. carrés. — Débit moyen : 1,720 mètres cubes par seconde.

le Tessin, issu du Saint-Gothard. Principal affluent du Pô, le Tessin, par la masse d'eau qu'il débite, est comparable aux principaux fleuves de l'Europe occidentale.

L'Adda, venu du Pizzo del Ferro, pic voisin de l'Ortler, est encore très considérable, quoique inférieur au Tessin. L'Oglio s'alimente aux glaciers de l'Adamello. Le Mincio sert d'émissaire au plus grand des lacs méridionaux des Alpes.

Du côté de l'Apennin les tributaires que reçoit le Pô sont moins puissants : la Trebbia se traîne dans un lit de cailloux qui s'étale parfois sur une largeur de 1400 mètres.

Mais, comme nos torrents cévenols, ces torrents de l'Apennin ont des crues foudroyantes. Lorsqu'éclatent les fortes pluies d'automne, la Trebbia, le Taro déchargent brusquement jusqu'à 1000 ou 1200 mètres cubes d'eau par seconde.

Le sillon du Pô, dans lequel viennent s'engouffrer ces masses d'eau, n'a qu'une pente presque insensible. Le fleuve, surtout après le confluent du Tessin, s'avance avec peine au milieu d'un entrelacement d'îles boisées ; le courant est déterminé par l'accumulation et la poussée des eaux plus que par la différence de pente. Dans une superficie qui est presque trois fois moins grande que celle qui est drainée par le Rhin se concentre une masse d'eau égale à celle qu'emporte celui-ci vers la mer du Nord.

Au nord du Pô, mais toujours dans la plaine, se succèdent l'Adige, fils des glaciers des Alpes centrales, le Bacchiglione, la Brenta, la Piave, la Livenza, le Tagliamento, l'Isonzo, rivières aussi destructives que le Var et la Durance. Le Tagliamento a entassé à son débouché dans la plaine une véritable montagne de galets. Les sources de ces rivières s'approvisionnent dans l'angle que dessinent les Alpes à leur extrémité orientale, un des cantons de l'Europe où la quantité annuelle de pluie atteint la hauteur la plus considérable (1).

Aux cours d'eau qui sillonnent la surface de la plaine italienne, s'ajoute une importante circulation souterraine. Une partie des eaux provenant des Alpes s'infiltre dans la masse de débris qui s'est amoncelée dans les hautes vallées. Puis, comme il arrive dans le Téraï au pied des Himalayas, elle se fait jour en aval, au moyen de sources nombreuses disséminées à la lisière septentrionale de la plaine. Entre le Tessin et le Mincio s'étend ainsi à la base des montagnes une bande d'une lieue environ de large, toute parsemée de *fontanili*, qui livrent un contingent considérable à l'irrigation. Dans la plaine lombarde proprement dite l'eau se trouve généralement à une faible profondeur de sol, 3 ou 4 mètres en moyenne.

Cette affluence d'eaux est en partie retenue dans des lacs. Mais ces régulateurs naturels ne subsistent que sur une petite portion de la périphérie montagneuse ; ils se succèdent le long d'une ligne de 35 lieues de développement, depuis le lac d'Orta à l'ouest jusqu'à celui de Garde à l'est. Partout ailleurs les eaux livrées à elles-mêmes convertiraient la plaine en un marécage, si l'industrie de l'homme n'était parvenue à les dompter et à les plier à son service. Au lieu de vergers et de prairies on verrait des graviers et des marécages de joncs, comme dans le domaine du personnage de Virgile.

L'œuvre de l'appropriation agricole du sol est un travail séculaire, qui n'est arrivé que peu à peu à l'état de perfection actuelle. Dans ce magnifique rideau de cultures qui va s'élevant par une pente presque insensible du fond de la plaine jusqu'aux premières hauteurs des Alpes, ce n'est pas seulement la fécondité

(1 Hauteur annuelle des pluies : à Tolmezzo, 2 m. 435 millim. *Hann*) ; à Bellune, 1 m. 360 millim. ; à Udine, 1 m. 541 millim. (*Annuario statistico.*

de la terre, mais l'industrie de l'homme qui manifeste
son triomphe. Il semble que ce soit à l'antique peuple
des Etrusques que remonte la première origine des
travaux qui commencèrent à assainir les terres basses
et à régulariser l'écoulement des eaux. En tout cas la
canalisation était développée au temps de Virgile (1).
Mais, compromise pendant la période des invasions
barbares, l'œuvre des anciens ne fut reprise sur une
grande échelle qu'au douzième siècle. Dans l'Italie
du Nord comme dans les Pays-Bas, l'ère des travaux
hydrauliques coïncida avec le développement de la
vie communale, et l'on peut croire que dans l'une
comme dans l'autre de ces contrées la nécessité de se
concerter contre un danger commun contribua à
éveiller l'esprit d'association politique.

Les endiguements, dont la construction s'imposa
en premier lieu, car il s'agissait de mettre à l'abri des
inondations quelques-unes des parties les plus fertiles
du sol, se présentent aujourd'hui sous la forme d'un
réseau compliqué dont les mailles enveloppent les
endroits menacés. Les digues maîtresses embrassent
le cours des fleuves ; elles commencent le long du
Pô à partir de Valenza et deviennent permanentes en
amont de Crémone, laissant parfois entre elles un
écart de 5 à 6 kilomètres. Les cultures pratiquées
dans cette zone d'inondation sont elles-mêmes protégées par des digues qui circonscrivent de vrais
polders (*golene*). Enfin, dans l'intérieur du pays on a
élevé des digues de renfort, destinées en cas de rupture des premières à restreindre l'inondation. Le
système de défense a été complété par de nombreux
canaux d'écoulement, que la faiblesse des pentes
rendait nécessaires et dans lesquels des écluses
lâchent ou retiennent les eaux suivant les besoins.

Ce n'était pas tout de maîtriser les rivières : il fallait
tirer parti de ce merveilleux agent de fertilité. On a

---

(1) « Claudite jam rivos, pueri ; sat prata biberunt. »

creusé, à cet effet, un système de canaux, d'irrigation
encore plus que de navigation, qui, dans la partie
centrale du bassin, en Lombardie, a atteint un magnifique développement. Le *Naviglio grande*, exécuté
au douzième siècle, contemporain des glorieuses luttes
des communes lombardes contre Frédéric Barberousse, se détache du Tessin peu de temps après son
entrée en plaine, et se dirige par Abbiate grasso sur
Milan, où il aboutit après avoir distribué ses irrigations sur une surface de près de 35,000 hectares. Le
canal de la Martesana, qui relie l'Adda à Milan, et le
Naviglio interno qui dans l'intérieur de la ville unit
la Martesana au Naviglio grande, sont des monuments
de la période ducale : le premier fut creusé sous François Sforza, le second sous Ludovic le More et d'après
les plans de Léonard de Vinci, s'il faut en croire
une tradition qui paraît digne de foi. Les principales
périodes de l'histoire de la Lombardie et du Piémont
se reflètent dans la construction de ces œuvres bien-
faisantes. Le royaume napoléonien d'Italie, qui fit
beaucoup pour la prospérité du Milanais, se signala
par l'exécution d'un projet déjà ancien, le canal de
Milan à Pavie, qui ne fut d'ailleurs achevé qu'après
sa chute, en 1819. Depuis l'accomplissement de l'unité
italienne, une œuvre du même genre, mais plus grandiose que les précédentes, a été exécutée : le canal
Cavour, ouvert en 1863. Il part de Chivasso sur la
rive gauche du Pô, en aval de Turin et en amont du
confluent de la Doire Baltée, et aboutit après un
parcours de 86 kilomètres à Turbigo sur le Tessin :
« véritable fleuve artificiel, qui n'a pas moins de
50 mètres de largeur à son origine et qui épanche à
droite et à gauche ses eaux fertilisantes dans les plaines
déjà si fertiles de la Lomellina (1). » Depuis cette
époque un nouveau canal a été creusé entre le Tessin
et l'Adda, mais au nord de Milan et de Monza ; c'est

(1) Élisée Reclus, *la Terre*.

celui de Villoresi, qui n'a pas moins de 170 kilomètres de long.

Ainsi, de la Doire Baltée à l'Adda, puis, au moyen d'autres canaux qu'il est inutile de nommer, de l'Adda au Mincio, du Mincio au Tartaro et à l'Adige, se prolonge une série d'artères qui détournent au profit de l'agriculture la moitié au moins des eaux alpestres qui viendraient autrement s'engouffrer sans profit dans le lit du Pô. Au fleuve naturel, dès à présent maîtrisé lui-même, s'en ajoute un autre qu'a créé tronçon par tronçon et que dirige la main de l'homme. On attribue à 12,000 kilomètres carrés la surface soumise à l'irrigation artificielle.

Ce n'est pas seulement l'agriculture, mais l'industrie qui requiert les services des eaux courantes. Une des ambitions du nouveau royaume est le développement de la grande industrie ; mais l'absence de houille le place dans des conditions d'infériorité qu'il s'ingénie à combattre. Obligées de mesurer strictement l'usage du combustible qui leur revient trop cher, c'est aux rivières des Apennins et surtout à celles des Alpes que les industries de la Haute-Italie demandent le supplément de force motrice qui leur est nécessaire. Les filatures de soie, de laine et de coton se groupent dans la zone subalpine, pour saisir et utiliser au passage la force que les torrents déploient à leur débouché en plaine. Le Piémont et la Lombardie sont les deux contrées qui disposent au profit de l'industrie de la principale somme de puissance hydraulique ; la Vénétie et l'Émilie viennent ensuite (1).

La pureté que les eaux conservent encore à la sortie des montagnes est un avantage qui a aussi son prix

(1) Cavour disait, non sans exagération, au parlement piémontais en 1851 : « Nous avons en chutes d'eau plus de force motrice que l'Angleterre dans toutes ses mines de charbon. » — On estimait en 1885 la force hydraulique utilisée pour l'industrie dans toute l'étendue du royaume à un total de 475,000 chevaux. Les quatre grandes provinces du nord entrent pour beaucoup plus de moitié dans ce chiffre.

pour les diverses manipulations qu'exigent les industries textiles. Aussi peut-on dire que les manufactures de l'Italie du Nord se répartissent d'après des lois qui correspondent à celles de l'hydrographie. Dans les contrées qui possèdent des mines de houille, on voit des foyers industriels se former loin des fleuves : dans l'Italie du Nord, ainsi qu'il est arrivé en Suisse et même en Alsace, c'est le cours d'eau qui est le point initial d'attraction. Le Cervo, qui traverse Bielle en Piémont, les eaux de précieuse qualité qui abondent autour de Côme, le Leogra, qui arrose Schio dans le Vicentin, ont contribué à fixer dans ces villes les sièges les plus actifs du travail industriel.

Populations. — Cette plaine arrosée et ensoleillée, fertilisée par le travail de centaines de générations, enrichie encore par les produits de l'industrie, nourrit une des populations les plus denses de l'Europe, 127 habitants par kilomètre carré. Des éléments très divers sont entrés dans la composition de cette population ; car entre les contrées âpres et montagneuses qui l'encadrent, la plaine du Pô était destinée à exciter les convoitises des hommes. Ils y furent attirés des points les plus divers ; la convergence des passages alpestres les conduisit comme par la main à ce rendez-vous de peuples. Dans l'antiquité, les Vénètes venus sans doute d'Illyrie, les Étrusques descendus probablement des montagnes rétiques, les Gaulois accourus par les cols occidentaux des Alpes, s'y refoulèrent successivement jusqu'à ce que la main de Rome parvint à combiner ces populations distinctes. Puis ce fut le tour des Goths, des Lombards : invasions célèbres, qui introduisirent peut-être moins d'éléments étrangers que ne le firent de lentes infiltrations dont l'histoire s'occupe beaucoup moins. C'est ainsi qu'après la chute de la domination lombarde un afflux prolongé de populations romanes des Alpes rétiques vint repeu-

pler peu à peu les plaines dévastées du Frioul.
Telles furent aussi les nombreuses colonies d'artisans et de cultivateurs germaniques que les patriarches
d'Aquilée ne cessèrent d'attirer aux xi° et xii° siècles
dans la marche de Vérone.

La civilisation italienne, héritière de celle de Rome,
a fondu à son tour tous ces débris de peuples. On a
peine à démêler aujourd'hui quelques traces des éléments hétérogènes qui sont entrés dans ce creuset.

Les colonies allemandes établies au moyen âge n'existent à
l'état de groupes que sur quelques points isolés. L'un se trouve
au pied du Mont Rose, autour de Gressoney, seul bourg où
l'on parle encore allemand. Un centre plus important s'était
conservé à l'est de l'Adige, sur les montagnes entre Ala et
Vérone (les 13 communes) : l'usage de l'allemand y a presque
complètement disparu. Il en sera bientôt de même dans le
district voisin, dit des sept communes, situé sur le plateau
entre l'Adige et la Brenta ; deux communes sur sept y parlent
encore plus ou moins allemand. — Dans les vallées piémontaises des Alpes occidentales le dialecte franco-provençal s'est
mieux maintenu grâce aux relations naturelles avec la Savoie
et le Dauphiné ; il est aujourd'hui fortement battu en brèche.
Si l'on excepte ces anomalies, qui restent d'ailleurs confinées
à la périphérie montagneuse, la plaine est italianisée entièrement.

Faut-il y rechercher quelques vestiges des anciennes
différences ethnographiques ? On peut alléguer certaines différences de types : plus de hautes tailles et
d'yeux bleus en Vénétie, plus de tailles moyennes et
d'yeux gris en Lombardie et en Piémont (1). Il y a
surtout des particularités distinctives de dialectes et
d'accents. On remarque une séparation très nette entre
les dialectes parlés en Piémont, Emilie, Lombardie et
les dialectes en usage dans les parties de la plaine qui
ont été peu entamées par les établissements gaulois,
c'est-à-dire la Vénétie et le Frioul. Dans le premier de
ces groupes, surtout dans le dialecte de Milan, l'origine
celtique à laquelle se rattache la majorité des habi-

(1) *Annali di statistica*, série 2, vol. 8. (*Materiali per l'etnologia
italiana.*)

tants, se manifeste dans certaines particularités de prononciation et d'accent qui, étrangères à l'italien, se retrouvent dans le français (1). Au contraire le dialecte vénitien rejette absolument les caractères spéciaux qui semblent appartenir aux dialectes romanoceltiques. La langue chantante et musicale, ennemie des sons nasaux et gutturaux, adoucissant les consonnes et multipliant les voyelles, qu'on parle autour des lagunes, aurait plutôt des traits de ressemblance avec le grec (2).

Position des villes. — La répartition de la population ne présente pas dans le Nord le caractère anormal qu'on observe au Sud. Presque tous les habitants du Napolitain et de la Sicile sont concentrés dans les villes et les bourgs, la population éparse est insignifiante. Rien de semblable, dans le Nord, à ce défaut d'équilibre. Les habitants se distribuent plus également. Les groupes mêmes que l'on range dans la population agglomérée sont souvent très petits, surtout en Lombardie où l'on compte beaucoup de communes ayant moins de 500 habitants (3). La vie rurale est active et gaie dans la Haute-Lombardie ; elle a donné lieu à des descriptions intéressantes.

Cependant, comme partout en Italie, l'esprit urbain domine. Les villes les plus actives et les plus progressives du royaume sont celles du Nord. La sève n'est pas tarie, car à côté de vieilles villes historiques qui s'accroissent, l'industrie en fait grandir de nouvelles.

Ce développement urbain remonte très loin dans le passé ; il est même en grande partie antérieur à l'époque romaine. Dans ce bassin où se croisent tant

(1) Dans les dialectes de l'ouest une voyelle suivie d'une *n* donne une diphtongue nasale ; *u* se prononce non pas *ou*, mais comme en français. On y trouve le son *eu*, qui est étranger à l'italien ; la dernière syllabe non accentuée disparaît.
(2) Czœrnig, *die alten Vœlker Oberitaliens* (Vienne, 1885), d'après les travaux d'Ascoli, Monti, Cantu, etc.
(3) *Italia economica nel 1873* (Roma).

de routes et que menacent tant d'invasions, l'intérêt
commercial et la nécessité stratégique portèrent de
bonne heure les hommes à se concentrer. Puis, il n'y
avait que des villes qui pussent entreprendre et mener
à bonne fin les travaux d'aménagement qu'exigeait le
sol ; la nécessité d'y subvenir ne dut pas être une des
moindres causes qui déterminèrent la formation de
groupes urbains.

Ce n'est pas le long du fleuve principal que se sont
formées, à l'exception de Turin, les grandes villes de
la plaine italienne. La navigation en est difficile ; elle a
toujours été insignifiante, et les rives du Pô, souvent
encombrées de marécages dès qu'il s'éloigne des
coteaux du Montferrat, étaient plus faites pour
écarter que pour attirer les établissements humains.
Aussi peu de villes se sont établies dans le sillon
déprimé que suit le fleuve à partir du confluent du
Tessin. Celles qu'on y rencontre ont eu surtout une
importance militaire, pour laquelle la difficulté même
des abords constituait un avantage : Pavie, la capitale
des Lombards, Plaisance et Crémone, deux colonies
romaines ; Mantoue dans les marécages du Mincio, à
trois lieues de son embouchure.

La zone qui s'est montrée la plus favorable aux villes
est cette partie de la plaine qui, au sud comme au
nord, se déroule à distance du fleuve, à la base des
contreforts des Apennins ou en vue des derniers
mamelons des Alpes. La circulation y rencontrait
moins d'obstacles. Au lieu d'alluvions friables ou à
demi submergées, on y trouvait un terrain diluvial
résistant, offrant des matériaux solides pour la construction des routes ; une pente plus prononcée y favo-
risait l'écoulement des eaux. L'ancienne voie Émilienne, fidèlement suivie dans son tracé rectiligne par
le chemin de fer de Plaisance à Rimini, est jalonnée
par une série de villes placées comme autant de sentinelles à intervalles quasi-réguliers. Une autre rangée

de villes, généralement plus riches et plus animées que celles qui bordent l'Apennin septentrional, se déroule entre le Pô et les Alpes : Verceil, Novare, Milan, Brescia, Vérone, Vicence. Le courant naturel de circulation évite à la fois les marais et les montagnes. Bien souvent aussi ont cheminé le long de cette voie les expéditions militaires, comme le rappellent les noms de Novare, Magenta, Cassano, Castiglione, Solférino, Custozza !

Outre les grandes voies de communication, et les chemins de fer, dont le réseau n'est nulle part aussi serré dans le reste du royaume, la plaine italienne dispose d'un système remarquablement développé de routes communales et de chemins construits aux frais des villages. Peu de contrées en Europe ont une viabilité plus parfaite. Les chemins de toute espèce sont si multipliés en Lombardie qu'il est possible, au dire d'un bon connaisseur de ce pays, de la traverser en tous sens sans s'écarter de la ligne droite (1). Les soins des gouvernements et des communes n'eussent pas réalisé de tels progrès, s'ils n'avaient été secondés par la nature et la disposition du terrain. Un des premiers chemins de fer construits dans l'Europe continentale fut celui de Milan à Monza (1839). Aujourd'hui communes et provinces rivalisent de subsides pour la construction de tramways à vapeur, donnant ainsi une preuve de plus de l'esprit de progrès pratique qui semble un trait du caractère lombard. Nulle part, si ce n'est en Hollande et sur les bords du Rhin, ce mode de transport, qui sert d'affluent aux lignes principales et qui va stimuler jusque dans les recoins du pays l'activité économique, ne s'est plus multiplié et ne se multiplie chaque jour.

Les misères ne manquent pas dans cette belle contrée, mais on ne saurait trop dire son influence bienfaisante au point de vue de la civilisation. Il y a

(1) Czœrnig, p. 291.

dans la nature de cette plaine italienne un charme
auquel tous les hôtes qu'elle a successivement reçus,
se sont laissé prendre. Nul endroit n'était plus capable de retenir ceux qu'avait attirés sa richesse, et
après les avoir fixés, de les initier à un degré supérieur de civilisation. Toutes les races de l'Europe centrale y sont venues ; toutes ont subi au bout de peu de
temps l'influence adoucissante de ce sol fécond, de ce
ciel heureux, de cette facilité de communications, de
cette sociabilité aisée née du climat et passée dans les
mœurs, de ce contact avec les œuvres du passé qui
sont le patrimoine des générations présentes, et dont
l'utilité quotidienne est la preuve parlante de la solidarité qui unit les âges. On respire dans ces grandes
et belles villes une atmosphère de civilisation très ancienne, qui s'est identifiée de longue date avec la contrée et les habitants. La grâce milanaise et l'élégance
vénitienne expriment l'affinement de nombreux
siècles de culture. « Quand on observait, dit Heine, ces
hommes et ces femmes, on découvrait dans leurs
visages et dans toute leur manière d'être les traces
d'une civilisation qui se distingue des nôtres en ce
qu'elle n'est pas issue de la barbarie du moyen âge,
qu'elle se rattache encore au temps des Romains
et n'a jamais été complètement éteinte... Il semble
que cette foule groupée sur la Place des herbes à
Vérone n'ait fait dans le cours des temps que changer
insensiblement d'habit et de langage ; l'esprit même
de la civilisation a peu changé » (1).

Partie occidentale de la plaine du Nord.

Ce n'est pas d'hier que les destinées politiques de
l'Italie entière se sont décidées dans la plaine du Pô.
Depuis la dissolution du monde romain, tous les essais

(1) *Reisebilder*, tome II, chap. 23.

de domination de la péninsule, depuis les Goths de Théodoric jusqu'aux Allemands de Barberousse, ont pris pour levier la conquête du Nord. Dans les temps modernes la France et l'Autriche s'y sont disputé la prépondérance sur l'ensemble des affaires italiennes. Le Piémont y a gagné la partie dont l'Italie était l'enjeu.

Piémont. — Le nom de Piémont désigne par excellence la lisière de plaine qui borde le pied des Alpes Cottiennes et que resserrent les coteaux du Montferrat. Mais dans son acception politique le nom s'est graduellement étendu à un groupe de contrées dont l'ensemble constitue le *compartimento* du Piémont : contrée de trente mille kilomètres carrés, peuplée de plus de trois millions d'habitants.

Les *compartimenti* répondent aux divisions historiques de l'Italie, dont elles portent les noms. Il y en a 16 :

Piémont	Ligurie	Rome	Basilicate
Lombardie	Toscane	Abruzze et Molise	Calabre
Vénétie	Ombrie	Campanie	Sicile
Émilie	Marches	Pouille	Sardaigne

Ces divisions n'ont pas cessé d'être en usage, même officiellement comme groupes statistiques. Mais pour les besoins administratifs, elles ont été subdivisées en provinces. On compte dans le royaume 69 provinces, que l'on désigne simplement par le nom de la ville principale (1).

Le Piémont est par excellence une contrée subalpine. Ce sont les passages des Alpes qui donnent la clef de sa géographie politique. La plupart des villes ont leur position marquée aux débouchés ou aux centres de convergence des cols. Les souvenirs militaires se pressent aux abords de ce pays.

(1) Chaque province est administrée par un préfet assisté d'un conseil de préfecture et d'un conseil provincial qui nomme lui-même une députation provinciale. La province se divise en *circondari* ou districts administrés par un sous-préfet. Ceux-ci se subdivisent en *mandamenti*, et ceux-ci enfin en communes. On reconnaît les mêmes cadres que ceux de l'administration française.

Passage des Alpes Occidentales. — Les Alpes Maritimes se séparent de l'Apennin ligure au col de Cadibone ou d'Altare, dépression de 490 mètres par laquelle, en 1796, déboucha l'armée de Bonaparte. De là jusqu'au mont Viso, elles décrivent un arc de cercle que traversent un petit nombre de routes carrossables. L'une est celle qui fait communiquer le Piémont avec l'ancien comté de Nice par le col de Tende ; elle fut construite en 1782. L'autre est la route récemment améliorée qui conduit à la vallée de Barcelonnette par le col de l'Argentière. La petite ville piémontaise de Cuneo (Coni) est située au point où la route de Nice rencontre le chemin de fer de Savone, et à peu de distance du point de bifurcation de la route de Barcelonnette (1).

A Saluces aboutit le sentier du col de la Traversette (mont Viso). Là se concentra en 1515 l'armée de François Ier, après avoir franchi les Alpes par les sentiers alors peu praticables du col de l'Argentière et autres cols voisins du mont Viso. Les Suisses s'étaient portés du côté de Suze, s'attendant à voir déboucher l'armée française par les passages ordinaires. Pris à revers, ils durent se replier jusqu'à Milan.

Les passages des Alpes Cottiennes ont plus d'importance (2). Ils ont pour vestibule commun, du côté italien, la vallée supérieure de la Dora Riparia. Entre sa source et la ville de Suze cette rivière décrit un arc de cercle auquel aboutissent, sur le versant opposé, la vallée de la Durance, route de Marseille, et la vallée de l'Arc, route de Lyon. Une barrière relativement mince et déprimée sépare les deux versants.

Le col du mont Genèvre, qui communique avec la Durance, est un des plus bas des Alpes (1854 mètres).

(1) Coni, 12,500 habitants.
(2) Cette section des Alpes doit son nom à Cottius, qui était, vers le commencement de l'ère chrétienne, le roi d'un petit État comprenant cette région de passages. On voit à Suze, sur l'arc de triomphe dédié par lui à Auguste, les noms des 14 peuplades qu'il gouvernait.

Maîtres de la Gaule, les Romains y établirent leur principale
voie de communication avec la *Province*. Charles VIII y passa
en 1494. La route carrossable fut construite en 1802. Arrivée
sur le versant italien, elle se bifurque. Un embranchement rejoint à Oulx le chemin de fer de Turin à Paris. L'autre descend
par la vallée du Chisone, et après avoir passé sous les forts de
Fénestrelle, débouche à Pignerol. Cette ville, que nous occu-
pâmes jusqu'à la fin du XVIIe siècle, servit, avec Briançon,
de pivot à la belle campagne de Catinat en 1690.

Moins célèbre dans l'antiquité, le col du mont Cenis
se dégage peu à peu de l'obscurité au moyen âge.
Dès l'époque carolingienne on voit s'acheminer par la
Maurienne les armées se rendant en Italie et les pèlerins allant à Rome. A mesure que ce sombre et
tortueux couloir des Alpes devint plus fréquenté, il
prit plus d'importance politique. Là naquit, d'un
germe obscur, la puissance de la maison de Savoie.

Noyau de la maison de Savoie. — Vers l'entrée
occidentale de la Maurienne on voit encore les ruines
d'un château surmontant une roche « haute et aspre
à monter », qui barre le passage. Ce château, qui
porte le nom de Charbonnières, était la forteresse des
seigneurs d'Aiguebelle (1). Il mettait entre leurs mains
les clefs de la vallée. Devenus comtes de Maurienne,
ils surent accroître leur puissance à la faveur de
l'anarchie qui suivit la dissolution de l'ancien royaume
de Bourgogne. Le comte Humbert Ier reçut, au
commencement du onzième siècle, le titre de vicaire
ou *statthalter* impérial, qui lui conférait une autorité
légale, la seule qui restât debout dans l'état d'in-
décision politique où se trouvait cette contrée. La
France étant encore absente de la vallée du Rhône,
la Suisse n'étant pas formée, le champ restait libre
pour les agrandissements de cette dynastie plus politique encore que guerrière, qui mit au service de ses
ambitions la finesse et la ténacité montagnardes.

Au douzième siècle, les comtes de Maurienne,

(1) Aiguebelle (Savoie), 1100 habitants.

bientôt comtes de Savoie, joignirent à la possession de leur vallée primitive celle de la Tarantaise ou haute vallée de l'Isère qui leur assura le passage du Petit Saint-Bernard, celle de Suze, de Turin et d'Aoste ; ils tinrent ainsi la clef de tous les passages des Alpes cottiennes et des Alpes grées. Dès cette époque, la puissance du « portier des Alpes », cette puissance faite d'un groupement industrieux de vallées, était constituée. Elle oscilla longtemps des bords du Pô à ceux du lac de Genève et à ceux de la Saône, avant de fixer définitivement son centre de gravité dans les plaines piémontaises.

L'explication de ces péripéties appartient à l'histoire. Le dernier mot a été dit de nos jours ; il s'est exprimé par deux actes étroitement liés l'un à l'autre : l'annexion de la Savoie à la France, et la transformation du royaume subalpin en royaume d'Italie.

Voici les principales dates. De 1477 à 1536, Berne refoule la domination savoyarde au sud du lac Léman. En 1604 Henri IV l'éloigne définitivement de la vallée de la Saône ; le traité de Lyon nous cède la Bresse et le Bugey en échange de Saluces. Peu à peu le partage tend à s'établir entre le versant français et le versant piémontais des Alpes. En 1696 la France abandonne Casal et Pignerol, en 1713 les vallées d'Oulx et de Cézanne et « toutes les eaux pendantes du côté du Piémont », tandis qu'elle reçoit la vallée de Barcelonnette. En même temps le traité d'Utrecht confère au duc de Savoie le titre royal avec la Sicile, qu'il est bientôt forcé d'échanger pour la Sardaigne. Déjà le Milanais était entamé. En 1743, le Piémont arrive « de feuille en feuille » jusqu'au Tessin. Au dix-neuvième siècle les désastres et les coups de fortune se précipitent : incorporation du Piémont à l'Empire français, suivie de sa reconstitution en 1815 avec l'annexion de Gênes ; les défaites essuyées en 1848 et 1849 contre l'Autriche, servant de prélude à la campagne victorieuse menée en 1859 avec l'alliance de la France. L'annexion de Nice et de la Savoie s'accomplit en mars 1860. Elle est bientôt suivie de l'expédition de Garibaldi en Sicile. Le premier parlement italien s'assemble en février 1861, et le 17 mars a lieu la proclamation du royaume d'Italie.

Au terme de cette longue évolution historique, on retourne avec curiosité vers l'humble vallée qui en favorisa les débuts. Elle fut l'élément géographique qui se retrouve à l'origine de toutes les formations politiques. La simplicité de la circonstance initiale paraît souvent, quand on la dégage, hors de proportion avec les événements qui s'y enchaînent. Entre l'Elbe et l'Oder, entre la Vistule et le Niémen, une heureuse combinaison de lignes d'eau favorisa la fortune naissante des margraves de Brandebourg et des grands maîtres de l'Ordre teutonique. Dans les Alpes ce fut la possession d'une voie de commerce et d'un passage fréquenté qui conféra à ses seigneurs le principe d'influence que fécondèrent l'adresse et la fortune.

Ouverture du mont Cenis. — La voie du mont Cenis avait été plusieurs fois améliorée par les ducs de Savoie, dont elle reliait les deux capitales, Chambéry et Turin. Pourtant l'établissement d'une route carrossable date seulement de la domination française ; construite de 1802 à 1810, elle fut contemporaine des grandes chaussées du Genèvre et du Simplon.

Elle part de Suze et s'élève par des lacets jusqu'à un plateau où se trouve, par 1941 mètres d'altitude, un hospice, voisin d'un petit lac qui se déverse par le versant oriental. Des fortifications y ont été établies par les Italiens. La route franchit ensuite la frontière française et descend entre de sauvages précipices de Lans-le-Bourg à Modane.

Au lendemain de la guerre de Crimée et à la veille des événements qui allaient transformer l'Italie, en 1857, une grande entreprise avait commencé dans ces montagnes.

Le génie du comte de Cavour avait mesuré l'importance politique et commerciale que pouvait avoir pour son pays la construction d'un chemin de fer à travers les Alpes, et il ne craignit pas d'en affronter l'exécution. Déjà sans doute, à l'autre extrémité des

Alpes, l'Autriche avait construit le chemin de fer du Semmering et s'apprêtait à terminer celui du Brenner. Mais c'était la première fois qu'on s'attaquait à la roche pour la percer de part en part sur une longueur qui ne devait pas être moindre de 12 kilomètres 223 mètres. La Savoie fournit d'éminents ingénieurs pour l'exécution du travail, qu'on devait imiter plus tard en le perfectionnant au Saint-Gothard et à l'Arlberg.

Lorsqu'en 1860 la France entra en possession du versant occidental de cette partie des Alpes, elle consentit à contribuer à son tour à l'accomplissement d'une œuvre également utile aux deux nations. Le tunnel du mont Cenis, ou plutôt du Fréjus, car tel est le nom de la cime au-dessous de laquelle il est creusé, fut achevé en 1871 ; il aboutit sur le territoire italien non pas à Suze, mais à Bardonnèche, huit lieues à l'ouest.

C'était une pensée de haute ambition qui avait inspiré cette œuvre. L'homme d'État qui n'avait pas hésité à lancer son pays dans la guerre de Crimée pour lui permettre de prendre rang parmi les puissances européennes, s'était proposé de lui assurer aussi la possession d'une grande voie internationale partant de Londres et pénétrant au cœur de l'Italie ; Turin ne devait plus être qu'à 18 heures de Paris, à 24 de Bruxelles, à 30 de Londres ; le Piémont entrait en communication intime et directe avec les marchés de l'Europe occidentale. Ces prévisions s'accordaient avec les grandes lignes de la politique suivie par le fondateur de l'unité italienne ; c'est vers l'ouest de l'Europe et non vers le centre qu'elle regardait. Le percement du mont Cenis fut en effet l'origine du grand développement de relations commerciales qui a paru longtemps un gage d'amitié entre la France et l'Italie. Encore à l'heure présente, malgré la concurrence active de l'Allemagne, la France tient la pre-

mière place dans le commerce extérieur de l'Italie;
c'est elle surtout qui lui achète le plus (1).

Turin. — Ainsi, à Suze dont les abords sont défendus
en amont par les forts d'Exilles, trois grandes lignes de
communication se sont réunies dans la vallée de la
Dora Riparia : le chemin de fer et la route du mont
Cenis, la route du mont Genèvre et de Briançon.

Le point où cette rivière atteint le Pô, déjà large de
160 mètres, marque la position de Turin.

C'est en face des principaux passages du Dauphiné
et de Savoie, à l'issue d'un long couloir de plaine qui
se prolonge au sud jusqu'au pied du col de Tende,
qu'a grandi la capitale de la maison de Savoie. Dans
la plaine qu'embrassent les Apennins et les Alpes,
la position de Turin correspond au point où se rapprochent le plus les deux systèmes de montagnes.
Entre les granits, les diorites et les serpentines du
flanc oriental des Alpes et les coteaux argileux du
Montferrat, il y a une sorte de détroit, sur l'un des
bords duquel est Turin.

Le site a un caractère essentiellement stratégique,
qui se manifesta dès l'antiquité par l'installation
d'une colonie romaine, sous le nom d'*Augusta Tauri-
norum*. De bonne heure les comtes de Savoie surent
apprécier l'avantage de cette position. Après l'avoir
tour à tour acquise et perdue, ils y placèrent en 1484
leur capitale. Elle partagea dès lors leur bonne comme
leur mauvaise fortune. Elle servit de poste d'observation à cet État inquiet et menacé, sans cesse
envahissant ou envahi, mais doué de cette élasticité

(1) Exportation de France en Italie :
1878 : 272 millions de francs.
1886 : 316   —
D'Italie en France :
1878 : 488 millions de francs.
1886 : 481   —

D'Allemagne en Italie :
1878 : 35 millions de francs.
1886 : 129   —
D'Italie en Allemagne :
1878 : 21 millions de francs.
1886 : 108   —

Il convient de remarquer que l'ouverture du tunnel du Saint-Gothard
a eu lieu en 1882.

merveilleuse qui est le signe des êtres destinés à grandir. En 1706, le prince Eugène repoussa devant ses murs l'armée française, et Victor-Amédée consacrait quelques années après ce souvenir de victoire par la construction d'un édifice qui servit à la fois d'église et de sépulture royale ; sorte d'Escurial piémontais, qui s'élève à deux lieues de la ville sur la colline de la Superga.

Les fortifications de Turin furent démolies en 1818 ; on ne les a pas remplacées. Aujourd'hui les défenses de première ligne ont été portées sur la ligne même des Alpes, et c'est en arrière de Turin, à Casal et Alexandrie, qui se trouvent les défenses de deuxième ligne. Turin occupe le centre de la ligne du chemin de fer stratégique qui court parallèlement à la frontière.

Pour tenir en main les contrées assez diverses dont se composait le royaume subalpin, on n'aurait pu trouver un meilleur site de capitale. Nulle part ne s'offrait un point de rencontre et de communication plus naturel entre la Savoie, le Piémont, le Montferrat et le comté de Nice. Il en fut autrement quand l'Italie tout entière eut été réunie sous la maison de Savoie. L'Italie ne reconnut plus sa capitale dans cette ville froide et piémontaise d'aspect et d'histoire. Ce ne fut pas sans mécontentement que Turin dut, en 1864, céder son titre de capitale à Florence, destinée elle-même à le garder peu de temps. Une cité moins vivace aurait risqué de ne pas se relever du coup qui l'atteignait dans son importance politique. Mais il restait à Turin de nombreux éléments de prospérité et d'influence : ses musées et ses collections, son université, qui est encore, après celle de Naples, la plus fréquentée du royaume, surtout son industrie qui, déjà importante en 1864, ne tarda pas à prendre un nouvel essor. Aucune ville d'Italie, si ce n'est Milan et Rome, n'a plus augmenté en activité et en population depuis vingt ans. On y comptait 181,000 habitants en 1861, 192,000 en 1871 ; le recensement de 1881 lui en attribue plus de 230,000, sans compter une banlieue populeuse.

Le Pô en aval de Turin sépare deux contrées de physionomie différente. Sur la rive gauche au nord se déroulent les grandes plaines du Canavese, du Vercellese entre la Dora Baltea et la Sesia, de la Lomellina, ancienne dépendance du Milanais incorporée au siècle dernier dans le Piémont et restituée aujourd'hui à la Lombardie. C'est le commencement des canaux, des rizières, des prés à *marcita* ou prairies d'hiver. Sur la rive droite, au contraire, s'élève un pays de collines qui constituait en grande partie l'ancien Montferrat.

Le Montferrat. — Il se présente comme un enchevêtrement de coteaux limonéux et rougeâtres, très fertiles et cultivés jusqu'au sommet, ravinés par les torrents, et traversé de l'ouest à l'est par la vallée du Tanaro. Des vignes plantées en haies, dans l'intervalle desquelles on sème du blé et du maïs, prospèrent jusqu'à une hauteur de 500 mètres ; on connaît la réputation du *barbera* et du muscat d'Asti, du *barolo* des Langhe. Une multitude de cascines bâties en briques et couvertes en tuiles, de châteaux, de villages et de petites villes animent le paysage (1). La population, presque entièrement composée de petits propriétaires, retenue au sol par les soins assidus qu'exige la vigne, vit dans des conditions d'aisance bien supérieure à celles des habitants de la plaine. Au sud seulement, à mesure que la contrée s'élève pour se confondre insensiblement avec les Apennins et les Alpes de Ligurie, disparaissent peu à peu les riches cultures et les nombreux villages avec les belles

(1) Voir les *Mémoires de Masséna*, tome I, p. 18 sq. — Casal, 17,000 hab. — Acqui, 7000 hab.

églises et les fiers clochers par lesquels se manifestait, plus que par la propreté des habitations, l'aisance générale. Cette partie élevée de la contrée est désignée sous le nom de *Langhe*. Les châtaigniers et les prairies y remplacent les fruitiers et les vignobles du Bas-Montferrat. Encore même la violence des vents et la sécheresse des étés nuisent-elles aux arbres, et l'on voit souvent apparaître à nu les croupes marneuses des mamelons.

Le Montferrat, que la nature accidentée du sol rendrait facile à défendre (1), dirige ses rivières vers la plaine d'Alexandrie. La ville de ce nom est construite au confluent même du Tanaro et de la Bormida (2). Le royaume de Piémont en avait fait sa principale place d'armes contre l'Autriche ; elle serait aujourd'hui le point de concentration des forces italiennes vers la frontière de l'ouest. Six lignes de chemins de fer convergent vers ce carrefour.

Cette plaine d'Alexandrie est un des champs de bataille de l'Italie du Nord. Défendue au nord par le Pô, encadrée à l'ouest par les hauteurs du Montferrat et à l'est par les contreforts avancés des Apennins, elle s'enfonce comme un coin entre le Montferrat, l'Émilie et la Ligurie. Le massif de l'Antola, qui la borne à l'est, est d'accès difficile, pauvre en communications ; aussi ne laisse-t-il aux armées qu'un étroit passage entre les montagnes et le Pô. On appelle ce passage, qui a été souvent un pivot de combinaisons stratégiques, le défilé de Stradella. Au sud, la plaine d'Alexandrie se prolonge en forme de golfe, jusqu'au pied de la barrière, en cet endroit fort amincie, qu'il faut franchir pour gagner Gênes. Ainsi est circonscrit une sorte de champ clos. Les Romains y battirent les Gaulois et y fondèrent la colonie de Tortone. Les Français de Joubert y combattirent, à Novi, les Russes de Souvaroff. Marengo et Montebello rappellent les souvenirs de 1800. Le chemin de fer direct de Milan à Gênes suit cette dépression. Les deux places fortes de Casal (Piémont) et de Plaisance (3) (Émilie) en gardent les issues au nord.

(1) Niox, *Géographie militaire*, t. II (1885), p. 113, p. 151.
(2) Alexandrie, ainsi nommée en l'honneur du pape Alexandre III, fut construite en 1168 par les villes lombardes liguées contre Frédéric Barberousse. — 31,000 habitants.
(3) Tortone, 7000 habitants. — Plaisance, 35,000 hab.

L'État et le peuple piémontais. — Le défilé de Stradella et le cours du Tessin marquaient en 1859 la limite orientale de l'État piémontais. Ce vigoureux embryon du royaume d'Italie avait su grouper en faisceau des populations fort diverses. Amalgame de Piémontais, de Savoyards, de Provençaux, de Ligures, sans compter les Sardes, ce n'était rien moins qu'un État national par sa composition ethnographique ; mais il occupait en Italie des positions telles que l'accomplissement de l'unité italienne eût été impossible sans lui ou contre lui.

C'est dans le noyau piémontais qu'il trouva la force et surtout l'audace nécessaires. Car si la partie fut belle, l'enjeu était gros. Ce pays dut s'imposer une nombreuse armée, dépenser des millions après les échecs de 1849 pour ses chemins de fer, s'engager dans la guerre de Crimée, aggraver sa dette ; et tout cela, sans l'aide de la France, n'eût pas abouti à l'accomplissement de ses ambitions !

Le Piémontais a l'énergie laborieuse des montagnards du Bergamasque et du Frioul, avec plus d'industrie et d'intelligence. Il y a quelque chose d'un peu âpre dans le génie de la race. Les mœurs sont souvent violentes dans les classes inférieures. Ce peuple semble tenir de ses origines montagnardes un attachement obstiné à sa personnalité. Le Piémontais émigré à l'étranger ne consent pas à se fondre dans les pays où il vit. En Italie même il se distingue de ses compatriotes. Ce n'est pas sans étonnement qu'on voit souvent encore aujourd'hui, dans des cercles aristocratiques, le dialecte piémontais parlé de préférence à l'italien. En abdiquant sa suprématie politique, le Piémont n'a pas entendu renoncer à lui-même.

Milanais.

Si le choix de l'Italie nouvelle n'avait été dominé par des considérations historiques, c'est à Milan qu'elle aurait dû placer sa capitale. A mi-chemin entre les Alpes et le Pô, au point de convergence de la route du Simplon, du chemin de fer du Saint-Gothard, des routes du Splügen, de la Maloïa, du Stelvio et du Tonale, au centre de ce système de canaux qui est, plutôt que le fleuve même, la véritable artère de la contrée, Milan domine l'Italie du nord, comme celle-ci domine par son développement économique l'Italie entière. Parmi les populations italiennes aucune ne possède autant que la population milanaise les qualités de sociabilité qui s'accommodent au rôle de capitale. Elle est douée de cet élément liant qui manque au Piémont, qui manque même aux races peut-être plus fines et plus distinguées de la Toscane.

Milan est situé entre deux régions différentes. Au sud s'étend la Basse-Lombardie, avec ses rizières, ses prés, ses champs de maïs. La population est aussi dense, mais moins active et surtout plus misérable que celle du Haut-Milanais. Une seule industrie, toute rurale, occupe les habitants, celle du fromage dit parmesan, quoiqu'il se fabrique surtout dans les pâturages du Lodigiano. Les villes languissent. Pavie, la ville aux cent tours, a manqué sa destinée. Faite pour être la capitale d'un État monarchique et militaire, elle fut victime du développement municipal et démocratique qui prévalut en Lombardie. Elle resta gibeline pendant tout le moyen âge, et comme Lodi, sa voisine, ne cessa d'être victime de Milan que pour devenir sa sujette (1).

Au nord de Milan se déroule au contraire une région

(1) Pavie (université), 30,000 habitants ; Lodi, 25,000 hab.

qu'on appellerait volontiers le jardin de l'Italie du
nord. Elle s'élève graduellement jusqu'au pied des
contreforts des Alpes. Le mûrier, sur lequel repose la
principale industrie lombarde, en est l'arbre de pré-
dilection. Du lac de Côme au lac de Garde collines et
vallées sont revêtues comme d'une forêt par les plantations au clair et gai feuillage à l'ombre desquelles
— car ombre de mûrier est d'or — prospèrent le
froment ou le maïs.

Importé au temps des rois normands de Grèce en Sicile, où
depuis cette époque il a cédé la place aux cultures plus fruc-
tueuses d'agrumes, le mûrier a trouvé au pied des Alpes le sol et
le climat qui lui conviennent le mieux. C'est surtout entre
Côme et Monza, dans la riante et populeuse contrée qui porte
le nom de Brianza, qu'il réusssit et que la soie la plus fine est
dépouillée par les doigts agiles des *contadine*. Quand arrive la
période critique de la transformation du ver à soie, on assiste
dans les villages de la Brianza à un singulier spectacle : la plupart
des habitants abandonnent leurs maisons, et celles-ci se transforment pour une quarantaine de jours en serres d'élevage
maintenues à la température convenable jusqu'à ce que la formation du cocon soit achevée.

Jusqu'à ces derniers temps c'était dans les antiques *filande*, dans de petits ateliers disséminés,
que s'opérait le travail de la filature ; ils disparaissent
chaque jour, pour faire place à de grandes fabriques
mues à la vapeur et occupant un nombreux personnel.
L'élégante Côme, à l'extrémité de son lac, se changera
un jour en une ville enfumée. On y pratique non seulement la filature, mais le tissage de la soie. Cependant pour les étoffes de soie la production italienne
reste très inférieure à celle de la France, de l'Allemagne et de la Suisse. Mais les soies brutes et filées
constituent la principale exportation d'Italie (environ
275 millions de francs). Après Milan et Côme, Bergame, qui a des foires importantes, et Brescia participent activement à ce trafic (1). Dans les provinces
de Bergame et de Brescia on compte quelques établis-

(1) Côme, 25,500 habitants ; Bergame, 24,000 hab.; Brescia, 43.000 hab.

sements métallurgiques, souvenir de l'antique industrie qui fournissait le fer renommé des fabriques milanaises.

Milan. — Par sa position comme par l'histoire Milan est la métropole de cette industrieuse et riche contrée. Fondée, trois cents ans environ avant Jésus-Christ, par les Gaulois Insubres (1), elle devint sous l'empire romain une des villes les plus florissantes de l'Italie. Lorsque vers la fin de l'empire la question de l'Europe centrale devint la préoccupation dominante des empereurs, Milan servit de résidence à Maximien, à Constance, à Gratien, aux deux Valentiniens. La période des invasions barbares lui fut funeste. Mais au douzième siècle elle était redevenue la première ville de Lombardie. C'est alors que pour avoir tenu tête à Frédéric Barberousse, elle fut punie d'une exécution militaire, à laquelle prirent part ses rivales de Pavie, Lodi, Côme, Crémone, Novare, entraînées à la curée par le César germanique. Désastre réparé presque aussitôt que vengé (2) : après lui, commença la grande période de prospérité économique. L'industrie de la soie, de la laine, des armes milanaises acquit une renommée européenne. Grâce à ses manufactures et au commerce qu'elles entretenaient, des capitaux considérables se concentrèrent à Milan, qui brilla pendant la domination des Visconti (3), non seulement comme un foyer d'art et de luxe, mais comme un des principaux marchés financiers de l'Europe. C'est alors que le mot de *Lombard* devint synonyme de banquier, et que les pièces d'or frappées à l'effigie des ducs de Milan circulèrent sous le nom de *ducats*

(1) Le nom incontestablement gaulois de *Mediolanum* se retrouve plusieurs fois dans la nomenclature ancienne de la Gaule, notamment dans le nom ancien de la capitale des Santones, Saintes aujourd'hui. Il s'est conservé sous les formes modernes de Château-Meillant (Cher), Miolan (Rhône), etc.

(2) Sac de Milan par Frédéric Barberousse, 1162. — Défaite de Frédéric par la Ligue lombarde, 1176.

(3) Domination des Visconti à Milan (1277-1447).

dans le monde entier. Puis Milan fut entraîné dans les calamités générales qui atteignirent l'Italie. Parmi les dominations étrangères qui se succédèrent, celle de la France contribua du moins à rehausser son importance politique. Pour la première fois depuis les temps modernes le nom de royaume d'Italie, qui ne devait plus être oublié, reparut, et ce royaume napoléonien eut Milan pour capitale. La présence d'une cour brillante éveilla un renouveau d'activité sociale et littéraire. Presque tous les grands noms que comptait l'Italie du nord dans l'art, la littérature et la science figurèrent dans l'Institut national de Milan. L'arc du Simplon, les riches collections de la *Brera*, la carte topographique de la Haute-Italie, de grands travaux de canalisation et de viabilité honorent cette courte période.

Milan peut être considéré comme la capitale commerciale de l'Italie. La première industrie du royaume, celle de la soie, a son principal marché dans cette ville, rivale sérieuse de Lyon. Sa signification comme centre industriel, entrepôt commercial, attire de nombreux agents ou négociants français, belges et allemands. Les Français y possèdent une importante chambre de commerce. Milan ne le cède pas à Gênes dans la recherche de débouchés nouveaux et lointains (1). Jamais peut-être, depuis l'époque de Léonard de Vinci et de Ludovic le More, la population n'a plus rapidement augmenté à Milan que dans ce dernier quart de siècle. En 1861 elle était de 237,000 habitants (2); dix ans après, elle atteignait 261,000 ; en 1881 elle monte à plus de 295,000. L'ensemble de la commune a 322,000 âmes. C'est la seconde ville d'Italie.

(1) C'est la société de géographie milanaise qui avait organisé l'exploration du Harar, qui eut une si funeste issue en avril 1886.
(2) On comprend dans ce chiffre la population du faubourg de *Corpi santi*, qui n'a été officiellement incorporé à la ville qu'en 1873.

Milan et le Saint-Gothard. — Milan n'avait donc pas attendu l'ouverture du tunnel du Saint-Gothard pour prendre son essor. Mais il compte bien profiter aussi de la gigantesque percée ouverte depuis 1882 à la circulation des locomotives. Le chemin de fer du Brenner avait commencé à donner de l'importance au commerce entre l'Allemagne et l'Italie : on doit attendre davantage de celui du Saint-Gothard, qui met le premier marché d'Italie en relations directes avec les principaux centres manufacturiers d'Allemagne. Les chiffres attestent les progrès de l'exportation allemande au sud des Alpes, elle a presque quadruplé, comme on l'a vu, en dix ans. Ce ne sont pas seulement les produits rhénans, mais les marchandises belges et anglaises à destination de l'Italie que le Saint-Gothard verse sur Milan. Le courant de voyageurs que l'Angleterre dirige chaque année vers l'Italie et l'Orient, abandonne en partie pour cette nouvelle route les voies du mont Cenis et de Marseille. Paris lui-même et le nord de la France y trouvent une voie plus courte, en attendant que le percement du Simplon, s'il se fait un jour, leur en ménage une plus directe encore (1). Peu à peu se creuse ainsi le lit du fleuve commercial qui vient aboutir à la grande ville du nord de l'Italie. L'ouverture du Saint-Gothard n'aurait pas cette importance, si elle ne se combinait avec beaucoup d'autres causes qui concourent aussi à déplacer vers l'est, vers Anvers et les pays rhénans, l'axe commercial de l'Europe occidentale.

Les Alpes redeviennent donc ce qu'elles furent au moyen âge, une grande voie de transit pour le commerce. Non que jamais on puisse voir, comme aux

---

(1) Distances de Paris à Milan :
1° Par le mont Cenis : 951 kilomètres.
2° Par le Saint-Gothard : 906 kilom.
3° Par le Simplon : 885 kilom.

temps des relations de Venise avec Augsbourg et Cologne, les denrées de l'Inde transportées à travers les passages des Alpes : elles disposent aujourd'hui par mer de voies économiques qui défient toute concurrence terrestre. Mais pour le flot des voyageurs, pour la connaissance réciproque des habitants d'au delà et d'en deçà des monts, pour les relations d'intérêt entre Etats qui n'avaient jadis que l'apparence du voisinage, l'aplanissement des Alpes par les travaux des ingénieurs est un événement de grave conséquence. On comprend en somme l'émulation qui s'empare des peuples et qui leur fera prodiguer les millions pour ouvrir une percée nouvelle, à seule fin de gagner quelques heures sur la distance et quelques francs sur le prix de transport.

Partie orientale de la plaine du Nord.

L'enceinte que les Alpes décrivent autour de l'Italie se compose de deux arcs de cercle, dont l'un embrasse le Piémont et la Lombardie et se termine aux montagnes qui encadrent le lac de Garde, tandis que l'autre embrasse la Vénétie et se termine aux plateaux du Karst ou Carso. La convexité du premier arc de cercle se partageait entre la France, la Suisse et l'Autriche ; celle du second est entièrement occupée par l'Autriche.

Passage du Brenner. — A l'est du lac de Garde s'ouvre la principale coupure transversale des Alpes. Dans la partie où les Alpes s'épanouissent dans toute leur largeur, les deux vallées de l'Inn et de l'Adige sont reliées par une série de brèches et de cluses entre lesquelles il n'y a d'autre séparation qu'un col très anciennement fréquenté, qui porte le nom de Brenner. C'est l'interruption la mieux caractérisée qui existe à

travers le système, une sorte de couloir long de
350 kilomètres, pendant lesquels on ne cesse de
cheminer entre les escarpements calcaires, les glaciers, les roches de porphyre, mais sans rencontrer
de ces grandes barrières qui ont si longtemps ailleurs
arrêté le commerce des hommes.

Lorsqu'on a quitté le plateau bavarois, vers
Kufstein si l'on suit le chemin de fer, ou vers
Partenkirchen si l'on suit l'ancienne voie romaine,
pour s'engager dans la vallée de l'Inn, on voit au
sud d'Innsbruck s'ouvrir un repli dans l'épaisseur
des montagnes. C'est le Wippthal, petite vallée
que le chemin de fer remonte par une série de rampes
et de tunnels jusqu'au col du Brenner, haut de
1362 mètres. Là se partagent les eaux entre la mer
Noire et l'Adriatique ; on voit blanchir à ses pieds les
premières cascades des ruisseaux qui vont grossir
l'Eisack et l'Adige. La vallée de l'Eisack, que l'on suit,
se resserre et s'élargit alternativement. A Brixen son
niveau n'est qu'à 558 mètres. A Botzen, à l'issue d'un
long défilé de porphyre, elle se confond avec celle de
l'Adige, et s'ouvre en un bassin magnifique couvert
de vignes et cultivé comme un jardin. Cependant les
défilés ne sont pas finis ; pendant 149 kilomètres
encore (distance de Botzen à Vérone) ils continuent
à alterner avec les bassins. A Rivoli une dernière
cluse resserre dans un étroit espace la grande route,
le fleuve et le chemin de fer. Enfin les montagnes
s'écartent définitivement et laissent voir les tours de
Vérone au seuil de la plaine immense et poudreuse.

Le chemin de fer a été construit en 1867 ; mais dès
le xviiie siècle une route carrossable ouvrait le passage.
C'est par elle qu'en 1797 les armées autrichiennes de
Würmser et d'Alvinzy débouchèrent successivement
sur les flancs de l'armée française ; par elle que les
éclaireurs de Joubert s'avancèrent au nord jusqu'à un
point qu'on montre encore au delà des gorges de

Brixen. Cette route en avait remplacé une autre plus
ancienne, connue au moyen âge sous le nom de route
impériale, et dont se servait Venise pour communiquer avec Augsbourg. La route impériale n'était autre
d'ailleurs que la voie romaine tracée par Drusus pour
assurer sa ligne de communication avec la grande
place d'armes de la Vindélicie; un de ces grands travaux dans lesquels se montre une fois de plus l'initiative de Rome dans l'œuvre de rapprochement des
peuples.

La dépression remarquable du niveau dans la partie
méridionale du couloir permet à la nature et à la
végétation du Midi de s'avancer jusqu'au cœur des
Alpes. Jusqu'à Trente on continue à voir les cultures
essentiellement italiennes, plantations de mûriers et
rizières. Trente elle-même avec ses *palazzi* de marbre
est une ville entièrement italienne d'aspect et de
mœurs (1). Les effluves du climat méridional atteignent
le beau bassin de Botzen et s'insinuent même par la
vallée latérale de l'Adige jusqu'à Meran, en plein
Tirol.

Frontière politique. — Cependant l'Italie politique
ne possède que l'extrémité méridionale de cette voie
de peuples. Sa frontière se trouve vers l'entrée septentrionale du dernier étranglement, celui de la cluse
de Vérone. Le territoire autrichien s'avance en forme
de coin entre la Lombardie et la Vénétie. L'Autriche
tient la vallée de l'Adige avec les aboutissants latéraux
qui doublent son importance. Un système de fortifications et un réseau développé de voies ferrées assurent sa domination dans les Alpes orientales. Sans
doute l'Italie a, de son côté, élevé des fortifications
sur le plateau de Rivoli et les hauteurs qui lui font
face. Mais ces défenses, comme celles de Vérone

(1) Trente, 19,000 habitants (dont 1300 Allemands).

elle-même (1), peuvent toujours être tournées par l'Autriche.

La question des Alpes est réglée entre l'Italie et la France ; elle ne l'est pas entre l'Italie et l'Autriche. La domination autrichienne dans la vallée de l'Adige date de loin. Elle n'a pas ce caractère d'épisode qu'elle eut dans le Lombard-Vénitien, dépouilles opimes obtenues ou perdues au hasard des traités. Elle représente la lutte déjà ancienne que le germanisme et la civilisation latine se livrent pied à pied dans cette ouverture des Alpes.

Position des races. — Il y a déjà plus de 500 ans (2) que la maison d'Autriche entra en possession du Tirol, dont le Trentin ou évêché de Trente était une dépendance ; et déjà alors depuis plusieurs siècles ces contrées faisaient partie de l'Empire germanique. Lien qui n'était pas resté purement nominal ; car un mouvement de colonisation allemande se prononça de bonne heure vers la vallée de l'Adige en pays latin, comme vers la vallée de la Drave en pays slave. Jusque vers 1290, époque du Dante, qui marque un éveil décisif de la nationalité italienne, le germanisme n'avait cessé de faire des progrès aux dépens des populations rélo-romanes qui occupaient les avenues méridionales du Brenner. Comme au Splügen et au Saint-Gothard les empereurs germaniques, pour s'assurer la disposition des passages, y avaient favorisé l'établissement de colons ; les évêques de Trente, allemands eux-mêmes, avaient appelé des artisans ou des mineurs de même origine. Les châteaux en ruine, si nombreux près de Botzen et de Méran, rappellent la prise de possession des grandes vallées par la chevalerie germanique. Les mines du val Sugana, abandonnées aujourd'hui, furent exploitées à l'aide de travailleurs venus d'Allemagne. Peu à peu, dans

(1) Vérone, 61,000 habitants.
(2) Annexion du Tirol à l'Autriche, 1363.

les vallées ouvertes, une couche de germanisme
parvint à recouvrir le fond roman, par une transformation analogue à celle qui s'accomplit de nos
jours dans la vallée rhénane du pays des Grisons.
Les noms romans restèrent encore attachés aux
ruisseaux, aux forêts, aux fermes isolées ; mais par
les villes et les châteaux la langue et les mœurs
allemandes s'étendirent sur le sommet méridional
des Alpes rétiques.

Depuis le quatorzième siècle (1) les deux langues
luttent pied à pied dans la vallée de l'Adige et autour
d'elle, avec des alternatives de progrès et de recul.
L'italien a réussi, comme on l'a vu plus haut, à
conquérir les avant-postes isolés du germanisme
dans le Vicentin, mais la langue allemande, fortement
retranchée à Botzen (2), s'avance jusqu'à cinq lieues
de Trente. Depuis la cession de la Vénétie on a redou-
blé d'efforts en Autriche pour propager les écoles
allemandes dans le Tirol italien. La propagande du
Deutsche Schulverein, dont le siège est à Berlin, celle
d'autres sociétés fondées à Innsbruck et à Vienne,
y luttent contre une élimination trop complète de
l'élément allemand. De son côté le sentiment italien
est entretenu par une association qui a son siège à
Roveredo et qui étend son activité jusqu'à Trieste.

Autres passages des Alpes orientales. — Dans
le reste de leur développement oriental les Alpes
présentent d'autres passages, moins importants il
est vrai, mais qui ont pourtant exercé de l'influence
sur le développement historique de la Vénétie. Lorsqu'au moyen âge le commerce de Venise se dirigeait
par les voies terrestres vers l'intérieur de l'Allemagne,
Trente était une de ses étapes. Mais pour l'atteindre

---

(1) Biedermann, *die Nationalitäten in Tirol*, Stuttgart 1886.
(2) Botzen, 9400 habitants, dont 1100 Italiens. Depuis un siècle et
demi la langue allemande, qui s'avançait au midi jusqu'à San-Michele,
a reculé. C'est à Salurn que se trouve aujourd'hui la limite approxi-
mative des langues.

on évitait le détour de Vérone, et l'on s'engageait, à Bassano (1), dans la haute vallée de la Brenta. Elle remonte, sous le nom de val Sugana, jusque dans le voisinage de Trente. Il y a là une route carrossable qui, à défaut de l'importance commerciale qu'elle a perdue, garde un intérêt pittoresque. Car les vallées alpestres de la Vénétie ont mieux conservé que celles du Piémont leur parure forestière ; les villages et parfois de vieilles villes fortifiées s'étagent sur les coteaux verdoyants ; le fond des vallées est cultivé en vergers, et « au milieu de ce jardin immense la Brenta coule rapide et silencieuse sur un lit de sable (2) ».

Une autre route se détache du haut Tagliamento pour franchir la frontière italienne à Pontebba et gagner ensuite le col de Tarvis. Elle est doublée depuis 1879 par un chemin de fer construit à grands frais, qui s'élève jusqu'à 883 mètres. C'est la direction la plus courte entre Rome et Vienne.

Enfin, à l'est de la Vénétie, s'ouvre entre les plateaux calcaires du Karst et les derniers rameaux des Alpes juliennes, un dernier passage qui coupe droit vers la vallée de la Save. L'obstacle des Alpes n'existe presque plus à cet endroit ; car le seuil qu'il faut franchir entre Adelsberg et Laibach pour gagner la vallée de la Save, ne s'élève pas à plus de 520 mètres. C'est la communication naturelle entre la Vénétie et le bassin du moyen Danube. La voie que les Romains y construisirent, servit au commerce d'Aquilée ; le chemin de fer qui la suit aujourd'hui sert au commerce de Trieste. Mais il est entièrement sur le territoire autrichien. L'Italie a perdu cette avenue orientale de la Vénétie. Le réseau des lignes ferrées vénitiennes n'a pas, comme l'ancienne voie romaine, sa continuation en droite ligne vers le passage. Il se

(1) Bassano, 13,000 habitants.
(2) *Lettres d'un voyageur.*

relie, à quelques lieues d'Udine (1), au réseau autrichien qui le rejette vers Trieste.

Vénétie. — Encadrée au nord par les Alpes, la Vénétie est très nettement limitée à l'ouest et au sud par une ligne de lacs, de fleuves et de marais.

Entre les anfractuosités méridionales des Alpes tiroliennes s'est formé un lac moins élevé au-dessus du niveau de la mer et peut-être moins profond que les autres lacs de l'Italie du nord, mais plus vaste (2). Bordé d'escarpements et de chutes d'eau dans sa partie supérieure, le lac de Garde s'élargit, s'adoucit au sud. L'amphithéâtre de montagnes s'écarte, et entre les rives aplanies se découpe gracieusement la fine péninsule de Sermione. De cette petite mer, qui a ses ports, ses pêcheries et parfois ses tempêtes, s'échappe au sud-est une courte mais volumineuse rivière, le Mincio. Il traverse d'abord quelques rangées de collines, restes de moraines abandonnées par les anciens glaciers ; puis il s'épand en marécages ; il coule lentement entre des fourrés de roseaux ; il forme, en amont et en aval de Mantoue, trois petits lacs dont il ne sort que pour terminer dans le Pô son cours long de 84 kilomètres.

La ligne fluviale de l'Adige se déroule en arrière de celle du Mincio. Lorsque l'Adige débouche en plaine à Vérone, il garde encore une allure de torrent, il file avec rapidité sous les ponts crénelés de la ville. Bientôt le brusque ralentissement de la pente détermine la chute des débris qu'il tenait en suspension. Ces dépôts exhaussent le fond de son lit, qu'il a fallu emprisonner entre des digues. Mais ces digues n'ont pu qu'imparfaitement prévenir la formation de marais, auxquels contribuent d'ailleurs pour leur part les torrents qui viennent se jeter dans l'Adige.

(1) Udine, 23,000 habitants ; point de croisement des lignes de Trieste et de Pontebba.
(2) Lac de Garde, 64 mètres au-dessus de la mer

L'un d'eux, l'Alpone, a sa célébrité historique (1); ce fut dans les marais qui le bordent, à l'ouest du village d'Arcole, que l'armée française lutta pendant trois jours contre les forces d'Alvinzi (15-17 nov. 1796). Un peu au-dessous de Legnago l'Adige n'est plus éloigné du Pô que de trois lieues. Il irait certainement se confondre dans son lit, car l'intervalle est rempli par de grands marais (Valli grandi Veronesi, Polésine de Rovigo), à travers lesquels des bras latéraux et des canaux établissent des communications partielles. Ce qui est arrivé pour le Tigre et l'Euphrate, pour la Meuse et le Rhin, se serait produit aussi depuis long- temps pour le Pô et l'Adige. Les deux fleuves se se- raient combinés en un chenal unique, si l'on n'avait pas réussi à empêcher par de grands travaux leur accumulation jugée dangereuse en une seule masse. L'Adige coule ainsi pendant 90 kilomètres parallèle- ment au Pô et conserve son embouchure indépen- dante dans l'Adriatique.

Les bords du Pô commencent à être marécageux déjà vers Pavie. Mais à partir de Guastalla, bien avant le confluent du Mincio, les *Valli* ou marécages, restes d'inondations dues à des ruptures de digues, de- viennent plus nombreux. Au-dessous de Ficarolo le pays prend décidément l'aspect deltaïque. A perte de vue se déroulent des étendues couvertes de roseaux ou d'herbes, coupées de digues, interrompues par des mares ou des bras morts. Quelques rangées sablon- neuses indiquent les dunes des anciens rivages que le progrès des alluvions a peu à peu enveloppés.

---

(1) « L'espace triangulaire compris entre l'Adige et l'Alpone, depuis San-Bonifacio jusqu'à son confluent, est coupé de canaux d'écoule- ment et couvert de marais, de rizières et de prairies humides, au milieu desquels on trouve pourtant quelques îlots de terre ferme où sont des hameaux et des habitations rurales, qui ne communiquent entre eux que par des digues ou levées de terre d'un profil assez élevé. » (Koch, *Mémoires de Masséna*, t. II, p. 238). — Sur ce front étroit, où l'on ne pouvait combattre que sur des digues, Bonaparte neutralisait la supériorité numérique de l'ennemi.

Le cours inférieur du Pô n'a pris sa direction actuelle que depuis sept siècles. Auparavant il se jetait dans la mer par les branches de Primaro et de Volano : en 1152 une rupture de digues à Ficarolo détermina la formation d'un nouveau lit plus septentrional que les précédents, et par conséquent plus voisin du cours inférieur de l'Adige. C'est ce bras qui, subdivisé lui-même en plusieurs ramifications, porte aujourd'hui à la mer l'ensemble des eaux du Pô.

Derrière cette double ligne fluviale et marécageuse, la contrée qui s'étend à l'est du Mincio et au nord du Pô, se dessine comme nettement distincte dans l'ensemble de la plaine italienne. L'accès en est difficile à l'ouest sauf en un point, qui, comme seul passage, prend beaucoup d'importance ; c'est la partie légèrement ondulée qui est circonscrite entre le lac de Garde et les marais de Mantoue. Les noms de batailles s'y pressent dans un rayon de quelques lieues. Le fameux quadrilatère Peschiéra-Mantoue-Vérone-Legnago gardait autrefois ce passage.

Cette contrée si bien limitée apparaît dès une époque reculée comme le siège d'un peuple particulier, qui passait déjà pour ancien, les Vénètes. Ils ne furent pas entamés par les invasions gauloises ; ils se maintinrent comme peuple, et quand vint le moment d'être latinisés comme tous les autres, leur personnalité, on pourrait dire leur *patavinité* (1), resta remarquée sous la domination romaine. La Venise d'alors ce fut la riche Aquilée, une des grandes villes de l'Empire, dont les ruines (2) sont encore une mine d'antiquités de toute espèce, malgré tout ce qu'elles ont fourni déjà de statues et de fragments pour orner les édifices de Venise et de Torcello. Après les invasions barbares il sembla d'abord que toute trace de l'antique peuple vénète eût disparu. La contrée qui s'étend entre l'embouchure du Pô et les Alpes devint une marche du Saint-Empire romain germanique.

(1) *Patavium* (Padoue), ancienne capitale des Vénètes.
(2) Fondée en 152 avant notre ère par les Romains, ruinée en 452 par Attila, Aquilée n'est plus qu'un pauvre village de 500 habitants, à une lieue à l'est de la frontière italienne.

Mais le nom des Vénètes se fixa alors sur la ville où s'étaient concentrés ses débris. Grâce à elle l'ancienne Vénétie parvint à se reconstituer dans le domaine de *terre ferme* de la république de Venise. L'État vénitien dépassa même par l'incorporation de Bergame et de Brescia les limites que la nature et l'ethnographie semblaient lui assigner. Le Mincio, à sa sortie du lac, forme encore maintenant la limite entre les dialectes vénitiens et les dialectes ceito-romans de Lombardie. Cependant l'ancien duché de Mantoue se rattache plutôt par la langue à la Lombardie qu'à la Vénétie ; il est rattaché à la première de ces provinces dans les divisions actuelles du royaume.

Développement urbain de la Vénétie. — A l'époque de l'Empire romain, qui fut pour la Vénétie une grande période de prospérité, le développement urbain de la contrée se trouvait surtout dans la plaine, à mi-distance des montagnes et de la mer, le long des voies de communication entre l'Italie et le Danube. *Concordia, Opitergium, Tarvisium, Vicetia* s'échelonnaient sur la voie romaine d'Aquilée à Vérone ; *Patavium, Ateste* sur celle d'Aquilée à Bologne. De cette brillante pléiade de villes il reste peu de chose. Concordia, Oderzo, Este sont de petites villes ; Altino est un village. Il n'y a guère que Trévise, Vicence et Padoue qui aient conservé quelque importance (1). Padoue « la docte » s'enorgueillit de son université fondée au XIIIᵉ siècle, où enseigna Galilée. Le flot des invasions barbares semble avoir eu pour effet de refouler les formations urbaines vers les montagnes, comme elles les refoulaient d'autre part vers les lagunes. De l'Adige à la Piave les derniers contreforts des Alpes sont garnis d'un nombre extraordinaire de villes et de bourgs, établis comme en vedette au-dessus de la plaine. L'industrie y trouve

---

(1) Vicence, 28,000 habitants. — Padoue, 47,000 hab.

aujourd'hui des conditions favorables. Schio, sur le Léogra, est, après Bielle, le second centre manufacturier du royaume pour les lainages. Une grande activité, servie par de nombreux moyens de communication, anime la lisière montagneuse du Vicentin.

Venise. — Malgré les circonstances historiques qui contribuent à l'expliquer, la formation d'une ville telle que Venise reste un des plus singuliers phénomènes topographiques. On sait que sous la terreur des invasions du v° siècle, devant Aquilée, Oderzo, Altino réduits en cendres, les populations urbaines de l'intérieur cherchèrent asile dans les lagunes. Ce ne fut pas seulement vers Héraclée et Malamocco que se dirigea cet exode ; toute la zone des lagunes devint un vaste refuge. Grado, Caorle, Torcello, Palestrina, Chioggia, tous les nids de pêcheurs épars dans l'intérieur des cordons littoraux du golfe, virent affluer les fuyards des cités détruites.

C'est de ce germe que devait, mais graduellement, se former Venise. Dans une lettre écrite, moins d'un siècle après, par Cassiodore à ce qu'il appelait les tribuns des pays maritimes, le ministre-rhéteur de Théodoric trouvait matière à exercer sa verve sur ces populations amphibies : « Comme des oiseaux aquatiques, vous avez élu domicile, leur disait-il, dans un pays dont la surface est tantôt recouverte, tantôt délaissée par les marées. Ce qui était continental, devient un moment après insulaire, de sorte qu'on s'y dirait au milieu des Cyclades (1). »

Tel est en effet l'aspect qu'on peut encore vérifier sur place dans les parties du littoral où les atterrissements fluviaux n'ont pas comblé les anciennes lagunes. La marée qui, par exception dans la Méditerranée, s'y élève à près d'un mètre, laisse à découvert au moment du reflux des surfaces qui, dans le

(1) Lettre aux tribuns des pays maritimes (Livre XII, 24).

vocabulaire particulier des lagunes, sont désignées
sous le nom de *palui*. On appelle *valli* des cuvettes
dont les bords seuls deviennent apparents au reflux.
Une foule de canaux, dont le chenal navigable est
marqué par des pieux, parcourent la lagune dans
les sens les plus divers. Dans ce dédale de chenaux et
de bas-fonds circulent des bateaux effilés à fond plat,
primitive ébauche de la gondole. Çà et là surnagent,
aux points où quelque circonstance a déterminé un
amoncellement d'alluvions, de petits monticules
boueux où quelques groupes d'habitations peuvent
trouver place. La lagune est protégée vers la haute
mer par de longues flèches de sable appelées *lidi*,
formant digue, mais percées de distance en distance
par des brèches étroites (*grado*, *porto*) qui laissent
passer la marée et les navires. Venise représente en
quelque sorte la lagune embellie et entretenue par
l'art. Mais on peut encore la voir à l'état de nature,
et se représenter la vie pittoresque des premiers
habitants, dans les lagunes plus retirées qui subsistent
encore vers l'extrémité de l'Adriatique. Telle est celle
à l'entrée de laquelle est bâtie la petite ville de
Grado. Tous les éléments de la vie vénitienne s'y
trouvent, les modes de transport et d'habitation sont
identiques; on voit même se dresser, au-dessus des
humbles hameaux blottis sur les îlots de boue, la
tour élancée qui fait penser au campanile. C'est en
quelque sorte le canevas fourni par la nature, sans
le développement magnifique d'art, de puissance et
de civilisation qui s'associe au nom de Venise.

A l'époque des invasions, on vit se former sur
divers points du monde romain des villes-refuges qui
se peuplèrent des débris de villes voisines (1). Le
site choisi fut généralement un promontoire rocheux

(1) Fondation de Raguse par des réfugiés d'Épidaure et de Salone
(Constantin Porphyrogénète, *De administrando imperio*, c. 29). —
Fondation de Spalato; de Monemvasie dans le Péloponnèse.

facile à isoler. Aucun autre exemple de concentration politique ne s'offre dans des conditions analogues à celles de Venise. Dans le petit archipel qui parsème la lagune au nord de Malamocco se trouvait une île un peu plus grande et surtout un peu plus élevée que les autres (*Rivo alto* ou *Rialto*) ; ce fut le noyau de la cité naissante. Il fallut sur ce sol glissant de boue qui s'affaisse, enfoncer profondément des pilotis pour soutenir les constru lions. Bientôt il fallut aussi songer à protéger la ... ne elle-même ; car elle n'aurait pas tardé à être co ... e par les alluvions que déposent les fleuves en expirant dans les eaux tranquilles. Dès le douzième siècle, inquiets de conserver leur communication avec la mer, les Vénitiens s'occupèrent de détourner au moyen de canaux les rivières qui la menaçaient, et n'ont pas cessé d'y travailler depuis. Les eaux de la Brenta, dirigées vers le sud par un double canal (1), ont épargné ainsi la lagune de Venise ; mais elles ont entièrement comblé, depuis le seizième siècle, celle de Brondolo ; Chioggia même est peu à peu atteinte par l'envasement, et la fièvre autrefois presque inconnue y exerce ses ravages. Pour maintenir l'existence des cordons littoraux ou *lidi*, cette protection extérieure de la lagune, on dut songer aussi à les consolider ; des digues en terre garnies de palissades vinrent à leur aide. Ces défenses rudimentaires furent, au siècle dernier, remplacées à grands frais par des murs composés de blocs de marbre, qu'on appelle les *Murazzi*. Larges de 13 à 14 mètres à la base, hauts de plus de 4 mètres, ils tombent à pic vers la lagune et descendent par quatre gradins vers la mer, formant une cuirasse de Chioggia à Malamocco.

Venise a pu ainsi maintenir sa position insulaire. Elle communique avec la mer par trois passes ou ports, celui du Lido, de Malamocco et de Chioggia.

(1) Brenta (bifurcation à Dolo), et Taglio nuovo della Brenta, tous deux aboutissant à Brondolo.

Mais le premier manque de profondeur, le dernier est trop éloigné : celui de Malamocco reste seul accessible aux navires de fort tonnage, grâce aux travaux commencés sous Napoléon, en 1806. Venise est reliée à la terre ferme par un pont-aqueduc de 222 arches, par lequel le chemin de fer rejoint à Mestre la ligne de Padoue. Groupés au centre de la lagune dans les trois principales îles de Rialto, Giudecca et Saint-Georges, ses constructions de brique et de marbre font une tache blanche et rose sur le vert des eaux. Un peu au nord, l'îlot de Murano est le siège de la célèbre industrie des verreries, qui prend depuis peu un nouvel essor. Puis c'est Burano, où l'on s'efforce de ressusciter l'art des dentelles ; Torcello, pauvre bourgade de pêcheurs, mais où des ruines antiques, des chapiteaux de marbre abandonnés dans les herbes attestent l'importance de la ville qu'elle fut autrefois. Au sud l'îlot de Saint Lazare occupé par le couvent arménien des Mékhitaristes. Entre les îlots qui l'escortent comme des nacelles, la ville de Saint-Marc semble un grand navire à l'ancre. Tout a été dit sur l'étrangeté du site ; mais ce qu'on ne dira jamais assez, c'est ce que lui prêtent de magie la beauté du ciel, la variété des jeux de lumière aux différentes heures du jour, la splendeur et la mobilité des colorations dont le ciel des lagunes a enrichi la palette des Tintoret et des Véronèse.

Il est facile de voir encore aujourd'hui que le cœur de la ville est au centre du Rialto, plutôt qu'à la place Saint-Marc. Celle-ci était la place des cérémonies officielles, des processions, le vestibule d'apparat où la République se découvrait dans sa splendeur aux envoyés étrangers. Près du pont du Rialto était le foyer des affaires, le rendez-vous du négoce. La corporation des orfèvres, celle que dans presque toutes les villes on trouve établie près de la principale place, dresse encore sur le pont même ses boutiques. Près de là s'élève l'église de Santa-Maria Formosa, autour de laquelle était groupée la puissante corporation des charpentiers et constructeurs en bois. A peu de distance était l'entrepôt des Allemands, le *fondaco dei Tedeschi*. Dans l'église des *Frari*, les Milanais et les Florentins avaient leurs chapelles particulières.

L'isolement de Venise fut, dans le principe, une des principales causes de sa grandeur. Échappant aux révolutions qui bouleversaient l'Italie, longtemps vassale intéressée de l'Empire grec, elle eut toute liberté pour s'assurer du littoral dalmate et développer ses relations avec Alexandrie. Ses navires visitaient tous les ports du Levant, avant que la ville possédât un pouce de terrain sur la côte opposée de terre ferme. Elle avait fondé des colonies florissantes dans toute la Méditerranée orientale et la mer Noire, avant que Padoue, située à quelques lieues de la côte, reconnût son autorité (1). Sa puissance territoriale en Italie ne se constitua guère qu'au quinzième siècle. Cette extension fut plus d'une fois pour elle une source de dangers ; mais en la mêlant aux affaires communes de l'Italie, elle fit germer en elle le sentiment d'une patrie plus étendue que l'ancienne patrie vénitienne. Nulle part, en 1848, le mouvement national ne se manifesta avec plus de force qu'à Venise ; la lutte obstinée qu'elle soutint pendant dix-sept mois, sous la direction du président Manin, contre les Autrichiens (2), émut toute l'Europe. Pourtant, lorsqu'il lui fut permis en 1866 d'entrer à son tour dans les cadres du nouveau royaume, il était difficile de conserver des illusions sur l'avenir. Les bases de l'ancienne grandeur n'existent plus. Les places sont prises non seulement dans le Levant, mais même dans l'Adriatique, où Trieste a hérité de la clientèle maritime des populations dalmates et de la suprématie commerciale. Cependant, comme débouché maritime des lignes du Brenner et de Pontebba, comme point de départ des steamers anglais de la Compagnie péninsulaire et orientale à destination de l'Inde, le port de Venise reprend quelque animation, quoiqu'il n'occupe encore que le septième

(1) Padoue conquise par Venise en 1153.
(2) Soulèvement de Venise, mars 1848; capitulation, 25 août 1849.

rang parmi les ports italiens (1). La population, qui était de 120,000 âmes en 1867, atteint aujourd'hui 130,000. L'industrie donne des signes de réveil. S'il n'est pas permis de rêver le retour des grandeurs d'autrefois, il semble du moins que la période d'appauvrissement et de déclin soit arrivée à son terme.

Ravenne. — Depuis la frontière autrichienne jusqu'à Ancône, sur un développement de 350 kilomètres, Venise est la seule position maritime qui soit en état d'être opposée à Trieste et à Pola (2). Sur toute la côte de l'Émilie les atterrissements ont fait disparaître les anciens ports de deltas et de lagunes. Il ne reste rien des anciennes villes maritimes que fréquentait la navigation grecque quatre ou cinq siècles avant Jésus-Christ ; et de Ravenne même (3), la station militaire navale de l'Empire romain sur l'Adriatique, la capitale d'Honorius, il reste peu de chose. L'état actuel de Ravenne représente exactement le sort qui eût depuis longtemps atteint Venise, sans l'œuvre artificielle de préservation que nous avons décrite. On a de cette ville aujourd'hui morte des descriptions assez précises pour conjecturer qu'elle dut offrir dans l'antiquité une image assez semblable à Venise. C'était aussi une cité bâtie sur pilotis dans les îlots d'une lagune, et dont les quartiers communiquaient par des canaux surmontés de ponts (4). Elle se trouve aujourd'hui à 7 kilomètres de la mer. Ses églises, ses monuments, ses mosaïques, font revivre pour l'historien et l'artiste comme une dernière lueur de la civilisation antique. Mais du port militaire creusé par Auguste, autour duquel s'élevait le faubourg appelé *Classis*, il ne reste

---

(1) Tonnage du port de Venise en 1886 : 1,151,000 tonnes de jauge.

(2) L'antique et célèbre arsenal de Venise a été agrandi par le gouvernement italien. Des forts défendent les passes ; et sur la terre ferme le fort de Malghera sert de tête de pont.

(3) Ravenne, 18,500 habitants.

(4) Strabon V, 1, 7. — Vitruve, II, 9. — Sidoine Apollinaire, au cinquième siècle, déclare que les morts y sont dans l'eau et que les vivants y meurent de soif.

qu'un nom, celui de l'église Saint-Apollinaire *in Classe*, qui se dresse à trois quarts de lieue de la ville actuelle, dans une solitude fièvreuse. La mer se laisse seulement deviner, derrière la *pineta* qui ferme l'horizon.

Romagne et Emilie. — La forte position de Ravenne, presque inexpugnable par terre et par mer l'avait désignée au choix d'Honorius dans la crise suprême de l'Empire d'Occident ; elle la désigna de même pour servir de résidence, plus tard, à l'exarque ou gouverneur byzantin. Sa destinée la rendit ainsi à deux reprises le boulevard du romanisme au milieu des établissements barbares qui transformaient l'Italie. Pendant près de deux siècles que dura l'Exarchat (1), elle maintint en pleine Italie barbare le nom romain identifié alors avec l'Empire de Constantinople. Il est naturel que le souvenir de ce rôle singulier ait laissé une trace dans la nomenclature géographique. Le nom de Romagne perpétue le souvenir de cette Romanie d'Occident à laquelle Ravenne prêta l'appui de sa position stratégique. Quoique sans application administrative depuis la réunion au royaume d'Italie de cette partie des anciens États de l'Église (1860), il existe encore dans l'usage. La Romagne a contribué avec les anciens duchés de Modène et de Parme à former le *compartimento* actuel de l'Emilie (2).

Cette grande province, dont le nom rappelle celui de la grande voie stratégique construite en l'an 186 avant notre ère par le censeur Æmilius Lepidus pour tenir en respect les Gaulois du Pô, pourrait être définie le glacis septentrional de l'Apennin. La vie s'est retirée vers l'intérieur. Elle se concentre dans la grande ville de Bologne, fondation gauloise

(1) Durée de l'Exarchat de Ravenne, 539-752.
(2) Le nom d'Emilie figure déjà comme nom de province dans le vocabulaire géographique de l'Empire romain. La voie Emilienne partait de Rimini pour aboutir à Plaisance. — Parme, 44,000 habitants ; Modène, 31,000 hab.

qui succéda à l'antique Felsina étrusque. La vieille cité guelfe, qui se glorifie encore dans une inscription de son église de Saint-Dominique, d'avoir tenu tête à l'empereur germanique Frédéric II, semble avoir conservé ses traditions républicaines. Sa position centrale au nord de l'Apennin, au point de croisement des chemins de fer de Rimini à Plaisance et de Venise à Florence, la désignait pour servir de grand dépôt de ravitaillement et de place d'armes. Elle a été entourée de forts. Mais Bologne n'est pas seulement une position militaire ; c'est une grande ville de commerce et d'industrie, dont l'importance a beaucoup profité du nouvel ordre de choses. Le nombre de ses habitants s'est élevé de 80,000, en 1861, à 104,000. Son université, vieille de huit cents ans, est fréquentée par un millier d'étudiants.

Ligurie.

Malgré la direction qui entraîne les eaux de la grande plaine italienne, le débouché naturel est plutôt au golfe de Gênes qu'à l'Adriatique. Ce golfe, qui s'avance vers le nord jusqu'à 44 degrés et demi de latitude, est séparé, il est vrai, du bassin du Pô par une ceinture de montagnes ; mais au sommet de la convexité qu'il dessine aux dépens des terres, entre Savone et Gênes, la barrière s'abaisse, les hauteurs ne dépassent pas 900 mètres, et elles sont interrompues par des cols inférieurs à 500. Gênes occupe le point le plus septentrional. Le chemin de fer construit depuis 1854, à travers la chaîne ligure, la met à 150 kilomètres de Milan, à 166 de Turin, les deux foyers économiques de l'Italie. Les Alpes centrales opposaient à l'extension de ses relations vers le nord une barrière plus haute et plus épaisse que l'Apennin. Jamais, même à l'apogée de

sa puissance commerciale, Gênes ne put réussir
malgré tous ses efforts à fixer chez elle un marché
aussi important pour l'Allemagne que celui qui avait
son entrepôt à Venise (1). Cependant, depuis le percement du Saint-Gothard, l'obstacle est en partie
aplani. Gênes a vu s'ouvrir la perspective de devenir
le port méditerranéen des pays rhénans. De Bâle, de
Francfort et même de Bruxelles et d'Anvers, la distance kilométrique par voies ferrées est moindre pour
Gênes que pour Marseille. On s'explique les ambitions que ce rapprochement inspire. Il s'agit pour ce
port, déjà le plus actif de l'Italie, de disputer à Marseille le grand marché de la Méditerranée occidentale.
Préoccupée de cet espoir, l'Italie nouvelle regarde
vers Gênes plus que vers Venise, vers la patrie de
Colomb plutôt que vers celle de Marco Polo.

La Rivière. — De la frontière française jusqu'à l'embouchure de la Magra, qui forme, comme au temps d'Auguste, la limite orientale de la Ligurie, se déroule pendant 360 kilomètres (2) une côte montagneuse et pittoresque qu'on appelle la Rivière de Gênes. De Venti-
miglia à Voltri le littoral suit une direction nord-est ;
c'est la Rivière du ponent. Puis il s'infléchit et se
dirige vers le sud-est : c'est la Rivière du levant.

La côte du ponent est formée par des promontoires
rocheux et des anses sablonneuses alternant avec
régularité. Grâce à la profondeur de la mer au voisinage
immédiat du rivage, les atterrissements des cours
d'eau ne peuvent s'étendre ; et la *malaria*, hôte
ordinaire des terres en formation sur les bords de la
Méditerranée, épargne cette côte. Il n'y a que la
plaine d'Albenga qui fasse exception. L'abri des
montagnes préserve la Rivière des coups du mistral ;

(1) Voir Heyd, *Histoire du commerce du Levant* ; Leipzig, 1885.
(2) Si l'on ne tient pas compte des anfractuosités, le développement
du littoral n'est que de 274 kilomètres (*Institut géographique militaire italien*).

il est rare qu'il y fasse mauvais temps, même en
hiver. Aussi, dans l'encadrement dessiné par les promontoires, chaque petite vallée a tout au moins sa
plage où les barques sont tirées à terre, souvent un
véritable port et une ville. Celle-ci, généralement
accrochée aux rampes mêmes du promontoire, se
présente du dehors comme un amas de maisons en
amphithéâtre, que dominent parfois quelques restes
de fortifications du moyen âge (1). Au dedans, c'est
un labyrinthe de ruelles étroites, superposées, où
faute d'espace les maisons élèvent étages sur étages.
Parfois, mais plus rarement, la ville se répand dans
la vallée ; elle suit alors la route qui forme sa principale et presque unique rue (2). Bourgs et villages se
succèdent en ce cas presque sans interruption. La
route de la Corniche, ancienne voie romaine d'Italie
en Provence, s'élève sur les promontoires, descend
dans les vallées, traverse les rues étroites des
villages. Elle est supplantée aujourd'hui par le chemin de fer de Marseille à Gênes.

Le long de la Rivière du levant la structure de la
côte est un peu différente. La lisière basse n'a pas
plus d'ampleur, mais les chaînes qui la bordent se
ramifient et se compliquent davantage. Leurs ramifications laissent place à des vallées longitudinales
dans lesquelles se développent, parallèlement à la
mer, quelques cours d'eau plus longs que les torrents
transversaux de la Rivière du ponent. Ou bien elles
dessinent des anfractuosités entre lesquelles la mer
s'introduit pour former la baie de Rapallo et le beau
golfe de Spezia.

La côte ligure appartient au nord de l'Italie par sa
position, mais au sud par son climat. Peu de contrastes sont aussi tranchés que ceux qu'offrent la
température et la végétation au nord et au sud de

_____

(1) San-Remo, 12,000 habitants ; Porto-Maurizio, 6000 hab.
(2) C'est la disposition qu'on voit à Loano.

l'Apennin ligure. Gênes, Spezia, Porto-Maurizio, San Remo ignorent les rigueurs que l'hiver inflige à Turin et à Milan ; la température est même plus douce sur la côte de Ligurie que sur celle de l'Adriatique à pareille latitude ; elle est égale et parfois supérieure à celle de Rome et de Naples. L'Apennin y tombe vers la mer comme une muraille à pic offrant directement ses parois aux rayons du soleil. Au sommet, le roc aride, puis, au-dessous de 700 mètres, des bandes sombres formées par les bois d'oliviers au milieu desquels se détachent en blanc quelques villages ; plus bas la culture en jardins, les vergers en terrasses maintenues par des murs de pierre sèche ; enfin, dans la plaine, des formes plus méridionales encore se mêlant à celles des oliviers, des figuiers, des amandiers, l'apparition, unique à cette latitude, des orangers de Diano Marina, des palmiers de Bordighera et de San-Remo.

Mais cette nature est plus belle que riche. « Si cette contrée abonde en huiles, vin, fruits et légumes excellents, elle ne produit pas à beaucoup près la quantité de grains nécessaire à la consommation des habitants (1). » Nos armées, en 1796 et 1799, tandis que les Anglais tenaient la mer, y mouraient de faim. Comment pourrait vivre, sans les occupations et les profits de la mer, la population qui se presse sur cette côte à raison de 174 habitants au kilomètre carré ? Les ressources du sol ne sont pas seulement insuffisantes, mais fallacieuses et pleines de mécomptes. Il a suffi d'une maladie qui a sévi sur les oliviers pour déterminer dans ces dernières années une émigration énorme vers l'Amérique du Sud, des provinces de Gênes et de Savone. La mer s'offre donc comme la plus sûre des ressources et la principale occupation. C'est sur les bords mêmes de la mer que se groupent les deux tiers de la population ligure. Plus de 618,000 ha-

(1) Koch, *Mémoires de Masséna*, t. I, p. 20.

bitants sont concentrés dans les communes situées à moins de 5 kilomètres du rivage (1).

La race ligure. — L'âpre et laborieuse race ligure a exploité la mer, comme elle a su tirer profit de la roche. Les anciens s'étaient montrés très frappés des caractères tranchés des Ligures : leur endurance, leur rudesse laborieuse, leur ardeur intéressée composent le fond des portraits qu'ils en ont laissés (2). Mais c'est plutôt comme montagnards que comme marins qu'ils les dépeignent. L'angle de littoral dans lequel nous les trouvons aujourd'hui cantonnés avec leur dialecte et leur prononciation particulière, n'est qu'une réduction du domaine qu'ils occupèrent autrefois. Leur concentration sur les bords de la Rivière développa leurs aptitudes maritimes. Ces Phéniciens de l'Italie portèrent dans la navigation le même esprit de lucre et d'entreprise. Des petits ports de la Rivière partent des barques de pêche, qu'on rencontre, remarquables à la hauteur inusitée de leur voile latine, dans tous les parages de la Méditerranée occidentale. Le personnel de la marine marchande du royaume appartient dans la proportion de près d'un quart à la Ligurie (3). Les chantiers de Sestri, Varazzo, Savone (4), Chiavari, situés en Ligurie, sont encore les seuls en Italie qui conservent quelque activité pour les constructions de navires à voile. Mais la concurrence de la vapeur réduit peu à peu cette branche d'industrie, dont la décadence n'est pas étrangère aux expatriations nombreuses que constatent les statistiques, « *per desiderio di miglior fortuna!* »

Gênes. — Gênes concentre cette activité éparse autour d'elle. Son port n'est ni le meilleur ni surtout le

(1) *Annuario statistico.* 1887.
(2) Strabon, III, 4, 17. — Virgile, *Géorgiques*, II, v., 168. — Diodore, IV, 20, etc. — Comp. Ernest Desjardins, *Géographie de la Gaule romaine*, t. II, p. 109.
(3) *Annuario statistico.*
(4) Savone, 19,000 habitants ; Chiavari, 8000 hab.

plus vaste de la côte ligure, mais il est incontestablement le mieux situé. Si cette vieille race, dont le nom a
longtemps erré sur les bords de la Méditerranée occidentale, devait jamais se rallier autour d'une capitale,
Gênes était désigné par sa position géographique. Il
n'y avait pas place le long de la double Rivière pour
plusieurs grandes villes maritimes. Entre des arbres
trop rapprochés, celui qui prend le dessus étouffe les
autres. Gênes étouffa ainsi Vintimille, Albenga,
Savone. C'est aux dépens de ses voisines que s'édifia
la puissante république maritime dont l'existence,
commencée au onzième siècle, n'a pris fin qu'au début
du nôtre et qui a laissé sa trace depuis la Caspienne
jusqu'aux Açores.

Gênes peut envier à Marseille les îlots qui se dressent aux approches du port provençal et dessinent
les linéaments d'une rade foraine. Son port est bien
abrité, excepté contre le vent du sud-ouest ; mais de
jour en jour il devenait plus insuffisant. Hier encore
il représentait assez bien ces vieux ports de la Méditerranée que nous a rendus familiers le pinceau de
Joseph Vernet. Ces quais encombrés, bordés de por-
tiques bas où des échoppes misérables s'appuyaient à
des palais de marbre, cette darse étroite, ce port semblable à un entonnoir vers lequel confluent d'étroites
ruelles et qu'entourent en amphithéâtre de hautes maisons presque superposées les unes aux autres, cet
ensemble qui se ramasse sous le regard, pouvait
satisfaire le goût du pittoresque, mais répondait
peu à l'aménagement d'un port moderne. L'esprit
était plutôt porté à évoquer l'idée d'une de ces villes
phéniciennes auxquelles manquait aussi la place
sur la côte abrupte où elles étaient établies. Tyr
n'était pas moins avare d'air et d'espace, n'élevait
pas moins haut les étages de ses édifices (1).

D'importantes transformations, à la veille d'être

(1) Strabon, XVI, 2, 23

terminées, vont mettre le port de Gênes à la hauteur
du rôle qu'il ambitionne. On n'y disposait que de
deux môles trop étroits pour servir au déchargement
des navires : six nouveaux môles, longs de 200 mètres
et larges de 100, vont y subvenir. L'élargissement des
anciens quais, la construction de 2,500 mètres de
quais nouveaux, l'établissement d'une gare maritime donneront au commerce les commodités qui
lui faisaient défaut ; c'est surtout maintenant que
Gênes sera en mesure de disputer à Marseille la
suprématie de la Méditerranée.

Depuis un quart de siècle le commerce de la Méditerranée a pris un grand essor. Le canal de Suez, le
développement des relations avec l'Amérique, les
nouvelles sources de production ouvertes en Algérie,
en Espagne, en Grèce, l'exécution de travaux publics
et de lignes de chemins de fer dans les contrées riveraines, ont excité l'activité du trafic. Il n'est guère
de place maritime, depuis Oran jusqu'à Trieste, et
depuis le Pirée jusqu'à Carthagène, qui n'ait vu s'accroître en des proportions notables le tonnage de son
port. Marseille a largement participé à ces progrès.
Mais Gênes n'a pas marché d'un pas moins rapide (1).
La *Société de navigation italienne*, dont les bases
ont été jetées par des armateurs génois, et qui a son
siège dans cette ville (2), expédie tous les vingt jours
des paquebots pour Bombay, d'autres pour Singapore,
tandis que chaque semaine partent pour le Rio de la
Plata des bateaux qui font ce long trajet en 16 jours.
De nombreux émigrants (plus de 41,000 en 1885)
s'embarquent à Gênes pour l'Amérique. Le commerce
de Gênes avec la Plata n'est inférieur par le chiffre

---

(1) Tonnage du port de Gênes en 1886 : 5,217,000 tonnes (cabotage
compris.
(2) La société de navigation italienne possède actuellement 85 bateaux à vapeur jaugeant 105,000 tonnes. Parmi les hommes dont l'initiative a le plus fait pour le réveil commercial de l'Italie, il faut citer
le Génois Rubattino, un des fondateurs de cette compagnie de navigation.

d'affaires qu'à celui qu'elle entretient avec l'Angleterre et la France.

La vieille cité ligure est donc redevenue pleinement ce qu'elle fut au moyen âge : un port aux relations lointaines et multiples, une cité commerçante de grande envergure. Elle réussira plus difficilement à devenir un grand marché d'entrepôts et de capitaux. comme Marseille et Anvers. Il est visible toutefois que le cercle de son attraction s'étend, soit en Suisse, soit dans l'Allemagne rhénane.

L'industrie a une tendance naturelle à se porter vers les grands ports. A Glasgow comme à Marseille, à Livourne comme à Gènes, les fabriques viennent, pour ainsi dire, au-devant des navires. La cherté de la houille rend cette attraction plus naturelle et plus sensible en Italie qu'ailleurs. Un mouvement industriel se dessine aux abords de Gènes. On peut citer à San-Pier d'Arena et à Voltri des industries chimiques, des manufactures de coton ; à Pra, Voltri, Savone, des usines à fer. La Ligurie entre pour plus de moitié dans la production sidérurgique de l'Italie.

La population de Gènes, qui était de 128,000 habitants en 1861, montait en 1881 à 138,000, et à 180,000 avec les faubourgs.

Spezia. — Mieux défendue du côté de la terre que vers la mer (1), Gènes a cessé depuis 1869 d'être un port militaire. L'Italie a établi son grand arsenal militaire de l'ouest à Spezia, au prix de 60 millions de francs. A moitié distance de Gènes et de Livourne, le golfe de Spezia, long de 8 kilomètres et large en moyenne de 5, s'enfonce entre des montagnes à pic avec une profondeur de 10 à 13 mètres. C'est moins un port qu'une réunion de ports, comme il n'y en a guère dans la Méditerranée. Une digue sous-marine

(1) On connaît le fameux siège de soixante jours qu'y soutint Masséna en 1800. De nouvelles fortifications ont complété celles qui existaient à cette époque.

ferme l'entrée de la rade. Au fond se trouvent l'arsenal, les bassins et la ville (1). La pensée qui a présidé à ces grands travaux s'exprime dans ce langage lapidaire que l'Italie moderne emprunte volontiers à l'ancienne. Au pied de la statue de l'ingénieur qui dirigea les travaux, on lit ceci : « *Pour avoir changé le golfe en un port militaire digne de l'Italie ancienne et de l'Italie future, réalisant les desseins de Napoléon et de Cavour.* »

ITALIE PÉNINSULAIRE.

Structure de la péninsule. — L'Italie péninsulaire est presque entièrement constituée par l'Apennin. Cette longue chaîne commence, près de Savone, au col de Cadibone ou d'Altare (490 mètres), et se termine sur le détroit de Messine au cap Spartivento, après un développement de 1600 kilomètres. Elle dessine dans son ensemble une ligne dont la convexité s'oppose à l'Adriatique, tandis que sa concavité, comme celle des Carpathes, est tournée vers l'ouest-sud-ouest. Par elle-même ou par ses contreforts elle couvre les deux tiers de la surface péninsulaire.

Le rapport est manifeste entre la direction de l'Apennin et la configuration de la péninsule. Cependant il y a des différences qu'il importe de signaler. Les résultats de l'action volcanique ont sensiblement modifié la configuration dans la partie intérieure de la concavité apennine. Depuis le plateau de Toscane au sud de l'Ombrone jusqu'aux îles Lipari s'étend une série de volcans encore actifs ou récemment éteints. Leurs éruptions, qui furent longtemps sous-marines, ont étendu le domaine de la terre aux dépens de la mer. Les nappes de tuf qui s'étendent au

(1) Spezia, 20,000 habitants.

nord et au sud du Tibre, qui couvrent une partie de la Campanie, ont épaissi le corps de la péninsule ; elles ont revêtu, pour ainsi dire, de chair le squelette des chaînes et sous-chaînes apennines.

Du côté convexe, la ligne de rivage depuis Rimini jusqu'à l'embouchure du Fortore, suit fidèlement le contour de la chaîne. Mais ensuite elle s'en écarte absolument. Tandis que l'Apennin s'infléchit vers le sud-ouest, la côte italienne détache en sens opposé l'éperon du mont Gargano et la presqu'île d'Otrante. Ces articulations sont entièrement distinctes de l'Apennin. C'est par une erreur longtemps entretenue par une cartographie fautive, qu'on les a regardées comme de simples bifurcations du système principal. En réalité ces deux presqu'îles ainsi que la plaine d'Apulie à laquelle elles se soudent, sont comme des morceaux appliqués, des appendices de la péninsule, qui orographiquement ne font pas corps avec elle. Ils en sont séparés par une longue bande de marnes et de sables pliocènes qui borde extérieurement, avec une continuité remarquable, le dos de la convexité apennine, et qui se prolonge sans interruption depuis Rimini jusqu'au golfe de Tarente.

Apennin septentrional. — L'Apennin commence à se relever peu à peu à l'est de Gênes. Vers la source de la Magra, une coupure, connue sous le nom de col de la Cisa, ouvre passage à la route de Pontremoli à Parme (1). Puis se déroule jusqu'au mont Catria et à la source du Métaure, sur un espace de 60 lieues du nord-ouest au sud-est, la barrière singulièrement monotone dont la voie Émilienne longeait le pied. Longtemps cette partie de l'Apennin, sorte de raide muraille à laquelle l'Arno sert de fossé, fut un obstacle entre le nord et le centre de l'Italie. On sait

(1) Col de la Cisa, 1011 mètres. Par là déboucha Charles VIII en 1494, au retour de son expédition de Naples.

quelles difficultés y rencontra Hannibal. Cependant elle est traversée aujourd'hui par un chemin de fer et plusieurs routes. Au pied du mont Cimone, le plus haut sommet de l'Apennin septentrional, le col de Fiumalbo (1) est suivi par la route de Modène à Lucques. Le chemin de fer, à une seule voie, de Florence à Bologne s'élève péniblement à force de rampes et de tunnels par-dessus la crête, qu'il franchit entre Pistoïa et Porretta. Le col venteux de la Futa donne passage à la route plus directe entre Florence et Bologne (2).

Apennin central. — Vers le mont Catria (3) l'Apennin change de direction et de structure. Il s'infléchit davantage vers le sud et se déroule jusqu'au mont Meta, au delà de l'ancien lac Fucin, parallèlement à l'Adriatique. Sa structure se complique; aux chaînes monotones de l'Apennin toscan succède un chaos de ramifications et de massifs groupés avec beaucoup de variété et laissant entre eux assez de place pour un développement remarquable de hautes vallées. Les affluents du cours supérieur du Tibre s'insinuent à travers ce dédale et ont guidé la construction des routes. Le long du Clituno et du Topino, l'ancienne voie Flaminienne, par laquelle Rome avait établi sa communication avec la vallée du Pô, remonte jusqu'aux cols de Scheggia et de Furlo, où elle franchit en tunnel un dernier chaînon de l'Apennin. Plus au sud, mais dans la même vallée, se détache le chemin de fer de Rome à Ancône. Plus au sud encore, part de Foligno une route qui atteint aussi Ancône après avoir franchi le défilé de Colfiorito (4). Elle a souvent été suivie par les expéditions militaires : en 1797 Bonaparte s'avança jusqu'à Tolentino, dans

(1) Mont Cimone, 2167 mètres ; col de Fiumalbo, 1200 m.
(2) Col de la Futa, 975 mètres.
(3) Mont Catria, 1701 mètres.
(4) Colfiorito, 811 mètres.

sa marche sur Rome ; la même localité vit en 1815
la défaite de Murat par les Autrichiens ; et au débouché oriental de la route, à une lieue d'Ancône, le
nom de Castelfidardo rappelle la rencontre des
troupes pontificales et des Piémontais en 1860.

Le faisceau des grandes voies de communication
entre l'Italie centrale et le nord s'achève ici. L'Apennin va atteindre ses plus grandes hauteurs. Au sud
de la route du Colfiorito se dresse l'imposant
massif de la Sibille, dont plusieurs sommets dépassent 2300 mètres. Bientôt se prononce une bifurcation de deux puissants rameaux qui, après s'être
écartés d'une dizaine de lieues, ne se réunissent de
nouveau que trente lieues plus loin, dans une sorte
de dos de pays qui porte le nom de *Plan di Cinque
Miglia*. Cette double chaîne enveloppe le pays de
l'Abruzze ou *Conca aquilana*, bassin par sa forme
concave, plateau par sa hauteur moyenne, qui est de
800 mètres. C'est une sorte d'acropole naturelle,
dont les communications avec le dehors sont difficiles,
surtout du côté de l'Adriatique. Elle a pour enceinte
les plus hauts massifs de la péninsule : à l'est, le
Gran-Sasso, dont le sommet gris et nu garde la neige
jusqu'au fort de l'été (1) ; à l'ouest, le Terminillo, le
Velino, dont les cimes s'aperçoivent de Rome (2).

Entre les Alpes et l'Etna, rien de comparable à ce
soulèvement de l'Abruzze. D'épaisses forêts de
sapins s'y montrent encore, surmontées d'âpres
escarpements ; de tristes petites villes se tapissent
au fond de cirques montagneux, et çà et là des restes
d'enceintes murées ou des villages qui ont eux-mêmes
l'aspect de forteresses, n'atténuent en rien la sauvagerie des sites.

Apennin méridional. — On ne trouve plus, au sud
de l'Abruzze, d'aussi hauts soulèvements. Aucun som-

(1) Gran Sasso, 2921 mètres.
(2) Terminillo, 2213 mètres ; Velino, 2487 m.

met n'y atteint 2300 mètres. L'Apennin s'écarte
de l'Adriatique pour se rapprocher peu à peu de la
mer Tyrrhénienne. Les chaînes se tronçonnent, et
cessent de rester fidèles au parallélisme. Quelques-
uns mêmes se croisent. L'ensemble a quelque chose
de plus irrégulier que dans les parties centrale et
septentrionale. Les croupes arides et pelées se succèdent sans ordre apparent. Les passages sont en
général plus nombreux et plus faciles d'un versant à
l'autre.

Cependant il ne manque pas non plus de massifs
élevés, citadelles naturelles de populations montagnardes. Citons parmi eux le Matese, sorte d'Abruzze
en petit, dont les hauts plateaux, où l'on brûle les
herbes pour y obtenir quelques misérables récoltes
de seigle et de pommes de terre, sont bordés de
montagnes atteignant jusqu'à 2000 mètres. Ce fut le
noyau des Samnites; Boiano, dont le nom rappelle une
de leurs anciennes villes, se cache au pied du Matese,
dans un repli si profond que pendant quatre mois
les rayons du soleil n'y pénètrent pas directement.
Entre la Campanie et le golfe de Tarente se dresse
l'antique Lucanie, la Basilicate actuelle, contrée
froide et rude que la neige envahit pendant l'hiver,
et dont les plateaux sont entourés d'une enceinte de
sommets. Ceux-ci atteignent au sud leur point culminant dans le mont Pollino (1).

Avec cette pyramide de calcaire jurassique finissent
les formations calcaires des Apennins; bientôt commencent les massifs de granit, de micaschiste et de
gneiss qui couvrent la plus grande partie des Calabres.
Le principale est la *Sila* ou forêt par excellence, vaste
amphithéâtre tourné vers l'est, dont les parties supérieures, couvertes de prairies et de bois, restent
pendant plus de la moitié de l'année ensevelies sous
la neige. Enfin l'Aspromonte, avec sa base à peine

(1) Mont Pollino, 2270 mètres.

moins large que celle de l'Etna, ses flancs fissurés et sa croupe bombée, termine la péninsule italienne.

Encore au commencement du siècle des pins magnifiques, de 50 mètres de haut, s'élevaient sur les cimes de l'Aspromonte ; ils ont presque entièrement disparu par les incendies ; des buissons et des landes sont tout ce qui reste de verdure.

Différences des deux versants. — Il est d'habitude de comparer les deux versants de l'Apennin et de dire que la péninsule italienne regarde vers l'ouest et tourne son dos à l'est. La distribution des plaines des deux côtés de l'Apennin offre une plus heureuse variété que ne le ferait supposer ce jugement. Si les surfaces unies du Latium et de la Campanie s'étendent à l'ouest, des surfaces encore plus unies et encore plus étendues se déroulent sur le versant opposé, dans les plaines de l'Apulie. En réalité la péninsule a deux faces. L'existence d'une grande région ouverte au sud-est, depuis le mont Gargano jusqu'à l'extrémité de la presqu'île d'Otrante, n'a pas été sans influence sur ses destinées, surtout à l'origine. Elle reprendra peut-être une grande importance, si l'Italie développe ses relations avec l'Orient.

L'avantage géographique du versant occidental consiste surtout dans la richesse des formes intermédiaires, dans la variété des étages, dans une gradation plus heureuse entre les montagnes et la plaine. Le système des vallées y est très remarquable, très supérieur à celui de l'autre versant. Vers l'Adriatique et même vers la mer Ionienne se détachent seulement des vallées courtes et rectilignes, perpendiculaires à l'axe de soulèvement. Il n'y a guère que deux exceptions importantes à signaler, la vallée supérieure de l'Aterno dans l'Abruzze et celle du Crati dans la Calabre.

Ce qui est l'exception sur la convexité de l'Apennin, est la règle dans sa concavité. Là en effet des plissements qui ne remontent pas au delà de la période tertiaire, ont fait surgir un grand nombre de chaînes parallèles à la chaîne principale. On les appelle subapennines ; nom que justifie leur subordination par rapport à la chaîne principale, ainsi que leur moindre hauteur. Cependant quelques rangées s'élèvent encore au-dessus de 1500 mètres (1).

Entre ces chaînes se creusent des replis longitudinaux, qui sont par leurs dimensions de véritables vallées. Uniformes par leur structure, ces vallées doivent leur variété à la différence de leurs niveaux. Le Tibre naissant coule dans une vallée d'un caractère sévère, qu'encadre un amphithéâtre de montagnes. Moins haute et plus riante est la vallée voisine par laquelle descend l'Arno: le vert Casentin, dont la fraîcheur et les eaux vives hantent l'imagination d'un damné dans l'enfer du Dante. Des Abruzzes au Latium trois vallées s'étagent. La plus haute, autour de l'ancien lac Fucin, est celle qu'habitaient les anciens Marses ; plus bas, le val d'Anio ou val de Subiaco ; plus bas encore la vallée du Sacco, l'ancien pays des Herniques. Chacune a sa physionomie, ses mœurs et ses costumes. On comprend que le caractère retiré de ces plis de l'Apennin ait tenté autrefois la vie monastique. Les Camaldules s'établirent dans le « désert sacré » du Casentin ; les Franciscains eurent leur berceau à Assise, et les Bénédictins à Subiaco.

Hydrographie. — Par l'effet de la structure des vallées les plus grands fleuves de la péninsule appartiennent au versant occidental. La plupart des tributaires de l'Adriatique et de la mer Ionienne vont

___
(1) Le mont Semprevisa, dans la chaîne des Lepini (montagnes des Volsques), qui borde les marais pontins, a une hauteur de 1536 mètres.

droit à la mer; la distance entre la source et l'embouchure est la plus courte possible; le développement du cours est presque nul. Au contraire lorsqu'on considère les tributaires de la mer Tyrrhénienne, on est frappé de ce fait singulier, que la plupart, au lieu de se hâter vers la mer, s'attardent à couler parallèlement à la côte. Emprisonnés dans les sillons que forment les chaînes subapennines, ils y coulent jusqu'à ce qu'une fente ou une lacune dans la barrière leur permette de s'échapper par un coude brusque; parfois ils tombent en cascades d'un gradin à l'autre (1). Le Tibre ne sort de la vallée longitudinale qu'il a suivie depuis sa source jusqu'au-dessous de Pérouse, que pour être recueilli à Orvieto par une vallée exactement parallèle à la précédente dans laquelle il coule jusqu'à Corese. Son cours supérieur et moyen se compose de deux sections parallèles à la mer. Il trouve ainsi moyen de parcourir 393 kilomètres dans une péninsule dont la largeur n'excède guère 200. L'Arno lui-même, quoique plus direct, n'a pas moins de 248 kilomètres de longueur.

Dans la péninsule italique, comme en Grèce, l'écoulement des eaux se fait avec peine et mal. Il est à la fois contrarié par le parallélisme ordinaire des chaînes et par la faiblesse de pente qui est propre en général aux vallées longitudinales. Les eaux sourdent en abondance à la base des calcaires fissurés qui constituent les roches de l'Apennin; elles s'y amassent pour former des lacs, dégénérant souvent en marais. Le nombre de lacs que possède encore l'Italie péninsulaire, ne donne qu'une idée incomplète de ceux qu'elle a possédés au commencement de l'époque historique. Parmi les bassins fertiles et peuplés qui représentent une des formes fréquentes et caractéris-

(1) Cascades de l'Anio à Tivoli, du Velino à Terni, et, près de Sora, la célèbre chute du Fibbreno, affluent du Liri (Cicéron, *de legibus*, II, 3).

tiques de son relief, beaucoup sont d'anciens lacs.
Florence est située dans un bassin où l'Arno pénètre
par les gorges d'Incisa et dont il sort par d'autres défilés, à Golfolina. Avant de se frayer cette issue, les eaux
refluaient en marécages. Il suffirait d'obstruer le débouché du fleuve pour inonder le bassin de Florence;
ce fut une idée qu'agitèrent un jour ses ennemis pour
en finir avec l'envahissante cité. Le val de Chiana,
par lequel l'Arno semble s'être dirigé autrefois pour
se jeter dans le Tibre, est un sillon encore en partie
lacustre, où les eaux s'engorgeaient sans obéir à une
pente précise, jusqu'à ce qu'on fût parvenu par le
colmatage à leur ménager une ligne de partage artificielle qui les distribue entre l'Arno et le Tibre. Avant
cette amélioration, qui date du quinzième siècle, c'était
un foyer de fièvre « capable de remplir les hôpitaux
entre juillet et septembre ». Les replis de l'Apennin
ont « leurs vallées de Tempé, » suivant le mot de
Cicéron, c'est-à-dire des coupures, naturelles ou ar-
tificielles, par lesquelles se sont vidées les accumula-
tions d'eaux intérieures. Les nappes qui formaient
les marais de Rieti furent débloquées dans l'antiquité,
et ont fait place à *l'agro Reatino*, une des meilleures
terres à blé de l'Italie. Le riant bassin de Foligno fut
aussi primitivement un lac. De nos jours enfin a eu
lieu le desséchement du lac Fucin, qui a donné à
l'agriculture et arraché à la fièvre 24,000 hectares de
sol que couvraient ou que menaçaient ses eaux.

Le lac Fucin, situé au centre du pays des Marses, qu'il dé-
solait d'inondations et de fièvres, a été desséché après vingt-
trois ans de travail et au prix de 43 millions de francs, par le
prince Torlonia. Déjà, du temps de Claude, on avait réussi, au
moyen de la construction d'un émissaire souterrain, à rejeter
une partie des eaux du lac dans le Liri. On est parvenu, au
moyen d'une galerie de 6342 mètres, de tout un système de
canaux, de fossés et de routes, par des plantations d'arbres,
à vider le bassin et à égoutter presque entièrement le sol.

Population. — Dans son ensemble l'Apennin n'a pas

la sauvagerie du Pinde ou des Sierras espagnoles. Malgré la neige et la bise en hiver, l'absence d'eau en été, l'accès n'en est jamais trop difficile ; l'isolement n'y est que relatif. Dans les beaux temps de l'ancienne Italie les plis et replis de l'Apennin paraissent avoir été habités par une population nombreuse. Il en est de même aujourd'hui. La densité de la population y est remarquable. On compte jusqu'à 80 habitants par kilomètre carré dans le *compartimento* aux trois quarts montagneux des Abruzzes, 62 dans celui de l'Ombrie, 51 dans la Basilicate, 76 dans les Calabres. Le petit massif du Cilento, au sud du golfe de Salerne, est garni de villages disséminés de toutes parts et très rapprochés les uns des autres.

Une partie de la population des Apennins se livre à l'agriculture, mais la vie pastorale joue aussi un très grand rôle. D'après un calcul qui embrasse, il est vrai, l'Italie entière avec la portion alpestre, le chiffre de la population vivant à une altitude de plus de 700 mètres, atteint 2,185,000 habitants (1). On est probablement au-dessous de la vérité en attribuant à l'Apennin plus de la moitié de ce chiffre. Or au-dessus de ce niveau la durée de la mauvaise saison restreint de plus en plus le travail agricole ; les cultures de vignes, d'oliviers, de maïs cessent, les châtaigniers mêmes ne s'avancent guère plus haut, les céréales ne donnent que des profits maigres et incertains. Comme les forêts manquent, les troupeaux deviennent la principale occupation. La pâture règne en maîtresse sur les versants supérieurs des Apennins, non celle du gros bétail, mais la maigre pâture qui convient aux moutons et aux chèvres, hôtes naturels des croupes perméables et sèches du calcaire.

Il y a donc d'un bout à l'autre de l'Italie péninsulaire, en vertu de sa structure, une partie assez considérable de la population qui est obligée de disputer sa

(1) *Annuario statistico*, 1887, p. XX.

subsistance à un sol avare, qui endure un climat souvent âpre et rigoureux. C'est dans cette population que se recrute un nombreux contingent de pâtres ou de travailleurs à migrations temporaires ; là est la pépinière de ce peuple vêtu de peaux de moutons, chaussé de guêtres et de sandales, qu'on appelle les *ciociari*. Cette population représente dans la vie générale de la péninsule un élément de rudesse et d'instabilité. Sur ces hauteurs où la neige subsiste parfois jusqu'en mai, où se déchaînent des vents violents et glacés qui percent jusqu'à la moelle des os, les corps s'endurcissent, la rudesse des habitudes répond à celle des tempéraments. Pour comprendre ce qu'il y a d'énergie laborieuse chez les montagnards d'Aquila, il faut, dit un ingénieur (1), les avoir vus, dans leurs émigrations temporaires, faucher le blé sous le soleil de la campagne romaine, ou travailler du matin au soir, les jambes dans l'eau, dans la Maremme toscane. Le Calabrais grave et taciturne, travailleur énergique et bon soldat, est le type vivant de ces populations qui luttèrent autrefois contre Rome et les villes grecques. Ce sont bien toujours ces peuples « de loups », « de révoltés » (2), qui de leurs nids d'aigle guettaient les riches campagnes et les villes du plat pays. Le brigandage, que le gouvernement italien a eu tant de peine à extirper, existe toujours à l'état de tentation. Quand l'usure se montre trop exigeante, le paysan de la Calabre rompt avec les lois et se fait brigand.

Cet élément robuste est à la fois un danger et une force. Il fournit autrefois à Rome les précieuses réserves de population dans lesquelles elle puisa à pleines mains pour la conquête du monde. Il a été pour l'Italie le secret de cette remarquable vertu de renouvellement, qui lui a permis et lui permet encore

(1) *Annali di statistica*, série 2, vol. VIII.
(2) Le nom de *Hirpins*, ancien peuple du Samnium, veut dire « loups » (Strabon, V, 4, 12). Celui de Bruttiens (Calabre actuelle) signifie « révoltés ». (Id. VI, 1, 11.)

de réparer les brèches que font dans sa population les guerres, les vices, le climat.

Plaines et montagnes. — La plaine et la montagne représentent dans la nature italienne deux termes opposés et qui cependant sont étroitement mêlés l'un avec l'autre. Les contrastes de pauvreté et d'abondance, de rudesse et de mollesse, qui correspondent à la montagne et à la plaine, s'y concentrent dans un si étroit voisinage qu'il y a entre elles une continuité nécessaire de relations réciproques. Les riants bassins de l'Arno bordent le pied de l'Apennin septentrional. Le Latium est par sa position le centre naturel de toutes les tribus montagnardes campées autour de ses abords. Il leur ouvre le chemin de la mer, celui par lequel elles venaient chercher dès l'origine cette denrée essentielle à l'existence, le sel (1). Le Samnium touche à l'heureuse Campanie. L'âpre Lucanie était voisine de la molle Tarente. Immédiatement au-dessus des rivages ardents où croissent les bois d'orangers et de citronniers, les flancs de la Sila et de l'Aspromonte sont fouettés par la bise. Ainsi plaines et montagnes conservent leur contiguïté d'un bout à l'autre de la péninsule. Il n'y a pas de canton montagnard qui ne voie la plaine à sa portée, comme il n'y a pas de plaine d'où la population n'ait pu aisément, quand elle était chassée par les guerres et les pirateries, chercher abri dans les montagnes.

On trouve dans cette étroite juxtaposition la clef des déplacements qui ont maintes fois changé l'assiette des populations de la péninsule. Dans l'antiquité l'antagonisme souvent remarqué entre l'élément montagnard et l'élément urbain des plaines imprima à l'histoire des peuples italiotes le caractère d'un duel entre deux groupes naturellement adverses. La plaine

---

(1) La voie antique qui menait de Rome aux montagnes de la Sabine, portait le nom de *via Salaria.*

et les villes continuent encore à exercer en général
leur attraction, et trop souvent à dévorer ou affai-
blir ceux qu'elles attirent. Toutefois dans l'état de
détérioration physique où est tombée une partie
de la péninsule, il est arrivé aussi, surtout au sud,
que la plaine a plus souffert que la montagne. L'abandon et la fièvre qui en est la conséquence, en ont fait
un séjour redouté ; c'est elle qu'on évite, et c'est la
montagne qu'on recherche. On voit ce spectacle dans
la contrée qui fut la Grande-Grèce. « Un échange
singulier, dit le duc de Luynes, place aujourd'hui la
civilisation dans la région autrefois occupée par des
pasteurs sauvages, en restituant ces mêmes pasteurs
à la campagne de Sybaris. »

Mouvements de populations. — C'est un trait
caractéristique de l'Italie péninsulaire que la multitude de gens qui passent, suivant les saisons, d'une
contrée à l'autre, en quête d'occupations et de
salaires. Dans un pays où se rassemblent en très
peu d'espace de grandes différences d'altitude et de
climat, les dates des saisons et des principales
occupations de la vie rurale varient d'un point à un
autre. Au mois d'octobre les froids vont commencer
dans l'Apennin ; les troupeaux qui avaient passé l'été
sur les croupes élevées sont chassés par les rigueurs
de la saison ; dans les parties cultivables des montagnes les semailles d'hiver sont déjà faites, car elles
ont lieu quand souvent la précédente récolte n'a pas
encore été enlevée, dans les derniers jours d'août ou
les premiers de septembre (1). Les bras deviennent
donc disponibles, et tout invite l'homme à descendre
dans les contrées basses. Là en effet les pluies d'automne viennent de réveiller la nature et de donner le
signal des travaux agricoles. Les semailles ont lieu en
octobre et novembre, parfois même en décembre dans

(1) *Relazione*, etc., t. I, p. 118.

la Maremme toscane ou romaine. C'est alors que les plaines basses, que la malaria avait désolées de juin à septembre, recommencent à se peupler; les maquis du littoral voient revenir les bergers et les bûcherons ; ils s'animent par l'activité de tout ce monde ; des campements temporaires s'y installent pour les hommes et les bêtes ; on sème à la hâte un peu de grains et d'avoine dans les espaces défrichés. Il en sera ainsi jusqu'à ce que les mois de mai et de juin ramènent les chaleurs et la fièvre. Alors les propriétaires ou plutôt les entrepreneurs de travaux agricoles auront peine à retenir ou à attirer dans les localités malsaines le nombre de travailleurs nécessaires à la moisson du blé ou, quelques mois après, celle du maïs. Cependant le temps des moissons provoque encore un mouvement vers les plaines. Mais dès le mois de mai l'Apennin a rappelé la plupart de ceux qui l'avaient quitté au moment où commençait là-haut la morte-saison, coïncidant avec l'époque de la reprise des travaux dans la plaine.

À cet équilibre des saisons répond, dans les habitudes d'une partie de la population, une sorte d'oscillation régulière, qui la porte tour à tour vers les régions qui réclament l'effort de ses bras. Parmi ces migrations périodiques, celle de la population pastorale est la plus connue, parce qu'elle s'accomplit sur une plus grande échelle d'un bout à l'autre de l'Apennin. Les troupeaux transhumants montent et descendent tour à tour suivant les saisons. On voit ceux des montagnes de Parme, de Reggio et de Modène s'acheminer en été vers l'*agro Pisano*, ceux de Pistoïa et du Casentin vers la Maremme toscane, ceux des Abruzzes vers la Pouille. Un système de chemins spéciaux, ou plutôt de larges bandes herbeuses, que l'on appelle des *tratturi*, servent à ces migrations. En novembre ou en mai le *tratturo grande*, qui va des environs d'Aquila à ceux d'Andria, est parcouru par des colonnes de bœufs, des bandes de moutons escortées par des pâtres à cheval, qui se succèdent pendant des journées entières. Mais l'agriculture détermine aussi des migrations périodiques. Des provinces d'Aquila, de Sora, d'Isernia ou du Matese, descendent en grand nombre les *ciociari*, pour semer les céréales et travailler les vignes dans les plaines de Campanie. Ceux de la province de Cosenza vont travailler aux fossés d'irrigation et de drainage dans les plaines de la province de Catanzaro. Les Calabrais vont en automne et en hiver faire des travaux de terrassement, des plantations jusque dans les provinces de Caltanisetta et de Girgenti en Sicile : de même que les Lucquois vont semer et moissonner dans la plaine orientale de Corse.

Cette circulation d'hommes est aussi ancienne que l'histoire de la péninsule. Quelques-uns se fixent; d'autres emportent dans leurs cantons retirés la connaissance de mœurs et de pays différents. Les causes qui déterminaient jadis des invasions à main armée et des guerres sont toujours actives ; mais c'est par des migrations pacifiques que le montagnard de l'Apennin trouve aujourd'hui dans la plaine le supplément de ressources qui lui est nécessaire. Pacifiques ou non, ces déplacements ont mis de bonne heure les populations de la péninsule en contact, elles leur ont appris à se pénétrer et à se connaître. Les différentes régions de la péninsule furent en rapport avant même l'établissement de voies régulières. Grâce à la variété du relief, les populations se sont beaucoup plus mélangées en Italie qu'en Espagne.

Voies de communication. — La nature a tracé l'esquisse d'un système de communications dirigé du nord au sud, suivant l'orientation des principales vallées longitudinales. Ces couloirs s'agencent entre eux et se succèdent avec peu d'interruptions

depuis la Toscane jusqu'à la Calabre. Entre la vallée
de l'Arno à Arezzo et celle du Tibre au-dessous
d'Orvieto, le long couloir de la Chiana établit la
liaison. La direction se continue entre la campagne
de Rome et celle de Naples par la vallée du Sacco et
du Liri. L'éperon montagneux qui fait saillie entre
les golfes de Naples et de Salerne interrompt la série
des vallées longitudinales : elle se retrouve au delà
du Silarus ou Sele dans la vallée que sillonne un des
affluents de ce fleuve, et qu'on appelle le val de
Tegiano ; enfin, dans celle du Crati, qui s'enfonce
comme un coin entre la Sila et les chaînes du littoral
de la mer Tyrrhénienne.

Ce fil conducteur aide à comprendre la marche
des migrations primitives qui aboutirent à la formation d'une première ébauche d'ethnographie italienne : on suit les Sicules qui, du Latium, passèrent
dans le sud de l'Italie, puis en Sicile ; les Étrusques
qui poussèrent jusqu'en Campanie ; les peuples sa-
belliques, dont les essaims se propagèrent peu à
peu vers le sud et ne s'arrêtèrent qu'au détroit
de Sicile. Les Romains aussi s'avancèrent dans cette
direction ; les premières voies qu'ils construisirent
furent celles de la Campanie, la *Latine* et l'*Appienne*.
Plus tard la voie *Popilienne* assura leurs communications avec l'extrême sud de la péninsule.

Aujourd'hui le même système de vallées longitudinales guide le tracé de la ligne ferrée qui va de
Florence à Naples par Arezzo, Chiusi, Orte, Rome et
Caserte, c'est-à-dire de la grande ligne centrale
de la péninsule. Parallèle aux voies ferrées qui
suivent le littoral de la mer Tyrrhénienne et de
l'Adriatique, elle a sur elles l'avantage de ne pouvoir être interceptée par une puissance navale qui
se rendrait maîtresse de l'une ou de l'autre mer.
On peut donc la considérer comme la principale voie
stratégique de la péninsule. Les vallées longitudinales

qui se présentent au sud du golfe de Salerne ne sont
pas reliées entre elles par un chemin de fer, elles ont
été utilisées toutefois pour la construction d'une grande
route, entreprise par le gouvernement de Murat, qui
va de Salerne à Reggio par Eboli et Cosenza, suivant
à peu près le trajet de l'ancienne voie Popilienne.

Les relations sont moins faciles de l'ouest à l'est
que du nord au sud. Dans le sens de la largeur il faut
traverser successivement les chaînes apennines et
subapennines. Nulle part elles ne sont plus nombreuses qu'entre la côte du Latium et la côte opposée
de l'Adriatique. La création dans ces contrées de trois
grandes voies stratégiques fut le sceau de la domination romaine sur l'Italie. De Rome à Narni, Foligno
et à la vallée du Métaure, s'avança, tronçons par
tronçons, la voie Flaminienne. La voie Salarienne
coupa par Rieti le vieux pays sabin, pour déboucher
à Ascoli du Piceno. La Valérienne, s'élevant à travers
le pays des Marses et le plateau de l'Abruzze, déboucha avec la Pescara sur l'Adriatique. Les relations
deviennent plus faciles entre les deux côtes au point
où elles se rapprochent l'une de l'autre par les golfes
de Naples et de Manfredonia. Entre le Calore et
l'Ofanto le seuil de partage ne s'élève tout au plus
qu'à 600 mètres. La ville de Bénévent a dû au voisinage de cette trouée de l'Apennin son importance
stratégique sous les Romains et sous les Lombards.
Les Romains en firent une étape de leur voie Appienne.

Ce que les Romains avaient fait pour assurer l'unité
politique de la péninsule, l'Italie nouvelle a dû l'entreprendre. Un coup d'œil sur les chemins de fer
transversaux qui coupent la péninsule dans sa largeur, permettra d'apprécier le degré d'avancement de
cette œuvre.

Les voies ferrées qui traversent actuellement l'Apennin,
sont :

1° De Bologne à Florence par le col de Porretta. C'était la
seule ligne transversale qui existât avant 1859.

2º D'Ancône à Rome par Foligno avec embranchement sur Florence par Gubbio. L'Apennin est traversé au col de Fossato.

3º De Rome à Pescara par Terni et les gorges d'Antrodoco à l'entrée occidentale de l'Abruzze, par les gorges de Popoli à la sortie orientale.

4º De Naples à Termoli, par Bénévent et Campo-Basso.

5º De Naples à Foggia : ligne qui se détache à Bénévent de la précédente.

6º De Naples à Tarente, par Potenza et la Basilicate.

Ces chemins de fer sont généralement à une seule voie.

Il convient de rappeler qu'en 1859 il n'y avait dans toute l'Italie que 1707 kilomètres de voies ferrées, presque toutes dans le nord. Il y en avait à peine 374 dans la partie péninsulaire. Le royaume dispose aujourd'hui d'un réseau de plus de 10,000 kilomètres. Quand l'Allemagne a réalisé son unité politique, elle tenait déjà son unité commerciale, elle disposait d'un puissant réseau de voies ferrées. L'Italie unie dut forger l'instrument qui lui manquait encore. La charge a été lourde ; mais de quel profit matériel et moral pour le régime nouveau ! Par lui la circulation a été rendue à ce grand corps, et une partie de la péninsule n'est entrée qu'alors dans la vie moderne.

Centres urbains de la Péninsule.

Au temps où Virgile saluait en vers triomphants l'Italie, il la dépeignait « chargée de villes superbes et de monuments du travail humain » ; il la montrait « avec ses bourgs fortifiés sur les rocs abrupts et ses fleuves baignant d'antiques murailles ». Quoique dix-huit siècles d'histoire aient accumulé bien des destructions, on retrouve cependant dans l'aspect de l'Italie actuelle, et plus marquée dans la partie péninsulaire, l'empreinte de ce caractère de l'Italie antique. Comme dans les tableaux qu'elle a inspirés au Poussin, le paysage s'y marie avec les édifices, l'œuvre de la nature avec celle des hommes ; et il est

difficile de dire laquelle des deux prête à l'autre plus
de grandeur et de charme. L'Italie possède relativement à sa population plus de grandes villes qu'aucun
autre État de l'Europe, la Grande-Bretagne et l'Allemagne exceptées ; et pourtant elle n'est pas un pays
de grande industrie. La population, surtout dans le
sud et en Sicile, ne connaît d'autre vie que par centres
agglomérés ; elle habite presque entièrement dans
les *borghi*, bourgs ou petites villes. Tout cela est
surtout un legs de l'histoire, un héritage ancien,
passé désormais dans les habitudes et les besoins de
la vie contemporaine.

Florence et le pays de l'Arno. — Tant que la
voie Flaminienne resta la principale communication
entre Rome et le nord de l'Italie, il ne se forma
pas de ville importante dans le bassin moyen de
l'Arno. Mais au début du moyen âge les cols de
l'Apennin toscan, mieux situés par rapport à Milan
et aux principaux passages des Alpes, devinrent
la route ordinaire vers le centre de l'Italie ; celle
du commerce et des expéditions germaniques. De
cette époque date le développement de Florence. Jusqu'alors le bassin moyen de l'Arno avait été maîtrisé,
au débouché des passages, par la vieille forteresse
étrusque de Fiesole, dressée sur son roc abrupt qui
domine la plaine de 260 mètres. C'est seulement dans
la fertile plaine où la Sième et l'Ombrone se réunissent au fleuve, que pouvaient se concentrer les rapports nécessaires à une capitale.

Le charme du pays de l'Arno vient surtout de ce
qu'il harmonise de puissants contrastes de nature et
de climat. Les formes intermédiaires de hautes vallées
y ménagent une transition entre la rudesse des cimes
apennines et la douceur des bassins. L'Arno, qui
serre de près le pied de l'Apennin, est dominé presque
tout le long de son cours, du moins au nord, par des

cantons élevés, où la salubrité du climat maintient l'énergie de la race. Tels sont le Casentin, les versants du Prato magno avec les sites presque sauvages de Vallombrosa, le Mugello, la Garfagnana ou haute vallée du Serchio, et enfin, dans les Alpes Apuanes, sur les limites de la Ligurie, le pays de Luna ou Lunigiana : ce pays de marbre, où les flancs des montagnes sont entaillés par des carrières jusqu'à des hauteurs de 1000 mètres, où les cours d'eau tombant d'étage en étage font mouvoir des scieries au pied de villages accrochés sur le bord des précipices !

Michel-Ange n'avait pas tort, lorsqu'il attribuait « ce qu'il pouvait avoir de bon dans l'esprit à l'air vif et subtil qu'on respire à Arezzo (1). » La race toscane est de belle apparence ; par une coïncidence qu'il n'est peut-être pas inutile de signaler, la Toscane est, avec la Vénétie, cet autre foyer artistique, la province de l'Italie où l'on signale le plus grand nombre de tailles élevées (2). L'influence des montagnes n'est peut-être pas étrangère non plus à ces aspirations singulières qui caractérisent la prononciation toscane, dans un dialecte qui passe d'ailleurs pour le plus pur des dialectes d'Italie.

Lorsqu'on a franchi les gorges qui ferment la haute vallée d'Arezzo, le pays devient plus animé et plus riant ; une bordure d'oliviers, de jardins et de villas couronne le bassin au centre duquel le dôme et le campanile de Brunelleschi annoncent Florence. De gaies promenades ornent les abords. Mais dès qu'on entre dans la ville, la sévérité de l'aspect contraste avec la douceur des alentours. Ces rues étroites, ces sombres palais garnis d'anneaux de fer, véritables forteresses dont la construction en bossage

---

(1) Vasari, *Vies des peintres.*
(2) Raseri, *Materiali per l'etnologia italiana* (Annali di statistica, série 2, vol. VIII.)

rappelle les blocs qu'entassait volontiers l'architecture
étrusque, donnent une impression de puissance. Le
génie toscan est fait de force et de grâce, à l'image
du pays où il s'est formé.

Mère du beau langage et patrie des grands écrivains qui fixèrent au quatorzième siècle la langue
italienne, Florence a contribué plus qu'aucune autre
ville à préparer l'unité morale de l'Italie. Malgré
la douceur traditionnelle de son gouvernement grand-
ducal, elle se donna librement dès 1859 à Victor-
Emmanuel. Elle devint même, aux termes de la
Convention de septembre 1864, la capitale du nouveau royaume et le resta jusqu'en 1870. Mais elle n'a
pas pu aussi bien que Turin se relever de sa déchéance
politique, lorsqu'il lui fallut à son tour céder son
titre de capitale à Rome. Sa population a légèrement
diminué ; de 136,000 en 1871, elle était tombée, dix
ans après, à 135,000. Mais on n'enlèvera pas à Florence son titre de capitale intellectuelle. Autour de
ses collections, de son incomparable musée des
Uffizi, de sa bibliothèque *Magliabecchiana*, la plus
riche d'Italie, de sa bibliothèque *Laurentiana* qui
contient les manuscrits les plus précieux, se groupent
des établissements et des publications scientifiques,
l'Institut d'études supérieures, l'*Archivio storico
italiano*, etc. Elle reste un foyer de culture délicate,
la ville d'Italie qui parle le plus à l'esprit.

Le plateau toscan. — Florence est le centre de
la vallée de l'Arno, non de la Toscane. Celle-ci se
prolonge, au sud du fleuve, par un plateau ondulé
qui atteint son point culminant au Poggio di Montieri (1), célèbre par ses mines de cuivre. Le plateau
toscan, avec sa sécheresse, la maigre végétation de
ses ravins argileux, étonne plus qu'il ne réjouit le

_____

(1) Poggio di Montieri, 1051 mètres. — Le mont Amiata, au sud de
l'Ombrone, est plus élevé (1766 m.) ; mais c'est un ancien volcan, le
premier de la série qui se continue jusqu'au sud de l'Italie.

regard. Au sommet de collines fièrement taillées se dressent des bourgades aux murs crénelés et flanqués de tours. Ces vieilles forteresses municipales attestent l'activité qu'y eut autrefois la vie urbaine. Volterra aux puissantes assises étrusques, Sienne surtout, du haut de ses collines que surmonte le Dôme, ont un frappant cachet historique (1).

Ce pays fut en effet, d'abord au temps de l'antique civilisation étrusque, puis au moyen âge, le siège d'une activité industrielle que Florence réussit à détourner à son profit. Le sol recèle d'importantes ressources métallurgiques, qui justifient l'antique renom de la *catena metallifera* d'Etrurie. Dans le pays de Volterra on rencontre le sel, le cuivre et surtout l'acide borique, produit rare pour lequel les petits lacs sulfureux ou *soffioni* du Volterran ont une véritable prérogative ; et l'on connaît la réputation des minerais de l'île d'Elbe.

Le centre de cette activité industrielle ne se porte plus maintenant à Florence, mais sur les bords de la mer, à Livourne. Livourne n'est pas seulement le principal port de la Toscane et le troisième de l'Italie ; il tend à devenir une place d'industrie. Des tentatives sont faites pour y développer sur une grande échelle la fonte et le travail du cuivre, cette précieuse industrie des vieux Etrusques. Depuis que le grand-duc Ferdinand de Médicis, en 1593, érigea cette localité sans passé en port franc et y attira les juifs persécutés d'Espagne, Livourne a supplanté Pise comme débouché maritime de l'Arno, dont il n'est éloigné que de cinq lieues. Pise, ruinée par Gênes et Florence, ses anciennes rivales, remplacée aujourd'hui par une parvenue, reléguée dans l'intérieur des terres par l'envasement de l'embouchure de l'Arno, garde le deuil de sa grandeur d'autrefois. La place solitaire où sont réunis le Dôme, le Baptis-

(1) Sienne, 23,000 habitants ; Volterra, 5000 hab.

tère, la Tour penchée et le Campo Santo semble muette depuis le treizième siècle (1).

La Campagne romaine. — Il n'est pas douteux que Rome ait dû son origine et les commencements de sa grandeur aux avantages de sa position topographique. Mais les conditions physiques de la contrée ont été trop profondément altérées pour qu'il soit facile de s'en rendre un compte exact. On peut d'une façon générale supputer les avantages que lui conféraient la possession d'un fleuve alors navigable dans presque toute l'étendue de son cours, le voisinage de la mer qui lui permettait de dispenser les produits du commerce maritime aux populations limitrophes de l'intérieur. Mais il faut assurément quelque effort d'esprit pour se représenter le Tibre animé par une batellerie active, et pour évoquer l'image du commerce maritime sur cette côte latine, si solitaire aujourd'hui dans sa monotone bordure de bois de pins.

Il y a longtemps que les atterrissements ont rendu l'embouchure du Tibre peu accessible aux navires. A peine si de petits bateaux de 1 m. 20 de tirant d'eau peuvent encore remonter aujourd'hui de Fiumicino à Rome. Quant à la navigation d'amont, elle se réduit à une batellerie misérable, remorquée par des buffles, qui d'ailleurs cesse pendant les deux mois de sécheresse. Toutes les ouvertures de la côte ont été fermées. Peu à peu, s'est complété un inflexible cordon de dunes qui retenant les eaux intérieures, a créé une zone de fièvre, et converti en marais pontins ce qu'on pouvait appeler, au cinquième siècle avant Jésus-Christ, les plaines pontines. Entre la petite péninsule d'Orbetello et le roc de Terracine on ne trouve maintenant

(1) Livourne, 79,000 habitants. Mouvement du port en 1886 : 2.788,000 tonnes. — Pise, 38,000 hab.; université visitée en moyenne par 600 étudiants.

sur toute l'étendue du littoral latin d'autre abri que le port petit et insuffisant de Civita-Vecchia (1). Sur un développement de côtes de 208 kilomètres, il n'existe presque pas de centres habités. Aucune partie du littoral italien n'est plus déserte. La population des communes situées à moins d'une lieue de la mer ne se monte pas en tout à 31,000 âmes.

La campagne n'offre guère plus d'animation. Déjà à partir d'Orte les rives du Tibre se dépeuplent; elles sentent la fièvre. Mais lorsque vers Monterotondo on débouche vraiment dans l'*Agro romano*, on éprouve l'impression du vide. La plaine s'étend en larges ondulations. Entre les chaînes bleuâtres de la Sabine et la mer qu'on voit miroiter à l'horizon, entre la masse roussâtre des monts Albains qui s'élève au sud et, au nord, la crête isolée du Soracte, puis dans l'éloignement les lignes sombres des dernières ondulations étrusques, rien n'arrête le regard dans l'immense plaine. On n'y voit presque pas d'arbres, peu de maisons, peu de champs cultivés, mais de vastes pâtures. Des files d'aqueducs ruinés s'allongent dans la direction qu'indique au loin la coupole de Saint-Pierre; là seulement, dans une zone étroite qui entoure la ville et forme le *suburbio*, reparaissent les habitations et les cultures.

L'*Agro romano*, dont l'étendue monte environ à 212,000 hectares, est une dépression comblée par les éruptions de deux foyers volcaniques qui la limitent, les volcans Ciminiens au nord, le groupe albain au sud. Le sol est constitué par des nappes d'un tuf généralement assez dur pour que les sillons creusés par les cours d'eau soient très encaissés; on ne les soupçonne guère à distance, ce sont de brusques ravins au bord desquels le sol semble manquer tout à coup. On a ainsi l'impression d'un plateau. La surface de ce plateau a été taillée par les ruisseaux venus

(1) Civita-Vecchia, 9,000 habitants.

du massif albain en croupes qui s'allongent dans la direction du Tibre. A l'endroit où le fleuve se heurte sur sa droite aux roches calcaires du mont Janicule, ses eaux rejetées à gauche ont rongé la base du plateau de tuf qui contient sa rive gauche. Les érosions ont pratiqué des découpures dans la masse, en ont isolé même entièrement certaines parties. Ces lambeaux détachés ou ces promontoires amincis du plateau de tuf sont ce qu'on appelle les collines de Rome. Comme elles offraient au centre de la plaine une position qu'il était aisé de défendre, elles servirent de noyau à la formation d'une ville. La plus isolée de ces collines, le Palatin, fut le premier centre d'agglomération.

Le terrain est assez peu fertile sur les larges croupes du plateau. Jamais l'*Agro romano* n'a été un riche terroir agricole, comme il s'en trouve en d'autres parties de l'Italie. Son insuffisance fut une des causes qui poussèrent le peuple romain en dehors. Les vallées cependant sont plus favorisées. Là s'accumulent les alluvions ; de nombreuses sources affleurent sur leurs flancs. Elles y entretiennent une abondante végétation, mais aussi une humidité permanente qui influe sur la salubrité. La *malaria*, qui de tout temps, quoiqu'avec moins d'intensité jadis, a hanté les parties basses de la Campagne, n'a probablement pas d'autre cause que la présence de ces flaques, qui viennent au jour à la rencontre des couches argileuses.

Le succès qu'ont obtenu dans ces dernières années les travaux d'assainissement sur divers points réputés incurables, dans la Maremme toscane, près de l'embouchure du Volturno et ailleurs encore, l'exemple même des trappistes à Saint-Paul-des-Trois-Fontaines, permettent de croire que la Campagne romaine ne serait pas condamnée sans appel à la fièvre qui la désole, si de mauvaises conditions économiques ne venaient entretenir et perpétuer le fléau. Les *latifundia*, « qui perdirent l'Italie », continuent à perdre l'*Agro romano*. Divisé entre un très petit nombre de propriétaires, le sol est livré à bail, pour des termes qui n'excèdent guère neuf ans, à des entrepreneurs ou *mercanti di campagna*, dont le travail se borne en général à le sous-louer pour la pâture. Près de 500,000 moutons s'y rendent, chaque hiver, des montagnes ; puis, pendant le reste de l'année la solitude n'est animée que par les troupes de chevaux ou de bœufs à demi sauvages qui paissent en liberté. Pour voir des jardins, des arbres et des maisons, il faut tourner les yeux vers les régions qui, s'élevant au dessus de 300 mètres, planent dans un air pur e-sans cesse renouvelé, inaccessible aux buées malt saines qui rampent sur la plaine. Sur les flancs du massif albain se déroule cette pitoresque couronne de villas et de petites villes qui compose les « *castelli romani* ». Les terrasses d'Albano et de Castel-Gandolfo, ombragées de bois de châtaigniers et de chênes verts, semblent une oasis dans la solitude. On plaint, avec Gœthe, le sort des femmes d'Albe forcées d'échanger ces beaux lieux pour le séjour des bords du Tibre.

Certes, la majesté tant célébrée de l'*Agro romano* n'est pas une illusion due à de grands souvenirs ; elle résulte d'une singulière harmonie entre l'ampleur du paysage et sa nudité qui laisse aux ruines tout leur relief. Mais c'est le cadre d'une nécropole, non d'une cité qui se réveille. Depuis que la population de Rome a pris un nouveau développement, et que dans son mouvement grandissant la ville s'est encore accrue aux dépens de l'étroite lisière de jardins qui l'entourait, c'est de la banlieue de Naples que doivent venir chaque jour les denrées destinées à approvisionner ses marchés.

Rome. — Depuis le 20 septembre 1870, jour où les

troupes italiennes franchirent la *Porta Pia*, Rome est
entrée dans une nouvelle phase de son existence. Après
avoir été successivement la capitale d'un empire
méditerranéen, la métropole religieuse de la chrétienté, elle est devenue la capitale d'un État moderne
de l'Europe. Un germe nouveau se développe dans
l'immense espace que circonscrivent encore les restes
du mur d'enceinte, de 25 kilomètres de pourtour,
construit au troisième siècle de notre ère.

La Rome pontificale, pour la construction de
laquelle les papes des quinzième et seizième siècles
mirent à contribution tant de matériaux d'édifices
antiques, s'était développée à l'aise au nord du Capitole
et du Forum, dans l'ancien Champ de Mars, et le quartier du Vatican sur la rive droite. En somme elle s'était
montrée modeste dans ses prétentions à l'espace. Elle
avait pu facilement loger les 100,000 habitants qu'elle
compta sous Léon X, les 200,000 qu'elle comptait au
moment de l'annexion, sans troubler dans leur solitude
ce monde de couvents, de jardins, d'espaces vides qui
dormait sur l'emplacement de la ville antique.

Mais la ville que fait sortir du sol le nouveau régime
montre la fougue brutale de la jeunesse. La gare
centrale est le point de départ des quartiers nouveaux.
Déjà sur les hauteurs de l'est et du nord-est, sur
l'Esquilin, sur le Viminal, sur l'emplacement de
l'ancien camp prétorien, se sont édifiées les hautes
bâtisses et allongées les larges rues de la Rome nouvelle. Les grands espaces qui s'étendaient de Sainte-
Marie-Majeure à Saint-Jean de Latran ont perdu le
recueillement qui leur prêtait tant de poésie. Bientôt
les voies nouvelles, pénétrant au cœur de la ville,
ouvriront de larges trouées jusqu'à travers le dédale
de rues qui s'enchevêtrent sur les bords du Tibre.
Les rives du fleuve seront bordées dans leur longueur
par une double ligne de quais. L'élan n'est même pas
arrêté par le fleuve; voilà que sur la rive droite, au

nord de la cité Léonine, de nouveaux quartiers commencent à s'élever.

Des inquiétudes se sont éveillées, des protestations se sont élevées, qui n'étaient pas toutes inspirées par une superstition exagérée du passé, et que justifiaient trop des actes de vandalisme à jamais regrettables. Il semble qu'elles aient été écoutées, du moins en partie, car les nouveaux maîtres de Rome se préoccupent de mettre à l'abri des coups d'une spéculation brutale la zone méridionale, où sont principalement groupés les monuments de la ville antique (1). Dans cette ville unique l'irruption du présent, avec le cortège de banalité qui l'accompagne, a un aspect déplaisant, que peuvent seuls faire pardonner de réels services. Il faut se garder de les méconnaître. Jusqu'aux derniers jours de la domination pontificale Rome était restée comme quelque chose d'archaïque parmi les grandes villes d'Europe. Mais il était certain, pour ceux-là même dont le dilettantisme trouvait dans cet archaïsme un charme de plus, qu'il fallait désormais se hâter d'en jouir. La transformation, qu'eût accomplie peut-être quelque autre Sixte-Quint, était inévitable sous le nouveau régime. Dans la police, la voirie, la circulation et l'aspect général, Rome se met de plus en plus en accord avec les exigences de la vie moderne. Si les constructions ont été rapides, la population aussi a marché vite. De 220,000 habitants en 1871, elle était montée, dix ans après, à 273,000. Elle dépasse aujourd'hui 300,000 (2).

Est-ce à dire que la nouvelle capitale de l'Italie soit appelée à égaler dans un avenir prochain les autres métropoles des grands États de l'Europe ? Il est permis d'en douter. On fait valoir en faveur de Rome sa position relativement centrale, comme si l'Italie avec sa singulière structure pouvait avoir un centre géo-

(1) Loi du 11 août 1887.
(2) Il ne s'agit dans ce chiffre que de la population agglomérée, c'est-à-dire habitant Rome et les faubourgs.

graphique. De toutes les grandes villes italiennes
Rome est en effet celle où se concilient le mieux les
distances des extrémités opposées : on compte en
chemin de fer 753 kilomètres jusqu'au mont Cenis et
625 jusqu'à Brindisi, 811 kilomètres jusqu'à Pontebba
et 963 jusqu'à Reggio de Calabre. Mais il ne faut point
juger des conditions de l'Italie moderne d'après les
souvenirs de l'Italie ancienne. Alors Rome conqué-
rante se servit avec succès de sa position géographique pour diviser les efforts des peuples italiens et
pour implanter sa domination comme une digue
entre le nord et le sud. Plus tard sa position se trouva
centrale dans l'empire qu'elle avait fondé autour de
la Méditerranée. Mais le foyer de la vie italienne s'est
depuis longtemps déplacé. Il a suivi l'axe de la civilisation moderne, qui n'est plus la Méditerranée, et il s'est
porté vers le nord. Rome est à l'écart. L'Italien du
nord ne se sent pas chez lui dans cette ville ; il n'y
reste que strictement le temps nécessaire. Elle ne
dispose encore que de trois lignes de chemins de fer.
Rien ne prépare chez elle cette concentration de capitaux et d'expérience traditionnelle qui est nécessaire
à la formation d'une grande place d'industrie. Ce
n'est pas des habitudes de son aristocratie ni de la
pauvreté de sa bourgeoisie qu'on peut attendre une
féconde initiative. La médiocrité de son fleuve ne
permet guère d'espérer que les projets de port de mer
prennent jamais réalité. Elle est trop loin de la mer
pour profiter des avantages d'une situation maritime,
et cependant elle en est assez près pour que les dangers d'un coup de main aient paru à ses hommes
d'État de nature à justifier des précautions militaires (1).

Mais à toutes les critiques Rome oppose une réponse

(1) Rome a été entourée depuis dix ans par une ceinture de forts,
dont 6 sur la rive droite et 7 sur la rive gauche du Tibre. Le principal est construit sur le monte Mario, point culminant situé au nord
de la ville par 146 mètres d'altitude.

sans réplique, son nom. Réponse qui en vaut bien une autre pour un peuple, c'est-à-dire pour un être qui ne vit pas seulement d'intérêts matériels, mais d'idéal et de souvenirs.

Volcans de Campanie. — La zone volcanique, interrompue au sud du Latium, reparaît dans la *Terra di Lavoro*, l'ancienne Campanie heureuse. Mais ici l'activité, quoique en diminution visible, n'est pas éteinte ; elle est plus vive, à mesure que l'on va vers le sud. Le plus septentrional des volcans campaniens, la Rocca Monfina, entre le Garigliano et le Volturne, abrite paisiblement un village dans son cratère. Mais des soupiraux actifs ou à peine assoupis entourent la baie de Naples. La ligne de feux s'étend depuis l'île d'Ischia jusqu'à Castellamare, où le sol volcanique est interrompu par un éperon calcaire qui sépare la baie de Naples de celle de Salerne.

Lorsque, dix siècles peut-être avant Jésus-Christ, les navigateurs grecs s'approchèrent pour la première fois de cette côte, ils virent fumer le volcan d'Epomeo, dont la double pyramide surmonte l'île d'Ischia (1). Vers le commencement de notre ère, au moment où le Vésuve allait se réveiller, il entra dans une période d'assoupissement. On connaît cependant une éruption en 1301. Mais s'il semble s'être tu depuis cette époque, les tremblements de terre continuent à indiquer un état d'instabilité dans cette partie de l'écorce terrestre (2). L'îlot de Procida paraît être un cratère ébréché.

Du cap Misène à Naples s'étend un étrange pays, rempli de cratères, de lacs, de boursouflures. Les anciens l'appelaient Champs Phlégréens. Ils y nommaient le lac Averne, qui occupe le fond d'un cratère, le lac Lucrin dont il ne reste qu'une faible réduction au bord du golfe de Baïa. Là se produisit, le 29 sep-

(1) Epomeo, 794 mètres.
(2) Tremblements de terre d'Ischia en juillet 1883.

tembre 1538, au grand étonnement des contemporains, une éruption qui fit apparaître après deux jours et deux nuits de travail une nouvelle montagne (1), qui prit en partie la place du lac Lucrin. Le lac Agnano, le Campiglione, la Pianura, l'Astroni sont autant de cratères empiétant parfois les uns sur les autres et criblant d'effondrements la surface du sol. L'Astroni est si régulièrement encadré de parois circulaires que les rois de Naples en avaient fait un parc de chasse. Au sud de l'Astroni, la Solfatare, qui eut une éruption en 1198, laisse encore échapper des fumerolles, des lueurs pendant la nuit ; aucune végétation ne pousse sur le sol tapissé d'exhalaisons sulfureuses ; les animaux s'en écartent. Les collines qui encadrent la ville de Naples au nord, sont des parois de cratères à demi ébréchés. Dans cette partie du golfe l'effort souterrain, au lieu de se concentrer dans un soupirail unique, s'est disséminé sans ordre apparent. Les éruptions s'y sont fait jour tantôt sur un point, tantôt sur un autre. Cela ajoute à l'impression que produit à l'œil ce paysage singulier. L'imagination des anciens en fut vivement frappée, si l'on en juge par toutes les légendes qui s'y localisèrent. Là s'ouvrait le monde souterrain ; dans les sombres forêts qui couvraient alors ces rivages, Énée trouvait le rameau d'or qui le faisait pénétrer dans les pays infernaux.

Au sud-est et à deux lieues de Naples se dresse le cône avec la double cime du Vésuve (2). Depuis dix-huit cents ans il est devenu le principal foyer d'émission, mais les laves qu'il vomit sont d'une autre nature que celles qui se sont échappées des cratères à l'ouest de Naples. Peu de temps avant l'éruption qui ensevelit Herculanum, Pompéies et Stabiæ, l'an 79 de l'ère chrétienne, il paraissait éteint. Son sommet était presque aplani ; mais « complètement infertile, il pré-

(1) Monte Nuovo, 140 mètres.
(2) Vésuve, hauteur actuelle, 1282 mètres.

sentait l'aspect de cendres, et la roche criblée de trous semblait noircie et rongée par le feu (1). » Il était à l'état de solfatare. Vers le quatorzième siècle il semble que les éruptions subirent une trêve qui dura environ trois cents ans. Mais en 1631 recommença une période d'activité, qui dure encore et qui paraît même avoir éprouvé dans ces derniers temps un redoublement d'intensité (2).

Sol et habitants. — Naples est bâtie sur des couches profondes de tuf volcanique ; la profondeur en a été reconnue jusqu'à 79 mètres au-dessous du niveau de la mer. La plaine qui l'entoure doit sa fertilité proverbiale à la richesse et à la variété sans cesse renouvelée des produits volcaniques qui la constituent. Ils ne se présentent pas, comme dans le Latium, sous forme de bancs durcis et ravinés par les eaux. Le renouvellement continu des éruptions ne leur a pas laissé le temps d'être cimentés en une pâte dure et compacte. Sans cesse accrus par de nouvelles couches de débris, les dépôts sont restés à l'état meuble ; ils donnent un sol friable et facile à travailler. Les instruments les plus légers suffisent pour remuer cette terre ; l'homme en vient à bout avec ses bras ou, tout au plus, avec l'aide d'une seule bête de somme. Aussi le sol est-il cultivé par très petites parcelles ; mais la fertilité est telle que des lots d'un ou deux hectares fournissent d'abondants produits. La composition particulière des laves du Vésuve, principalement formées de leucite et d'augite, est riche en éléments fertilisants. Les eaux du Sarno, assez abondantes malgré la faible longueur de son cours, ont permis de transformer la banlieue napolitaine en un véritable jardin. Là s'accumule en un étroit espace tout ce que sont capables de produire le sol et le cli-

(1) Strabon, V, 4, 8.
(2) L'éruption d'avril 1872 est une des plus violentes dont on ait gardé le souvenir.

mat. Les *norias* sont partout à l'œuvre. Les légumes et le jardinage poussent à l'ombre des arbres fruitiers et des pampres de vignes qui s'enlacent à leurs branches. Raisins de dix espèces différentes, pastèques, melons, aubergines, grenades, viennent s'accumuler en montagnes sur les marchés de Naples. En septembre et en octobre les toits plats de toutes les maisons sont encombrés de figues qu'on y fait sécher par milliers. Pas une seule partie de l'année où la végétation reste complètement inactive ; et pendant neuf mois on peut dire que les fruits forment la principale nourriture du peuple de Naples.

Cette richesse du sol explique la puissante agglomération des habitants qui s'est formée sur les bords du golfe. Près de 800,000 âmes se pressent dans ce qu'on peut appeler le centre de population napolitain, ville et banlieue. Si l'on excepte les cinq grandes capitales, Londres, Paris, Berlin, Vienne et Pétersbourg, il n'y a que dans certains districts manufacturiers d'Angleterre, autour de Liverpool ou autour de Birmingham, qu'on trouve une telle fourmilière humaine.

Naples. — Cette ville était déjà sans conteste la première de l'Italie méridionale, lorsque Charles d'Anjou y fixa sa résidence (1). Elle devint ainsi pour six cents ans la capitale d'un royaume comprenant la principale moitié de la péninsule. Sa position à portée de la dépression de Bénévent contribuait aussi à justifier ce choix politique.

Jamais cependant Naples n'a perdu son caractère d'origine, qui est celui de ville coloniale. Elle fut pour l'Italie du Sud ce qu'avait été Alexandrie pour l'Égypte gréco-romaine, une métropole extérieure. Sa vie ne tient pas par des racines profondes à l'intérieur du pays dont le sort était lié à sa fortune politique ; ses rapports naturels sont avec la mer.

---

(1) Charles d'Anjou, roi de Naples (1265-1284).

Position maritime de Naples. — Il faut, pour bien comprendre la position maritime de Naples, s'élever au-dessus de simples considérations locales et embrasser dans un coup d'œil d'ensemble la mer ou plus exactement le quartier de la mer Méditerranée sur lequel elle est située. Encadrée au nord par l'archipel toscan, à l'est par la Corse et la Sardaigne et au sud par la Sicile, la mer Tyrrhénienne est une des mers secondaires les mieux individualisées. La haute barrière presque continue des deux grandes îles qui la bordent à l'ouest, la met à l'abri des gros temps qui rendent dangereux les abords du golfe de Lion. Les navires s'y engagent de préférence ; elle est pour eux la route naturelle entre le bassin occidental et le bassin oriental de la Méditerranée. Les côtes opposées ne sont nulle part séparées par de longues distances : de Naples à la Sicile il y a environ 220 kilomètres en ligne droite, un peu plus de la côte latine à la Sardaigne. D'ailleurs les intervalles sont souvent coupés par des îles : ainsi l'archipel toscan s'égrène entre l'Italie et la Corse, celui de Lipari entre l'Italie et la Sicile. Ces conditions qui rappellent de loin celles de l'archipel hellénique, contribuèrent à faire de bonne heure de cette mer un domaine de navigation et de commerce dont les peuples maritimes de l'antiquité se disputaient la possession. On a souvent lutté, on luttera peut-être encore autour des détroits ou des passages qui y donnent accès.

La nature des côtes n'y est pas partout favorable au développement de la vie maritime. Si celle-ci a pu avoir jadis quelque degré d'activité sur les bords du Latium, il y a longtemps que la nature a eu raison des efforts tentés par les riverains. La Corse et la Sardaigne ont leurs ports naturels tous, à peu d'exceptions près (1), situés sur la côte occidentale ; elles regardent vers l'ouest et le sud, plutôt que vers la

(1) Porto-Vecchio, en Corse, fait exception.

mer Tyrrhénienne. Le littoral de la Sardaigne est encore plus vide d'habitants que celui des Maremmes toscane et latine. Parmi les populations insulaires de la Méditerranée il n'en est aucune qui se soit toujours montrée plus étrangère à la mer ; les Sardes sont agriculteurs et bergers plutôt que marins.

La vie maritime se concentre, avec une importance très inégale d'ailleurs, aux deux extrémités opposées de la mer Tyrrhénienne. Au nord, la pêche, le cabotage et le transport des minerais de fer entretiennent une certaine activité autour des ports de l'île d'Elbe. Mais c'est surtout à l'angle sud-est du bassin que l'activité commerciale et maritime atteint un remarquable degré de développement.

Avec le roc de Gaète (1), forteresse presque isolée de la côte, dont plusieurs sièges ont confirmé la valeur, un changement se prononce dans la nature du littoral. Une côte sinueuse et mieux découpée va succéder au littoral uniforme du Latium et de la Toscane. On entre ici dans une nouvelle région du monde méditerranéen, celle qu'on pourrait appeler la région hellénique. L'hellénisme n'est plus certes qu'un des nombreux éléments qui se sont fondus dans la civilisation de l'Italie méridionale. Mais dans les noms, dans l'origine des villes de la côte la trace grecque n'est pas entièrement effacée (2). Quelquefois on est surpris de rencontrer déjà dans le paysage, dans la configuration des golfes et dans l'aspect des caps, dans la végétation, dans la teinte de la mer, certains traits, d'abord fugitifs, puis de plus en plus accentués vers le sud, qui annoncent la nature de la Grèce.

---

(1) Gaète, 6000 habitants. Le dernier siège est celui qu'y soutint pendant quatre mois le roi François II en 1860.

(2) Naples passait encore au temps d'Auguste pour une ville entièrement hellénique. Sur le golfe de Salerne, les ruines de Posidonia (Prestum) montrent deux temples du vieil art dorique. Plus au sud, on reconnaît l'emplacement de Velia près de l'embouchure de l'Alento. Sur le golfe de Santa-Eufemia, Hipponion existait à l'endroit où est maintenant Monteleone.

Le golfe de Gaëte décrit un long arc de cercle, dont les alluvions du Garigliano et du Volturne ont amorti la concavité intérieure, mais qui regarde le petit archipel des îles Pontiennes à six lieues au large. Entre le cap Misène et la pointe de la Campanella, ou plutôt entre l'île d'Ischia et celle de Capri, postées en sentinelles sur le prolongement des deux promontoires extrêmes, s'ouvre un golfe qui s'avance bien plus profondément dans l'intérieur des terres ; par sa forme de fer à cheval il rappelle les découpures qui se succèdent au sud et à l'est de la Grèce depuis le Péloponnèse jusqu'à la Chalcidique. Le roc de Capri ressemble à un îlot échappé des Cyclades. Le golfe de Salerne, qui lui est contigu au sud, se déploie en demi-cercle entre l'arête abrupte au pied de laquelle est Amalfi et le massif populeux et accidenté du Cilento. Puis se succèdent à intervalles plus éloignés les golfes malsains de Policastro, celui de Santa-Eufemia, où la péninsule italienne se resserre en un isthme de cinq lieues de large. Le cône toujours fumant de Stromboli se montre en mer au bout de l'horizon. Bientôt les sables jaunes du cap de Faro, en face des roches rougeâtres des monts de la Calabre annoncent l'entrée du détroit de Messine. La côte septentrionale de Sicile se creuse en golfes arrondis dont quelques-uns offrent de bons ports naturels : on passe successivement devant le golfe de Milazzo, celui de Palerme que signale au loin la silhouette tailladée du mont Pellegrino, celui de Castellamare. Enfin le port de Trapani, en face des îles Egades, marque au sud la fin de la mer Tyrrhénienne.

Autant la côte était dépeuplée au nord de Terracine, autant elle est animée dans cette partie du littoral tyrrhénien, sauf dans les plaines alluviales et basses que visite la *malaria*. La densité de la population établie sur la côte depuis Gaète jusqu'au détroit et de là jusqu'à Trapani, se rapproche, sans toutefois l'atteindre, de celle qu'on a constatée sur la Rivière ligure. La forme de la côte et le voisinage d'archipels favorisent le cabotage, et ces causes naturelles lui donneront probablement le moyen de se soutenir contre la concurrence des chemins de fer tracés le long du littoral. La pêche du thon est une industrie dans laquelle les marins du Pizzo ont la réputation d'exceller. Ceux de Torre del Greco vont pêcher le corail en Sardaigne et en Afrique. Les principaux chantiers de constructions navales pour la marine à voile, après ceux de Ligurie, sont à Castellamare de Stabiæ et à Piano di Sorrente.

Les villes de commerce maritime ne manquent pas sur la côte septentrionale de Sicile. Trapani possède un bon port, récemment amélioré, sur lequel le gouvernement italien fonde de grands espoirs ; les relations avec la côte d'Afrique y sont nombreuses, et donnent lieu à une importante émigration vers la Tunisie. Palerme, la première ville de Sicile et l'une des plus considérables du royaume, est une vieille métropole historique, dans les monuments de laquelle revivent les différents aspects du passé, arabe, normand, espagnol. Son port, qui vient d'être agrandi, a un mouvement qui dépasse en moyenne 2 millions de tonnes. Milazzo, bâti sur un isthme que ses maisons occupent en entier, est un petit foyer fort actif d'activité agricole et maritime. Derrière la langue de terre en forme de faucille qui abrite son port, Messine garde le détroit, large en cet endroit d'une lieue, et occupe une des grandes positions de transit de la Méditerranée. Son port, profond et sûr, a un mouvement de tonnage qui n'est dépassé qu'à Gênes et à Naples (1).

Depuis qu'Amalfi, après avoir connu, comme répu-

---

(1) Trapani, 32,000 habitants ; Palerme, qui comptait 186,000 habitants en 1871, en avait 206,000 en 1881 ; Milazzo, 14,000 hab. Messine, 78,000 hab. — Mouvement du port de Messine en 1885 : 1,544,000 tonnes à l'entrée, 1,539,000 à la sortie.

blique autonome, plusieurs siècles de prospérité commerciale, est tombée en décadence, il n'y a plus sur toute la côte méridionale du continent italien d'autre grande place maritime que Naples. Elle occupe le centre de la mer Tyrrhénienne. Depuis 3000 ans les villes se succèdent aux abords ou dans l'intérieur du golfe : Cumes après Ischia, Pouzzoles après Dicæarchia, Neapolis après Palæopolis. Misène était le point désigné par Auguste à la flotte chargée de veiller sur la mer Tyrrhénienne. En outre, le golfe de Naples a sur ses voisins l'avantage de la salubrité de ses bords. Les atterrissements fluviaux y ont peu d'importance. L'ancienne sinuosité que dessinait son extrémité orientale, a presque disparu, moins sous les alluvions du Sarno que sous les débris rejetés par le Vésuve. Au nord se dessinent intactes deux baies séparées par le promontoire de Pausilippe. La plus occidentale est celle de Pouzzoles, qui fut sous l'empire romain le grand *emporium* de l'Italie ; l'autre est celle de Naples. Ainsi, comme dans les deux golfes de Gaète et de Salerne, la ville principale s'adosse à la barrière septentrionale, qui l'abrite des vents du nord, les plus fréquents en hiver.

Le peuple napolitain. — Entre la mer et le cadre de coteaux qui se déroulent de San-Martino à Capo di Monte, d'étroites ruelles et de hautes maisons contiennent une des populations les plus extraordinairement pressées qu'il y ait en aucune ville d'Europe. On compte que le chiffre d'habitants qui s'entassent dans le quartier du port, va jusqu'à 147,000 par kilomètre carré (1). Il n'est pas étonnant que la mortalité y soit aussi une des plus élevées.

Naples est une des villes qui ont fait le plus de révolutions et qui ont le moins changé. On ne vit guère autrement sur les bords de son golfe qu'on n'y

(1) A Paris la densité des habitants en 1886 est à peine de 30,000 par kilomètre carré. (Levasseur, *Six semaines à Rome*; Paris, 1888).

vivait il y a environ dix-huit cents ans. C'est du moins le sentiment qu'on éprouve, lorsqu'on essaye de reconstituer à l'aide des documents de Pompéïes les détails de la vie quotidienne du petit peuple d'alors. Avec ses défauts et ses qualités, sa gaieté et sa misère aggravée dans toutes les classes de la société par l'usure, cette population de Naples est peut-être celle qui permet le mieux de se représenter la vie des grandes villes de l'antiquité grecque ou romaine. Les entraînements et les surexcitations de la vie en plein air, l'exaltation des fêtes, les commotions subites et les paniques qui s'emparent de toute une population, sont des phénomènes qu'un homme de nos jours ne peut nulle part mieux observer sur le vif qu'à Naples.

Il ne semble pas que le régime nouveau ait jusqu'à présent porté atteinte à l'importance de cette grande ville. Elle est et restera sans doute la plus populeuse du royaume. Le nombre des habitants, qui était de 410,000 au lendemain de la réunion à l'Italie, montait en 1881 à plus de 463,000. Son université est fréquentée en moyenne par plus de 3,500 étudiants et continue à être le foyer d'un mouvement intellectuel assez vif, surtout pour la philosophie et les sciences politiques. Son port est le deuxième de l'Italie par le mouvement de la navigation (1). Inférieure à Gênes par l'esprit d'entreprise, et privée d'ailleurs des ressources qu'emprunte le port ligure à ses établissements industriels, Naples doit néanmoins à sa position une activité qu'ont augmentée le percement du canal de Suez et le développement de l'émigration italienne. En 1885, plus de 35,000 émigrants s'y sont embarqués pour l'Amérique. Ses relations avec l'Inde s'étaient beaucoup accrues depuis vingt ans. Après l'Angleterre et la France, c'est encore ce grand marché qui prélève la plus forte part (environ 21 pour 100) dans son chiffre d'affaires. Cepen-

(1) Mouvement du port de Naples en 1883 : 4,207,000 tonnes.

dant, après une période d'accroissement, le commerce maritime de Naples a subi une légère diminution dans ces dernières années.

Défenses de la mer Tyrrhénienne. — Le golfe de Naples est trop ouvert pour devenir un établissement militaire. Les chantiers de construction de Castellamare, d'où sont sortis les colosses cuirassés de la flotte italienne, n'ont pour défense que quelques batteries. Deux positions stratégiques sont destinées à maîtriser les abords de la mer Tyrrhénienne. L'une est Messine, où des ouvrages sont établis sur les deux rives du détroit. De tout temps cette place a tenu les clefs de la Sicile.

L'autre position n'a attiré que récemment l'attention du gouvernement italien. Il y a vers l'entrée des bouches de Bonifacio une rade sûre et profonde que circonscrivent les îles de la Maddalena et de Caprera avec la côte septentrionale de Sardaigne. Cette rade est mise en état de défense et destinée à servir de base d'opérations à une flotte. Sa position la rend au moins aussi propre à l'offensive qu'à la défensive. Cette sentinelle postée à la porte de la mer Tyrrhénienne peut tout aussi bien menacer la Corse ou les côtes de Provence ou nos communications avec l'Algérie.

Plaine du Sud-Est.

Position de l'Apulie. — L'Apulie, cette extrémité de la péninsule italienne qui est comprise entre le massif du Gargano et le golfe de Tarente, appartient déjà à l'Europe orientale; le méridien qui coupe la presqu'île d'Otrante (16° Est de Paris), traverse la Hongrie, la Pologne, la Baltique à Dantzig. Ses rapports naturels sont avec la rive opposée de l'Adriatique. Beaucoup de noms de lieux d'origine antique indiquent, par leur analogie sur les deux rives, qu'il y eut de bonne heure des échanges de populations entre l'Epire et l'Illyrie d'une part, et de l'autre ce pays que les Grecs distinguèrent longtemps, sous le nom d'Iapygie, du reste de l'Italie. Sa position en fit, sous la domination romaine, la grande route de la Grèce et de l'Orient ; en face de Brindisi, terme de la voie Appienne, commençait la voie Egnatienne au nord du golfe d'Avlona. Puis elle fut disputée entre l'Orient et l'Occident, l'Afrique et l'Europe, entre les Arabes et les Byzantins, les Byzantins et les Normands. Le grand ébranlement de la conquête turque qui devait plonger pour deux ou trois siècles le sud-est de l'Europe dans la barbarie, s'y fit sentir. On y trouve encore, formant des groupes distincts, des colonies d'Albanais émigrés au quinzième siècle (1). Le va-et-vient n'a jamais complètement cessé entre les contrées qui se font face. La plupart des Italiens qui sont établis ou qui s'établissent dans l'empire turc et le Levant, sont originaires de Bari ou d'Otrante.

Le Tavoliere. — La nature de steppe, ce type asiatique que l'Europe orientale emprunte au continent dont elle se dégage, commence déjà à se laisser entrevoir en Apulie. Autour de la ville de Foggia, nœud important de chemins de fer (2), s'étend la vaste plaine qu'on appelle le *Tavoliere*. C'est une surface faiblement ravinée, composée d'alluvions quaternaires, qui comprend 300,000 hectares. Le sous-sol est constitué par un gravier calcaire jaune, qui est recouvert par une couche de terreau noir, peu profonde, mais fertile et très propre à la culture des céréales. A défaut d'arbres, qu'exclut l'excessive

(1) Le nom de la province de Capitanate (*Katapanos*, gouverneur pour le compte de l'Empereur d'Orient), est un souvenir de la domination byzantine. — Les groupes albanais d'Apulie sont à Mola, Polignano, Altamura, Brindisi. Il y en a d'autres en Calabre, tels que ceux de Spezzano Albanese, Bova, etc.
(2) Foggia, 37,000 habitants.

sécheresse des étés, le blé y vient à merveille; les récoltes en étaient célèbres dans l'antiquité.

Mais le régime du pâturage forcé a fait de cette plaine une steppe. Il y a peu d'années encore, le *Tavoliere* était domaine du fisc; et l'État, pour se ménager le revenu considérable qu'il tirait des droits de péage sur les troupeaux transhumants, interdisait aux usufruitiers de consacrer plus du cinquième de leur propriété à la culture agraire. Le reste était réservé à la pâture. C'était la consécration d'un mal invétéré depuis des siècles : car pour en trouver l'origine il faut remonter jusqu'à la ruine économique qui suivit les longues guerres de la république romaine. Depuis les empereurs romains jusqu'aux derniers Bourbons de Naples tous les gouvernements qui s'étaient succédé, à une seule exception près, qui honore l'administration de Murat, avaient soigneusement maintenu, dans un intérêt fiscal, cet état de choses qui avait pour conséquences naturelles la dépopulation et le brigandage. Enfin une loi promulguée le 26 février 1865 a prononcé l'affranchissement du territoire asservi à la pâture. Celle-ci est devenue facultative. Le gouvernement essaye par un système de ventes et d'affermages conclus sous certaines conditions, de favoriser la reconstitution de la propriété privée. On peut espérer que peu à peu l'agriculture reprendra possession d'un domaine qu'elle avait perdu depuis deux mille ans.

Les Murgie. — Au delà de l'Ofanto (1), la nature du pays change. Là commence une rangée de collines rocailleuses qu'on désigne sous le nom générique de *Murgie*, en y ajoutant le nom particulier de chaque localité

(1) C'est sur les bords de l'Ofanto (*Aufidus*), à trois lieues environ de l'embouchure, que se livra la bataille de Cannes (216 avant J.-C.). C'est une plaine propre aux évolutions de la cavalerie, dont Hannibal sut tirer un grand parti. L'archéologie locale, s'inspirant trop de l'imagination populaire, retrace encore sur le terrain les principaux incidents du combat.

qu'elles traversent. Ce n'est pas, comme on l'a vu, une ramification de l'Apennin, mais un petit système isolé dont l'élévation atteint rarement 500 mètres. Il se déroule du nord-ouest au sud-est à travers la terre de Bari, et se prolonge en s'abaissant jusque dans la terre d'Otrante, où ses dernières ondulations expirent au cap Santa-Maria di Leuca. Entre Tarente et Brindisi le seuil ne s'élève pas au-dessus de 140 mètres. Les *Murgie*, à peine recouvertes d'une poignée de terre végétale, sont en partie incultes. Mais le long des légères éminences qu'elles projettent vers la mer, prospèrent l'olivier, la vigne et les cultures arborescentes. Entre Bari et Brindisi un rideau continu d'oliviers voile les collines d'un feuillage aérien et léger, qui rappelle les paysages les plus charmants de Corfou. Mais la campagne est vide de maisons. Comme en Sicile et en Calabre, la population se tient agglomérée dans les bourgs et les villes.

On voit partir chaque matin hommes et bêtes de somme pour leur travail situé parfois à plusieurs kilomètres de distance. La journée finie, les travailleurs rentrent par groupes au bourg. Certes leur retour compose une scène rurale qui ne manque pas de pittoresque. Mais le plaisir des yeux ne permet pas d'oublier ce qu'il y a de fâcheux dans ce va-et-vient de chaque jour. « Le paysan, écrivait Paul-Louis Courier, loge en ville et laboure la banlieue ; partant le matin, il rentre avant le soir. »

On se tromperait de regarder ce mal comme un de ces maux temporaires nés d'une situation d'insécurité et de trouble et destinés à disparaître avec une meilleure police. Il tient à un ensemble d'habitudes invétérées, qui sont devenues une règle pour la population rurale (1). Le paysan du sud craint l'isolement dans la campagne comme malsain.

Développement urbain. -- Les villes se rassemblent sur la côte. Celle qu'éleva Manfred près des ruines

(1) « Cet usage permet au travailleur d'avoir une nourriture plus abondante à meilleur marché... »(Extrait des *Monographies agricoles*. Ann. di statist., série 2, vol. VIII).

de l'ancien Sipontum, n'a pu ressusciter la vie
maritime éteinte, aux bords du golfe marécageux
auquel elle donne son nom. Mais au sud de l'Ofanto
se succèdent, à des intervalles de deux ou trois
lieues, une rangée d'assez grosses villes. Les ports
sont petits et sans profondeur, mais suffisent à
l'exportation des produits agricoles de la contrée. A
Barletta, Trani, Bisceglie, Molfetta, ainsi qu'à Bari,
se fait un important commerce d'huile, de vin, de
figues, d'amandes, etc. (1). Bari, sans importance dans
l'antiquité, ne grandit qu'au dixième siècle, quand elle
devint la résidence du *Catapan* byzantin. La côte est
très poissonneuse. Le *compartiment maritime* de Bari
est un des centres les plus actifs d'armements pour
la pêche (2). Chaque année des balancelles de Bari,
Molfetta, Trani, vont faire la pêche des éponges, pendant huit ou dix mois, dans les eaux de Candie.

Moins favorisée que la côte qui lui fait face, la côte
italienne de l'Adriatique a peu de bons ports. Cependant, à l'entrée septentrionale du canal d'Otrante,
quand déjà la distance n'est guère que de 100 kilomètres entre l'Italie et les rivages d'Albanie, se trouve
un port sûr et profond précédé d'une belle rade que
protègent deux îlots. C'est le port de Brindisi. Il
s'enfonce dans l'intérieur des terres sous la forme
d'un canal divisé en deux branches qui décrivent
chacune un arc de cercle (3). Dès le moment
où des relations s'engagèrent d'un bord à l'autre
du détroit, ce point appelait une ville. On l'y
trouve en effet antérieurement à la domination
romaine, comme l'indique son nom. Mais c'est avec
les Romains, qui en firent leur port d'embarquement

---

(1) Bari, 61,000 habitants ; Molfetta, 30,000 habitants ; Bisceglie,
25,000 hab. ; Trani, 25,000 hab. ; Barletta, 32,000 hab.
(2) Le royaume est divisé pour les pêcheries en 18 compartiments
maritimes.
(3) On voit cette forme soigneusement reproduite dans quelques-
uns des meilleurs portulans du moyen âge. — Brindisi, 15,000 habitants.

vers l'Epire et la Grèce, qu'elle prit son importance restée classique. La prospérité de Brindes tenait aux relations entre l'Italie et la côte opposée : quand ces relations devinrent rares ou hostiles, ce fut le déclin. De meilleurs jours semblent aujourd'hui renaître. Le transit avec la Grèce contribue quelque peu à ce réveil d'activité, puisque Brindisi est une étape pour les bateaux du Lloyd autrichien vers Corfou et Patras et pour ceux de la Compagnie de navigation italienne vers le Pirée et Constantinople. Mais la principale raison de l'importance actuelle de Brindisi est tout autre. Elle vient de ce que parmi les bons ports de la Méditerranée qu'atteint le réseau ferré international, il est le plus rapproché d'Alexandrie; car le port d'Otrante est trop petit pour assurer les mêmes avantages à la navigation. Les bateaux de la Compagnie péninsulaire et orientale font le trajet en 75 heures. Brindisi sert de tête de ligne continentale sur la grande diagonale que suit le courant de voyageurs entre l'Angleterre et l'Inde : avantage éphémère d'ailleurs, qui lui sera probablement disputé un jour par Salonique ou par le Pirée, à mesure que le réseau des chemins de fer atteindra les grands ports de la Méditerranée orientale.

Le golfe de Tarente. — Entre le cap Santa-Maria di Leuca et le cap Nao, distants de 125 kilomètres, s'ouvre le plus grand golfe de l'Italie. Le golfe de Tarente s'enfonce de 130 kilomètres environ dans l'intérieur et présente un développement côtier de 350 kilomètres. Tandis qu'à l'est et au nord ses eaux baignent le pied de terrasses calcaires basses et sèches, il reçoit à l'ouest le tribut de cours d'eau considérables que lui envoient les montagnes de la Basilicate. Ce ne sont pas des torrents indigents, et presque des *ouadis* comme ceux qui sillonnent la Pouille, mais des fleuves vraiment dignes de ce nom, qui ont en hiver des crues redoutables et qui ne tarissent jamais en été. Le Bradano, le Basente, la Salandra, l'Agri, le Sinno roulent leurs eaux fangeuses, d'un cours parallèle, à travers des terrains essentiellement meubles où ils déplacent souvent leur lit. Après les pluies d'hiver ils se répandent en inondations près de leurs embouchures; leurs alluvions accumulées composent un sol d'une incroyable fertilité naturelle, comme l'atteste la vigueur de la végétation. Mais celle-ci est en grande partie sauvage : des broussailles de lentisques, des prairies marécageuses où se vautrent des buffles, quelques cultures enlevées à la dérobée par les moyens les plus primitifs. Sur la rive gauche du Sinno la forêt marécageuse ou *pantano* de Policoro est une véritable forêt vierge, dans laquelle les pins parasols, les lentisques, les oliviers sauvages, les lauriers-roses, les chênes-liège se disputent l'espace et où commencent à se montrer les buissons du réglisse, comme en Calabre et en Asie Mineure.

On retrouve autour de ce golfe, surtout dans ses parties septentrionale et orientale, les vestiges d'une grande civilisation urbaine. Entre les embouchures du Bradano et du Basente à peine distantes de deux lieues s'étend une plaine marécageuse : là, près de la tour solitaire de Torremare, exista la ville grecque de Métaponte. Plus loin au sud-est, entre les embouchures également très voisines de l'Agri et du Sinno, la colonisation hellénique éleva successivement Héraclée et Siris. Au sud du Sinno les montagnes se rapprochent du rivage, mais pour s'écarter de nouveau; et alors elles encadrent, en forme de cirque, une plaine engraissée par les alluvions du Coscile et du Crati. Là fut Sybaris, et après sa ruine là s'éleva encore la ville grecque de Thurioï. De nouveau resserré par les contreforts de la Sila, le rivage s'ouvre encore une fois, au sud de l'embouchure du Néto, pour se déployer dans la plaine de Crotone. Ici seulement la ville existe

encore, bien amoindrie sans doute, mais avec son nom
à peine changé (1). Elle doit ce privilège de persistance à sa position sur une éminence, qui dès l'antiquité était renommée pour sa salubrité. A une lieue
plus loin s'avance en mer le cap Nao ou des Colonnes,
l'ancien promontoire lacinien, où le temple de Héra,
dont une seule colonne reste debout, annonçait aux
navigateurs les abords du golfe de Tarente. Ainsi une
couronne de cités entourait de Tarente à Crotone ce
golfe, hellénique par sa configuration comme par son
histoire. L'hellénisme y mena pendant plus de quatre
siècles une vie brillante où se retrouvent, avec ses grandeurs comme avec ses passions et ses rivalités impla-
cables, les traits caractéristiques de son génie.

A l'exception de Tarente et de Crotone les villes et
même les habitants ont presque entièrement disparu
de ce littoral. Les localités habitées ne se montrent
qu'à deux ou trois lieues des côtes, sur les derniers
contreforts des montagnes. Elles occupent des sommets isolés, peu accessibles ; refuges dont le choix
seul indique éloquemment les dangers et les misères
qui contraignent les populations à y chercher asile. Ce
fut aux neuvième et dixième siècles, après l'établissement des Sarrasins en Sicile et en Afrique, que s'ouvrit
une période de pirateries qui acheva la ruine déjà commencée du littoral ionien de l'Italie méridionale. Les
populations des côtes, comme aux temps primitifs de
la Méditerranée, durent pour se dérober aux coups de
main, aux enlèvements, abandonner en masse le
voisinage dangereux de la mer. La fièvre reprit alors
possession de ces plaines d'alluvions, dont elle n'avait
été écartée que par le travail patient de plusieurs générations d'hommes. Elles sont devenues malsaines en
se dépeuplant, et elles restent dépeuplées parce
qu'elles sont malsaines. D'immenses domaines ou
latifundia s'y sont développés.

(1) Cotrone, 6500 habitants.

On cite celui de Policoro, dans la plaine de l'antique Héra-raclée ; il a 140 kilomètres carrés. « Pour les parties du domaine qui sont en labour, leur exploitation emploie 4000 hommes au temps des grands travaux, et 250 seulement dans le reste de l'année. Ce dernier chiffre est celui qui habite dans les *massarie* du domaine (1). » Cela fait donc 1,7 habitants par kilomètre carré! Des bandes de *contadini* descendent, aux époques de travail, des villages qu'ils habitent sur les hauteurs ; et si dans l'accablant travail expédié à la hâte la fièvre ne les a pas terrassés, ils reprennent, aussitôt après, la route de leurs montagnes.

L'agent de transformation qui a déjà tant fait pour ramener la vie sur les vieux bords de la Méditerranée, le chemin de fer, réagit peu à peu contre le passé. Des symptômes de changement se manifestent depuis la construction de la ligne qui, de Tarente à Reggio, suit presque constamment le littoral de la mer Ionienne. Les stations désertes, situées au bas et fort loin des bourgs dont elles portent les noms, servent de noyaux à des groupements de population. Métaponte renaît sous la forme d'une station de chemin de fer, près du point de bifurcation de la ligne de Salerne par la Basilicate. L'embranchement de Cosenza se détache près des ruines de Sybaris. La population recommence timidement à descendre et se hasarde à vivre dans la plaine. C'est une colonisation véritable, qui n'est encore qu'à ses débuts.

Malgré l'étendue de son développement, le golfe de Tarente a peu de ports. Ceux de Cotrone et de Gallipoli sont petits ; Tarente seule offre une position maritime de grand avenir. Elle occupe à l'angle nord-est du golfe une de ces situations à la fois stratégiques et commerciales qui tentaient les Phéniciens et les Grecs, ces maîtres de la colonisation antique. Elle est bâtie sur une étroite langue rocheuse qui s'avance entre une rade extérieure (*mare grande*) et un petit golfe intérieur (*mare piccolo*). La nature a creusé là un équivalent de l'étang de Berre ou du golfe de Bizerte.

(1) Fr. Lenormant, *la Grande Grèce*, tome I, p. 172; Paris, 1881.

Le *mare piccolo* a 25 kilomètres de tour et présente dans sa partie antérieure une profondeur de 12 à 13 mètres. Il communique par un étroit goulet avec la rade, que deux îlots abritent et défendent. La ville actuelle, faible réduction de la grande république maritime et industrielle qui se crut en état de traiter de puissance à puissance avec Rome, était concentrée jusqu'à ces derniers temps dans l'isthme rocheux qui lui avait jadis servi d'acropole. C'est dans cette étroite enceinte murée, plusieurs fois détruite et rebâtie, qu'elle était parvenue à sauver son existence à travers tant de sièges et d'assauts, depuis les guerres puniques jusqu'aux guerres turques du seizième siècle. Serrée comme dans un étau entre deux citadelles, elle réussit à traverser la longue période qui anéantit dans cette région toute vie urbaine. Elle fut tour à tour grecque, romaine, byzantine, sarrasine, de nouveau byzantine, normande, napolitaine ; mais elle vécut. On voit encore s'entasser dans cet étroit espace les hautes maisons et les ruelles grimpantes de la ville proprement dite. Mais aujourd'hui elle recommence à s'étendre à l'aise et à reconquérir une partie du terrain qu'elle couvrait aux beaux temps. Des faubourgs se forment soit à l'est, soit au nord, sur la rive droite du goulet autour de la gare.

C'est que de grands travaux en cours d'exécution promettent à cette ville vieille déjà de vingt-cinq siècles une période nouvelle (1). Un arsenal maritime s'installe sur les bords du *mare piccolo;* le goulet de communication entre l'arsenal et la rade vient d'être creusé et surmonté d'un pont tournant de proportions grandioses, pour permettre le passage aux navires de guerre. Tarente doit devenir le Spezia de l'Italie sur la mer Ionienne, et le point d'appui de ses entreprises futures dans le bassin oriental de la Méditerranée.

(1) Tarente, 25,000 habitants.

L'unité italienne.

L'unité italienne n'est pas un de ces résultats auxquels les hommes sont lentement amenés par l'influence
des causes géographiques ; c'est une œuvre de passion
et de volonté. Avant d'exister comme nation, l'Italie
s'était manifestée comme centre d'un empire méditerranéen, dans lequel s'est résumée la civilisation
classique. Privée de sa domination temporelle, Rome
était restée en possession de l'autorité spirituelle sur
la chrétienté. Plus tard, à travers une période de
morcellement politique, accompagnée de guerres intérieures et d'interventions étrangères, l'Italie n'avait
pas moins jeté le plus vif éclat par le commerce, les
arts, la littérature. Il n'y avait pas de nation italienne
qu'il y avait déjà, et depuis des siècles, une littérature,
un art italiens. L'âme italienne n'est pas de nature
oublieuse, et ce fond de souvenirs, avivés par la comparaison du présent, fermenta en elle jusqu'au jour
où les circonstances prirent un tour favorable à ses
aspirations. Ce mot de nation italienne représente un
monde de souvenirs, d'espoirs, d'ambitions, dont un
étranger se fait difficilement une idée. L'ascendant en
est assez fort pour qu'on ait pu voir se réaliser ce que
n'auraient jamais cru les hommes du moyen âge : les
vieilles rivalités oubliées, les trophées de haine abo-
lis, Gênes rendant à Pise les chaînes de son port, le
sud et le nord rapprochant leurs intérêts, surmontant
leurs antipathies, et l'idée d'unité s'élevant au-dessus
des tendances particularistes du sol.

L'unité italienne est le désir passionné d'un peuple
déjà rapproché par l'histoire et la langue, pour
prendre dans le monde une place digne de son

passé. Tout ce qu'il y avait en lui d'ambitions refoulées, d'activité inassouvie, et on peut dire de verve révolutionnaire, travaille depuis un quart de siècle, avec une ardeur inquiète, à constituer le nouveau royaume sur le pied de grande puissance.

L'étendue de ses frontières continentales lui imposait les charges d'un grand établissement militaire : l'armée italienne de première ligne a été portée à un chiffre que les documents officiels évaluent à 690,000 hommes (1). Dans ce nombre sont compris les bataillons alpins, 26,000 hommes environ, se recrutant dans les hautes vallées où ils tiennent garnison et où ils sont dressés à la guerre de montagnes. Nous ne parlons pas des chiffres énormes, et constituant une force sans doute plus apparente que réelle, que l'adjonction de la milice mobile et surtout de la milice territoriale ajoute à cet effectif.

Pour tirer tout le parti possible de ses forces militaires, l'Italie rencontre dans les conditions géographiques d'assez sérieux obstacles. L'un d'eux provient de l'insuffisance de ses ressources en chevaux. L'autre consiste dans la configuration même de la péninsule. Que de difficultés pour réaliser la prompte concentration des forces sur le point menacé, pour amener promptement du fond de l'Italie les troupes nécessaires au pied des Alpes ! Le problème vital des voies de communication a été abordé avec une grande énergie ; il suffit de rappeler, après ce qui a été déjà dit, que le royaume a dépensé plus de deux milliards et demi en constructions de chemins de fer. Sans entrer dans des détails techniques qui sont en dehors de notre sujet, on peut dire que la difficulté n'a pas été

(1) Durée du service dans l'armée de 1re ligne : 3 ans pour l'infanterie, 4 pour la cavalerie. Contingent actif, environ 80,000 hommes par an. — 12 régions de corps d'armée dont les chefs-lieux sont : Turin, Alexandrie, Milan, Plaisance, Vérone, Bologne, Ancône, Florence, Rome, Naples, Bari, Palerme. Le matériel de mobilisation est concentré dans les dépôts de Bologne, Vérone, Mantoue et Plaisance. Le territoire est divisé en 5 zones de recrutement, mais chaque régiment se recrute dans les cinq zones ; « mesure qui a pour but de fusionner les éléments très divers fournis par le recrutement. » (Niox, *Géographie militaire*, II.)

entièrement vaincue. Réduite à l'assistance des voies
terrestres, l'Italie reste pour la promptitude de la mobilisation dans un état d'infériorité relative. Il faut
qu'elle supplée à l'insuffisance des communications terrestres par un système bien assuré de communications
maritimes. Elle a besoin d'être forte sur mer pour se
garantir le maniement de ses ressources militaires ;
et l'on s'explique que la formation d'une puissance
navale imposante ait paru à ses hommes d'État le
corollaire obligé de son unité.

Avec le grand développement de son littoral et le chiffre
élevé de sa population maritime (1), l'Italie possède les principaux éléments nécessaires à la formation d'une puissance
navale. Aucun État n'a dépensé depuis dix ans autant d'argent
et d'efforts pour ses armements maritimes. Les colosses cuirassés sortis des ateliers de Castellamare, le *Duilio*, le *Dan-
dolo*, et surtout l'*Italia* et le *Lepanto* sont les navires du type
le plus puissant qui aient été construits. Les derniers ont un
tirant d'eau de plus de 9 mètres, ils portent des canons de plus
de 100 tonnes et ont coûté chacun 24 millions. Toutefois les
navires construits depuis 1883 ont des proportions plus mo-
dérées. En somme la flotte de guerre italienne compte actuellement 15 cuirassés, 10 croiseurs, une flotille nombreuse de
canonnières et de torpilleurs, avec un personnel naval de
15,000 hommes.

L'effort national ne se résume pas dans un chiffre
de canons et de soldats. La vie économique s'est
réveillée avec le développement des voies de communication, l'ardeur des entreprises qu'a excitée le régime
nouveau. L'agriculture cependant sera toujours la
vraie et naturelle ressource de l'Italie. Elle a fait des
conquêtes, notamment dans les maremmes toscanes,
la plaine du Volturno, le Tavoliere. La production de
la vigne, en grand progrès, commence à dépasser la
moyenne de 27 millions d'hectolitres, qu'elle était
parvenue à atteindre dans l'avant-dernière décade.

(1) Le sixième de la population de l'Italie (environ 4,800,000 habitants) est groupé à moins d'une lieue des côtes. On compte environ
200,000 marins.

L'Italie vient au second rang, immédiatement après la France, et développe l'exportation de ses vins. Le nord a augmenté aussi son exportation de bétail. Dans le sud de la péninsule et en Sicile les plantations d'orangers et de citronniers, dont les fruits s'expédient jusqu'aux États-Unis, sont de plus en plus la culture favorite. L'espace affecté à ces cultures d'agrumes, dans la seule province de Palerme, a plus que doublé en vingt ans.

Le commerce extérieur a suivi une marche rapidement ascendante. Sa valeur a augmenté d'un demi-milliard en vingt ans (1).

Cependant l'Italie reçoit plus qu'elle n'expédie. Son exportation reste inférieure, dans une proportion constante et très sensible, à son importation. Frappés et inquiets de cette infériorité, les hommes qui président aux destinées économiques du royaume, cherchent avec une ardeur qui tient de la passion, à constituer la grande industrie. L'entreprise se heurte à de graves difficultés naturelles. Cependant, dans le nord l'industrie commence à prospérer, et fait preuve de vitalité. Elle profite du progrès des moyens de transport, pour assurer un marché national à ses produits parmi les nombreuses populations du sud. Mais cela ne suffit pas au patriotisme italien. Il faut qu'à l'exemple des autres puissances l'Italie fabrique elle-même son matériel de chemins de fer et d'armements. Voilà pourquoi de gigantesques usines s'élèvent à Terni, et aux environs de Naples des chantiers de construction auxquels les commandes de l'État donnent une vie artificielle.

Malgré tout, on ne peut s'empêcher d'être frappé de la transformation dont l'Italie nouvelle offre le spec-

(1) Commerce extérieur de l'Italie en millions de francs.

	Imp.	Exp.
Moyenne de 1862-71 :	912	709
— 1872-83 :	1,218	1,092
— 1885 .	1,572	1,134

tacle. Résultat d'autant plus notable qu'il y avait à racheter un plus long arriéré de négligence, et de plus grandes difficultés naturelles à vaincre. Il ne faut pas se tromper à l'auréole qui entoure le nom d'Italie ; si l'on compare les conditions propices au développement d'un État moderne, elle est bien inférieure à la triste Allemagne du Nord.

Les ombres ne manquent pas, en effet, au tableau. Tant d'efforts ne peuvent être soutenus qu'au prix de lourdes charges financières et d'une dette qui s'élève à plus de 10 milliards. Il y a de grands États qui supportent une dette plus lourde, mais relativement à ses ressources l'Italie est le plus obéré. Les capitaux y sont rares ; il faut recourir au crédit étranger ; c'est à l'étranger que passe une bonne partie des 534 millions de francs qu'elle paye annuellement pour le service de sa dette. Le peu d'importance du stock métallique pèse encore sur la situation économique du pays, quoique le papier-monnaie avec cours forcé ait cessé de remplacer entièrement, comme il y a peu d'années, la circulation en numéraire.

Il faudrait des ménagements et du temps pour laisser la fortune publique s'établir sur ces bases solides qui permettent, à l'occasion, de traverser de rudes épreuves. Encore même est-il douteux que des palliatifs parvinssent à guérir le principe du mal le plus profond dont souffre l'Italie. Dans une contrée où près du tiers des habitants dépend de l'agriculture, les mauvaises conditions de la propriété condamnent une grande partie de la population rurale à la misère. Presque toute la terre appartient à ceux qui ne la cultivent pas et qui n'y résident pas.

Rien de plus instructif, mais de plus triste que les témoignages recueillis par les enquêtes approfondies auxquelles on s'est livré sur les conditions matérielles de la vie des paysans. D'un bout à l'autre du royaume les mêmes dépositions s'élèvent, attestant l'existence précaire et misérable, la nourriture insuffisante, les logements malsains de ceux dont les bras cultivent le sol. Il y a des contrées, comme la Basilicate, où l'excès du mal produit une sorte de désertion en masse, une fuite générale vers l'Amérique. Dans les Calabres, écrit-on, les paysans sont rongés par l'usure; quand les propriétaires se montrent trop avides, le paysan las de souffrir rompt avec les lois et se fait brigand (1). Ailleurs les effets du mal sont atténués par certaines habitudes de conduite paternelle dans les rapports du maître ou de ses agents avec les paysans. Mais la condition ne paraît satisfaisante que dans bien peu de contrées. Le Montferrat, la Brianza milanaise, quelques districts de la Toscane et du Vicentin constituent d'heureuses exceptions. Mais la riche Lombardie est, dans sa partie basse, une des provinces où les paysans sont le plus misérables ; la Terre de Labour ne semble guère mieux partagée. Bien rares sont les fermiers ou métayers qui ne soient pas les débiteurs de leurs maîtres ; cependant la classe la plus malheureuse est celle des salariés, vivant de la location éventuelle de leurs bras, qu'on appelle les *braccianti*. Sorte de prolétariat misérable, dans lequel se recrutent ces bandes de travailleurs que conduit un *fattore* ou un *massaro*.

Voici un renseignement significatif tiré des statistiques officielles: dans ce pays qui produit le vin en abondance, il y a la moitié ou le tiers des communes où l'eau est la seule boisson ordinaire des habitants. Dans quelques communes des Abruzzes on mange du pain fait avec des glands. En Lombardie, la nourriture presque exclusive des paysans est la *polenta*, pain de maïs humide, rance et mal cuit que l'on s'accorde à regarder comme la cause de la

(1) Ces détails, comme ceux qui précèdent et qui suivent, sont empruntés aux extraits de moographies agricoles publiées par L. Bodio (*Ann. di statist.*, série 2, vol. VIII).

pellagra. Les provinces sur lesquelles sévit le plus cruellement cette maladie de la peau, qui finit souvent par la folie, sont celles de Lodi, Verolanuova, Chiari, Brescia. Loin de diminuer, le fléau a augmenté dans ces dernières années d'une façon effrayante (1).

Dans un pays qui compte 100 habitants par kilomètre carré, l'émigration paraît un phénomène normal et naturel. Cependant elle a pris depuis quinze ans des proportions trop considérables pour ne pas être l'indice d'un malaise croissant, causé par l'excès d'impôts qui frappe les populations rurales. Le chiffre des émigrants s'est élevé en 1883 à 169,000, en 1884 à 147,000. Ce nombre semblera excessif, si l'on observe qu'il se recrute presque exclusivement dans quelques provinces du nord et du sud, tandis que le centre et les îles n'y participent que faiblement. L'Italie, après tout, n'est pas une de ces terres ingrates où les exigences de la vie soient assez impérieuses pour décider à une expatriation même temporaire un si grand nombre de ses enfants, pour peu que quelques perspectives de future aisance leur fussent ouvertes ! La plupart de ceux qui partent laissent leurs familles. La majorité se répand dans les pays voisins. Mais depuis une dizaine d'années l'Amérique exerce une attraction croissante. Dans la république Argentine les Italiens ont réussi à former un groupe nombreux et florissant. Il est de ces émigrants qui reviennent, enrichis après cinq ou dix ans, dans leur pays d'origine. On en cite même qui trouvent moyen, grâce à la facilité des voyages et à la différence des saisons entre les deux hémisphères, de mener de front la culture de domaines situés l'un en Italie, l'autre à la Plata (2). Quelques exemples heureux suffisent

(1) Sormani, *Geografia nosologica del regno d'Italia* (*Ann. di statist.*, série 2ª, vol. VI).
(2) Bodio, *Bulletino della societa geografica italiana*, 1886.

pour entraîner les indécis qui ne voient chez eux qu'une misère trop certaine.

L'Italie aurait sans doute de grandes conquêtes à faire sur son propre sol, comme le lui rappellent parfois des conseillers importuns. Mais par son passé et par sa position géographique elle est tournée vers le dehors. Elle cède à la pente qui entraîna Rome et les républiques maritimes du moyen âge ; et l'on peut prédire que ses essais actuels de colonies à Assab et à Massaouah ne suffiront pas longtemps à ses ambitions.

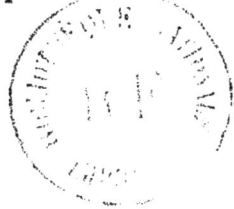

FIN

INDEX DES NOMS GÉOGRAPHIQUES

A

B

C

D

E

F

G

H

I

J

K

L

M

N

O

P

Q

R

S

T

U

V

W

Y

Z

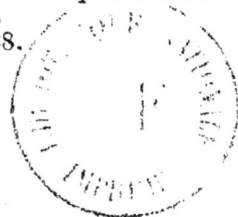

Compiègne. — Imp. HENRY LEFEBVRE, rue Solferino, 31.

www.ingramcontent.com/pod-product-compliance
Lightning Source LLC
Chambersburg PA
CBHW031737210326
41599CB00018B/2614